海藻生物学

赵素芬　主编

中国环境出版集团·北京

图书在版编目（CIP）数据

海藻生物学 / 赵素芬主编. —北京：中国环境出版集团，2022.9
ISBN 978-7-5111-5298-5

Ⅰ. ①海… Ⅱ. ①赵… Ⅲ. ①海藻—生物学 Ⅳ. ①Q949.2

中国版本图书馆 CIP 数据核字（2022）第 162019 号

出 版 人　武德凯
责任编辑　张　颖
封面设计　岳　帅

出版发行　中国环境出版集团
（100062　北京市东城区广渠门内大街 16 号）
网　　址：http：//www.cesp.com.cn
电子邮箱：bjgl@cesp.com.cn
联系电话：010-67112765（编辑管理部）
010-67112739（第三分社）
发行热线：010-67125803，010-67113405（传真）

印　　刷　玖龙（天津）印刷有限公司
经　　销　各地新华书店
版　　次　2022 年 9 月第 1 版
印　　次　2022 年 9 月第 1 次印刷
开　　本　787×1092　1/16
印　　张　18.75
字　　数　407 千字
定　　价　69.00 元

前　言

海藻是指生活在海洋中的藻类，是海洋中的主要生物类群之一。海藻种类繁多，分布十分广泛，其形态多种多样，细胞中有多种色素，藻体呈现多种颜色，结构简单，没有复杂根、茎、叶的分化，无性生殖产生孢子，有性生殖产生雌配子和雄配子。

海藻的生活方式主要分为浮游生活型与固着生活型两种。浮游生活型的海藻因个体微小又称微型海藻，简称微藻，大小一般以微米计；固着生活型的海藻一般个体较大，俗称大型海藻，大小通常以厘米、米计。

海藻生物学是水产养殖学专业的专业基础课之一，是海洋生物学专业的专业课之一，是主要研究大型海藻形态、结构、生殖、生活史、生态和分类等方面相关内容的科学。通过学习这门课，学生要掌握常见大型海藻形态、结构与生殖特征的知识，理解大型海藻的生活史，了解大型海藻生态分布与分类的基本知识。已经出版的与微藻生物学相关的教材和专著较多，包括《水生生物学》《藻类学》《生物饵料培养学》等，而与大型海藻生物学相关的教材与资料较少，仅有原湛江水产学院李伟新教授于 20 世纪 80 年代编著的《海藻学概论》和各院校编写的讲义。进入 21 世纪，随着科学技术的迅猛发展，与大型海藻有关的基础生物学学科内容日益得到补充与更新，笔者参考了最新出版的相关专著和发表的相关论文，以大型海藻为研究对象，力求在本书中融合相关研究的最新成果，为读者系统介绍大型海藻的生物学知识。

本书共分为十章，由广东海洋大学赵素芬副教授主编，部分图片处理由广东海洋大学孙会强实验师完成。

本书得到广东海洋大学规划教材建设项目的资助，书中引用了国内外许多专家、学者的相关专著与论文，在此一并表示衷心的感谢。

由于笔者水平有限，错误及不足之处在所难免，敬请广大读者提出批评、指正。

编　者

2022 年 5 月

目　　录

第一章 绪　论

第一节　海藻生物学的定义

一、海藻的定义

1. 藻类

藻类属于低等植物，是利用光能把无机物合成有机物、结构简单的自养型生物。中国科学院中国孢子植物志编辑委员会编写的《中国淡水藻志》（魏印心，2003）将藻类划分为12个门，即蓝藻门、红藻门、隐藻门、甲藻门、金藻门、硅藻门、黄藻门、褐藻门、原绿藻门、裸藻门、绿藻门和轮藻门。这种划分方式一直沿用至今。藻类的生活范围很广，除生活在海洋外，还可在大气和陆地等环境中生活。

2. 海藻

海藻即生活在海洋中的藻类，包括上述门类中除轮藻门（分布在淡水及半咸水中）外的11个门的种类（钱树本等，2005；李伟新等，1982），根据海藻个体大小可分为大型海藻与微型海藻两类。微型海藻个体微小，藻体通常以微米计，一般生活在海洋的浅水层，营浮游生活；而大型海藻个体较大，藻体通常以厘米、米计，一般生活在海洋底层，营底栖生活。中国科学院中国孢子植物志编辑委员会编写的《中国海藻志》（曾呈奎，2005）将海藻主要划分为9个门，其中，微型浮游海藻包括硅藻门、甲藻门、隐藻门、黄藻门和金藻门的种类，大型底栖海藻包括蓝藻门、红藻门、褐藻门和绿藻门的种类。

二、海藻的基本特征

海藻具有5个基本特征。

1. 种类繁多

目前，我国记载了4个门的大型海藻有402属1 666种。其中，蓝藻门56属161种（黄冰心等，2014），绿藻门56属282种（丁兰平等，2015a），红藻门216属845种（丁兰平等，2015b），褐藻门74属378种（黄冰心等，2015）。

2. 形态多样

根据藻体细胞的数量及组成方式，大型海藻形态划分为单细胞体、群体和多细胞体3类，形态表现多种多样。

（1）单细胞体

藻体由一个细胞组成。大型单细胞体海藻以羽藻目的绿藻为代表，大小为几厘米至数米不等；形态多种多样，一般具有分枝，藻体常见羽状、线状、叶状、囊状、团块状、海绵状等。

（2）群体

群体的形态表现为许多藻体聚集在一起生活。微型海藻群体中的单细胞体具有独立生活的能力，其群体类型包括定形群体和不定形群体。定形群体中的单细胞体会聚集在一起形成一定的形状，如球形、方形等；在不定形群体中，单细胞体聚集在一起不形成固定的形状。大型海藻群体包括大型单细胞海藻群体和多细胞海藻群体，通常生殖细胞在固着时形成同一个固着器，或因彼此的固着器黏结在一起而形成群体，群体中的个体具有独立生活的能力。

（3）多细胞体

藻体由许多细胞组成。多细胞体海藻具有一定的外在形态，而其中的每个细胞都不能独立生活，细胞间有或无孔状联系（poriform connection）。多细胞体外形呈丝状、叶片状或分枝状等。

3. 藻体细胞中有多种色素，有或无色素体，藻体呈现多种颜色

藻体中常见的色素种类有叶绿素类（主要包括叶绿素 a 和叶绿素 b）、类胡萝卜素类（包括胡萝卜素和叶黄素）和藻胆素类（主要包括藻蓝蛋白和藻红蛋白）。藻体的颜色取决于细胞中色素的种类及各种色素的含量。色素体又称质体，为一种具双层膜的细胞器，有一定大小与形状。藻体中色素体的功能类似于陆生高等植物中的叶绿体，有光合色素存在，是发生光合作用的主要场所。

依据藻体细胞中色素的种类，将海藻划分为 3 类（许璞等，2013）。

（1）绿藻型

包括绿藻门和裸藻门海藻。体内光合色素主要为叶绿素 a、叶绿素 b 和类胡萝卜素。

（2）杂色藻型

包括隐藻门、甲藻门、金藻门、硅藻门、黄藻门和褐藻门海藻。体内光合色素主要为叶绿素 a、叶绿素 c 和类胡萝卜素。

（3）蓝藻/红藻型

包括蓝藻门、红藻门和部分隐藻门海藻。体内光合色素主要为叶绿素 a、类胡萝卜素和藻胆素。红藻细胞中还含有叶绿素 d（赵文等，2005；王素娟，1991）。

4. 藻体结构简单，没有似高等植物根、茎、叶的分化，无维管束结构

部分陆生植物根、茎和叶的结构复杂，由皮系统、基本组织系统和维管系统构成（杨世杰，2002）。根从形态上有主根、侧根和不定根之分，结构包括表皮、皮层和维管柱，根尖又分根冠、分生区、伸长区和根毛区 4 个区域，存在组织分化。茎是部分陆生植物地上部分的枝干，茎尖分为分生区、伸长区和成熟区三部分，结构包括表皮、皮层和维管束等。叶由叶柄和叶片组成，叶柄有支持叶片和运输物质的作用，结构包括表皮、维管束等；叶片分为表皮、叶肉和叶脉三部分。维管束通常是由木质部和韧皮部组成的束状结构，存在于部分陆生植物的根、茎和叶中，其结构及组织分化程度存在差异。

单细胞海藻的结构主要表现为细胞的结构。而在多细胞海藻中，低等海藻的藻体只简单地分化出细胞伸长、靠近固着器、无生殖能力的基部细胞，而相对高等海藻的藻体分化出结构简单的假根、主干或主枝、侧枝及叶，它们由相同或不同的组织组成，均没有维管束结构。

5. 藻体不开花、不结果，生殖时没有胚的发育过程

花是种子植物的有性生殖器官，完整的花结构复杂，通常包括5个部分，即花梗、花托、花被、雌蕊群和雄蕊群。雌蕊包括柱头、花柱和子房三部分，其中子房由子房壁、胎座和胚珠等组成；雄蕊由花丝和花药组成，其中花药是产生花粉粒的部位。胚珠受精后发育成种子，而子房发育成果实。胚是种子植物种子的结构组成部分，包括胚根、胚芽、胚轴和子叶。部分陆生植物的主根、茎和叶分别由胚根、胚芽和子叶发育而来。海藻虽然具有有性生殖方式，但是海藻有性生殖时不形成花、果实和种子。海藻的生殖细胞为孢子或配子，两性配子结合形成合子，由孢子或合子萌发、生长成完整的藻体，因此海藻又称孢子植物或隐花植物。

三、海藻生物学的定义

海藻是生活在海洋中的一个重要生态类群，是海洋植物的重要组成部分。海藻种类复杂，既包括浮游种类，又包括底栖种类。海藻生物学是以底栖大型海藻作为研究对象，研究其形态、结构、生殖、生理、生活史、生态和分类等内容的科学。

第二节 海藻生物学的内容及与其他学科的关系

海藻生物学研究的内容包括底栖大型海藻的形态、结构、生殖、生理、生活史、生态和分类等。

海藻形态是指各种海藻的外在形状及体态。海藻结构是指单个细胞（单细胞海藻）的组成成分，以及多细胞海藻的细胞数量、形状、排列方式及细胞的组成成分。海藻生殖方面的研究内容包括生殖方式、生殖结构及生殖规律等。海藻生理研究的是海藻生命活动的规律，包括海藻生长发育及各种新陈代谢的过程及规律。

早期的海藻生态学研究内容主要是对大型海藻的生物学认识，包括海藻的区系分布、生长、繁殖和习性等；随着实验藻类学研究的深入，海藻与海洋环境关系的研究不断发展，海藻在生物群落中的地位与作用、海藻生物群落中各物种间的关系也越来越清晰，逐渐形成了完善的海藻生态学理论体系。Hurd 等修订的 *Seaweed Ecology and Physiology*（《海藻生态与生理学》）于2014年出版，本书系统总结了海藻生态学早期的研究成果，从海藻形态、生殖、生活史、群落，以及底栖生物间的相互关系，与海藻生理相关的各种理化生态因子等方面对海藻的生理、生态进行了较为详细的论述。

海藻分类研究的对象是分类学上已划分的海藻类群，研究内容包括海藻类群的数量及特征。广义的分类是对种及种以上的分类阶元的界定，以及对有自然变异、系统发育和进化过程的种群结构的描述。

海藻生物学与生物科学、海洋科学等学科，以及数学、物理和水化学等基础学科均有密切关系。在形态、结构与分类方面，海藻生物学与水生生物学、浮游生物学和藻类学的关系可谓“点”与“面”的关系，因为海藻是水生生物、浮游生物和藻类的组成部分。在生理方面，海藻生物学与植物生理学关系密切，海藻属于植物范畴，植物生理学的基本原理及规律是研究海藻生理的必要基础。在生态方面，海藻生物学与水产学、海洋学以及地质学密切相关。一方面，某些海藻是海洋经济动物的饵料基础或食物来源；另一方面，一些大型海藻为海洋经济动物提供栖息场所或条件。因此，这些海藻的生物量、丰富度和分布直接影响相关海洋经济动物的生长、产量和分布。另外，海藻的生物量和分布会受水域的理化环境影响，同时一些海藻表面钙化或具有硅质外壳，容易沉积在海底，从而对海域的地质产生影响。其他如环境科学也与海藻生物学有密切关系。海藻作为海洋生态系统的主要成员之一，通过光合作用在污染物尤其是营养盐和重金属的分布、迁移和转化过程中扮演了重要角色，因此海藻在海洋环境科学的研究中也显得尤为重要。

第三节　海藻的应用

一、生态作用

海藻细胞中具有叶绿素和其他色素，能吸收阳光透射到海洋中的辐射能，并利用周围环境中的二氧化碳和水生成淀粉等有机物，然后将它们转化为自身的营养成分或贮存物质。因此，海藻可以将无机物转化成复杂的有机物，是海洋中有机物的主要供应者之一，是海区沿岸生态系统的主要初级生产者之一，是最大的碳汇储备之一。此外，海藻在光合作用过程中还释放大量的氧气，使海洋和大气中的氧气得以补充，以满足鱼类和其他水产动物的需要。海藻在生长、繁殖过程中，吸收水体中大量的氮、磷等元素，这能有效减轻或消除水体的富营养化。海藻对重金属离子具有富集能力，所以海藻在海洋环境的氧气、二氧化碳和其他物质代谢过程中发挥着重要作用，对净化水质、提高水产动物品质有重要作用。

有些海藻对周围环境的变化非常敏感，可作海洋水质分析中的生物指示剂。海藻群落的性质和数量会因海水的化学成分而改变，因此可以间接地通过海水中的藻类群落组成来判断水质状况。

有些海藻是部分近岸海洋动物的食物来源，如麒麟菜和卡帕藻是蓝子鱼的食物，江蓠和马尾藻是鲍鱼、海胆和海参的食物。大型海藻群落还为各种海洋动物提供栖息场所，有利于保持海洋动物群落的稳定性及多样性。

海水中一种或多种藻类在一定环境条件下暴发式增殖或高度聚集会引起海水变色，称为海藻潮（赵素芬，2012）。例如，在单细胞微型海藻中，甲藻门、金藻门的一些种类和硅藻引起海水变红的现象称为赤潮；单细胞或多细胞绿藻引起海水变绿的现象称为绿潮；红潮则专指由海水中大型红藻暴发式增殖或在海岸水域大量漂浮或堆积的现象。近几年，一些海域还发生了褐潮，即由海水中大型褐藻暴发式增殖或在海岸水域大量漂浮或堆积的现象。这些海藻潮对海洋渔业有害，不仅使海洋生态系统中的物质循环和能量流动受到干扰，直接威胁海洋生物的生存，破坏海洋生态的平衡，对渔业生产造成巨大损失，而且由于引起海藻潮的藻体死亡、腐烂后产生腥臭味，破坏滨海旅游业、危害人体健康。随着沿海工农业生产的发展，海区的富营养化和水污染渐趋严重，海藻潮频频发生，而且规模越来越大、持续时间越来越长。目前，海藻潮已经成为国际上人们普遍关注的问题之一，为此人们成立了相应的国际机构，以研究和探讨防治对策。

二、食用

全世界可食用的海藻有100多种，在我国沿岸生长的有50多种（李伟新等，1982）。我国食用海藻的历史已有2 000多年，是世界上食用海藻最早的国家之一（段德麟等，2016）。

海藻的营养成分一般指海藻所含的蛋白质、糖类、脂肪、矿物质、水、维生素和色素等物质。其中，碳水化合物是海藻体内的主要成分，占干重的30%～60%。海藻的矿物质含量较高，海藻有“微量元素宝库”之称，尤其是碘的含量非常高，但碘的含量在不同海藻中的变化幅度很大，达5%～40%。海藻体中的脂肪含量低，一般为0.1%～1%，并且不饱和脂肪酸含量较高。红藻和绿藻的脂肪含量明显低于褐藻。海藻体中蛋白质含量一般为10%～20%，一些海藻（如蜈蚣藻、多管藻等）蛋白质含量达20%以上。此外，海藻中还含有甘露醇、氨基酸、褐藻酸等。海藻食品富含蛋氨酸和胱氨酸，人类头发尤其是女性头发如果缺乏这两种氨基酸会变脆、分叉、失去光泽。经常食用海藻食品还可使干性皮肤有光泽，油性皮肤的油脂分泌得以改善。

最常见的海藻食品包括海带食品、裙带菜食品和紫菜食品，按加工方式分类，通常分3类，即海藻初加工、精加工和深加工食品。目前，国内外的海带食品多达200种以上。海藻初加工食品是指海藻采收后只经过简单加工处理，便可直接食用的产品。常见的海带初加工食品包括淡干海带、盐干海带、盐渍海带、即食海带丝、即食海带结等。裙带菜初加工食品主要包括干裙带菜、盐渍裙带菜和即食裙带菜等。海带精加工食品包括由海带加工制成的海带酱、海带粉和海带酱油等调味食品，紫菜精加工食品包括即食烤紫菜、紫菜酱、紫菜点心等。目前，我国市场上常见的海带、裙带菜食品以初加工食品为主，而紫菜食品以精加工食品为主。国外新型海带食品有海带汤料、饮料、点心、冰激凌、酱油等，以精加工食品为主。

三、药用

我国将海藻作为药用资源的历史比较悠久。《神农本草经》《本草纲目》《植物名实图考长编》等书中都详细记载了海带、昆布、石莼、紫菜和琼枝等海藻的药用疗效，多数海藻味咸、性寒，有清热解毒、软坚散结、消肿利水和化痰等功效（李伟新等，1982）。

海藻含有大量对人体健康有益的活性成分，如多糖、非蛋白质氨基酸、不饱和脂肪酸、多肽和牛磺酸等。通过食用海藻，人体摄取了海藻中的活性成分，可达到预防或治疗疾病的目的（段德麟等，2016）。

此外，海藻中含有的硒元素对心脏具有保护作用（赵淑江，2014）。德国科学家调查发现，有冠心病的心肌梗死患者体内含硒量比健康人群要少得多，生活在低硒地区死于心脏病的人数比生活在富硒地区的多出 3 倍（段德麟等，2016）。

四、工业应用

海藻作为工业原料的应用实践主要体现在食品工业、医药工业、饲料工业、肥料工业、化学工业等方面。

（一）食品工业

海藻食品不仅营养丰富，而且味道鲜美。此外，海藻食品富含海藻酸，在酸性环境中，海藻酸会与附着的钾、钙、镁等金属离子分离；在碱性环境中，又与金属离子结合。因此，吃海藻食品可以补充钾和消除多余的钠（赵淑江，2014）。海藻在食品工业中的应用主要包括以下两个方面。

1. 食品原材料

目前，用海藻作原料生产的食品主要包括海藻凉拌食品（凉菜）、海藻汤，以及海藻点心等零食和海藻茶等饮料，种类多达几百种（段德麟等，2016；刘承初，2006）。

2. 食品添加剂

海藻中的色素、多糖等提取物还是食品中的绿色添加剂，如用作食品着色剂、稳定剂、澄清剂、增稠剂、黏合剂、悬浮剂和乳化剂，广泛应用于牛奶、面包、果冻、果酱、罐头、啤酒、冰激凌和水果软糖等食品中（段德麟等，2016；刘承初，2006）。

（二）医药工业

《中国药用海洋生物》报道，海藻含有的藻胶、蛋白质、甘露醇、氨基酸、褐藻酸钠、褐藻氨酸、淀粉、甾醇类化合物、丙烯酸、脂肪酸、维生素和大量无机盐等成分大多为医学上的有效物质，在医药领域已有广泛应用。海藻在医药工业中的应用主要包括以下两个方面。

1. 医药原材料

海藻作为医药工业的原料，其医药产品主要为海藻中药，在《本草纲目》《现代实用中药》《本草图经》《神农本草经》等书中均有记载。在大型海藻中，绿藻中药主要包括浒苔、孔石莼、刺松藻等；红藻中药主要包括紫菜、江蓠、麒麟菜和蜈蚣藻等；褐藻中药主要包括昆布（或海带）、裙带菜、小叶海藻（羊栖菜）和大叶海藻（海蒿子）等（段德麟等，2016）。

2. 医药活性成分

海藻含有大量对人体健康有益的活性成分，通过一定的化学工艺，将海藻中的有效活性成分提取出来，可制成医药产品，如片剂、胶囊、止血绷带、止血纱布、烧烫伤涂剂、代血浆和口服液等（李伟新等，1982）。

（1）海藻多糖

研究发现海藻含有种类较丰富的活性多糖。

①常见种类：研究较多的如蓝藻的螺旋藻多糖；绿藻的石莼多糖、浒苔多糖和礁膜多糖；红藻的紫菜多糖、江蓠多糖和麒麟菜多糖（戚勃等，2005；李锋等，2003）；褐藻的褐藻糖胶，又称岩藻多糖、褐藻多糖硫酸酯或岩藻聚糖硫酸酯（段德麟等，2016；李德远等，2002）。

②功效：

a．提高机体免疫力等功效。例如，螺旋藻多糖、岩藻多糖、紫菜多糖、卡拉胶和浒苔多糖等，具有抑制肿瘤细胞生长和增殖的作用（段德麟等，2016；李德远等，2002；Mou et al.，2003）。

b．抗病毒功效。例如，螺旋藻多糖、岩藻多糖、紫菜多糖和卡拉胶等，具有抑制病毒复制和激活免疫系统的作用，对 B 型流行性感冒有抵抗作用（段德麟等，2016；李德远等，2002）。

c．抗氧化、抗衰老功效。海藻多糖能清除藻体代谢过程中产生的活性氧自由基，避免或减少蛋白质、脂质和核酸分子发生氧化损伤；海藻多糖还能提高超氧化物歧化酶（SOD）的活性、改善机体的造血功能、促进蛋白质合成等，从而抗衰老，如螺旋藻多糖、岩藻多糖、紫菜多糖和浒苔多糖等（段德麟等，2016）。

d．抗凝血功效。岩藻多糖可抑制内源性凝血和外源性凝血过程中凝血酶的产生，具有抗凝血活性。多糖的分子质量、单糖组成、硫酸根的含量及位置显著影响其抗凝血活性（段德麟等，2016；李德远等，2002）。

e．降血糖、降血脂功效。螺旋藻多糖能显著降低葡萄糖型、肾上腺素型、链脲佐菌素型糖尿病小鼠的血糖含量；紫菜多糖、石莼多糖和浒苔多糖能降低血液黏稠度，降低高脂血症小鼠血清的总胆固醇和三酰甘油含量，并预防高胆固醇血症（段德麟等，2016；李德远等，2002）。

f．防治便秘和肥胖。凡是不能被人体内源酶消化吸收的可食用植物细胞、多糖、木质素以及相关物质的总和，统称为膳食纤维（许加超，2014）。绿藻中的碳水化合物主要为木糖-半乳糖-阿拉伯糖聚合物或葡萄糖醛酸-木糖-鼠李糖聚合物等，属于海藻膳食纤维的成分（许加超，2014）。海藻膳食纤维有利肠胃蠕动，防治便秘，可增加肠道内容物黏度，并使食物体积膨胀降低食物能量密度，从而使机体产生饱腹感，抑制肠道继续摄入能量，在预防和治疗肥胖中发挥积极作用（许加超，2014；Howarth 等，2005；李德远等，2002）

（2）非蛋白质氨基酸

藻体中含有不参与构成蛋白质、游离的氨基酸，即非蛋白质氨基酸。

①种类：根据非蛋白质氨基酸的结构，可将其分为酸性氨基酸、碱性氨基酸、中性氨基酸和含硫氨基酸4种（段德麟等，2016）。

a．酸性氨基酸，通常结构中含有的羧基数多于氨基数，如软骨藻酸、海人草酸和甘紫菜酸等。

b．碱性氨基酸，通常结构中含有的氨基数多于羧基数，如海带氨酸、叉枝藻氨酸、杉藻氨酸和蜈蚣藻氨酸等。

c．中性氨基酸，通常结构中含有的氨基数等于羧基数，如幅叶藻氨酸、角叉菜氨酸，石莼中的β-丙氨酸和γ-氨基丁酸等。

d．含硫氨基酸，通常结构中含巯基，这类氨基酸除胱氨酸和甲硫氨酸外，主要包括索藻氨酸、牛磺酸和N-甲基甲硫氨酸亚砜（段德麟等，2016）。

②功效：海藻非蛋白质氨基酸可参与储能、形成跨膜离子通道或充当神经递质，可作为合成其他含氮化合物（如抗生素、激素、色素等）的前体，并且具有清热解毒、降血压和防癫痫等功效（段德麟等，2016）。

（3）不饱和脂肪酸

研究证实在天然的大型绿藻、红藻和褐藻中含有丰富的高度不饱和脂肪酸。

①种类：

a．二十碳五烯酸，简写为EPA；

b．二十二碳六烯酸，简写为DHA；

c．亚油酸和亚麻酸。

②功效：高度不饱和脂肪酸具有多方面防治心血管病的作用，对预防动脉硬化及脑血栓十分有益，如抗心律不齐，明显降低胆固醇的含量，降低高血压患者的血压等。另外，还具有延缓炎症、提高机体免疫力、减少某些疾病的发病率、促进胎儿和婴幼儿生长发育等功效。

（4）甘露醇

甘露醇又称D-甘露糖醇，为山梨醇的同分异构体，主要用于生产甘露醇注射液、药品辅助添加剂和无糖型食品添加剂（段德麟等，2016）。从海带中提取的甘露醇与烟酸合成的甘露醇烟酸酯，有明显缓解心绞痛的作用，并且对高脂血症有较好疗效，可治疗高胆固醇、高血压及动脉硬化；此外，对气管炎、哮喘也有较好疗效（李伟新等，1982）。

（5）藻胆蛋白

藻胆蛋白是蓝藻和红藻中用来捕获光能的色素蛋白。

①种类：主要包括3类，即藻红蛋白、藻蓝蛋白和别藻蓝蛋白（又称异藻蓝蛋白）。

②功效：藻胆蛋白能提高淋巴细胞活性，通过淋巴系统提高机体免疫功能，全面增强机体的防病、抗病能力，可用于防治溃疡等疾病；藻胆蛋白能清除生物体内的自由基，因而具有抗氧化的作用。藻胆蛋白还能发出强烈的荧光，可用特定的交联剂将其与生物素和各种单克隆抗体结合起来制成荧光探针，用于癌细胞表面抗原的检测、荧光显微检测、荧光免疫测定以及蛋白质、核酸等生物大分子的分析（刘承初，2006）。

（6）维生素

海藻中维生素含量丰富（何培民等，2018；赵淑江，2014；许加超，2014）。维生素可维护上皮组织的健康生长，减少色素斑点（赵淑江，2014）。因此，海藻提取物可用于生产洗面奶、营养霜和面膜等（赵淑江，2014）。

（三）饲料工业

海藻含有丰富的营养物质，包括糖类、蛋白质、脂肪酸，以及60种以上的矿物质、12种以上的维生素和20多种游离氨基酸等。海藻用于畜禽饲料已有近70年的历史，欧洲、美洲的许多国家都在动物饲料中添加不同程度的海藻粉。

1. 种类

（1）饲料添加剂

饲料添加剂指在饲料生产、加工和使用过程中添加的具有强化饲料营养价值、改善畜禽产品品质、节省成本等功效的少量或微量物质。海藻饲料添加剂是指在饲料中添加的海藻粉。

（2）发酵饲料

通过微生物发酵，饲料原料中的物质发生分解、转化或合成，产生更易被动物消化吸收的物质，这样的饲料称为发酵饲料。海藻发酵饲料是指海藻通过发酵被分解成可用作幼鱼、贝类等海产动物饲料的小颗粒。

2. 功效

海藻饲料可促进动物生长与繁殖；提高动物免疫力、抗菌和抗病毒的能力；改善畜禽和水产动物的品质；海藻中含有的藻胶具有黏性，可用作饲料黏合剂，增强畜禽和水产动物饲料的稳定性；海藻中含有的游离氨基酸，具有诱导动物进食的功效，可用作诱食剂。

（四）肥料工业

以海藻为原料制成的肥料称为海藻肥。公元4世纪出现用海藻代替部分肥料改善土壤品质的记载。12世纪中叶，欧洲一些沿海国家和地区广泛应用海藻肥。16世纪，法国、日本和加拿大等国家采集海藻制作堆肥，英国和德国用岸边腐烂的海藻种植农作物。17世纪，法国大力推广用海藻作土壤肥料的技术。1949年，英国生产出海藻液态肥。20世纪八九十年代，欧洲、美洲的发达国家前所未有地重视和发展海藻肥。我国对海藻肥的研究和应用推广始于20世纪90年代。目前，海藻肥的使用范围已遍布全球，经济效益、生态效益和社会效益显著。

1. 原料种类

世界范围内生产海藻肥的原料主要包括泡叶藻、掌状海带、极大昆布、海带、马尾藻和浒苔等。泡叶藻和掌状海带主要分布在北大西洋沿岸海域；极大昆布主要分布在南非西部海域；海带主要分布在中国、俄罗斯东部、朝鲜和日本等国家和地区；马尾藻和浒苔是全球分布较广的海藻，是近几年用于生产海藻肥的新原料，泡叶藻是国际上生产海藻肥的经典原料。

2. 功效

海藻肥具有改善土质、土壤抗旱和抗寒、促生长、抗虫害、增产和提高农产品品质等功效（段德麟等，2016；许加超，2014）。

①海藻含有海藻多糖、低聚糖和蛋白质等成分，这些成分具有较强的亲水性，能结合土壤中的水分，利于土壤保水。海藻多糖是天然土壤的调理剂，不仅能螯合重金属离子，增加土壤中有效成分的持久性和有效性，而且能促进土壤团粒结构的形成，增加土壤透气能力和生物活力。

②海藻含有多酚物质，该物质具有防止病菌和病毒侵害、增强植株抗逆性的功效。

③海藻含有甘露醇成分，该成分可参与植株光合作用，调节植物体营养渗透平衡，从而间接提高机体的免疫力。海藻还含有碘成分，该成分能提高植株的有机碘含量，有益健康。

④海藻含有天然生长素、赤霉素和细胞分裂素等植物激素，这些激素可以促进种子的萌发，促进植株生根与生长，增强植株的抗倒伏和其他抗逆性。

⑤海藻含有种类齐全、含量丰富的必需氨基酸和呈味氨基酸，这些氨基酸能促进植株生长，提高产品风味，改善作物品质。

⑥海藻液态肥与杀虫剂、杀菌剂及化学肥料混合使用，能明显降低喷洒成本，可使农药和化肥具有广泛的增效作用。

（五）化学工业

化学工业泛指生产过程中化学方法占主要地位的工业，是一个多行业、多品种的生产体系，是利用化学反应改变物质结构、成分、形态等特征从而生产化学产品的部门，包括基本化学工业和日用化学、塑料、合成纤维、橡胶、药剂、染料、能源工业等。与海藻相关的化学工业产品种类及其用途：

1. 褐藻胶

褐藻胶通常包括具有水不溶性的褐藻酸和各种具有水溶性与水不溶性的褐藻酸盐。常用的褐藻胶种类包括褐藻酸钠、藻酸丙二醇酯（PGA）和褐藻酸三乙醇胺盐（段德麟等，2016）。生产褐藻胶的原料藻为泡叶藻、巨藻、掌状海带、海带、裙带菜、马尾藻等。褐藻胶常用作增稠剂和发泡剂，用于生产印染工业的染料、建筑材料工业的涂料、造纸工业的上浆剂或填充剂、橡胶与喷漆工业的耐油剂和膏化剂、杀虫剂、石油及采矿工业的胶粘剂，在日用化学工业中，还用于生产美容剂、美发剂、洗涤剂、牙膏、牙粉基剂和膏乳化剂（段德麟等，2016）。

2. 琼胶

琼胶又称琼脂，一般不溶于无机溶剂、有机溶剂，而在加热时可溶于水和某些其他溶剂，微溶于乙醇胺和甲酰胺。琼胶溶液在室温下可形成凝胶，0.1%的琼胶溶液在30℃

左右即可凝固，其凝胶能力较其他可形成凝胶的物质强。生产琼胶的原料藻为石花菜属、江蓠属、拟鸡毛菜属、凝菜属和紫菜属中的种类等，生产上常用的海藻种类具体有细基江蓠、芋根江蓠、龙须菜、钩凝菜和坛紫菜等。琼胶可用于纺织、印染工业的糊料、浆料，橡胶工业的浓缩剂，涂料工业的上胶材料中，可以用于生产日用化工中牙膏、洗洁精和鞋油等产品的乳化剂、起泡剂或稳定剂等。

3. 卡拉胶

卡拉胶是由1,3-β-D-半乳糖和1,4-α-D-半乳糖交替连接而成的线状多糖，其分子中含有大量硫酸盐。由于聚合度和硫酸酯的位置不同，形成了各种名称前冠以不同希腊字母的卡拉胶。卡拉胶不溶于有机溶剂，但溶于温度75℃以上的水中。卡拉胶与琼胶一样具有热可逆性，即加热时呈溶胶态，冷却后重新凝固。生产卡拉胶的原料藻为角叉菜属、麒麟菜属、杉藻属、沙菜属、叉枝藻属和蜈蚣藻属中的种类等，生产上常用的种类包括皱波角叉菜、麒麟菜、长心卡帕藻、琼枝和长枝沙菜等。卡拉胶在工业上有广泛用途，除应用于食品工业（约80%）外（Bixler, 1996），还应用于生产农药的悬浮剂和黏着剂、印染工业的颜料分散剂和悬浮剂、油漆的增稠剂，日用化学工业中用于生产牙膏、护肤品和洗涤剂中的稳定剂等。

4. 氢与甲烷

海藻在光合作用过程中，可以吸收光能并引起水的光解，从而释放氢气，虽然海藻产生的氢气只是光合作用过程中的一种副产物，产量很少，但是人们可研究提高氢气产量的方法，从而将氢燃料生产发展至商业规模；另外，巨藻可产生甲烷，20世纪30年代美国已经利用巨藻生产天然气。美国加利福尼亚州的某个巨藻场，年产天然气可达6.3×10^5 m^3（许璞等，2013）。

复习题

1. 什么是海藻？海藻有哪些基本特征？
2. 海藻的生态作用有哪些？
3. 海藻在工业上有何用途？

第二章 海藻的形态与结构

第一节 海藻的形态

生活在海洋中的藻类形态各异，有单细胞体、群体和多细胞体。单细胞体海藻一般个体微小，需要借助显微镜才能看到，少数单细胞体为大型海藻，藻体可达数米长。群体由单细胞个体群集而成，或由多细胞个体聚集在一起形成，群体有的需借助显微镜才能看到，有的肉眼可见。多细胞体通常肉眼可见，多数藻体长为几毫米至数米，甚至几十米以上。这些海藻的外观呈现出各种形状。

一、单细胞体

除绿藻门个别单细胞体海藻为大型海藻外，一般单细胞体海藻个体微小。微型单细胞体海藻包括褐藻门在内 9 个门的种类，藻体仅由一个细胞组成，有或无细胞壁，有或无鞭毛，游动或不游动，它们的个体大小、形态和结构有很大差异。大型单细胞体海藻长为几毫米至数米不等。

除蓝藻门种类无真正的细胞核外，其他 8 个门的微型单细胞体海藻种类都有细胞核。

大型单细胞体海藻的外部形态多种多样。大型单细胞体海藻多数具有分枝，少数无分枝。由于分枝的排列方式多样，藻体常呈羽状、线状、叶状、囊状、团块状、海绵状等。大型单细胞体海藻外被细胞壁，内部充满细胞质却没有细胞隔壁，因此又称管状体海藻，或称单细胞管状体海藻，以区别多细胞管状体海藻。根据管状体细胞中细胞核的数目，将含有多个细胞核的海藻称为单细胞多核管状体海藻，如羽藻，将只含一个细胞核的海藻称为单细胞单核管状体海藻。

二、群体

群体由很多个体聚集在一起形成，其中的个体具有独立生活的能力。群体包括两种类型：

1. 由许多微型单细胞海藻个体聚集而成的群体

此类海藻包括除褐藻门外 9 个门的种类，它们有或无公共的胶质外被，能或不能游动，定形或不定形。定形群体是由 2 个、4 个、6 个或 8 个等一定数目的细胞组成、具有一定形状和结构的群体，外形呈球形、椭球形、长方形或方形以及裂片状、扇状、链状或栅状等。不定形群体中的细胞数目不固定，并且不形成一定的形状。

2. 由许多大型单细胞或多细胞海藻个体聚集而成的群体

通常海藻的不同生殖细胞固着在同一个位点形成一个共同的固着器，或彼此的固着器黏结在一起形成一个大固着器。大型海藻中有很多种类以群体的方式存在，这种存在方式称为丛生或群生。

三、多细胞体

多细胞体海藻一般个体较大，属大型海藻的范畴。此类海藻以红藻门和褐藻门种类为主，少数为绿藻门和蓝藻门种类。藻体由许多细胞组成，细胞间有或无孔状联系。根据外部形态，多细胞体具体分为丝状体、异丝体、管状体、膜状体、假膜体和枝叶状体等多种类型。

1. 丝状体

藻体的生殖细胞仅向一个方向分裂，因此产生的细胞互相连接，这种形态称为丝状体。丝状体包括以下几种：

①单列丝状体。丝状体具有由一列细胞组成、分枝或不分枝的藻体形态，如蓝藻门的螺旋藻属和绿藻门的丝藻属海藻为不分枝单列丝状体；刚毛藻属和水云属海藻为分枝单列丝状体。

②多列丝状体。丝状体具有由多列细胞组成、分枝或不分枝的藻体形态，如黑顶藻属的种类。

③混合丝状体。丝状体基部细胞单列，中上部由多列细胞组成，如红藻门的红毛菜。

2. 异丝体

有些海藻外形为丝状体，但是具有水平（匍匐）生长的藻丝或膜状排列的细胞，并由上长出直立向上的藻丝，这样的丝状体称为异丝体，如胶毛藻目的一些种类。

3. 管状体

藻体内部中央无细胞隔壁，呈中空状，外部边缘由 1 层细胞组成，这种结构称为多细胞管状体，如绿藻门浒苔属的部分种类。

4. 膜状体

藻体的生殖细胞向四周各个方向分裂，由此产生的细胞互相连接，这种藻体形态称为膜状体。膜状体有单层、两层和多层细胞之分，如绿藻门的礁膜为单层细胞膜状体，石莼为两层细胞膜状体，褐藻门的海带则为多层细胞膜状体。

5. 假膜体

藻体外形似膜状体，而内部却由无数丝状细胞紧密排列而成，这种藻体形态称为假膜体，如红藻门的鹧鸪菜和褐藻门的粘膜藻等。

6. 枝叶状体

藻体外形存在类似陆生植物的根、茎、叶的分化，由固着器、主干、枝或叶片组成；内部结构出现组织分化，由具有一定生理功能的细胞类群如表皮细胞、皮层细胞、髓部细胞、黏液腺细胞等构成；生殖时由藻体形成的特殊结构产生生殖细胞，这种藻体形态通常称为枝叶状体。红藻门的一些物种在生殖时形成生殖窝、果胞枝；褐藻门的一些物种在生殖时形成生殖托等。此类多细胞体海藻通常为结构较复杂的大型海藻。

第二节　海藻的结构

一、海藻细胞的结构

细胞是一切生物的结构与功能单位，无论是单细胞体、群体，还是多细胞体海藻都是由细胞组成的。1665 年，英国科学家 R. Hooke 将显微镜下观察到的组成软木薄片的许多蜂窝状小室称为细胞。后人便用此来表示生物结构的基本单位。

海藻细胞的基本结构可分为细胞壁和原生质体两部分，后者包括细胞质和细胞核，原生质体表面有一层膜，称原生质膜，简称质膜，又称细胞膜或外周膜。细胞质内有色素体、蛋白核等细胞器，还有色素或同化产物等物质成分。各种细胞器所具有的膜称为细胞内膜，它与质膜统称为生物膜。

根据典型细胞核的无或有，将海藻划分为原核海藻与真核海藻两类。海藻 11 个门类中，蓝藻门和原绿藻门被归入原核生物界（张水浸，1996），其他 9 个门类属于真核生物界（张学成等，2005）。原核海藻细胞的主要特征是没有线粒体、质体、核膜和核仁，主要结构包括细胞壁、细胞质、核糖体、染色体（具一个环状 DNA 分子）和核区（拟核，不含组蛋白及其他蛋白质）。拟核是储存和复制遗传信息的部位，具有类似细胞核的功能，但是没有与细胞质相隔开的界膜（核膜），通常称为中央体。真核海藻的细胞结构较复杂，具有线粒体、核膜、核仁、由长链 DNA 分子与组蛋白和其他蛋白质结合而成的染色体等。

1. 细胞壁

细胞壁位于质膜外面，不仅具有保护和支持作用，还在细胞生长、识别、分化、物质运输和信号传递等生理活动中发挥重要作用。

细胞壁为原生质体的分泌物，坚韧而具有一定的形状，表面平滑或具有各种纹饰、突起、棘或刺等。大多数海藻的细胞壁主要有内外两层，外层成分主要为果胶质，内层主要为纤维素，有的种类细胞壁中有沉积的碳酸钙。

在大型海藻蓝藻中，有些多细胞种类的细胞公共外壁固态化，此结构称为胶质鞘。一些丝状红藻和褐藻的结构中也有胶质鞘的存在，如红藻门的色指藻属、褐藻门的库氏藻属和原水云属的种类等。

大多数种类海藻有细胞壁，大型海藻的游动孢子或游动配子一般无或具有较薄的细胞壁。无细胞壁的海藻藻体细胞表层的质膜通常具有弹性，细胞因此可以变形。有细胞壁的海藻细胞，细胞壁结构与所含成分因海藻门类的不同而存在差异，是藻类分门的主要依据之一。

2. 孔状联系

孔状联系是连接相邻两个细胞的结构，其功能与高等植物细胞间的胞间连丝相似，具有物质与信息在细胞间交流的功能。但孔状联系的结构没有胞间连丝的复杂。大型红藻、褐藻和绿藻的绝大部分种类，其细胞间具有孔状联系；一些绿藻和褐藻体内具有胞间连丝。

3. 细胞质

细胞质是海藻细胞的主要生活结构之一，能发生各种生命过程，如生长、刺激反应、呼吸等，是一种无色、透明的黏液状胶体，在显微镜下通常呈现亮光。

细胞质的主要成分除蛋白质外，还有脂类化合物、碳水化合物及无机盐。此外，还含有 60%～90%的水分。一般在幼小海藻的细胞中，细胞质充满整个细胞，但是随着细胞不断成长，会在细胞质中形成各种大小不同的空泡，其内储存着液体，此结构称液泡。当液泡不断合并时，细胞质就被挤向四周而紧贴细胞壁。细胞质贴近细胞壁的表面处往往有一层很薄的细胞质膜，简称质膜。出入细胞质的物质都要经过这层膜，但是并非所有的物质都能透过，它是一种具有选择渗透性的膜，又叫半透性膜。一般水及葡萄糖的水溶液可以透过，而蔗糖的水溶液则不能透过。这个特性随细胞内外条件的变化而变化。同一种物质有时透过得快，有时则透过得慢，有时全不透过。另外，这种特性与细胞的生命活动有关，只有活细胞才能显示出这种特性。

生活细胞内的细胞质能不断流动，这也是一种生命活动的表现。藻体中细胞质一般有回转式和循环式两种流动方式。将蕨藻的生活细胞放在显微镜下观察，可以看见中央大液泡周围的一薄层细胞质常循着一定的方向回旋流动；而在含有数个液泡的藻体细胞中，细胞质形成几个小支流，其流动方向有时相同，有时相反，流动速度也不一致，此为循环式流动。

4. 细胞核

除蓝藻门和原绿藻门海藻无典型细胞核外，其余各门海藻的细胞大多具有一个细胞核，少数种类具有多个细胞核，绿藻门个别种类甚至具有数百万个细胞核（Cocquyt et al., 2010）。细胞核位于细胞质中，在光学显微镜下，藻体生活细胞中细胞核比较难被观察到，如果用酒精、醋酸、铬酸及苦味酸等固定液快速将细胞杀死，再用苏木精、洋红或番红染色便容易看到。因为细胞核可比细胞质储存更多的染色素，所以在被固定和染色后，细胞核在细胞质中可较明显地显示出来。细胞核具有核膜，内含核仁和染色质。

5. 线粒体

线粒体是真核细胞内一种半自主性细胞器。线粒体具有内外两层膜，两层膜之间的空间称为膜间腔，内膜向腔内凸起形成许多嵴，嵴间为介质。嵴的主要功能在于通过呼吸作用将有机物分解过程的能量逐步释放出来，以满足细胞各项活动需要，因而有“细胞动力站”之称。

线粒体的数量因物种的不同而有差异，并与细胞发育状态有关，一般集中分布在需要能量多的部位。在快速分化的细胞中，尤其是在孢子形成的过程中，线粒体数量会明显增加。

线粒体的大小因海藻种类的不同而有差异，并因细胞发育期的不同而有变化。线粒体多集中分布在近核区域，并与高尔基体区域紧密联系。线粒体的增殖一般是已存在的线粒体通过生长和分裂进行的。

6. 内质网

内质网是细胞质中由相互连通的管道、扁平囊和泡组成的膜系统。内质网膜与质膜和外核膜相连，其主要功能是参与蛋白质和脂质的合成、加工、包装和运输。

当细胞分化时内质网参与细胞壁基质的形成与沉积，并与红藻淀粉、各种类型囊泡和液泡的形成有关。内质网囊泡的积累有助于形成细胞下一阶段发育所需的成分。

7. 色素和色素体

不同门类的海藻呈现各自的颜色，因为海藻各自具有一定种类和含量的色素。色素还具有吸收、传递光能，保护光系统Ⅱ免受光氧化损伤的功能（Andersson et al., 2006）。海藻体内的色素可分为四大类，即叶绿素类、胡萝卜素类、叶黄素类和藻胆素类。叶绿素类有叶绿素 a、叶绿素 b、叶绿素 c、叶绿素 d、叶绿素 e 5 种类型；胡萝卜素类常见的有 α-胡萝卜素、β-胡萝卜素和 ε-胡萝卜素等；叶黄素类种类很多，在不同门类海藻中的种类有差异；藻胆素类包括藻蓝蛋白和藻红蛋白等，只在蓝藻、红藻和隐藻中发现。所有海藻共有的色素是叶绿素 a 和 β-胡萝卜素。4 个门大型海藻体内所含色素成分如表 2-1 所示（张学成等，2005；王素娟，1991）。

表 2-1 大型海藻的色素成分

海藻	叶绿素类	胡萝卜素类	叶黄素类	藻胆素类
蓝藻	叶绿素 a	β-胡萝卜素	角黄素、蓝藻叶黄素、玉米黄素等	藻蓝蛋白、藻红蛋白、别藻蓝蛋白
红藻	叶绿素 a、叶绿素 d	α-胡萝卜素、β-胡萝卜素	叶黄素、玉米黄素	藻红蛋白、藻蓝蛋白、别藻蓝蛋白
褐藻	叶绿素 a、叶绿素 c	β-胡萝卜素	叶黄素、花药黄素、岩藻黄素、紫黄素、玉米黄素	—
绿藻	叶绿素 a、叶绿素 b	β-胡萝卜素、γ-胡萝卜素	花药黄素、角黄素、叶黄素、新黄素、紫黄素、玉米黄素等	—

色素体是海藻进行光合作用的主要场所，除蓝藻类没有色素体外，其他门类的海藻都有色素体。色素体又称质体，具双层被膜，与细胞质分开，内有类囊体，含色素，光合作用在类囊体膜上进行。蓝藻类只有简单的类囊体分散在细胞质的边缘部位，光合色素附在类囊体膜上。色素体位于细胞中心的称为轴生色素体，位于周边靠近周质膜或细胞壁的称为周生色素体。

海藻藻体中色素体的形状、数量和分布都是朝着有利于吸收光能、增强光合作用的方向发展。光合作用效能相对较低的海藻，其细胞内只有一个大型、轴生、杯状或星状色素体，如大多数单细胞绿藻、原始的红藻和褐藻。较为进化、光合作用效能相对较高的海藻，其细胞内色素体的数量较多，在细胞内的分布也由轴生转为周生，形状则表现为带状、片状、颗粒状、小盘状。

8. 蛋白核

蛋白核是海藻色素体含有的特殊结构，由一个中央位置的蛋白质核（蛋白质核心）和外包的微小淀粉粒（淀粉鞘）组成（有的无鞘）。蛋白核与淀粉的形成有关，其构造、形状、数目以及存在位置因种而异。裸藻、甲藻和隐藻都有蛋白核，但结构不完全一样。裸藻的蛋白核凸出于色素体的两侧，裸露或附有一层裸藻淀粉。甲藻门中横裂甲藻亚纲的色素体具有蛋白核，条形色素体在蛋白核的周围呈放射状排列。隐藻类海藻的色素体内有一个或数个蛋白核。硅藻类的一些物种，其色素体具有无淀粉粒包被的蛋白核。黄藻类的一些物种具有裸露的类似蛋白核的构造，但其性质不详。多数绿藻类海藻的色素体含有一个或多个蛋白核，而在红藻和褐藻类中，仅原始的种类才有。

9. 同化产物

由于各个门类海藻的色素体形状、数量与结构不同，它们的光合作用产物（同化产物）及其储存部位也不完全相同。绿藻的光合作用产物与高等植物的一样，是遇碘有蓝色反应的淀粉。裸藻、隐藻、甲藻的光合作用产物虽然也是淀粉，但其化学性质与绿藻的不完全一样，遇碘无蓝色反应，甲藻还储存油。蓝藻的光合作用产物为蓝藻淀粉，红藻的为红藻淀粉，褐藻除褐藻淀粉外，还有昆布糖、甘露醇。金藻储存的是金藻昆布糖，黄藻和硅藻储存的光合作用产物除金藻昆布糖外，黄藻还储存油和白糖素，硅藻还储存油和异染小粒。绿藻和隐藻的光合作用产物储存在色素体内，而其他海藻均储存在色素体外。

10. 鞭毛

鞭毛是细胞表面伸出的运动“器官”。除蓝藻和红藻外，其余海藻门类均有具鞭毛的单细胞运动型生殖细胞。随着鞭毛从基部到顶端不断波浪式运动，生殖细胞在水中游动。海藻的鞭毛由 11 条细微的纤维组成，其基本结构是“9+2 式”，即周围有 9 条较粗的纤维围绕着中央 2 条较细的纤维。较粗的 9 条纤维内有由两两连接在一起的微管 A 和微管 B 组成的二联体，又称双联微管；较细的 2 条纤维内具单根微管。鞭毛基部纤维则呈“9+0 式”，即周围由 9 个三联微管组成，中央没有微管。因此，可以说鞭毛是由微管组成的“微器官”。

不同海藻的鞭毛类型、数量、长短和着生位置有所不同，这些是海藻分类的重要依据。鞭毛有茸鞭型和尾鞭型两种类型。鞭毛沿其长轴伸出许多柔细的茸毛状附属物，如同鞭毛丝，这种鞭毛为茸鞭型鞭毛，鞭毛丝在鞭毛上单向排列的称单茸鞭型鞭毛，双向排列的称双茸鞭型鞭毛。鞭毛上没有毛状附属物的称为尾鞭型鞭毛。鞭毛的数量有 2 条，也有 1 条或 3 条。具有 2 条鞭毛的种类，其鞭毛等长或近于等长，不等长或长短悬殊。鞭毛有短于体长的，或与体长相等的，或是体长的 2 倍以上的。有的鞭毛着生在细胞顶部两侧，有的着生在细胞前端口沟或凹穴处，有的着生于侧面的凹穴处等。鞭毛向前方伸展，或一条向前、另一条横向或向后伸展，或一条居于腰部的沟内、另一条向后方伸展等。

11. 伸缩泡

伸缩泡是一种排泄器官，海产的藻类一般没有或少数有这种结构。微型绿藻类团藻目的多数属、种及四孢藻目的有些属、种的营养细胞有伸缩泡，大型海藻具2条鞭毛的生殖细胞一般有2个位于鞭毛基部附近的伸缩泡。

12. 眼点

眼点是感光器官，橘红色，多位于细胞前端侧面，其结构有3种类型。一种是双凸形的透镜在前，弯曲的色素板在后；一种是弯曲的色素板在前，双凸形的透镜在后；一种是双凸形的透镜在前，弯曲的色素板在后，中间有1层无色的感光层。其中双凸形透镜是感光部分，弯曲的色素板是选择反射光线的表面，无色感光层是集光线于一点的场所。单细胞体或群体的游动型海藻普遍有眼点，大型海藻繁殖时产生的游动型生殖细胞一般也有眼点，眼点的形状有卵形、环形或亚线形等（李伟新等，1982）。

13. 液泡

液泡是植物细胞特有的膜结构，所含主要成分是水和代谢产物，如糖类、脂质、蛋白质、有机酸和无机盐等，其主要功能是调节细胞的渗透压。由小液泡融合而成的大液泡，能增强细胞张力，也是养料和代谢物的储存场所。海藻中大多数种类的细胞有大小不同的液泡。

二、海藻藻体的结构

1. 单细胞体

无论是微型还是大型单细胞体海藻，其结构特点见上文所述海藻细胞的结构特点。

2. 群体

①微型群体。细胞直接相连，或藻体由许多单细胞体被公共胶质包埋而成，结构似单细胞体海藻。

②大型群体。海藻由许多独立生活的单细胞体或多细胞体海藻个体聚集而成。由大型单细胞体聚集而成的群体海藻，其结构特点似大型单细胞体海藻。大型多细胞体海藻的结构较复杂，基部往往具有一个公共的固着器，其上长出许多能独立生活的多细胞体。群体中的多细胞体海藻结构与独立生活的多细胞个体相同。

3. 多细胞体

多细胞体海藻除少数具有运动能力外，如螺旋藻、颤藻等，其他大多不能运动。运动的种类通常不是依靠鞭毛进行运动。多细胞体海藻细胞间大多具有孔状联系，并且藻体最外层有公共的胶质外壁。

①丝状体。无论藻体分枝还是不分枝，海藻的细胞分化较少。藻体常表现出在端细胞与其他部位细胞形状上的差异。藻体基部常分化出形成固着器的细胞，这些细胞比其他细胞细长，不具有生殖功能，中间细胞长筒形或短筒形，顶端细胞圆钝或尖细，短筒形或长筒形。

②异丝体。藻体分化出匍匐部。有的海藻匍匐部为分枝或不分枝的丝状，通常由单列细胞组成，细胞长筒形或短筒形，有的具公共胶质鞘；有的海藻匍匐部为膜状，细胞平面展开并紧密排列。匍匐部细胞有或无生殖能力，有的海藻由匍匐部细胞产生生殖囊。

③膜状体。藻体细胞分化较多，形成多种组织，常见的如表皮层、皮层和髓部组织，各组织细胞的形状、大小通常有明显差异，结构上最主要的区别为色素体的有无，细胞壁的厚薄、孔状联系的有无和各组织细胞数量的多少。有的藻体还出现黏液腔、气囊、叶片等，并在生殖期形成特殊的生殖结构，如果胞枝、产孢丝、囊果、生殖窝、单室囊、多室囊和生殖托等。

复习题

1. 大型底栖海藻的形态具有哪几种类型？
2. 异丝体与丝状体的区别是什么？
3. 假膜体与膜状体的区别是什么？

第三章　海藻的生殖与生活史

第一节　海藻的生殖

生殖是由母体增生新个体的现象。海藻的生殖类型包括营养生殖、无性生殖和有性生殖（Chapman, 1979）。

一、营养生殖

营养生殖是不通过任何专门的生殖细胞进行生殖的方式，又称营养繁殖。在适宜的环境条件下，这种生殖方式可迅速增加个体数量。

海藻进行营养生殖时，通常存在以下几种方式：

1. 细胞分裂

通常单细胞微型海藻以这种方式生殖。原核海藻中的单细胞个体在一定时期，细胞中部产生环形壁，环形壁逐渐加宽，最后形成横隔壁，将原来细胞的原生质、中央体和细胞壁分为两半，直接形成两个细胞，这种由一个母细胞连同细胞壁均分为两个子细胞的过程叫细胞分裂。真核海藻中单细胞个体的细胞分裂是经过有丝分裂完成的。常见的细胞分裂为纵向分裂（简称纵分裂）和横向分裂（简称横分裂）两种。

2. 断裂生殖

单细胞大型海藻可通过断裂产生藻体小段或碎片；群体海藻断裂，即由一个群体分裂成许多较小的群体；多细胞体海藻中丝状体和枝叶状体可通过断裂的方式产生藻体小段或小枝，膜状体可通过断裂的方式产生藻体碎片，在适宜的环境条件下，这些小段、小枝或碎片继续生长成为与原来形态结构相同的新藻体。上述这类生殖方式称为断裂生殖。多细胞体丝状海藻通过断裂产生的藻体小段又称藻殖段。

3. 繁殖小枝

褐藻类的某些海藻在一定时期藻体上产生特殊形态的小枝，这些小枝脱离母体后，在适宜的环境条件下，可继续生长成为与母体相同的新藻体，这种具有生殖能力的小枝称为繁殖小枝。

4. 假根再生

某些海藻在不良环境条件下，藻体的枝叶腐烂流失，但假根留存，以度过严寒或炎热的季节，等到季节变换、条件适宜时，从假根处萌发长出新的个体，这种生殖方式称为假根再生，如马尾藻科的海藻具有这种生殖方式。

5. 叶基再生

有的藻体生殖后或在不良环境条件下，藻体的叶片腐烂流失，只残留固着器、柄和叶基，等条件适宜时，叶基生长点细胞分裂增殖，长出新的叶片，之后形成完整的新个体，这种生殖方式称叶基再生，如海带孢子体。

二、无性生殖

无性生殖是通过产生孢子进行生殖的方式，又称孢子生殖。进行无性生殖时，先是核物质或细胞核经过有丝分裂或减数分裂产生子核，在细胞核分裂完成后或核分裂的同时细胞质发生分裂，产生的每个原生质小团包裹一个子核，由此在一个母细胞内形成数量为 2 的倍数的小细胞，即孢子；孢子离开母体后，在适宜的环境条件下萌发生长成新的完整藻体。

产生孢子的藻体为孢子体，产生孢子的母细胞为孢子囊。根据孢子能否运动，将孢子分为游孢子和不动孢子两种类型。海藻产生的不动孢子包括似亲孢子、厚壁孢子、休眠孢子、复大孢子、内生孢子、外生孢子、单孢子及多孢子、四分孢子、果孢子等。

1. 游孢子

游孢子又称动孢子，即藻体产生的有鞭毛、能运动的孢子，通常呈梨形。成熟的游孢子从孢子囊细胞壁上一个胶化的小孔中释放出来，或因孢子囊细胞壁的破裂而被释放出来。释放后的孢子在水中自由运动，游动的持续时间因物种和外界环境条件而异。多数藻类的孢子游动时间为 1～2 h，但也有短为 3～4 min，长为 2～3 d 的种类。游孢子在游动期内一般没有细胞壁，只有在孢子遇到合适的基质停止运动时，孢子缩回或失去鞭毛，此时才形成细胞壁，孢子继而发育成新藻体。

2. 不动孢子

不动孢子又称静孢子，即藻体产生的没有鞭毛、不能运动的孢子，通常有细胞壁。在海藻中常见的不动孢子包括以下几种类别：

①似亲孢子。形态构造上与母细胞相似的不动孢子，称为似亲孢子。以似亲孢子进行生殖是微藻绿球藻目（Chlorococcales）某些科的海藻唯一的生殖方式。一个母细胞产生似亲孢子的数目是 2 或 2 的倍数个。

②厚壁孢子。厚壁孢子又称原膜孢子或厚垣孢子。有些海藻在生活环境不适宜时，营养细胞会储藏丰富养料，细胞壁直接增厚，形成厚壁孢子。该孢子可长期休眠，当环境条件好转时，萌发形成新藻体。

③休眠孢子。在环境条件不良时，有些海藻种类在细胞内另生被膜，这样形成的孢子称为休眠孢子。该孢子可长期休眠，当环境条件好转时，才萌发形成新藻体。

④复大孢子。由于硅藻细胞壁的特殊构造，细胞每分裂一次就会缩小一些（新细胞壁是原细胞壁厚度的 1/2），连续分裂下去，细胞就会持续缩小，当细胞缩小到一定程度时，就会产生一种特殊的孢子来恢复细胞的大小，这种特殊的孢子称为复大孢子。

⑤内生孢子。藻体细胞的原生质体先分裂成一定数目的原生质小团，然后细胞壁破

裂，释放出来的原生质小团经变态后形成的孢子叫内生孢子，如皮果藻属海藻。

⑥外生孢子。藻体细胞一端的细胞壁先破裂，然后原生质团由破壁处顺次缢缩而出，形成的原生质小团经变态后形成的孢子叫外生孢子，如管孢藻属海藻。

⑦单孢子及多孢子。某些红藻种类的孢子体能产生单孢子囊，每个单孢子囊只产生一个孢子，这种孢子叫单孢子。还有一些红藻种类的孢子体能产生多孢子囊，每个多孢子囊能产生 4 个以上的孢子，这种孢子叫多孢子，如仙菜目一些种类的多孢子囊能产生 8 个或更多的孢子。

⑧四分孢子。孢子体的营养细胞形成孢子囊，由它经过减数分裂产生 4 个孢子，每个孢子叫四分孢子。4 个四分孢子在形态上完全相同，但在本质上有差别，其中 2 个孢子萌发成雄配子体，另外 2 个萌发成雌配子体。这是红藻类海藻在无性生殖时产生的主要孢子类型。四分孢子囊产生四分孢子的分裂方式通常有 3 种，即十字形分裂、带形分裂和四面锥形分裂。褐藻门中的网地藻也能产生四分孢子，其藻体表面细胞形成四分孢子囊，孢子囊球形，单生或集生，之后通过减数分裂产生四分孢子，成熟的孢子由孢子囊顶部放出，孢子分泌纤维素、形成细胞壁后直接萌发并长成配子体。

⑨果孢子。产生果孢子的藻体叫果孢子体，又称囊果，是由合子不经过减数分裂发育而成的。囊果是红藻中的一类特殊个体，往往寄生在雌配子体上，凸起或凹入，由囊果被和产孢丝组成，产孢丝的顶端或全部细胞可以发育形成果孢子囊，后者成熟后释放果孢子。果孢子通过囊果破壁或其上形成的孔（囊果孔）释放到体外，在适宜条件下萌发并长成孢子体。

三、有性生殖

有性生殖是通过产生雌、雄两性配子进行生殖的一种方式。一般由海藻的孢子囊经减数分裂产生的孢子萌发而成的新藻体称为配子体。配子体生长发育至一定阶段，藻体的某些细胞即形成配子囊或果胞。配子囊包括精子囊和卵囊，能产生 2 个、4 个、8 个、16 个、32 个或 64 个及以上数量的配子。配子呈梨形、卵形或椭圆形，含 1 个色素体。配子有雌配子和雄配子、游动配子和不动配子之分。一般游动配子具 2 条鞭毛。配子为单倍体，含单核，通常无细胞壁。雄配子和雌配子结合成为合子，合子分泌或薄或厚的细胞壁。具薄细胞壁的合子可直接萌发长成新个体，而具厚细胞壁的合子一般要经过休眠后才萌发长成新个体。有些海藻的 1 个合子长成 1 个新个体，有的经分裂可发育成多个新个体。

大型红藻和褐藻中的一些种类在进行有性生殖时，配子体发育到一定阶段形成生殖窝，生殖窝具有雌雄之分。有的生殖窝中形成精子囊，有的生殖窝中形成卵囊，有的生殖窝中二者都有，即生殖窝存在雌雄异窝及雌雄同窝的现象。精子囊和卵囊成熟后分别产生精子和卵。

根据形成合子时雌、雄配子的特点，将有性生殖分为以下 4 种：

1. 同配生殖

形态与大小都相同的雌、雄配子（同形配子）结合形成合子的生殖方式。从外形上不能区分雌、雄配子。这种生殖方式为最原始的有性生殖。

2. 异配生殖

形态相似而大小不同的雌、雄配子（异配子）结合形成合子的生殖方式。小的为雄配子，大的为雌配子，这种生殖方式比同配生殖进化。

3. 卵配生殖

形态、大小都不相同的雌、雄配子结合形成合子的生殖方式。其中，雌配子大而雄配子小，雄配子有鞭毛、能运动或无鞭毛、无运动能力，雌配子无鞭毛、不能运动。通常雌配子又叫卵（大型红藻中称为果孢），雄配子又叫精子。这种生殖方式是有性生殖中最高级的类型。大型海藻红藻进行有性生殖时，产生的精子和果孢均无鞭毛，不具有运动能力。

4. 单性生殖

又称孤性生殖。有的配子不经过合子形成过程，可直接萌发长成新个体，这类生殖方式称为单性生殖或孤性生殖，包括孤雌生殖和孤雄生殖。孤雌生殖是雌配子直接萌发长成新个体的生殖方式；孤雄生殖是雄配子直接萌发长成新个体的生殖方式。以孤雌生殖较为常见，通常雌配子或雄配子通过单性生殖萌发长成的新个体仍为同性别配子体。

第二节　海藻的生活史

一、定义

生活史是指一个有生命的个体从其获得生命开始直至生命结束为止的整个历史，包含了生物个体发育变化的全过程。海藻的生活史是海藻在整个生长发育过程中所经历的全部时期，或一个海藻个体从出生到死亡所经历的各个阶段的总和。

虽然海藻比高等植物的结构简单，但是在整个植物界的系统发育和分类系统中，海藻有 11 个门类，相同或不同门类的海藻，其形态结构有所不同，单细胞体、群体或多细胞体海藻的生殖类型也有差异。并且各类海藻虽然都分布在阳光能透过的海洋水体中，但是处于不同生态环境中的它们还是形成了各自的生活习性。因此，海藻的生活史是多样化的。

海藻的生活史涉及 3 个要素：

①孢子体与配子体的形态、大小；

②减数分裂发生的时期，这是确定藻体是单倍体或二倍体的关键；

③孢子与配子的特性及形成阶段。

二、类型

蓝藻类海藻没有真正的细胞核，属于原核生物，它们不进行有性生殖，只进行简单的细胞分裂和孢子生殖，在个体发育过程中，藻体形态在生殖前后没有发生任何实质的变化，因此它们是生活史最简单的海藻类型。属于这种简单生活史类型的海藻还包括其他门类的真核单细胞体海藻。

具有有性生殖能力的海藻，其生活史较为复杂，出现了藻体细胞的核相交替现象，产生了细胞核相不同的单倍体（配子体）和二倍体（孢子体）藻体。这两种核相不同的藻体在海藻生活史中有规律地互相交替出现的现象称为世代交替。比较配子体与孢子体在形态、大小、构造等方面的差异，可将这类海藻的生活史划分为两种类型，即两种世代交替类型：等世代交替（同形世代交替）和不等世代交替（异形世代交替）。

依据生活史中有几种类型的海藻个体、体细胞为单倍体或二倍体、有无世代交替，研究海藻生活史的 3 个要素，将存在有性生殖的海藻的生活史划分为以下类型。

1. 单世代（单元）型生活史

此类型生活史只出现一种类型的藻体，没有世代交替现象。根据海藻体细胞染色体数目为单倍或二倍的，单世代型生活史又可分为单世代单倍体型和单世代二倍体型两种类型。

①单世代单倍体型。藻体是单倍体。有性生殖时，体细胞直接转化成单倍体生殖细胞，仅在合子期为二倍体；合子在萌发前经减数分裂产生新的单倍体藻体。这种类型的生活史只有核相交替而无世代交替，如衣藻的生活史。

②单世代二倍体型。藻体是二倍体。有性生殖时，体细胞经减数分裂后产生单倍体生殖细胞；合子不再进行减数分裂，直接发育成新的二倍体藻体。这种类型的生活史只有核相交替而无世代交替，如马尾藻的生活史。

2. 2 世代型生活史

此类型生活史不仅有核相交替，而且有两种类型藻体世代交替的现象。根据两种藻体的形态、大小以及能否独立生活，此类型生活史又分为以下两种类型。

（1）等世代交替型

生活史交替出现二倍体的孢子体和单倍体的配子体，且两种藻体独立生活，二者形态相同、大小相近，这种生活史类型为等世代交替型生活史，又称同形世代交替型生活史。孢子体成熟后经减数分裂产生单倍体的孢子，孢子发育为配子体；配子体成熟后产生单倍体的雌、雄配子，两性配子结合形成二倍体的合子，合子萌发长成二倍体的孢子体，如石莼的生活史。

（2）不等世代交替型

生活史交替出现二倍体的孢子体和单倍体的配子体，且两种藻体独立生活，二者在外形和大小上有明显差别，这种生活史类型为不等世代交替型生活史，又称异形世代交替型生活史。

根据孢子体和配子体的大小不同，将不等世代交替型生活史分为 2 种：

①配子体大于孢子体型。在生活史中，大型的配子体成熟后产生单倍体的雌、雄配子，两性配子结合形成合子，合子萌发长成小型的二倍体孢子体；孢子体成熟后产生二倍体孢子，孢子萌发时发生减数分裂，长成大型单倍体的配子体，如坛紫菜的生活史。

②孢子体大于配子体型。在生活史中，大型的孢子体成熟后，经减数分裂产生单倍体孢子，孢子萌发长成小型单倍体的配子体；配子体成熟后产生单倍体的雌、雄配子，两性配子结合形成合子，合子萌发长成大型的二倍体孢子体，如海带的生活史。

3. 3 世代型生活史

此类型的生活史不仅有核相交替，还有 3 种藻体世代交替的现象。常见于某些红藻类型，如江蓠的生活史。这种类型有 3 个藻体世代：

①孢子体。该世代藻体为二倍体。孢子体成熟后，经减数分裂产生单倍体的孢子，孢子萌发长成配子体。

②配子体。该世代藻体为单倍体。配子体成熟后产生单倍体雌、雄配子，两性配子结合形成二倍体合子，合子萌发长成寄生于雌配子体上的二倍体果孢子体，果孢子体成熟后产生二倍体果孢子，果孢子萌发长成二倍体的孢子体。

③果孢子体。该世代藻体又叫囊果，不能独立生活，寄生于雌配子体上。

复习题

1. 海藻的生殖方式有哪几种？
2. 海藻的营养繁殖包括哪几种类型？
3. 海藻无性生殖时产生的孢子种类有哪些？
4. 简述海藻异形世代交替型生活史的过程。
5. 简述海藻 3 世代型生活史的过程。
6. 简述海藻单世代单倍体型生活史的过程。

第四章　海藻的生态

第一节　海藻的生态分布

一、海岸的类型

海岸即陆地与海洋交界的地方。我国从北向南的海岸线漫长，根据海区底质与周围环境特点，一般海岸可分为下列几种类型：

1. 砂砾港湾海岸

海区为砂砾底质。山东半岛、辽宁半岛和广东的许多海岸属于此类。

2. 淤泥滩港湾海岸

海区为淤泥底质。福建和浙江的大部分海岸属于此类。

3. 大河口和淤泥质平原海岸

海区位于河流入海口，为淤泥底质。长江三角洲、黄河三角洲、珠江口、渤海湾和江苏北部海岸属于此类。

4. 珊瑚礁海岸

海区为珊瑚礁底质。西沙群岛、东沙群岛、南沙群岛及海南岛等地的海岸属于此类。

5. 陡峭的山地悬崖岸

海区位于山海相接地域，为珊瑚礁底质。高耸的悬崖与海平面几乎垂直相接，海岸窄小。山东半岛的成山头、万山群岛的担杆岛东岸和台湾岛东岸都是典型的悬崖岸。

二、海藻的垂直分布

1. 海洋生物的垂直分布区域

海洋生物的垂直分布区域指海岸以下、有生物分布的海区，具体可划分为以下几个区域。

（1）潮带

潮带是与潮汐相关联的地带，包括潮上带（uppertidal zone）和潮间带（intertidal zone），有许多海藻及其他海洋生物在此区域分布。

①潮上带，是指大潮期间潮水涨至最高位置以上，即最高潮线（大满潮线）以上，海水淹不到、浪花可溅及的地带。

②潮间带，即位于大潮期间潮水涨至最高位置和退至最低位置之间的地区，一般区

域宽度可达数十米至数百米，可进一步划分为 3 个潮带：

a．高潮带：小潮期间潮水涨至最高的位置（小满潮线）与大满潮线之间的地带。

b．中潮带：小潮期间潮水退至最低的位置（小干潮线）与小满潮线之间的地带。

c．低潮带：大潮期间潮水退至最低的位置（大干潮线）与小干潮线之间的地带。

（2）浅海区

潮间带以下，海水退不下去、永不露空的地带称为潮下带。浅海区是指水深 200 m 以内的潮下带海区，一般又称大陆棚，是游泳鱼类和浮游动植物活动或生长的区域，也是主要的渔场所在地。浅海区底栖动物也很多，大型绿藻、红藻和褐藻种类丰富。

（3）深海区

大陆棚以下，即 200～4 000 m 水深的海区为深海区。一般认为该区域生物以浮游生物和游泳生物为主，没有海藻分布。

2. 海藻的垂直分布

海藻是海洋生物的重要组成部分，作为生产者需要进行光合作用，而光射入海水的深度有限，故海藻的垂直分布受光照与水深等因素的影响。

（1）海藻垂直分布的区域

海藻的垂直分布区域因海区而异，即同一种海藻在不同海区，因光照条件的差异，生长的区域也有变化。海藻垂直分布的区域包括潮带与浅海区两大区域，具体为潮上带、潮间带和潮下带。

（2）影响因素

①海藻垂直分布受光照影响。光照是影响海藻生长的直接因素，因此是影响海藻垂直分布的主要因素之一。海水中的光照来源于太阳光，当太阳光透射到海水中时，除受到各种光波波长性质的影响外，还受海水吸收及散射作用的影响，海水中的光照条件比陆地差，海水不同深度的光照条件有差异。据光谱成分分析，太阳光可分为可见光与不可见光两部分，前者有红光、橙光、黄光、绿光、青光、蓝光、紫光，后者有红外线和紫外线等。其中，红外线的波长为 760～1 000 nm，可见光的波长由红光的 760 nm 减至紫光的 400 nm，前者为长波光，后者为短波光。实验证明，波长长的光容易被海水吸收，不能透入较深的水域，而短波光则能透入较深的水域。因此，适应强光照的海藻可生长在潮间带或浅水区，适应弱光照的海藻则生长在较深的水层。礁膜、坛紫菜等生长在高潮带，是耐强光和耐干的海藻；而裙带菜、雷州马尾藻等海藻可生长在低潮带以下较深的水层，属于喜弱光和不耐干的海藻。

②海藻垂直分布与海水的透明度有关。海水的透明度影响太阳光在海水中照射的深度，间接影响海藻的垂直分布。我国黄海、东海沿岸水域，尤其在河口附近，一般海水透明度很低，其最大值不超过 5 m，此处海藻的垂直分布水层较浅，通常在低潮带至潮下带 3～5 m 水层，且生长繁茂。而南海沿岸海水的透明度较高，此处海藻的垂直分布水层较深。黄海中部海水的透明度由西向东逐渐增加，由 10 m 可增至 20 m。东海北部和黄海中部相同，其南部海水的透明度的值由西向东递增，由 10m 增至 30 m。南海海水的透明

度向南增加，东沙群岛、西沙群岛、南沙群岛海水的透明度一般为20 m以上，这些区域的海藻于潮下带20～50 m水层生长且很繁茂。因此在外海岛屿潮下带生长的海藻，其垂直分布的水层一般较大陆沿岸的深。

三、海藻的地理分布

（1）定义

广义的海藻地理分布是指海藻的水平分布，狭义的海藻地理分布是指海藻的一个种、一个属或者一个科在海洋中的分布地点与范围。每种海藻都有其地理分布特点，如热带性海藻一般分布在热带，温带性海藻分布在温带，而寒带性海藻分布在寒带。狭温性、狭盐性海藻（如海人草）分布范围窄，而广温性和广盐性海藻则分布范围广。一般分布范围广的种类，对环境变化有较强的适应能力；分布范围窄的种类适应能力也较弱。

（2）影响因素

①温度。温度是影响海藻地理分布的主要因素之一。各种海藻都有其适宜生长、生殖的水温范围，海水表面温度影响海藻的地理分布。当适宜生长于某一温度带的海藻，在扩大分布区域时其个体的产生数量会随着温度的改变而逐渐减少，当温度超过了藻体繁殖、生长的最高或最低温度界限，藻体绝迹。地理学家已注意到可以应用农作物或植被作为气候带划分的指标，同样地，有些海藻也可作为海水温度的指标。

②海流。海流也是影响海藻地理分布的主要因素之一。海藻繁殖细胞主要依靠繁殖期的海流传播。海藻多数为孢子植物，生殖细胞主要为孢子或配子，而具有丰富养料的受精卵，其寿命比孢子长，传播范围较大，因此在海藻地理分布形成方面有重要的作用。海藻的孢子、配子或受精卵进入海水后，在海流的作用下进行传播。例如，我国台湾地区有暖流流过，带来了钙扇藻、仙掌藻、麒麟菜等许多热带性海藻，而在与台湾地区地理相邻、纬度相似的福建、广东沿岸，因为没有暖流或其较强的支流经过，便没有这些热带性海藻分布。

第二节　海藻的区系

一、定义

一个海区的潮间带和潮下带底质上生长着各种颜色的底栖海藻，这些海藻在一定的环境中共同生活，便组成一个海藻区系。各海区的自然条件不同，生长的海藻种类也有差异。一个海区内，在地形、底质、水温、盐度、光照、其他海洋生物等生态因子的作用下，海藻的自然种群周年有规律地出现，该海区周年出现的海藻体系称为海藻区系。因此海藻区系与具体的海区有关（刘正一，2014；尹秀玲等，2004；张义浩等，2002；张淑梅等，1998；张水浸，1996；隋战鹰等，1995），范围大小不一。

每个海藻区系均有一定数量的海藻种类组成，是在生物与环境相互联系的长期历史发展中形成的产物，有相对的稳定性。动物的吞食、人类的采捞等外因可以暂时改变一个区系中某些海藻成分的数量，但不会改变区系的性质；而某些化学或物理因子的改变，往往可引起海藻成分以及区系性质的变化。

二、海藻区系的种类组成

组成一个区系的海藻种类，根据海藻数量和在海区内分布面积的差别，可分为 5 种类型（曾呈奎等，1960）：

①优势种。数量多、分布范围广，是最常见的种类。

②习见种。数量较优势种少，但分布范围广，是常见的种类。

③局限种。数量很多，但在一个海区内分布范围不广，只限于部分区域生长的种类。

④少见种。数量很少，但分布范围很广的种类。

⑤稀有种。数量极少，分布范围很窄，是不易见到的种类。

其中优势种和习见种是一个海区海藻组成的代表。

三、海藻区系的特点

一个海藻区系的特点除海藻种类组成外，还包括以下 3 个方面。

1. 温度特点

包括海藻的温度特点与海藻区系的温度特点。

（1）海藻的温度特点

生物学实验法和标本分析法可确定区系中海藻的温度适应特点。每个区系中的海藻组成是这些海藻在该海区长期适应的结果，因此一个海藻区系的温度特点是该区系中海藻温度特点的总和。海藻根据温度特点划分为 3 种类型（曾呈奎，1963）：

①冷水性种。海藻生长、生殖适宜温度为 4℃以下，分布于寒带及邻近的高纬度海区。该种又可细分为寒带种（生长、生殖适宜温度为 0℃左右）和亚寒带种（生长、生殖适宜温度为 0～4℃）两类。

②温水性种。海藻生长、生殖适宜温度为 4～20℃，分布于寒流与暖流交汇区、寒流南端和暖流北端海区及中纬度海区。该种又可细分为冷温带种（生长、生殖适宜温度为 4～12℃）和暖温带种（生长、生殖适宜温度为 12～20℃）两类。

③暖水性种。海藻生长、生殖适宜温度为 20℃以上，分布于赤道附近的热带海区。该种又可细分为亚热带种（生长、生殖适宜温度为 20～25℃）和热带种（生长、生殖适宜温度＞25℃）两类。

（2）海藻区系的温度特点

根据区系的优势种和习见种的温度性质，确定海藻的最适温度范围，将海藻区系划分为 5 个区系：

①寒带区系，区系中主要海藻种类的最适温度为 5℃以下。

②亚寒带区系，区系中主要海藻种类的最适温度为5～10℃。

③温带区系，区系中主要海藻种类的最适温度为10～20℃。

④亚热带区系，区系中主要海藻种类的最适温度为20～25℃。

⑤热带区系，区系中主要海藻种类的最适温度为25℃以上。

2. 区划特点

我国四大海域属于北太平洋西部水域的一部分，在早期研究海藻区划问题时，曾呈奎等（1959）将我国海域划分为以下几个区。

（1）黄海区

从海藻区系角度，将渤海包括在黄海区内，可以认为黄海区是黄海的一个大海湾（曾呈奎，2009）。黄海区可以进一步划分为两个区，而我国海域划分在1个区内。

黄海西区，包括北起鸭绿江口、南至长江口的我国沿海区域，受大陆气候影响，全年水温变化较大。

（2）东海区

北起黄海南边，南以我国福建平潭至台湾富贵角一线与南海分界。该区可分为东西两个区，而我国海域主要划分在1个区内。

东海西区，指从长江口北岸海门嘴至福建平潭的沿海区域（曾呈奎等，1959）。

（3）南海区

包括我国的台湾岛、福建南部和广东沿岸，南临加里曼丹岛，东临菲律宾，西临越南、马来半岛等，还包括我国的海南岛和东沙群岛、西沙群岛和南沙群岛（三沙）区域。在该区域，我国海域又可分为南北两个区。

①南海北区，指自福建平潭以南经雷州半岛至北部湾北部区域。

②南海南区，全域面积较广，我国海域包括台湾岛、海南岛和三沙区域。

3. 种类的来源特点

海藻缺乏自由移动的能力，或虽有运动能力，但运动能力较弱，单靠自身运动能活动的区域范围较小。因此，需要海流将海藻的孢子或受精卵由某一海区带至其他海区。

在海流的作用下，冷水性种类海藻随着寒流向南传播；暖水性种类海藻随着暖流向北传播；温水性种类海藻则随海水的流动向四周传播。

一个物种的生殖细胞从一个地点移动至另一个与原地点环境差异不大的地点，当遇到合适的基质时，该物种就可以固着生活下来；如果一个物种适应能力较强，或变异能力较强，在到达一个新地点后，就可能固着生活下来，从而扩大了一个物种的分布范围。

因此，一个海藻区系的海藻种类，除发源于本海区的种类外，还有随海流从外地迁入的种类；也有由于地理隔离，同一物种的不同种群彼此不能杂交，基因不能交流，遗传基础分化，最终形成的新物种。另外，在同一地点的海藻种类，随着时间的流逝，在适应环境的变化中，可能会逐渐改变自身的遗传基础，从一种海藻类型转化成另一种海藻类型。

四、研究海藻区系的意义

（1）了解区系性质与起源

无论是本地区海藻种类的演化，还是经过海流传播引入外地种类，都会引起海藻区系成分的变化。因此对区系成分的分析，可帮助我们解决区系的性质和起源问题。

（2）便于资源开发利用

海藻资源的开发利用，即有计划地充分利用海区中生长的经济海藻，但又不致使海藻资源枯竭。确定一种经济海藻的开发价值，依据其本身具有的经济价值和自然产量开发，如少见种或稀有种因数量少，即使经济价值大，也无开发意义（解决了人工栽培技术的除外）。具有经济意义的优势种、习见种，因其分布面积大、产量大，故而具备较高的开发价值。因此，对区系组成及种类进行研究，是开发利用海藻的基础。

（3）便于资源保护

开展海藻资源保护，是使区系中经济海藻的种群充分发展，增加海藻自然产量的重要举措。我国福建平潭、金门和东山岛等地，劳动人民创造的菜坛栽培海藻的方法，就是在附苗季节前进行清坛处理，在适宜的海区与潮位，使区系内经济价值高的优势或习见经济种类（如紫菜、海萝等）大量增殖、繁茂生长的一种方式。因此，研究海藻区系对进行海藻资源增殖保护或菜坛生产具有重要的意义。

（4）合理布局海藻栽培场

我国的海岸线长，地跨北温带，南至热带，南北地域海洋环境差别很大，各海区的海藻区系也不同。在研究海藻区系性质的基础上，可以对海藻栽培场进行合理布局，充分发挥各海区经济海藻的生产潜力。

五、我国的主要海藻区系

曾呈奎等（1959）认为我国海藻区系的区划可分为三区四小区。所以结合各区域的水温等自然条件以及海藻种类的温度特性，将我国的海藻区系划分为以下 4 个。

1. 黄海沿岸海藻区系

黄海与渤海海域区系，即从鸭绿江口至长江口我国沿岸的海藻区系。该海藻区系的主要特点包括以下几个方面。

①底质：辽东半岛及山东半岛以岩礁海岸为主，渤海湾内及黄海南部一般为淤泥积滩。

②海流：西部有中国沿岸流，自渤海湾经山东半岛南下；东部有沿朝鲜半岛北上的西朝鲜海流，该海流可达辽东半岛。

③水温：属温带。但受大陆气候的影响，全年水温相差较大，整个地区的水温冬季 2 月在 6℃以下，夏季 8 月为 24～27℃。

④海藻组成：该区系已定名海藻 204 种。以孔石莼、刺松藻、海蒿子、海黍子、蜈蚣藻、海膜、鸭毛藻等温水性种类为主，也有团扇藻、海索面等亚热带种类，以及少量

单条胶黏藻等亚寒带种类分布。大多属暖温带种类。

2. 东海沿岸海藻区系

指我国沿岸长江口和福建平潭之间的海藻区系。该海藻区系的主要特点包括以下几个方面。

①底质：因长江三角洲的沉积，该海区北部为泥沙积滩，中南部为岩礁海岸与泥沙滩涂相嵌的底质。

②海流：西部有南下的中国沿岸流，经该海区西岸流入南海，东部有沿台湾西岸流向东北的一条台湾暖流支流，这些海流对该海区有一定影响。

③水温：属温带。整个区域冬季2月的平均水温为7～14℃，夏季8月为27～28℃。

④海藻组成：该区系已定名海藻100多种，以蛎菜、条浒苔、裂叶马尾藻、昆布、鸡毛菜、小杉藻及粗枝软骨藻等暖温带种类为主，未见亚寒带种类，未见黄海盛产的褐毛藻、松节藻等冷温带种类，东海盛产的亚热带海藻如鹧鸪菜、沙菜（不产于黄海）等，因此，海藻组成的暖温带性比黄海更明显，南部有一定数量的亚热带海藻组成。

3. 南海沿岸海藻区系

指自我国沿岸福建平潭以南至广西北部湾一带的海藻区系。该海藻区系的主要特点包括以下几个方面。

①底质：包括泥沙、沙质、沙泥和礁石底质海区。

②海流：该海区西面有经东海流入的大陆沿岸流，东面受经台湾西岸的台湾暖流东北流支流的影响。

③水温：属亚热带。整个地区冬季2月的平均水温为15～19℃，夏季8月为28～29℃。

④海藻组成：该区系已定名海藻200多种，以长松藻、缘管浒苔、绒毛蕨藻、铁钉菜、亨氏马尾藻、褐舌藻、沙菜、鹧鸪菜、细基江蓠等亚热带种类为主，蛎菜、舌状蜈蚣藻等暖温带种类也有一定的分布，而南部有伞藻、网胰藻、芋根江蓠等热带种类。

4. 我国南海的台湾岛、海南岛、东沙群岛、西沙群岛与南沙群岛的海藻区系

该海藻区系的主要特点包括以下几个方面。

①底质：除岩礁沙滩外，多珊瑚礁底质海区。

②海流：南部有北赤道—台湾暖流流经台湾岛两岸，其中有一条支流流入南海的巴士海峡。

③水温：属热带。周年温差较小，整个地区冬季2月的平均水温为20～29℃，夏季8月在29℃以上。

④海藻组成：已定名的海藻多达400多种。台湾岛有277种，海南岛、东沙群岛、西沙群岛有132种。以网石莼、指枝藻、大叶仙掌藻以及蕨藻属、热带性马尾藻类、喇叭藻属、乳节藻属、麒麟菜属等热带种类为主，也有绒毛蕨藻、铁钉菜、沙菜、脆江蓠等亚热带种类，在台湾岛北部、西部及海南岛有少量礁膜、条浒苔、圆紫菜和蜈蚣藻等藻类分布（Titlyanov et al., 2017，2011）。

第三节　海藻的生态因子

生活在海洋中的藻类，其生长、繁殖往往受生态因子的影响，其中与海藻的生长、生殖、分布密切相关的因子有光、温度、盐度、营养、酸碱度、潮汐、波浪、海流和底质。

一、光

1. 光源

自然条件下，海藻生长所需光源为太阳光；人工培养海藻时，除以太阳光为光源外，也可利用人工光源。太阳光是海洋生产力的最终能量来源，是海藻进行光合作用的基础，是影响海藻最重要的生态因子。人工培养海藻时，大型室外培养采用太阳光作为光源，而小型室内培养可利用白炽灯或白色日光灯或LED（发光二极管）日光灯等人工光源。极端易变是太阳光的特点，而人工光源的强度及照射时间容易控制。LED日光灯与普通白色日光灯相比，具有节电、环保和高光效的优点。

2. 光照强度

光照强度是指单位面积接受可见光能量的度量，简称照度，单位为勒克斯（符号为lux或lx）。光照强度是一个物理术语，用于指示光照的强弱和物体表面积接受的光能量。照度计/仪是用来测量光照强度的专用设备。自然界中，太阳光在地球大气层外是连续的，但当太阳光穿过大气层时，由于大气的吸收、反射和散射等作用，只有大约50%的光到达海面。在海洋表面，光照强度具有明显的纬度梯度变化和季节周期，并在南北两极以外的地区有昼夜交替现象。照射到海水表面的太阳光，一部分又被海水表面反射回大气层，另一部分则进入海洋。在太阳光进入海洋的传播过程中，由于海水的吸收和散射作用，太阳光发生衰减。因此，在海水中不同深度光照强度有差异。

（1）光照强度影响海藻的生长

海藻必须吸收太阳光才能进行光合作用，合成有机物，进行生长发育。海藻的光合作用速率在一定范围内与光照强度成正比，即在一定范围内，随着光照强度的增加，海藻的光合速率逐渐增加；达到某一光照强度时，光合速率达到最大值，这一光照强度称为最适光照强度（或饱和光照强度）；超过最适光照强度，会出现光抑制作用，光合速率降低。光照强度影响海藻的季节生长（Graham, et al., 1985），不同海藻对光照强度的要求有差异，如礁膜生长的适宜光照强度为10 000～15 000 lx；而海带配子体生长的适宜光照强度为1 000～3 000 lx，孢子体为2 000～5 000 lx；当光照强度为8～320 μmol/（m^2 · s）时，浒苔的假根大量形成（Dan et al., 2002）。

（2）光照强度直接影响海藻孢子和配子的放散

研究发现，礁膜配子的放散与光照有密切关系，配子的放散除取决于藻体的成熟度外，还取决于放散前藻体处于黑暗与光照条件下的时间。成熟的配子体经过一段黑暗时间处理后，再经过短时间的光照，配子就能放散，如浒苔孢子成熟及放散要求光照强度在 16 μmol/（$m^2 \cdot s$）以上（Dan et al., 2002）。

3. 光质

光质即光的波长。光是电磁波辐射，以 3×10^8 m/s 的速度进行传递。根据量子理论，光能量以光子的形式进行传递。单一的光子或光量子的能量是其频率（v）和普朗克常数（h）的结果，能量与波长成反比关系。太阳光穿过大气层时，大气对其具有吸收与散射作用，波长小于 290 nm 的光能被氮气（N_2）、氧气（O_2）和臭氧（O_3）分子吸收；波长大于 800 nm 的光能被大气层中的水（H_2O）和二氧化碳（CO_2）分子吸收。因此，透过大气到达海面的太阳光以波长为 300～800 nm 的光为主，其中约有 50%的光由波长大于 780 nm 的不可见红外光或小于 380 nm 的不可见紫外光组成，其余为 400～700 nm 波长的可见光。

（1）光质影响海藻生长

在不同波长光照射下，海藻的光合速率有差异，从而其生长速率也不同。海藻体含有的色素是海藻捕获光能的结构成分。不同种类海藻体中的色素种类及数量有所差异，从而吸收、利用的光波也有所不同。绿藻善于吸收红光和蓝紫光，红藻善于吸收绿光，褐藻善于吸收蓝、绿光。

（2）光照强度与光质都能影响海藻的垂直分布

海水对各种波长光的吸收与散射情况有差异：太阳光中的长波光容易被海水吸收，不能透入较深的水域，而短波光则能透入较深的水域。红外光在水表层几米处就被快速吸收并转换成热。可见光中不同波长的光在海水中传播、透过的深度有差异。红光（波长约 650 nm）很难透入水域，在海面很快被吸收；蓝光（波长约 450 nm）能透过最大深度，在 82 m 处才衰减到 10%，在 150 m 深处仍然有 1%的蓝光透入；绿光（波长 550 nm）在水深 35 m 处只剩下 10%。因此，大型海藻蓝藻、绿藻、红藻和褐藻因其体中所含色素种类的不同，能吸收利用的光不同，从而生长在不同水深处。

一般海藻对某种较强或较弱的光有某种调节适应能力。生长在较深水层的海藻体中的辅助色素具有增强光合能力的作用，如生长在深水中的红藻，常以辅助色素即藻红蛋白吸收短波光进行光合作用；有些生长在深海区的海藻，增加叶绿素浓度使其更好地吸收蓝紫光；也有些海藻在不同光波和光照强度下，具有变色适应能力，如某些硅藻生活在红光和黄光下变为黄绿色，生活在绿光和蓝光下则变为深棕色。

4. 光周期

在自然条件下，光照发生昼夜周期性变化，两次光照出现所经历的时间称为光周期。在实践中，光周期通常用一昼夜中具体的光照（Light，简写为 L）时间与黑暗（Dark，简写为 D）时间来表示，如 12L∶12D 表示一昼夜中光照 12h、黑暗 12h。

光周期会影响海藻的生长与生殖，海藻的生长与生殖对光周期的响应与海藻种类有关。光照周期为 14L∶10D 礁膜具有最大生长速率，达 5.73%～14.41%/d（Kavale et al., 2020）；铜藻在连续光照下出现最大生长速率，但培养后期（培养 10d）生长变缓（李科等，2017）；与长光照周期（12L∶12D 和 15L∶9D）相比，在短光照周期（9L∶15D）时羊栖菜卵细胞的排放更集中，排放量更大（张鑫等，2008）。

二、温度

1. 影响海水温度的因素

海水温度取决于太阳辐射、大气与海水间的热交换、海水蒸发、海底地球活动、海洋内部放射性物质裂变以及海洋中的一些生物化学过程等因素。太阳辐射、海底火山等因素会使海区的水体温度升高。海水蒸发时从水体中吸收大量热量，从而使海水温度降低。同时相邻海水之间的温度差也会使热量由高温处向低温处转移，发生热传导，从而使不同层次海水的温度趋于一致。

2. 海水温度的变化

海水温度的分布与变化，除取决于海区热量平衡的分布与变化外，还与海区地理纬度、海岸类型、海区形状等地理环境以及海流强弱和气象条件有关。由于海水的热容量大，在吸收或散发大量热量的过程中，海水的温度变化不大，地球上整个海洋的年平均水温几乎没有变化。但是在不同季节和不同海区，海水的热量收支有差异。

（1）表层海水温度的变化

由于太阳辐射的作用，表层海水温度呈现自低纬度到高纬度逐渐降低的梯度变化。低纬度海区表层水温经常保持为26～30℃，而高纬度海区可低至0～2℃。太平洋、印度洋和大西洋的表面年平均水温约为17.4℃。其中，太平洋的水温最高，达19.1℃；印度洋次之，达17℃；大西洋最低，为16.9℃（赵淑江，2014）。在大洋中海水温度的日变化小，最高温度与最低温度之差为1℃左右，而沿海地区由于受大陆环境的影响，温度的变化较大，温差在2℃以上。大洋中的水温年变化比日变化大，热带与寒带海洋中，水温年变化为2～3℃，温带海洋可达10℃以上。我国沿岸海水较浅，没有大规模的寒暖流经过，同时受大陆气候影响较大，故水温年变化较大。例如，黄海、渤海海面水温年变化可达25℃以上，冬季最冷时水温为1～2℃，而夏季高达27℃。

（2）海水温度的垂直变化

在海洋垂直方向上，由风和波浪形成的湍流混合将热量从海水表面向下转移。在低纬度海区，表层海水吸收大量热量，形成温度较高、密度较小的表层水，其下方100～500 m处，水温随着深度增加而急剧下降，出现永久性温跃层。温跃层的下方直到底层，水温低并且变化不明显。在中纬度海区，夏季通常在深15～40 m的近海水表面形成一个暂时的季节性温跃层，冬季来临时，表层水温下降，对流混合使上述温跃层消失；而水深500～1 500 m处有一永久性、温度变化较不明显的温跃层。在高纬度海区，热量从海水散发到大气中，表层水冷却、温度降低；而下方水层则从较低纬度流入，温度略高、密度略大；水深超过1 000 m直到底层，温度仅随深度增加而稍微下降，变化不明显。

在大多数海区，水深2 000～3 000 m处的水温从不超过4℃；在大洋最深处，温度甚至可以降至0～3℃。赤道深水区的温度与极地深水区的温度一样，在深海局部范围内，海洋底部的温度由于地热活动而有所升高。

（3）水温变化与海藻生长发育和繁殖关系密切

海藻的生命活动伴随着一系列酶促生物化学反应，受海水温度的制约。通常在适温范围内，海藻的代谢作用随着温度的升高而加强，超出适温范围，代谢作用随着温度的升高或降低而减弱，因此水温影响海藻的周年生长和繁殖。例如，细基江蓠在水温降至30℃以下时开始生长，27℃以下时生长速度加快，适宜温度为25℃；在湛江，细基江蓠生长旺盛时期为12月至翌年3月，其间水温为15～23℃，当水温达23℃以上时，细基江蓠大量成熟。另外，水温影响海藻孢子的萌发。例如，石花菜的孢子在水温24.5℃时萌发速度最快，水温降低则速度减慢，水温降至12℃时则停止萌发，水温超过27.8℃时则出现畸形、死亡，适宜温度为25～26℃。

3. 海水温度影响海藻的分布

海水表面温度影响海藻的地理分布（Graham et al., 1985）。

4. 海藻对海水温度的适应

海水热容量大，海水温度比陆地温度变化幅度小，海藻生存的环境相对比较稳定，因此海藻对温度的耐受幅度比陆地或淡水生物小。多数海藻对温度变化的适应能力不强，因此当海区的海水温度变化大时，海藻的种类变化也很大。

根据海藻对温度的适应范围，将它们分为广温性和狭温性两种种类。所谓广温性种类，是指在较大的温度范围内能够生长的海藻。而狭温性种类，是指在较小的温度范围内生长的海藻，又分为喜冷性和喜热性两种种类，前者海藻喜欢生长在低温范围内，后者则喜欢生长在高温范围内。

三、盐度

（1）海水盐度

海水盐度是指每千克海水中溶解固体物的总克数，用 S 表示，是海水含盐量的一个标度。目前，已知海水中的元素有80种以上，其中，浓度大于1 mg/L的主要元素有11种，包括氯、硫、碳、溴、硼、钠、镁、钙、钾、锶和氟，其盐类的量占海水中溶解盐类的99%以上。海水中有些含量很低的元素（如氮和磷），虽然对海水盐度的影响较小，但是对海藻的生长与发育具有重要作用。

海水盐度是海水的重要特性之一，海洋中的许多现象与海水盐度有关。海水盐度是海水物理、化学和生物过程的基本参数之一。海水盐度与海水密度、海水冰点和海水黏性密切相关，海水盐度越高，其密度越大、冰点越低、黏性越大。

（2）海水盐度的变化

海水盐度因降水、江河入海、海水蒸发以及海水流动而发生变化。不但不同海区、不同深度的海水盐度可能有差异，而且同一海域的海水盐度也有季节性变化和日变化。一般外海的海水盐度变化不大，而内湾的变化大并且数值较小，近河口的海水盐度变化更大，在台风季节或洪水时期，河口海区的水体盐度急剧下降，有时几乎接近于淡水盐度；近岸和河口海域，受日周期变化和规律性季节变化的大陆地表径流及江河入海径流的影响，海水盐度变化幅度较大，并且一般不超过 30‰。通常以黑海盐度（平均值为 16‰）作为海水盐度的最低界限，此盐度以下即为半咸水。远离大陆的海区，海水盐度一般较高，大洋表层的海水盐度为 32‰～37‰，平均值为 35‰。大洋表层的海水盐度取决于蒸发量与降水量之差。世界各大洋表层海水盐度的最大值出现在北纬 25° 和南纬 25° 附近海域，因为这里的海水蒸发量远超过降水量。就世界范围的海洋而论，虽然每年海水蒸发量超出降水量 10 cm，但是由于“海洋—大气—陆地”是一个闭合的循环系统，每年海水蒸发量与降水量之差可以通过江河进入海洋的径流量得以补充和平衡。

海水盐度随着海水深度的增加而递增，这是海水盐度垂直分布的一般规律。

（3）海水盐度影响海藻的生长、生殖与分布

海水盐度影响海藻的生长、生殖与分布，主要表现在海水盐度对海藻渗透压的作用上。根据海藻对盐度的适应范围，将它们分为广盐性种类和狭盐性种类两种。所谓广盐性种类，是指在较大的盐度范围内能够生长的海藻。狭盐性种类指在较小的盐度范围内生长的海藻。一般生长在近岸和河口海域的海藻为广盐性种类，如浒苔、紫菜和鹧鸪菜等，生长在外海、大洋的海藻为狭盐性种类。由于外海海水较深，分布在该区域的种类较少，多见一些漂浮生活的大型海藻，如马尾藻海中的马尾藻属种类。一般内湾性海藻生活在海水密度为 1.015～1.03 g/cm^3 的区域，外海性海藻则可生活在海水密度为 1.02～1.032 g/cm^3 的区域。通常每种海藻有生长与生殖的最适盐度范围，盐度过高或过低均不利于海藻生长与生殖。浒苔孢子形成的最适盐度为 5‰～52‰，而游孢子释放的最适盐度为 13.2‰～45.3‰（Dan et al., 2002）。对海藻产生伤害的盐度条件称盐度胁迫。在受到盐度胁迫时，海藻的叶绿体光合结构受损，从而抑制了光合作用，影响海藻的生长与生殖甚至存活。

四、营养

1. 海水中的营养元素

海水是一种溶解了多种无机盐、有机物和气体以及含有许多悬浮物质的混合液体。目前，在海水中已发现 80 多种化学元素，其中，氧、氯、钠、钾、镁、钙、硫、碳、氟、硼、硅、溴和锶含量多，占所有海水化学元素含量的 99.8%～99.9%，这些元素被称为常量元素，质量摩尔浓度在 0.05 mmol/kg 以上。质量摩尔浓度为 0.05～50 μmol/kg 的元素称为微量元素，质量摩尔浓度小于 0.05 μmol/kg 的元素称为痕量元素。

溶解于海水中的化学元素绝大多数是以盐离子的形式存在，氯化物最多，占比约为 88.6%，其次为硫酸盐，占比约为 10.8%。

海水中的营养元素是指与海洋生物生命过程有关的元素。海洋生物的生命活动影响这些元素在海洋中的浓度、存在形式与分布。海水中的营养元素不仅是组成海洋生物细胞原生质的重要元素，也是海洋生物骨架和外壳的重要组成成分，它们参与海洋生物的物质与能量代谢，沿着海洋生物的食物链在不同营养级间传递。这些元素包括硅和硼等

常量元素，也包括钼、铁、锰、铜、锌、钴等微量和痕量元素。

海水中的无机盐类含量很丰富，除海水本身含有、从陆地流入海洋外，由海洋中的动植物体分解产生也是一个主要来源。

2. 海藻对营养元素的吸收

生活在海洋中的藻类，直接吸收溶解在海水中的无机盐类，如氮盐、磷盐、钾盐、镁盐、钙盐、铁盐、铜盐、锰盐、硼盐和碘盐等，以维持光合作用的进行。海藻对营养盐的吸收受藻体自身因素和营养盐浓度、营养盐间的相对比值、水体理化因素和生物因素等的影响（Wakibia et al., 2006）。

（1）内因

主要包括海藻的发育时期、营养状况，藻体表面积、体积、表体比和组织类型等。海藻对营养盐的吸收率一般随着藻体的生长而降低，如二列墨角藻幼体的铵根（NH_4^+）和硝酸根（NO_3^-）吸收率比成体分别高 8 倍和 30 倍。一般叶状海藻的营养盐吸收率比丝状海藻高。海藻老的组织或枝、柄部保留吸收 NH_4^+的能力，却失去了吸收 NO_3^-的能力。

（2）物理因素

主要包括光、温度、水流等。光以多种形式间接影响海藻对营养盐的吸收，光照强度、光质、光周期都能影响海藻对营养盐的吸收。温度与海藻代谢密切相关，温度对海藻吸收营养盐的影响具有种类特异性，不同海藻的最适营养盐吸收温度可能有差异。温度对亚硝酸根（NO_2^-）释放、硝酸还原酶和腺嘌呤核苷三磷酸（ATP）含量均有很大的影响，是调节海藻细胞中蛋白质、碳水化合物和碳含量的主要因子。

（3）化学因素

包括营养盐的浓度、存在形式和酸碱度（pH）等。许多海藻的铵态氮（NH_4^+-N）吸收率大于硝态氮（NO_3^--N）、尿素和氨基酸吸收率，当介质中同时有 NO_3^--N 和 NH_4^+-N 时，石花菜和海带对二者的吸收率相同。酸碱度变化会改变细胞膜上酶的活性，从而影响海藻对营养盐的吸收。

（4）生物因素

生活在同一片海域的不同海藻对营养盐的吸收存在种间竞争。大型海藻间会互相竞争，微藻的种类及数量也会影响大型海藻对营养盐的吸收。生活在同一区域的海产动物，如鱼、贻贝等，因为它们的活动（包括摄食与排泄）影响海水中营养盐的种类、含量以及水流和光照强度等，所以它们间接影响海藻对营养盐的吸收。有的海产动物为植食性动物，如海胆、海参等，会直接摄食大型海藻，造成一些海藻数量减少，但有利于其他海藻对营养盐的吸收。有的海产动物为附生性动物，如海鞘、海葵等，可附生于大型海藻上，从而影响海藻的光合与代谢作用，影响海藻对营养盐的吸收。

五、酸碱度

1. 海水的二氧化碳体系

海水的二氧化碳体系是维持海水酸碱度的重要因子。海水中的碳源包括无机碳和有机碳，无机碳的主要形式为二氧化碳、碳酸（H_2CO_3）、碳酸氢根（HCO_3^-）和碳酸根（CO_3^{2-}），而有机碳包括溶解有机碳（DOC）和颗粒有机碳（POC）。

大部分地区的海水表层二氧化碳不饱和，而深层水由于有机物分解、水压力增大而含有较多二氧化碳，赤道海域环流和美洲大陆西岸等各处的上升流把二氧化碳带入表层水。海水中的二氧化碳可以与大气中的二氧化碳进行交换，在海水中存在以下平衡：

$$CO_2+H_2O \rightleftharpoons H_2CO_3 \rightleftharpoons H^++HCO_3^- \rightleftharpoons 2H^++CO_3^{2-}$$

在以上平衡过程中，随着从大气进入海水的二氧化碳的含量增加，海水中的氢（H^+）增加，从而抑制更多的二氧化碳进入海水。因此，海洋可作为大气二氧化碳的调节器，大气中过多的二氧化碳会通过海—气界面进入海洋，海洋中的海藻及其他植物从海水中吸收二氧化碳进行光合作用，合成碳水化合物等含碳有机物，这些有机物通过海洋动物向更高营养级传递，从而减少大气的二氧化碳含量。

2. 海藻与海水酸碱度的关系

海藻与海水二氧化碳体系关系密切。海藻在光照条件下，从海水中吸收二氧化碳和各种营养盐，进行光合作用，生产有机物；海藻又通过呼吸作用释放部分二氧化碳。海水的二氧化碳含量能够满足海洋植物光合作用需要。

海水的酸碱度相对比较稳定，变化很小，这样有利于海洋生物的生长。在温度、盐度和压力一定时，海水的酸碱度主要取决于碳酸各种离解形式的比值。

外海水体的酸碱度通常变化不大，一般为7.5～8.5，略偏碱性。内湾浅水的酸碱度变化较大，在夏天的大潮期间，酸碱度可升至10以上；在雨季，受地表径流影响，近岸海水酸碱度甚至接近7。所以生活在内湾的一些海藻，对酸碱度变化的适应能力比较强。

海水的酸碱度影响海藻对营养盐的吸收，因为酸碱度可能会改变细胞膜上酶的活性，从而影响代谢过程。研究表明，细基江蓠能耐受的酸碱度达9～10。

海水的酸碱度受水体中营养盐种类的影响。例如，介质中加入NH_4^+比加入NO_3^-时酸碱度的波动小，因为海藻吸收NH_4^+可以缓冲海藻光合作用造成的酸碱度升高。海藻细胞每吸收一个NH_4^+，同时会排出一个H^+，以保持膜内外离子浓度和电位的平衡。而海藻细胞每吸收一个NO_3^-，同时会消耗一个H^+，使酸碱度进一步升高。

3. 海洋酸化对海藻的影响

工业革命以来，由于化石燃料的大量应用，大气中二氧化碳的含量增加，形成温室效应，并引起海洋酸化，这使得海水的二氧化碳含量增加，H^+和HCO_3^-浓度增大。海水酸性增加导致钙化藻类钙化量下降，加速固体碳酸钙的溶解；而非钙化藻类在海水酸化时光合速率下降，光抑制增强，呼吸速率增大，抗逆性减弱。

六、潮汐

1. 潮汐的定义

在太阳和月球（主要是月球）引力的作用下，海水产生周期性升降和水平运动。因为白天为朝，夜晚为夕，所以将白天出现的海水涨落称为“潮”，夜晚出现的海水涨落称为“汐”。习惯上把海水沿垂直方向的涨落现象称为潮汐，而海水在水平方向的涨落现象称为潮流。

太阳比月球对地球的引力强得多，但太阳的引潮力却不及月球的1/2。因为引潮力是太阳和月球对地球的引力与地球绕地月公共质心旋转时产生的惯性离心力之和。引潮力和引潮天体的质量成正比，和天体到地球距离的立方成反比。太阳的质量是月球质量的2.7×10^7倍，而日地间平均距离是月地间平均距离的3.89×10^2倍，因此月球的引潮力是太阳的2.17倍。

2. 潮汐的规律

潮汐具有明显的规律。海洋潮汐的涨落变化过程称为潮汐循环。在潮汐水位升降的一个周期中，涨潮时潮位不断升高，达到一定高度后，潮位短时间内既不涨也不退，海面维持在一定高度上，此时的潮位称为高潮、满潮，又叫平潮。平潮的中间时刻为高潮时。海面上涨到最高位置时的高度为高潮位或高潮高。

平潮过后，潮位开始下降，当潮位降到一定高度后，潮位短时间内既不涨也不退，海面维持在一定高度上，此时的潮位称为低潮、干潮，又叫停潮。停潮的中间时刻为低潮时。海面下降到最低位置时的高度为低潮位或低潮高。停潮过后潮位又开始上涨，周而复始。

海面从低潮到相邻高潮，水位逐渐上升的过程为涨潮，从低潮时到高潮时所经历的时间间隔为涨潮时。海面从高潮到相邻低潮，水位逐渐下降的过程为落潮，从高潮时到低潮时所经历的时间间隔为落潮时。不同经纬度的海区，高潮与低潮的持续时间有所不同。

相邻的高潮位与低潮位的水位高度差称为潮差。某海区一个月或一年内每天潮差的平均值分别称为月平均潮差或年平均潮差。

海面的周期性涨落沿着某个面做上、下移动，这个面为平均海平面，由一段时间内观测记录的水位平均值表示。海图深度基准面或陆地上的海拔高度，都根据平均海平面确定。平均海平面按记录的时间长短有日平均海平面、月平均海平面、年平均海平面和多年平均海平面四种。我国于1956年规定将青岛验潮站的多年平均海平面作为全国统一的高程系统的基准面，也称黄海基准面。

海水距潮高基准面的高度称为潮高。某地某时的潮高加上当地的海图水深，就是当地某时的实际水深。一般潮高基准面与海图深度基准面相同。高潮高也可指高潮面到潮高基准面的距离，而低潮高也可指低潮面到潮高基准面的距离。

月中天是指月球每天两次经过当地子午圈的时刻，离天顶较近的一次为月上中天，离天顶较远的一次为月下中天。从月中天到第一个高潮时为止的时间间隔为高潮间隙，从月中天到第一个低潮时为止的时间间隔为低潮间隙。

太阳和月球与地球的相对位置时刻在变化，如果二者的引力相互叠加或相互削弱，二者的引潮效应便产生复杂的潮汐现象。每月两次大潮、两次小潮就是这种叠加或削弱造成的。每当农历初一（月相呈新月时）或十五（月相呈满月时），地球、月球和太阳的位置在同一条线上，月球和太阳的引潮力叠加，引力较大，使海水涨得较高，落得较低，出现大潮。由于这种情况一般发生在中午和午夜，所以又称之为子午潮。每当农历初七、初八（上弦月时）或二十二、二十三（下弦月时），月球和太阳的引力作用正好相反，太阳的引潮力大大削弱了月球的引潮力，引力较小，使海水涨得不高，落得也不低，出现小潮。

3. 潮汐的类型

潮汐现象相当复杂，除受月球和太阳的引力外，还受风力和各海区地理环境的影响。根据潮汐涨落周期和潮差情况，把潮汐分为4种类型。

①正规日潮。在一个太阴日（约24时50分）内只有1次高潮和1次低潮，这类潮汐被称为正规日潮或正规全日潮。

②正规半日潮。在一个太阴日内，发生2次高潮和2次低潮，从高潮到低潮和从低潮到高潮的潮差几乎相等，涨潮时和落潮时也基本相同，这类潮汐被称为正规半日潮。

③不正规日潮。在一个朔望月中，大多数日子具有日潮型的特征，但有少数日子（当月赤纬接近0°时）具有半日潮的特征，这类潮汐被称为不正规日潮。

④不正规半日潮。在一个朔望月中，大多数日子具有2次高潮和2次低潮，但是相邻的2个高潮或低潮的潮高相差很大，涨潮时和落潮时也不相同，而少数日子（当月赤纬较大时）第二次高潮很小，半日潮特征不显著，这类潮汐被称为不正规半日潮。

4. 潮汐对海藻的影响

潮汐是影响海藻在潮带及浅海区垂直分布的主要因素之一。落潮时潮间带形成一定的干露时间，海水温度、酸碱度和海水盐度等环境因子发生改变，尤其在高潮带这些因子的变化最大，只有适应性较强的海藻才能生长。潮汐活动使浅海近岸水体的悬浮颗粒增多，影响浅海近岸水域的光照条件和透明度，因而影响该海域海藻的光合效率。

我国沿海海藻在潮间带的分布通常具有一定的规律：一般内湾潮间带的高、中潮带，绿藻类如浒苔、石莼总是占优势，虽然鹧鸪菜、海萝、卷枝藻和紫菜等较耐干的红藻也都生长在高潮带，但大部分的红藻和褐藻都生长在中、低潮带或潮下带较深的地区。

潮汐影响海藻的生殖。许多海藻的生殖和大潮有密切关系，如马尾藻排卵为半个月1次，网地藻排卵约为半个月或一个月1次，而且排卵与精卵结合都在大潮期间。

七、波浪

1. 波浪的基本特点

波浪是海面上大气压力变化、风的吹动和海底地壳活动（如地震、火山爆发等）引起的海洋波动，是海水运动的重要形式之一。海洋从海面到海洋内部都存在波动，在海洋内部产生的波动被称为海洋内波。

在各种外力作用下，水质点离开其平衡位置做周期性运动，导致波形传播。海洋波动是十分复杂的自然现象，杂乱无章，但又周期性起伏，而正弦曲线或余弦曲线正好具有周期性特点，所以常把许多简谐运动叠加起来，以近似说明复杂的海洋波动。

2. 波浪的类型

按照不同标准，波浪可分为多种类型。按波浪的周期或频率来分，有表面张力波、短周期重力波、长周期重力波、长周期波、长周期潮波；按水深相对于波长的值的大小来分，有深水波（水深相对于波长的值较大），又叫短波或表面波，以及浅水波（水深相对于波长的值较小），又叫长波；按形成原因来分，有风浪、涌浪、潮波、海啸、气压波、内波等；按波形传播性质来分，有前进波、驻波。

3. 波浪的特点

波浪的特点与其成因有直接关系。

（1）风浪

由风直接作用产生的波浪被称为风浪。一般内湾风浪较小，外海沿岸或岛屿海岸风浪较大。风浪具有以下特点：

①背风面较迎风面陡，两侧不对称；

②周期较短，波高和波长的高低长短参差不齐；

③波峰线短而尖削，且波顶上常有破碎的浪花；

④能量的摄取与消耗之间的平衡决定风浪的成长与消衰。风向海面输送能量引起海流，同时也引起波动。当风浪传至浅水或岸边时，由于海水的内摩擦、海底摩擦或发生破碎，能量损失殆尽，风浪消失。

（2）涌浪

由其他海域传来的波浪，或者当地风力急剧减小、风向改变或风平息后海面遗留的波浪被称为涌浪。涌浪的特点如下：

①在传播过程中波高逐渐降低，波长、周期逐渐变长，波速变快。

②常在风暴到来之前先行到达。因为涌浪传播速度快，传播距离较远。如果某地开始观测到周期很长、波高极小甚至难以察觉的涌浪到来，继而周期逐渐缩小，浪高继续增大，则风暴可能袭来。

（3）近岸浪

由外海的风浪或涌浪传播到海岸浅水海域，受地形影响形成的海浪被称为近岸浪。近岸浪的特点如下：

①波速和波长减小，波峰线转折，并逐渐与等深线平行，出现折射现象。

②波峰前侧陡、后侧较平，波面随水深变浅而变得不对称，直到倒卷破碎。

③波高增大，最后发生破碎。

4. 波浪对海藻的影响

波浪是引起海洋水体温度、盐度、密度等参数改变的重要因素之一。波浪使深层较冷水体以及其中的营养盐输送到海洋上层，同时影响海水的透明度，从而影响海藻的光合作用。

波浪对海藻有冲击作用。有的海藻好浪，喜欢生长在外海高潮带风浪较大的地方，如圆紫菜、长紫菜和海萝等；而有的海藻怕浪，如礁膜、浒苔及甘紫菜等，喜欢生长在风浪较小的内湾。

总之，波浪与海藻的关系密切，主要体现在以下 3 个方面：

①海藻质地与波浪有关。在波浪大的外海区域生长的海藻通常质地坚韧，对大风浪具有一定的耐受力，这是长期适应的结果，如马尾藻、石花菜和海萝等；而生长在内湾、波浪小海域的海藻质地柔软，在大风浪的冲击下藻体会破碎、断裂，如礁膜、石莼和浒苔等。

②海藻孢子附着与波浪有关。在风浪大的区域生长的海藻，其孢子附着能力较强，如圆紫菜及海萝等，而孢子附着能力较弱的海藻，多生长在浪小或背浪的海区。

③海藻吸收养分与波浪有关。吸收养分能力差的海藻，一般生长在水流急、养分交换快而频繁的地方，以利于获得充足的营养物质；吸收养分能力强的海藻，一般生长在内湾水流弱的区域。

八、海流

1. 定义

海水大规模、相对稳定地流动称为海流。所谓“大规模”是指它的流动范围大，其范围达数百、数千千米甚至全球海域；“相对稳定”是指在较长时间（1 个月、1 个季度、1 年或多年）内，其流动方向、路径和速率基本不变。

2. 种类

海流一般是三维的，既有水平方向的流动，又有垂直方向的流动。

（1）狭义的海流

狭义的海流是指海水的水平运动，而海水的垂直运动被称为上升流或下降流。

（2）补偿流

由于海水具有连续性，当一地的海水大量流失时，会有他处的大量海水来补充，于是形成补偿流。上升流或下降流即为发生在垂直方向上的补偿流。

（3）暖流与寒流

海流水体的温度高于它所流经海区的水温，这种海流被称为暖流，反之为寒流。

（4）近岸海流

近岸海流是指近岸海水在外海潮波、大洋水体迁移、风、气压、河川泄流、波浪破碎、海底地形等诸多因素作用下形成的流动。近岸海流通常分为潮流和非潮流两种。

①潮流。海水受天体引潮力作用而产生的周期性水平运动。与潮汐相对应，存在半日潮流、日潮流和混合潮流。

②非潮流。非天体引潮力作用产生的近岸海流，又可分为永久性海流和暂时性海流两种。永久性海流包括大洋环流和地转流等；暂时性海流则是由气象因素变化引起的，包括风海流、近岸波浪流和气压梯度流等。

风海流也称漂流，是风和海水表面摩擦作用引起的近岸海流。在地球自转惯性力影响下，风海流的流向在北半球偏于风向右方，在南半球偏于风向左方。

近岸波浪流主要由3个部分组成：向岸的水体质量输移、平行于岸边的沿岸流和流向外海的裂流（亦称离岸流）。

3. 海流对海藻的影响

海流影响海藻的生长与分布。

（1）影响海藻的地理分布

暖流可把低纬度温暖的海水带至较冷的海域，寒流可以把高纬度较冷的海水带至较暖的海域。一些冷水性种类可以生活在寒流流经的温带甚至热带海域，而有些暖水性种类则可以分布在有暖流流经的寒带海域。

（2）扩大海藻的分布范围

海流可以将海藻的生殖细胞或藻体从原生长海区带至其他海域，从而扩大海藻的分布区域。

（3）调节海藻生长区域的营养盐浓度

海流能够给某一海区带来营养盐，从而满足该区域海藻的生长需求；海流也可将海藻生长区域过多的营养盐带走，降低该区域海水的富营养化水平，从而有利于海藻的生长、繁殖。

九、底质

1. 海藻对底质的要求

大型海藻一般营固着生活，这些海藻通常在藻体的形态学下端具有固着器，固着器形态多样，其作用与高等植物的根具有本质差别。海藻的固着器不仅结构简单，而且缺乏吸收营养物质的功能，一般用来将藻体固着在介质上。适宜海藻固着的海区底质主要包括礁石、石块、石子、沙砾、贝壳等；另外，一些人为形成的基质如绳、浮球、养殖网和网箱等也可作为海藻的固着基质。一般沙泥或细沙底质，尤其流动性很强的底质不适合海藻固着。

2. 底质对海藻的影响

海洋内外因素的改变，尤其是海流和波浪的改变容易导致海区底质结构改变，从而影响海藻的分布与生长。

通常泥质和沙质海底上只能着生单细胞或微小藻类，而砾石上可以着生单细胞和多细胞大型海藻。但是，由于砾石在潮汐或海流的冲击下会互相摩擦和位移，其上固着的海藻容易受到冲击，甚至被损坏与流失，致使该底质环境中生长的海藻密度较小，生物量不稳定。裸露的礁石海底结构稳定，其上通常着生种类丰富、生物量多的海藻，是大型海藻理想的栖息地。

十、生物因子

在海洋生态系统中，海藻与其他海洋生物共同生活在一定的区域内，各种海洋生物间不是孤立存在的，而是存在多种联系的。

1. 共生

共生即两种（或多种）生物共同生活在一起的生活方式，是一种广谱的关系。包括以下3种情况：

①互利共生，是指两种生物生活在一起，且对双方都有利的生活方式。

②偏利共生，是指对一种生物有利，而对另外一种生物无利但无害的共生生活方式。

③共栖共生，是一种比较松散的、两种生物共同栖居的共生关系。一般指其中一方或双方从联系中得到某种生态利益，而彼此之间没有影响或没有严重影响的生活方式。

2. 共栖

（1）海藻间的共栖

大型底栖海藻的共栖现象大多是由于它们对底质和生境的共同需求形成的。这种共生共栖现象对大型底栖海藻有积极作用：①可以减缓海流流速，减少海流对它们的冲击；②可以减轻植食性动物对它们的摄食压力，减少每株藻体被摄食的量；③有利于有性生殖细胞的结合，保证藻类遗传信息的多样性和变异性，提高它们对环境的适应能力。

（2）海藻与附生生物共栖

附生生物包括附生藻类和小型附生动物。大型海藻与其他附生生物共栖，具有以下几个方面的意义：①大型底栖海藻为附生藻类和小型附生动物提供生活场所，并且为小型附生动物提供隐蔽场所和食物；②有附生藻类的大型海藻的叶片能更有效地保持水分，尤其在潮间带地区，海藻叶片干露时不易被晒干；③附生藻类在大型底栖海藻表面形成一层阻挡紫外线的保护罩，增强海藻对紫外线辐射的耐受力；④附生藻类排出的代谢产物和死亡后藻体分解释放的无机物可以被大型底栖海藻吸收利用。

（3）海藻与其他海产动物共栖

一个长有大量大型海藻的海区通常也生活着大量的海产动物，如鱼、虾、蟹和贝类，这些生物之间不是孤立存在的，而是具有一定联系的：①大型底栖海藻不仅为植食性动物提供食物来源，而且为碎屑食性动物提供充足的食物基础；②大型底栖海藻为众多的海洋动物提供特殊的生境，是各种海洋动物产卵、孵化、索饵、生长发育和隐蔽的重要场所；③大型海藻通过光合作用释放氧气，可为共栖动物提供充足的氧气，净化水体环境；④海产动物呼吸释放的二氧化碳为大型海藻光合代谢提供碳源，排泄的代谢废物为大型海藻提供营养物质。

3. 竞争

大型底栖海藻与共处同一环境中的其他生物间存在竞争关系。

（1）大型底栖海藻间的竞争

当共栖的大型底栖海藻密度过大时，彼此间存在对光照和营养物质等的竞争。

（2）大型底栖海藻与浮游植物间的竞争

浮游植物在水体中营浮游生活，与大型底栖海藻处于不同的生态位，但是二者对光线、营养盐等生态因子具有共同需求，彼此间存在一定程度上的生长、生殖压制。当浮游植物大量增殖时，其对海水中营养盐的吸收增加，容易导致其所处水体的营养盐浓度大幅度下降，并形成对大型海藻的光线遮挡，从而影响大型底栖海藻的正常光合作用。

（3）大型底栖海藻与海草间的竞争

二者的生态位重叠，所以二者之间存在竞争，主要表现为对光线和营养盐等的竞争。另外，大型底栖海藻喜坚硬的底质，而海草则需要泥沙底质。海草对海流的阻挡及其对悬浮物沉降的加速会改变底质性质，使硬质底质被沉积物覆盖而影响海藻孢子的附着。

（4）大型底栖海藻与固着（附着）动物的竞争

主要表现为对固着基质的竞争。固着动物是指某些动物在其生活史中一旦从游泳状态固着到基质上，便终生不再移动并保持在这一基质上生活，主要包括海绵、水螅、苔藓虫、海鞘、蔓足类动物以及双壳类的牡蛎等。附着生物则是指它们从浮游阶段附着到基质上后，根据其生活、生长需要，在适当时刻可以离开原来附着的基质，并寻找新的基质重新附着生活，主要有贻贝、海葵等。一个海区的固着基质具有时间和空间上的相对稳定性，当有大量固着（附着）动物存在时，便减少了大型海藻的附着地盘；或当大型海藻固着生活后，固着（附着）动物的产生会挤占海藻的固着地盘，或直接固着（附着）在海藻藻体上，影响海藻的光合代谢，并减少海藻生殖细胞的固着量，对大型海藻的生长、生殖不利。

第四节　海藻的生态调查

一、大型底栖海藻生态调查的目的

大型底栖海藻生态调查的目的是充分了解海洋生态系统中大型底栖海藻的生态分布、物种组成、物种关系、生态地位及演替方向与趋势等方面的状况，维护海洋生态系统的健康，实现海洋生态系统的可持续发展。

二、大型底栖海藻生态调查的方法

1. 选择调查区域

根据调查目的，选择潮间带或浅海海域进行调查。在调查地点，选择有代表性的样方进行相应的生态观测和调查。

2. 观察、记录大型底栖海藻的生活习性及其生境状况

不同海洋环境中分布着不同的海藻种类，同一海区的不同深度分布的海藻种类也有差别。开展大型底栖海藻生态调查时，需要做好以下工作：

①仔细观察并记录海藻的生长基质与生长位置特点。包括海区底质特点，如礁石、石块、贝壳、沙砾、细砂、泥质砂岩或绳子等；潮间带具体位置、水深、迎风浪或背风浪、光照处或背光处等方面的特点。

②调查相关海洋生态系统的基本状况。包括海洋地理地貌、海水涨落时间、海流流速及流向、水体温度、盐度、透明度等水质状况，以及人类活动影响状况等。

③观察、记录海藻的周年生长、发育与生殖特点。包括海藻在海区出现、生长繁茂的季节和生物量；生殖结构形成、生殖旺盛的季节和时段以及生物量；海藻消亡的时间与季节等。

④观察、记录与目标海藻共生、共栖的其他大型海藻及附生动物的特点。包括其他大型海藻及附生动物的种类，它们在海区出现、生长繁茂的季节和生物量，生殖旺盛的季节、时段及生物量，消亡的时间与季节等；对目标海藻的危害或影响程度评估等。

复习题

1. 我国适宜海藻生长的海岸有哪几种类型？
2. 海藻垂直分布的主要区域有哪些？
3. 海藻地理分布主要受哪些因素影响？
4. 影响海藻生长繁殖的外因有哪些？
5. 我国的海藻区系主要有哪些？
6. 海藻的温度性质是如何界定的？

第五章　海藻的习性

第一节　海藻的生活方式

海藻生活在海洋中，其生活方式多种多样，可概括为以下类型。

一、浮游生活型

单细胞体和群体微型海藻的生活方式多为此类型，少数多细胞体大型海藻的生活方式也为此类型。它们无或有微弱的游动能力，悬浮于海水中并随水流移动，如隐藻、甲藻、金藻、硅藻、黄藻、裸藻和绿藻中具鞭毛的种类。它们可在海水中游动，但是游动能力较弱，其在水体中的位置主要受水流的影响。有些不具鞭毛的种类，也能漂浮在海水中生活，特别是辐射硅藻类和羽纹硅藻类中许多无纵沟的种类，借胶质形成各种群体，从而有利于增加它们的漂浮能力。因为微藻大多以浮游方式生活，借鉴浮游生物类群的划分方法（郑重等，1984），可将微型海藻划分为超微型（＜5 μm）海藻和微型（5 μm～1 mm）海藻 2 种类型。有些多细胞体海藻也具有运动能力，属于浮游生活型海藻，如螺旋藻属、颤藻属和节旋藻属等丝状海藻种类。

二、附着生活型

一些底栖性微型群体海藻的生活方式为附着生活型，少数多细胞体海藻的生活方式也为附着生活型，如扇形楔形藻［*Licmophora flabellata*（Carm）Agardh］的杆状细胞群体，它们聚集在一起，分泌胶质组成简单或分枝的柄，以附着在其他动植物体上或其他基质上；有的海藻分泌大量胶质将群体包围在胶质套内形成不定形的团块，如舟形藻属的某些种类，其群体细胞排列在分枝或不分枝的胶质管内，附生在基层或其他动植物体上，外观类似分枝状的褐藻类。有些小型多细胞体海藻，无运动能力，包括蓝藻、红藻或褐藻类海藻，它们的生活方式也属于附着生活型，常附生在一些更大型的海藻体上，如席藻属、束藻属、眉藻属等的种类。

三、漂流生活型

有些多细胞体海藻，不是固着在基质上生长，而是在海面上漂流生活。通常具有断裂生殖能力的海藻，在藻体发生断裂后会形成碎片或小段，因为缺少固着器，所以营漂流生活。

如马尾藻类海藻在海面上漂流形成大型的漂流藻区，在大西洋中部的某海区是一个有名的马尾藻海区（sargasso sea），在相连数十千米或数百千米的海面上，漂流着无固着器、营断裂生殖的漂浮马尾藻［*Sargassum natans*（L.）J. Meyen］，该区域成为许多鱼类的天然栖息场所；铜藻等海藻在短时间内大量增殖，在潮汐、海流和波浪的作用下，藻体发生断裂，形成大量断枝，漂流形成褐（藻）潮；浒苔或石莼等海藻在短时间内大量增殖，同样在潮汐、海流和波浪作用下，藻体发生断裂，形成大量碎片，漂流形成绿（藻）潮。

四、固着生活型

多细胞大型海藻的生活方式多为固着生活型，该类型海藻又称定生海藻、底栖海藻。藻体基部有固着器，可固着在各种基质上生活。该类海藻的生长基质主要为礁石、沙砾、贝壳或其他坚硬的海区物质，如江蓠属种类。

五、共生寄生型

一些微小的单细胞海藻与大部分的造礁珊瑚共生，这些共生藻会将光合作用产物传送给宿主珊瑚；一般共生海藻会聚集在珊瑚两层细胞的内层，细胞密度约为 100 万个/cm^2。当环境恶劣时，如水温太高或太低、水中盐度骤降、海水浑浊等，共生藻就离开珊瑚宿主，导致珊瑚失去色彩，变成透明状，直接露出白色的钙质骨骼。寄生藻如绿藻类的一些单细胞种类常寄生于紫菜体中，一些小型多细胞体海藻寄生在其他海藻细胞或组织内，如植生藻属等。

综上所述，大型海藻的生活方式以固着生活型为主，其次为附着生活型、漂流生活型和浮游生活型，共生寄生型最少。

第二节　海藻的生长方式

海藻的生长始于生殖细胞的分裂、增殖，随着细胞数目增多，有的细胞分化，形成组织，而有些细胞始终处于分裂状态，称为生长点细胞。根据藻体生长点细胞所处的位置不同，将海藻的生长方式分为 4 种类型。

一、散生长

组成藻体的细胞都有分生能力，即生长点的位置不局限于藻体的某一部位，而是分散分布于藻体上，这种生长方式被称为散生长。

二、间生长

生长点位于藻体的中间部位，如海带目中许多种类的分生组织位于柄部与叶片之间，这种生长方式称为间生长。

三、毛基生长

一些褐藻（酸藻目种类和毛头藻目种类等）具有毛状分枝，通常为单列细胞结构，外形呈毛状，又称为藻毛。藻体的生长点位于藻毛基部的生长方式称为毛基生长。

四、顶端生长

海藻的生长点位于藻体顶端的生长方式称为顶端生长，如江蓠目和墨角藻目等的种类。对于膜状体或假膜体的海藻，生长点位于藻体的边缘（特殊的顶端），这种生长方式又称为边缘生长，如团扇藻属等的种类。

第三节　海藻的类型

海藻的生活史类型包括单世代型、2 世代型和 3 世代型 3 种。根据海藻完成一个生活史所需的时间、繁殖后代的次数和所处的状态等特征，可将海藻分为 4 种类型。

一、一年生类型

生活史较短，一年中可繁殖两代以上的海藻为一年生类型海藻。例如，南方生长的浒苔、石莼等，每年 4—5 月成熟、放散生殖细胞；10 月，它们的幼体开始生长；11 月底，藻体长数厘米，成熟后产生游孢子或配子；生殖细胞萌发生长，12 月底又成熟。故一年中可繁殖两代以上。

二、多年生类型

生活史较长，生命周期超过两年的海藻为多年生类型海藻。例如，海带在夏天水温升高时，分生细胞以上的叶片腐烂，分生细胞与叶柄保留，在秋、冬季水温下降时，海带继续分裂并长出叶片；马尾藻也是多年生类型的海藻，一般在每年秋、冬季萌发，春季或初夏成熟，在夏季水温高时，藻体上部腐烂，剩下基部，在秋天水温逐渐下降时，又萌发长出新藻体。

多年生海藻的生长与生殖季节因种类、分布区域的不同而有差异。例如，海南产马尾藻一般每年 8—9 月开始萌发，12 月至翌年 2 月成熟，4—5 月逐渐腐烂；湛江地区的马尾藻则在每年 9—10 月开始萌发，翌年 3—5 月成熟，6—7 月开始腐烂；而汕头地区马尾藻的生长季节与湛江地区的大致相同，或稍迟一些，少数种类仅在水温高的炎夏生长缓慢或停止生长。

三、丝状体过渡类型

有些海藻的生命周期中具有丝状体阶段，通常为 2 世代型生活史海藻，它们的丝状体世代出现，生长的时期往往处于不良环境条件下，这种类型的海藻称为丝状体过渡类型海藻。丝状体为孢子体或配子体，以丝状体形态度过炎热的夏季或严寒的冬季，之后当环境条件适宜时再萌发、生长，产生新的生殖细胞，并萌发形成另一世代的藻体，所以具有这种特点的海藻为丝状体过渡类型海藻，如紫菜。

四、休眠过渡类型

在有些海藻的生命周期中，当环境条件恶劣时，海藻会产生处于休眠状态的孢子或合子，以度过环境条件不良的时期；当环境条件适宜时，孢子或合子萌发、生长，产生新藻体，具有这种特点的海藻为休眠过渡类型海藻，如螺旋藻形成休眠的藻殖孢、礁膜形成休眠的合子等。

复习题

1. 海藻的生活方式有哪几种类型？
2. 海藻的生长方式有哪几种？
3. 多年生类型海藻具有什么特点？
4. 什么是丝状体过渡类型海藻？

第六章　海藻的分类

第一节　海藻的基本门类

一、海藻的11个门类

海藻的分类状况一直在不断发展、变化。已知海藻分11个门类（钱树本等，2005；李伟新等，1982），海藻分门检索表如下。

1　细胞无色素体，色素分散在原生质中……………………………………………………………2
1　细胞有色素体………………………………………………………………………………………3
　2　细胞内含叶绿素a、类胡萝卜素和藻胆素………………………………………蓝藻门 Cyanobacteria
　2　细胞内含叶绿素a、叶绿素b和类胡萝卜素，没有藻胆素……………………原绿藻门 Prochlorophyra
3　细胞壁由硅质壳组成，壳面具有辐射排列或左右对称排列的花纹…………………硅藻门 Bacillariophyta
3　细胞壁不由硅质壳组成……………………………………………………………………………4
　4　营养细胞或动孢子有横沟和纵沟，或仅有纵沟……………………………………………………5
　4　营养细胞或动孢子无横沟和纵沟………………………………………………………………6
5　无细胞壁或细胞壁由一定数目的纤维质板片组成…………………………………………甲藻门 Pyrrophyta
5　无细胞壁或细胞壁无纤维质板片………………………………………………………隐藻门 Cryptophyta
　6　色素体绿色，藻体为单细胞体、群体、多细胞的丝状体或膜状体……………………………………7
　6　色素体红色、褐色或黄色，有时呈绿色…………………………………………………………8
7　藻体多为单细胞体，少数为群体，游动细胞顶端有1，2或3条鞭毛……………裸藻门 Euglenophyta
7　藻体为单细胞体、群体、多细胞的丝状体或膜状体。游动细胞顶端有2、4或8条等长鞭毛…………
………………………………………………………………………………………绿藻门 Chlorophyta
　8　色素体为红色或有时为绿色，生活史中无游动细胞………………………………红藻门 Rhodophyta
　8　色素体不为红色。游动细胞一般有2条等长或不等长的鞭毛……………………………………9
9　色素体褐色，藻体常为大型的丝状、壳状、膜状，有的具有假根、茎和叶的分化，游动细胞一般有2条侧生的不等长鞭毛……………………………………………………………褐藻门 Phaeophyta
9　色素体黄色或带有绿色。藻体通常为小型的单细胞体、群体或多细胞的丝状体，游动细胞有1、2或3条等长或不等长的鞭毛………………………………………………………………………10
　10　色素体金黄色或淡黄色，藻体通常为小型的单细胞体或群体，游动细胞有1或2条等长或不等长的鞭毛……………………………………………………………………………金藻门 Chrysophyta
　10　色素体黄绿色，藻体为单细胞体、群体或多细胞的丝状体，游动细胞有2条不等长的鞭毛。单细胞体或群体的细胞壁常由两瓣片套合组成，丝状体的由两个H形节片合成 ····黄藻门 Xanthophyta

二、大型海藻的4个门类

以上 11 个门类海藻中，隐藻门、甲藻门、金藻门、硅藻门、黄藻门、原绿藻门和裸藻门的种类属于微藻类，而蓝藻门、绿藻门、红藻门和褐藻门则属于大型海藻类。

第二节　海藻的传统分类

一、分类依据

海藻的传统分类方法是基于藻体表型特征（形态与结构特征）的分类方式，传统分类又称形态分类。

海藻的形态多种多样，其形态特征包括藻体的颜色、大小、形状，藻体的组成部分（固着器、枝、叶片等）及其形状、大小，生殖结构的形状及分布等；结构特征包括细胞的形状、大小、数目及排列，细胞层数，生殖细胞的形状、大小及排列等。

以紫菜属为例，目前，紫菜属的形态分类主要是基于紫菜叶状体（配子体）的形态特征进行的，包括颜色、大小、外形、细胞层数及厚度、叶状体的边缘（简称叶缘）情况、雌雄同体或异体、精子囊和果胞等生殖结构的分布、生殖细胞的排列方式，以及单性生殖有无等特征。

紫菜叶状体（配子体）大小因种而异，小的长度仅几毫米，大的可达数米，差异较大；外形多种多样，有圆形、半圆形、椭圆形或不规则椭圆形、亚卵形、裂片状或簇状、披针形、长带状、肾形或心形等。

紫菜叶状体的边缘情况包括边缘光滑、有齿状突起或缺刻等。有的紫菜边缘具有齿状、由 1 个或几个细胞组成的突起，如长紫菜和坛紫菜；有的紫菜边缘具有退化细胞，使边缘形成缺刻，如边紫菜和刺边紫菜；有的紫菜边缘光滑，无突起或缺刻现象，称全缘，如甘紫菜和条斑紫菜。

紫菜的有性生殖结构包括雄性的精子囊和雌性的果胞，它们在藻体的分布位置，精子和果孢子的数目及排列方式也是主要的形态分类特征。

二、分类研究简史

有关海藻分类的研究是不断发展、变化的。随着时间的推移，许多物种的分类地位变化不定或发生改变，其间同物异名现象比较普遍。分类方法包括形态分类、分子分类及二者相结合的分类方法。以紫菜属为例：

紫菜属最早于 1824 年由 C. Agardh 建立，之后，各国学者不断补充新发现的物种，并修订种间区别的标准（朱建一等，2016）。该属特征的最早标准之一是组成叶状体的细胞层数，J. G. Agardh（1882）以此将紫菜属区分为 3 个组：Ⅰ.单层细胞叶状体组（Monostromaticae）；Ⅱ.双层细胞叶状体组（Distromaticae）；Ⅲ.需确认种的组（Species inquirendae）。

Kjellman（1883）把叶状体具有双层细胞的紫菜种归到双皮层属（*Diploderma*）中，而De Toni等（1890）则将该属命名为*Wildemannia*属。根据目前的植物命名法规，后一个命名为无效名。Rosenvinge（1893）把双皮层属（*Diploderma*）统一到紫菜属（*Porphyra*）中，指出叶状体为双层细胞的部分藻体可能为单层细胞；他保留了双皮层亚属［Subg. *Diploderma*（Kjellman）Rosenvinge］，并建议成立叶状体具有单层细胞的真紫菜亚属（Subg. *Euporphyra* Rosenvinge）。Hus（1902）支持该观点。

Hus（1902）首次提出物种鉴定时采用藻体生殖细胞分裂（排列）方式的重要性，并描述了4种果孢子和精子的形成方式。

Hus（1902），Kjellman（1883，1889），Smith和Hollenberg（1943），Dawson（1944，1952），Tanaka（1952）也将藻体雌雄同株或异株用作分类指标。然而，Rosenvinge（1909）指出，在紫菜属中，有些种类存在幼期产生精子囊，而成熟期产生果孢的情况。*P. purpurea*（Roth）C. Agardh, 1824；*P. amplissima*（Kjellman）Setchell & Hus, 1900；*P. variegata*（Kjellman）Kjellman, 1900；*P. helenae* A. D. Zinova, 1948等种类中存在间性（intersex）植株或超雌雄异株（Tanaka, 1952）。因此，根据雌性、雄性生殖细胞的分布情况，把紫菜属物种分成雌雄同株、雌雄异株和雌雄异株伴有间性植株频繁发生3个类群。最后一个类群的种类，其藻体主要为雌雄异株（Krishnamurthy, 1972）。

Tokida（1935）以*P. onoi* Ueda, 1932为基础，建立了混皮层亚属（*Diplastidia*），该类藻体的一些部分为单层细胞，含2个色素体；而其他部分为双层细胞，含单个色素体。Mikami（1956）建议修改混皮层亚属（*Diplastidia*）特征：①藻体仅单层细胞，或部分常见双层细胞；②每个细胞含2个色素体，或部分细胞含1个色素体。

Krishnamurthy（1972）认为混皮层亚属不成立，因为*P. onoi*不具有该亚属的典型特征。但具有单层细胞和含有2个色素体的紫菜已有报道，如*P. lanceolata*（Setchell & Hus）G. M. Smith, 1943（Smith et al., 1943）；*P. pulchra* Hollenberg, 1943（Smith et al., 1943）；*P. smithii* Hollenberg & I. A. Abbott, 1968（Hollenberg et al., 1968）。因此，Krishnamurthy（1972）认为，*Diplastidia*这个亚属的定名正确，只是建议修改其名下的物种，即不包括*P. onoi*。

Krishnamurthy（1972）认为，北美太平洋沿岸的紫菜存在3个亚属，即真紫菜亚属（*Euporphyra* Rosenvinge, 1893；叶状体为单层细胞，每个细胞含1个色素体）、混皮层亚属（*Diplastidia* Tokida, 1935）和双皮层亚属［*Diploderma*（Kjellman）Rosenvinge, 1893］。

Kurogi（1972）把紫菜属划分为3个亚属：①紫菜亚属（*Porphyra* C. Agardh, 1824；叶状体为单层细胞，每个细胞含1个色素体）；②混皮层亚属（*Diplastidia* Tokida, 1935；叶状体为单层细胞，每个细胞含2个色素体）；③双皮层亚属［*Diploderma*（Kjellman）Rosenvinge, 1893；叶状体为双层细胞，每个细胞含1个色素体］。

曾呈奎和张德瑞（1958）根据叶状藻体边缘的形态特征，把真紫菜亚属分为3个组：①全缘紫菜组（Sect. *Edentata* Tseng et Chang），叶状体全缘；②刺缘紫菜组（Sect. *Dentata* Tseng et Chang），叶状体边缘具有明显的、由 1 个或几个细胞形成的齿状突起；③边缘紫菜组（Sect. *Marginata* Tseng et Chang），叶状体边缘由若干排退化细胞形成。郑宝福和李钧（2009）接受了这种分类观点。

由上述紫菜属分类史可知，紫菜亚属和真紫菜亚属的分类特征完全相同。事实上，根据植物分类常规以及植物命名法规，当命名不同于属名的属下分类单元时，亚属级的分类单位可顺沿属级拉丁名。因此，对 3 个亚属的划分 Kurogi（1972）比 Krishnamurthy（1972）更符合分类学规则。

依据形态特征，紫菜属的分类系统划分如表 6-1 所示。

表 6-1　紫菜属的分类系统

属	亚属		组	
	名称	特征	名称	特征
紫菜属 *Porphyra*	紫菜亚属 *Porphyra* C. Agardh，1824	叶状体为单层细胞，每个细胞含 1 个色素体	全缘紫菜组 *Edentata* Tseng et Chang，1958	叶片全缘
			刺缘紫菜组 *Dentata* Tseng et Chang，1958	叶片边缘具有明显的齿状突起，突起由 1 个或几个细胞组成
			边缘紫菜组 *Marginata* Tseng et Chang，1958	叶片边缘由若干排退化细胞组成
	混皮层亚属 *Diplastidia* Tokida，1935	叶状体为单层细胞，每个细胞含 2 个色素体		
	双皮层亚属 *Diploderma*（Kjellman）Rosenvinge，1893	叶状体为双层细胞，每个细胞含 1 个色素体		

三、我国海藻形态分类的研究进展

我国大型海藻的分类学研究始于 20 世纪 30 年代初。以紫菜为例，1919—1949 年，先后有中、日两国藻类学家有贺宪三（1919）、殖田三郎（1932）、Chiao（1933）、Tseng（1933，1935，1938，1948）和冈村金太郎（1936）零星报道了产于中国的 4 种紫菜，即圆紫菜（*Porphyra suborbiculata*）、绉紫菜（*Porphyra crispata*）、长紫菜（*Porphyra dentate*）和甘紫菜（*Porphyra tenera*）。

中华人民共和国成立后，有一批学者先后对我国紫菜属的分类进行了系统研究。1958 年，曾呈奎和张德瑞先生报道了紫菜属的 1 个新种，即边紫菜（*Porphyra marginata* Taeng et Chang），并建立了紫菜亚属的 3 个组。1960 年，张德瑞和郑宝福发表了福建紫菜的 1 个新种，即坛紫菜（*Porphyra haitanensis* Chang et Zheng）。同年，朱家彦和王素娟发表了采自浙江普陀的新种，刺边紫菜（*Porphyra dentimarginata* Chu et Wang），但张德瑞和郑宝福（1962）怀疑其可能仍是坛紫菜。1962 年，曾呈奎等在《中国经济海藻志》中列出了产自我国的 7 种紫菜，即圆紫菜、绉紫菜、长紫菜、坛紫菜、甘紫菜、条斑紫菜（*Porphyra yezoensis* Ueda）和边紫菜。1962 年，张德瑞和郑宝福在《中国的紫菜及其地理分布》一文中总结了我国紫菜属正式发表的 9 个种，即甘紫菜、条斑紫菜、列紫菜（*Porphyra seriata* Kjellman）、圆紫菜、绉紫菜、长紫菜、坛紫菜、刺边紫菜和边紫菜。其中，甘紫菜、条斑紫菜和列紫菜属于全缘紫菜组；圆紫菜、绉紫菜、长紫菜、坛紫菜和刺边紫菜属于刺缘紫菜组；边紫菜属于边缘紫菜组。

曾呈奎和张德瑞（1978）发表了中国的 2 种新紫菜，即广东紫菜（*Porphyra guangdongensis* Tseng et Chang）和半叶紫菜华北变种（*Porphyra katadai* Miura var. *hemiphylla* Tseng et Chang）。王素娟和章景荣（1980）发表了中国紫菜的 1 个新种，即单孢紫菜（*Porphyra monosporangia* Wang et Zhang）。郑宝福（1981）报道了紫菜的 1 个新种，即少精紫菜（*Porphyra oligospermatangia* Tseng et Zheng）。潘国英和王永川（1982）报道了多枝紫菜（*Porphyra ramosissima* Pan et Wang）。Tseng（1983）系统地报道了我国 10 种紫菜，即广东紫菜、坛紫菜、圆紫菜、条斑紫菜、绉紫菜、长紫菜、边紫菜、半叶紫菜华北变种、少精紫菜和甘紫菜；同年，杭金欣和孙建璋报道了浙江的 6 种紫菜，即铁钉紫菜（*Porphyra ishigecola* Miura）、条斑紫菜、绉紫菜、长紫菜、圆紫菜和坛紫菜。郑宝福（1988）报道了青岛紫菜（*Porphyra qingdaoensis* Tseng et Zhang）。章景荣和王素娟（1993）报道了福建紫菜（*Porphyra fujianensis* Zhang et Wang）。黄淑芳（2000）报道了台湾的两种紫菜，即绉紫菜和长紫菜。郑宝福和李钧（2009）增加报道了深裂紫菜（*Porphyra schistothallus* B. F. Zheng & J. Li）、列紫菜、柔薄紫菜（*Porphyra tenuis* Zheng et Li）、坛紫菜养殖变种（*Porphyra haitanensis* var.*culta* Zheng et Li）、坛紫菜巨齿变种（*Porphyra haitanensis* var. *grandidentata* Zheng et Li）、坛紫菜裂片变种（*Porphyra haitanensis* var. *schizophylla* Zheng et Li）、圆紫菜青岛变种（*Porphyra suborbiculata* var. *qingdaoensis* Zheng et Li）和越南紫菜（*Porphyra vietnamensis* Tanaka et Ho）。

第三节　海藻的分子分类

藻类分子系统学是在分子水平上研究藻类多样性及进化规律的一门学科，始于 20 世纪 80 年代。海藻的传统分类学主要根据物种的形态和结构特征等进行分类，当样品缺少完整的外部形态和内部结构特征，以及样品的形态、结构特征受环境影响而发生改变时，往往会造成错误鉴定。分子系统学探究物种基因型的变化，其受表型特征和外界环境的影响小，能较客观地用于物种鉴定和系统发育分析。

DNA 序列含有编码区和非编码区的全部核苷酸，并且核苷酸可组装成单拷贝序列、重复基因、非基因重复序列和转录单元，含有丰富的遗传学信息，记载着物种的特征以及进化历史。随着 PCR（聚合酶链式反应）技术的发展和 DNA 测序技术的成熟，应用

DNA 序列研究藻类多样性和系统发育，成为当前藻类分子系统学研究的热点。

一、海藻的分子系统学研究

以紫菜为例。紫菜属分子系统学的研究兴起于 20 世纪 90 年代初。1990 年，Lindstrom 和 Cole 首次利用淀粉凝胶电泳技术，评价了 *Porphyra perforata* complex 的种间关系。同年，Bhattacharya 等通过核糖体 RNA（rRNA）基因 5S rDNA 序列，比较了脐形紫菜（*Porphyra umbilicalis*）与其他真核、原核生物，发现不同藻类其质体起源有差异。Lindstrom 和 Cole（1992）分析同工酶、物种形态和染色体，研究了北大西洋和北太平洋紫菜物种的关系。

二、海藻分子分类常用的分子标记

分子标记（molecular marker）是指能反映生物个体或种群基因组间某种差异特征的 DNA 片段。分子标记用于藻类物种鉴定和种群遗传研究始于 20 世纪 90 年代。至今应用较为广泛的分子标记：①随机扩增多态性 DNA（Random Amplified Polymorphic DNA, RAPD）；②简单序列间重复（Inter Simple Sequence Repeats, ISSR）多态性；③限制性片段长度多态性（Restriction Fragment Length Polymorphisms, RFLP）；④扩增片段长度多态性（Amplified Fragment Length Polymorphism, AFLP）；⑤微卫星或简单序列重复（Microsatellite or Simple Sequence Repeat, SSR）；⑥小卫星 DNA 或数目可变串联重复（Minisatellite DNA or Variable Number of Tandem Repeats, VNTR）多态性；⑦相关序列扩增多态性（Sequence Related Amplified Polymorphism, SRAP）；⑧表达序列标签（Expressed Sequence Tag, EST）；⑨第三代分子标记单核苷酸多态性（Single Nucleotide Polymorphism, SNP）；等等。

三、DNA 条形码技术

对一组来自不同生物个体的较短的同源 DNA 序列进行 PCR 扩增和测序，对得到的序列进行多重比对和聚类分析，从而将特定个体精确定位到一个已被描述的分类群中，或将某些物种定位到特定的地理种群中的技术被称为 DNA 条形码技术。该技术利用有足够变异的、容易扩增的、相对较短的标准 DNA 片段，在种内与种间建立一种新的生物识别系统，达到快速、准确识别与鉴定物种的目的。

适合做 DNA 条形码的序列应满足以下条件：①片段长度尽量短，以便进行 PCR 扩增和测序；②存在高度保守的序列，以便设计能稳定扩增的通用引物；③片段序列变异水平适中，种内变异较小，并明显小于种间变异。

在海藻研究中，做 DNA 条形码的序列通常有以下 8 种：

1. *cox*1 基因（Partial cytochrome C oxidase Ⅰ gene，细胞色素 C 氧化酶亚基Ⅰ基因）片段

该基因存在于线粒体中，长度约 650 bp，应用广泛。该基因在绿藻中内含子分布较广，变异速率高，而在红藻和褐藻中的变异速率适宜，因此可用于鉴定红藻及褐藻的近缘种，被认为是较理想的DNA条形码片段。

2. *cox*2-3 基因（Partial cytochrome C oxidase between Ⅱ and Ⅲ gene）片段，细胞色素C氧化酶亚基Ⅱ和亚基Ⅲ基因之间的片段

Zuccarello 等（2003）建议将该基因片段作为红藻物种鉴定的分子标记。研究表明，该片段比 *cox* 1 和 *UPA* 片段的种间变异大，变异度为 13.7%～25%；而红毛菜科的 *cox* 1 片段种间变异度为 2.18%～21.6%（朱建一等，2016），紫菜属的物种间 *UPA* 片段的变异度为 1.4%～4.6%（茅云翔等，2014）。

3. *rbc*L（The large subunit of ribulose-1,5-bisphosphate carboxylase，1,5-二磷酸核酮糖羧化酶/加氧酶大亚基）基因片段

该基因存在于叶绿体中，无内含子，长度约 1 400 bp，应用广泛（Curtis et al., 2008；Hayden et al., 2004；Hayden et al., 2002；Fredericq et al., 1999）。

4. *ITS*（Nuclear internal transcribed spacer，核糖体非编码转录间隔区）序列

该序列存在于核糖体中，位于核糖体 RNA 18S rRNA 和核糖体 RNA 26S rRNA 基因之间的非编码转录间隔区，被核糖体 RNA 5.8S rRNA 基因分为 *ITS*1 和 *ITS*2 两段。*ITS*1 和 *ITS*2 序列多变，而核糖体 RNA 5.8S rRNA 基因片段较短，相对保守。*ITS* 序列的研究主要集中在褐藻，也应用于绿藻（Hayden et al., 2004）和蓝藻（Perkerson et al., 2011）的研究。该序列适用于属、种及种下不同地理类群的亲缘关系研究（朱建一等，2016）。

5. *UPA*（Universal plastid-based amplicon，通用引物扩增产物）基因片段

该基因为核糖体大亚基的 RNA 基因，存在于叶绿体中，为叶绿体 23S rRNA 基因的 V 结构域，长度约 370bp。对藻类的研究发现，*UPA* 基因的测序效率和扩增效率均较高，该片段在藻体种间的变异范围较大，可用于多个物种的区分，对物种的辨别起明显作用。

6. *LSU*基因（Partial 28S rRNA gene）片段，核糖体 28S rRNA 基因

该基因为细胞核上的一个基因片段，易于扩增及测序，但该基因在种间与种内的差异较小，比 *UPA* 和 *cox* 1 基因保守，适合在科及以上的分类阶元中使用。

7. *SSU*（Ribosomal small subunit）片段，核糖体 18S rDNA 基因

该基因片段比较保守，在近缘物种上差异不大，多用于红藻的分类鉴定。Hayden 和 Waaland（2002）、Berger 等（2003）和 Sanchez-Puerta 等（2006）也应用该片段进行绿藻分析。研究表明，在紫菜属种间该片段差异可辨（Brodie et al., 2008；Broom et al., 1999），但不宜单独用于紫菜属物种鉴定（朱建一等，2016）。

8. *mat*K（Maturase kinase）基因片段，酪氨酸蛋白激酶基因、叶绿体成熟酶K基因

该基因存在于叶绿体中，长度约 1 500 bp，为单拷贝编码基因。在藻类研究中应用较少。

复习题

1. 海藻传统分类的依据是什么？
2. 海藻分子分类的常用标记有哪些？

第七章　蓝藻的生物学

第一节　蓝藻的生物学概述

一、形态

蓝藻有单细胞体、群体和多细胞体 3 种类型。

1. 单细胞体或单细胞群体

藻体形状多样，常呈球形、半球形、卵形、梨形、棒状、片状和块状等。无鞭毛，不能运动。

2. 多细胞体

一般为丝状体，即藻体细胞向一个方向分裂，细胞依次排列而成的藻体。单条或分枝。

①不分枝丝状体。许多丝状蓝藻都为不分枝、单列细胞丝状体，如螺旋藻属的种类。

②假分枝丝状体。有的多细胞丝状蓝藻外观呈分枝状，但不具有真分枝的结构，即侧枝不是由主枝细胞侧向突起、分裂而成，而是由藻体断裂后的小段平行向外侧移动形成的，或由藻丝交织、黏结呈叉状而形成的单叉状或双叉状分枝，称为假分枝，如多丝藻属、双须藻属和伪枝藻属的种类。

③分枝丝状体。有的丝状蓝藻具有真正的分枝，如鞭鞘藻属的种类。

④异丝体。多细胞丝状蓝藻的藻丝出现分化，由水平和直立生长的两部分藻丝组成；基部藻丝水平分布，或藻丝聚集在一起形成扁平膜状，这些形态称为异丝体。

⑤胶群体。藻体外形多样，呈丝状、小型灌木状或球形等，具有公共的胶质外壁（胶被），内部由许多藻丝组成，藻丝分枝或不分枝，假分枝或真分枝，这种藻体形态称为胶群体，如微鞘藻属、束枝藻属和短毛藻属的种类等。

蓝藻的藻体一般较小，有些多细胞丝状蓝藻具有运动能力，如颤藻属和螺旋藻属的种类等。

二、结构

1. 细胞的结构

蓝藻的细胞结构主要包括细胞壁、细胞质、中央体和色素等。

（1）细胞壁

蓝藻一般都有细胞壁，并且细胞壁由内、外两层组成。

①外层，由果胶质和黏多糖组成。有些蓝藻的外壁层呈水解状，称为胶被；而有些

种类，尤其是一些丝状蓝藻的外壁层固化呈皮状，则称为胶质鞘。群体蓝藻中，每个个体的胶被常形成一个公共胶被，但是有些种类在公共胶被中保留个体胶被。有些蓝藻胶质鞘中含有半纤维素或色素，有些种类的胶质鞘有同心纹层。当胶质鞘中含有褐红素和褐绿素时，胶质鞘呈黄色和棕色；含有黏球藻素时，则呈红色和紫蓝色。

②内层，位于细胞壁外层与原生质膜之间，成分主要为纤维素。

（2）细胞质

蓝藻细胞的细胞质紧贴原生质膜，黏度高而渗透压低，主要由中央体和色素两部分组成。在浮游型蓝藻中，如鱼腥藻属和微囊藻属种类的细胞中往往有假液泡或气泡，在低倍镜下观察为黑色，高倍镜下为红色（可能是折光现象所致），成分为氮素或氮素化合物。在压力或部分真空作用下，假液泡可消失，并在细胞表面呈现集生的气泡。

（3）中央体

蓝藻细胞中没有真正的细胞核，固定的蓝藻标本可用染细胞核的染料染色，由此可知蓝藻细胞中有核酸等核物质。中央体是指位于蓝藻细胞中央部位、无核膜包被的核物质。生活状态蓝藻细胞的核物质可用 0.01%的美蓝溶液染色，但是该溶液较难对海产种类进行染色。

（4）色素

蓝藻的色素粒游离于整个细胞质中，或分布在周围细胞质中。色素种类主要为叶绿素 a 和藻胆素，后者主要包括藻蓝蛋白和藻红蛋白，藻蓝蛋白呈蓝色，而藻红蛋白呈红色。蓝藻细胞中的色素粒呈明显的泡沫状结构，不形成色素体。

（5）同化产物

蓝藻的光合作用产物最初为糖类，之后转化为许多小球形或不规则形状的蓝藻淀粉（肝糖）和蓝藻粒（具有蛋白质性质的物质）。这些颗粒在细胞中规则或不规则分布，是分类的重要特征之一。生殖细胞常有大量的颗粒，而生长旺盛或活跃的细胞有少量的颗粒。如果将蓝藻藻体放在黑暗条件下，数天后，藻体中的颗粒就会因呼吸作用而被消耗。

2. 藻体的结构

蓝藻的形态多种多样，不同形态蓝藻的结构具有差异。

（1）单细胞体

此类蓝藻的结构特点参见上述蓝藻细胞的结构。

（2）群体

包括由单细胞体和多细胞体蓝藻形成的两种群体类型。由许多单细胞体形成的群体，其结构比较简单，除公共胶被外，其他结构类似单细胞体。由多细胞体蓝藻形成的群体，其结构相对较复杂，结构特点：①群体有或无公共胶被（或胶质鞘），胶被或胶质鞘的厚薄不一；②多细胞体蓝藻数量多少不一；③群体中藻丝有或无分枝，分枝为假分枝或真分枝，分枝数量多少不一；④藻丝细胞形状多样，呈长筒形、短筒形、球形或不规则形状等；⑤细胞隔壁有或无缢缩；⑥具有端细胞的分化；⑦有或无异形胞。

（3）多细胞体

多细胞体蓝藻大多为不分枝、假分枝或分枝丝状体，少数为异丝体，结构特点：①藻丝有或无胶被（或胶质鞘），胶被或胶质鞘的厚薄不一；②藻体有或无匍匐部与直立部分化，有或无基部与顶端分化；③藻丝有或无分枝；分枝为假分枝或真分枝；种间分枝数量多少不一、长短不一；④藻丝细胞形状多样，呈长筒形、短筒形、球形或不规则形状等；⑤细胞隔壁有或无缢缩；⑥具有端细胞的分化，端细胞形状多样；⑦生殖时有或无形成异形胞，异形胞的位置等；⑧藻体有或无运动能力。

三、生殖

蓝藻的生殖方式包括营养生殖和孢子生殖两种，不包括有性生殖方式。

1. 营养生殖

营养生殖是不通过任何专门的生殖细胞进行生殖的方式。在适宜的环境条件下，这种方式可以迅速增加个体数量。

（1）细胞分裂

通常单细胞蓝藻以这种方式生殖，而多细胞蓝藻则以这种方式增加藻丝的长度。

（2）断裂生殖

多细胞体蓝藻中有些种类（如丝状蓝藻）在一定阶段，一列细胞中相邻细胞的细胞壁分离、其中数个细胞死亡或外来力量作用导致藻体分成数小段，这些小段的每一段称为藻殖段。脱离母体后，在适宜的环境条件下，这些藻殖段继续生长成为与母体相同的新藻体，这种生殖方式称为断裂生殖，是营养生殖的一种类型。多数丝状蓝藻依靠藻殖段进行营养生殖。

2. 孢子生殖

通过产生孢子进行生殖的方式称孢子生殖。产生孢子的组织叫孢子囊。根据孢子的种类，蓝藻的孢子生殖可分为以下几种。

（1）内生孢子

藻体细胞内的原生质体先分裂成一定数目的原生质团，然后细胞壁破裂，每个原生质团放散出来便成为一个孢子，在适宜条件下可萌发并长成新藻体，这种孢子叫内生孢子。内生孢子多呈圆球形。

（2）外生孢子

藻体细胞的细胞壁先破裂，然后原生质体顺次缢缩形成孢子，在适宜条件下萌发并长成新藻体，这种孢子叫外生孢子。

（3）藻殖孢

在环境条件恶劣时，丝状蓝藻形成的藻殖段外壁增厚，细胞呈休眠状态，这种结构称为藻殖孢。在环境条件转好时，藻殖孢萌发并长成新藻体。

（4）厚壁孢子

有些丝状蓝藻藻丝上的某些营养细胞贮满养分、增大体积并逐渐增厚细胞壁，细胞壁明显分化出内外层，形成厚壁孢子，营养细胞的原细胞壁便成为孢子壁的最外层。在环境不良时，厚壁孢子可长期休眠，而在条件转好时立即萌发并长成新藻体。厚壁孢子单生或串生、端生或间生。

（5）异形胞

一些丝状蓝藻体内常产生一种比普通细胞大、有明显厚壁并具有丰富内含物的细胞，脱离母体后可萌发并长成新藻体，这种细胞称为异形胞。异形胞往往由新分裂出来的营养细胞变态而成。异形胞一般顶生、间生、孤生或串生。

四、生活史

由于蓝藻不进行有性生殖，其生活史为单世代型。

五、习性与分布

1. 生长方式

多细胞体蓝藻通常除藻丝近固着器或端部细胞外，其余细胞都有分生能力，属于散生长。

2. 生活方式

蓝藻营浮游、固着、附着或共生寄生生活。

3. 分布

很多蓝藻有胶质鞘，对外界环境的适应能力很强，因此这些蓝藻分布范围极为广泛。从赤道到两极，从高山到海洋都有蓝藻生长。根据蓝藻分布的区域，可将蓝藻划分为水生、陆生和气生 3 类。大多数蓝藻分布在陆地和淡水中，海产蓝藻数量较少，但分布范围较广，在潮上带、潮间带和潮下带皆有分布。蓝藻的生长期一般比较长，受季节变化的影响不如红藻、褐藻和绿藻显著。

第二节 蓝藻的主要类群

一、分类概况

蓝藻门［蓝细菌门（Cyanobacteria Stanier ex Cavalier-Smith, 2002）］是藻类中的一大类群，目前统计有 5 026 种，其中大部分生于陆地或淡水。本门只有 1 纲，即蓝藻纲（Cyanophyceae Schaffner, 1909）。根据藻体的形态（单细胞、群体或丝状体等）、异形胞的有无及形成位置、藻殖段的形成与否等特征进行分类，将蓝藻纲主要分为 3 个亚纲。

（一）蓝藻门 1 纲（蓝藻纲）主要包括 3 个亚纲

①聚球藻亚纲（Synechococcophycidae L. Hoffmann, J. Komárek & J. Kastovsky, 2005）；

②颤藻亚纲（Oscillatoriophycidae L. Hoffmann, J. Komárek & J. Kastovsky, 2005）；

③念珠藻亚纲（Nostocophycidae L. Hoffmann, J. Komárek & J. Kastovsky, 2005）。

（二）蓝藻门3个主要亚纲共分7个目

1. 聚球藻亚纲

1 个目，984 种。聚球藻目（Synechococcales L. Hoffmann, J. Komárek & J. Kastovsky, 2005），为单细胞或群体，群体不定形。

2. 颤藻亚纲

分 5 个目，2 302 种。

①宽球藻目（Pleurocapsales Geitler, 1925），为单细胞或群体，群体球形或不定形；

②色球藻目（Chroococcales Schaffner, 1922），该目种类为球形的单细胞或群体，群体定形或不定形；

③隐球藻目（Chroococcidiopsidales J. Komárek, J. Kastovsky, J. Mares & J. R. Johansen, 2014），国内未见报道；

④颤藻目（Oscillatoriales Schaffner, 1922）；

⑤螺旋藻目（Spirulinales J. Komárek, J. Kastovsky, J. Mares & J. R. Johansen, 2014）。

3. 念珠藻亚纲

只有 1 个目，1 525 种，念珠藻目（Nostocales Borzì, 1914）。

（三）蓝藻门中海产大型种类主要3个目

1. 颤藻目

已知该目 1 361 种，分 14 个科，我国报道了 3 个科的部分种类。

①博氏藻科（Borziaceae Borzì, 1914），该科有 14 种，下分 2 个属，我国报道的海产种类只有 1 个属，即博氏藻属。

②颤藻科（Oscillatoriaceae Engler, 1898），已知该科有 873 种，下分 43 个属，我国报道了海产 4 个属的种类。

③微鞘藻科（Microcoleaceae O. Strunecky, J. R. Johansen & J. Komárek in Strunecky et al., 2013），已知该科有 264 种，下分 25 个属，我国报道了其中 7 个属的部分种类。

2. 螺旋藻目

已知该目只有螺旋藻科［Spirulinaceae（Gomont）L. Hoffmann, J. Komárek & J. Ka in J. Komárek et al., 2014］1 个科，55 种。已知该科有 3 个属，我国报道了海产 1 个属的种类，即螺旋藻属。

3. 念珠藻目

藻体为多细胞的丝状体，不分枝或有假分枝。一般有顶生或间生的异形胞，生殖时也可形成藻殖段或厚壁孢子。已知该目有 24 个科，我国报道了海产 9 个科的种类。

①束丝藻科（Aphanizomenonaceae Elenkin, 1938），该科有 155 种，下分 12 个属。我

国报道的海产种类有 1 个属，即节球藻属。

②眉藻科（Calothricaceae Cooke, 1890），该科有 143 种，下分 2 个属。我国报道了海产 1 个属的种类，即眉藻属。

③软管藻科（Hapalosiphonaceae Elenkin, 1916），该科有 27 属，102 种。我国仅报道了 1 属 1 种。

④微毛藻科（Microchaetaceae Lemmermann, 1907），该科有 22 种，下分 4 个属。我国报道了 1 个属的种类。

⑤念珠藻科（Nostocaceae Eichler, 1886），该科有 461 种，下分 32 个属。我国报道了 5 个属的种类。

⑥胶须藻科（Rivulariaceae Frank, 1886），该科有 166 种，下分 21 个属，我国报道了 5 个属的种类。

⑦伪枝藻科（Scytonemataceae Frank, 1886），已知该科有 185 种，下分 14 个属。我国报道了海产 1 个属的种类，即伪枝藻属。

⑧胶聚线藻科（Symphyonemataceae Hoffman, Komárek & Kastovsky, 2005），该科有 21 种，下分 11 个属。我国报道了海产 2 个属的种类，即短毛藻属和膜基藻属。

⑨单歧藻科（Tolypothrichaceae Hauer, Bohunická, J. R. Johansen, Mareš & Berrendero-Gomez, 2014），该科有 102 种，下分 10 个属。我国报道了海产 1 个属的种类，即单歧藻属。

二、海产大型蓝藻的主要种类

（一）颤藻亚纲

1. 颤藻目

已知该目 1 361 种，分 14 个科，我国报道了 3 个科的部分种类。

（1）博氏藻科

该科有 2 属 14 种，我国报道的只有 1 个属的海产种类。

博氏藻属（*Borzia* Cohn ex Gomont, 1892），藻体丝状，单生或集生；藻丝短，无鞘，直或稍弯曲，顶端不变细，细胞隔壁处缢缩；藻丝不分枝，细胞单列，一般不超过 16 个，宽 0.5～7 μm；藻丝上所有细胞等径或略有差异，圆柱形，顶端细胞宽圆。无异形胞，生殖依靠藻殖段。藻丝不能运动。已知该属有 9 种，多数生活在淡水。我国报道的海产种类有 1 种。

——西沙博氏藻（*B. xishaensis* Hua, 1981），现在被认为是 *Hormoscilla xishaensis*（Hua）Anagnostidis et Komárek, 1988 的同物异名种。藻体蓝绿色或浅蓝绿色，单生或集生，常呈薄膜状；藻丝短，仅由 6～18（20）个细胞组成，直或稍弯曲；藻丝长 15～40（55）μm，直径 7（6.3）～10（11.5）μm（图 7-1）。细胞长 2～3.3 μm，隔壁处缢缩，

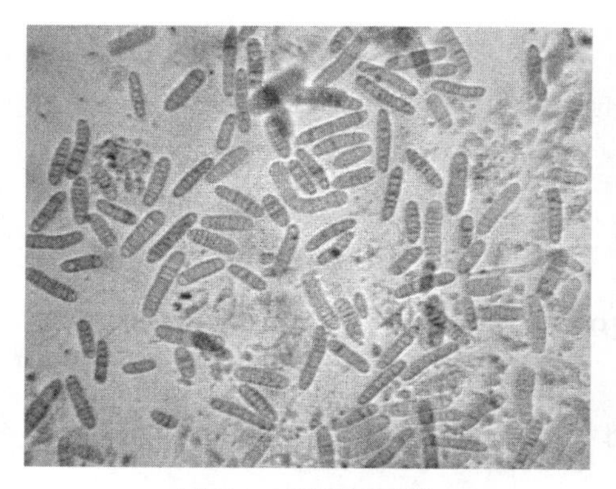
图 7-1 西沙博氏藻

两个末端细胞较长，达 4～6.3 μm。该藻附生在低潮带的贝壳上，在我国西沙群岛有分布。

（2）颤藻科

已知该科有 43 属 873 种，我国报道了 4 个属的海产种类：席藻属（*Phormidium* Kützing ex Gomont）、织线藻属（*Plectonema* Thuret ex Gomont）、颤藻属（*Oscillatoria* Vaucher ex Gomont）和鞘丝藻属（*Lyngbya* C. Agardh ex Gomont）。下面介绍其中 3 个属的特征。

①席藻属（*Phormidium* Kützing ex Gomont, 1892）。藻体为不分枝丝状体，蓝绿色、褐绿色、桃红绿色或橄榄绿色，常形成光滑、似皮革的席状藻层，直径可达数厘米，少数单生；藻丝直、卷曲或波形，通常宽 2～12 μm；细胞单列，圆柱形，长与宽约相等，隔壁处缢缩或不缢缩，端细胞宽圆；藻丝在鞘内外有运动能力。无异形胞，生殖依靠藻殖段，藻殖段是细胞死亡导致藻丝分离形成的。在环境因子不稳定或不规律时，鞘为管状，硬而无色，并且不分层，其内只有 1 条藻丝。已知该属有 207 种，根据鞘的发育情况分为 3 个亚属，生活于陆地、淡水或海水中。我国报道的海产种类有 13 种。

——近膜席藻［*P. submembranaceum*（Ardissone et Strafforello）Gomont, 1892］，藻体蓝绿色或黄褐色，厚膜状，鞘水溶解状；藻丝直径 2～3 μm（图 7-2）。细胞长 3～6 μm，隔壁处稍缢缩，端细胞呈扁锥形冠状。该种生长在高潮带岩石或贝壳上，在我国海南有分布。

——纤细席藻［*P. tenue*（Meneghini）Gomont, 1892］，该种目前被认为是 *Leptolyngbya tenuis*（Gomont）Anagnostidis et Komárek 的同物异名种。藻体蓝绿色或浅蓝绿色，鞘薄，透明，多呈水解状；藻丝直径 1.5～2 μm，细胞隔壁处无缢缩（图 7-3）。细胞长 2～5 μm，端细胞尖锥形或圆形，不呈冠状。该种常在高潮带岩石或其他藻体上形成薄膜层，在我国沿海常见。

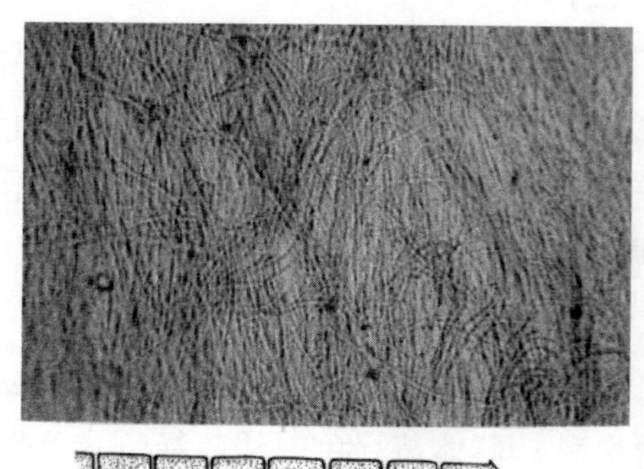
图 7-2 近膜席藻

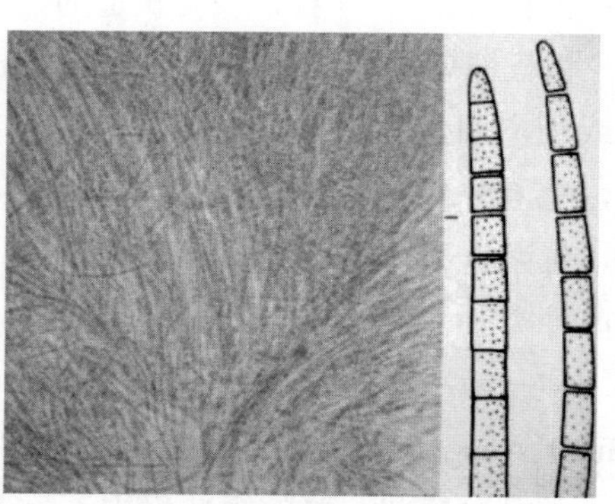
图 7-3 纤细席藻

——艳绿席藻［*P. laetevirens*（P. L. Crouan et H. M. Crouan ex Gomont）Anagnostidis et Komárek, 1988］，该种原名艳绿颤藻（*Oscillatoria laetevirens* P. L. Crouan et H. M. Crouan ex Gomont, 1892）。藻体暗或亮蓝绿色，藻丝一般直，直径为 4～5（6）μm，顶端渐细，稍弯曲（图 7-4）。藻丝细胞长 2.5～6μm，隔壁处稍缢缩，有少数颗粒；顶细胞钝形或稍尖锥形。该种在高潮带岩石或其他藻体上形成薄膜层，在我国黄海沿岸常见。

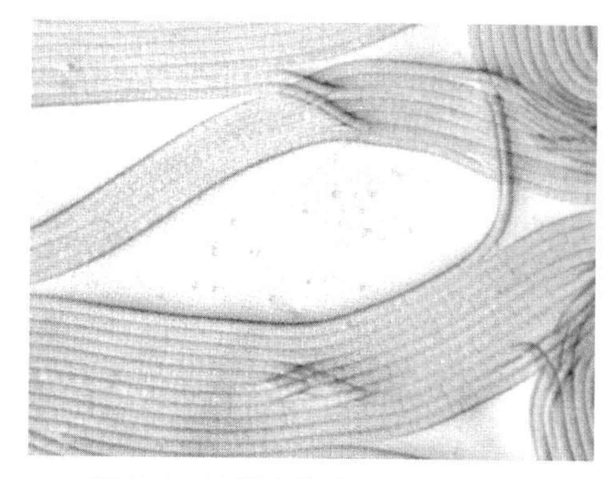

图 7-4　艳绿席藻（原艳绿颤藻）

——墨绿席藻［*P. nigroviride*（Thwaites ex Gomont）Anagnostidis et Komárek, 1988］，该种原名暗绿颤藻（*Oscillatoria nigroviridis* Thwaites, 1849）。藻体黑紫罗兰色，藻丝较直，质脆，直径 7～11μm；隔壁处缢缩；顶端弯曲，稍细（图 7-5）。细胞长 3～5μm，端细胞呈头状，有 1 个凸起、稍厚的外壁。该种在中、高潮带与其他藻类混杂生长，或在岩石、贝壳和珊瑚上形成薄膜层，在我国沿海常见。

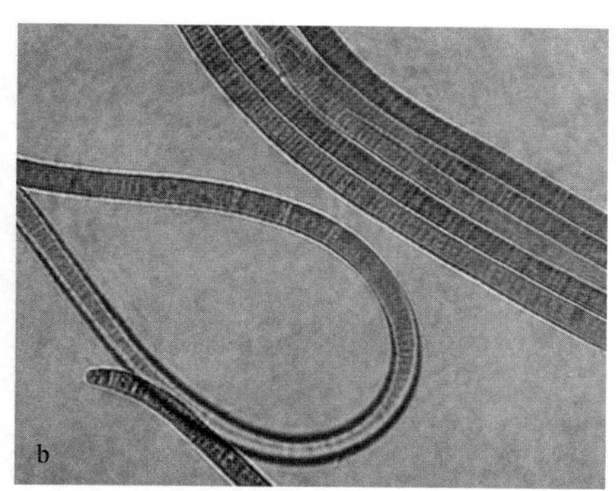

图 7-5　墨绿席藻（原暗绿颤藻）

a. 藻体外形；b. 藻丝细胞及其排列

②颤藻属（*Oscillatoria* Vaucher ex Gomont, 1892）。藻体由不分枝的藻丝组成，多集生，显微至肉眼可见，直径可达几厘米；无鞘，或有薄而无色的鞘。藻丝直或稍弯曲，通常宽 8～60 μm，常能颤动或滑动。细胞单列，短圆柱形，隔壁处缢缩或不缢缩，顶端渐细，端细胞宽圆，有时呈头状或冠状。无异形胞，细胞横分裂，生殖时产生短、具运动能力的藻殖段。已知该属有 57 种，常见于海洋、淡水或土壤。我国报道的海产种类有 11 种。

——清净颤藻（*O. sancta* Kützing ex Gomont, 1892），藻体常丛生，藻丝直径为 8～10 μm，直或弯曲，顶端稍细（图 7-6）。藻丝细胞长 2～3 μm，隔壁处稍缢缩；端细胞厚，呈凸起的冠状。该种在高潮带岩石或石块上形成薄膜层，在我国海南岛和西沙群岛

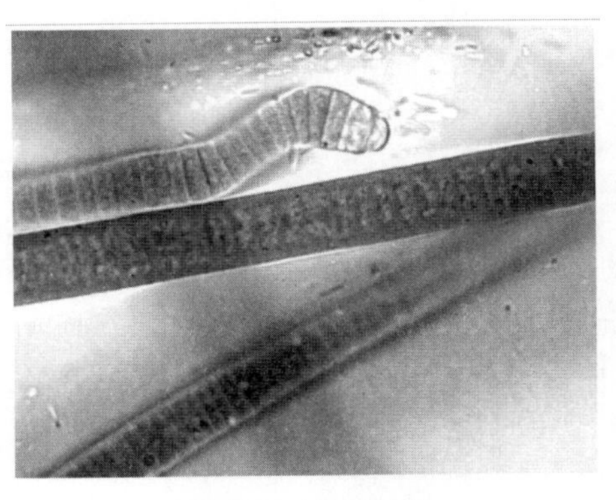
图 7-6　清净颤藻

有分布。

③鞘丝藻属（*Lyngbya* C. Agardh ex Gomont, 1892），藻体为不分枝丝状体，或有短而零星的假分枝，略呈波状，厚 5.5～60 μm；通常相连呈厚层状；一般肉眼可见，直径为几厘米至几十厘米；具硬鞘，鞘有时分层并呈褐色，末端开口。藻体细胞单列，呈短圆柱形，隔壁处缢缩或不缢缩，端部变细或不变细；不运动或少运动（藻殖段能运动）。细胞内含物呈蓝绿色、橄榄绿色、黄色、褐色或带桃红色，有卷曲的类囊体；端细胞外壁较厚，呈显著的冠状。无异形胞，生殖依靠短而能运动的藻殖段。已知该属有 98 种，主要分布于陆地、淡水和海水中，为全世界常见种。我国报道的海产种类有 11 种、2 变种。

——巨大鞘丝藻（*L. majuscula* Harvey ex Gomont, 1892），藻体暗蓝绿色、黄色或黑绿色，丛生，直或稍弯曲；长达 3 cm，直径 20～60 μm；鞘透明，厚达 11 μm，一般分层。藻丝直径 20～42.5 μm，顶端不渐细（图 7-7）。细胞较短，长 2～4 μm，隔壁处不缢缩；端细胞圆形。该种生长于潮间带岩石或珊瑚石上，在我国沿海常见。

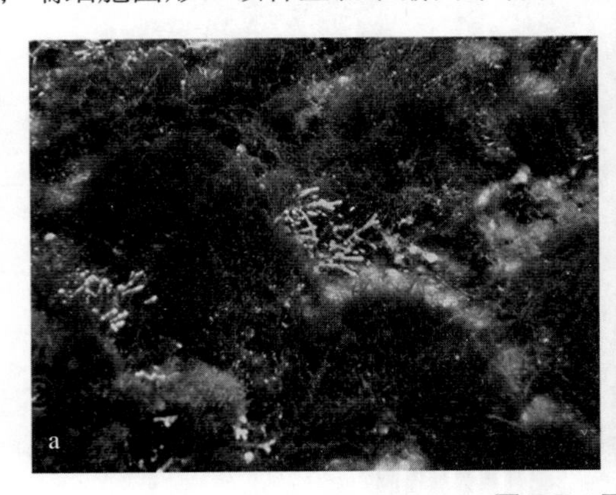

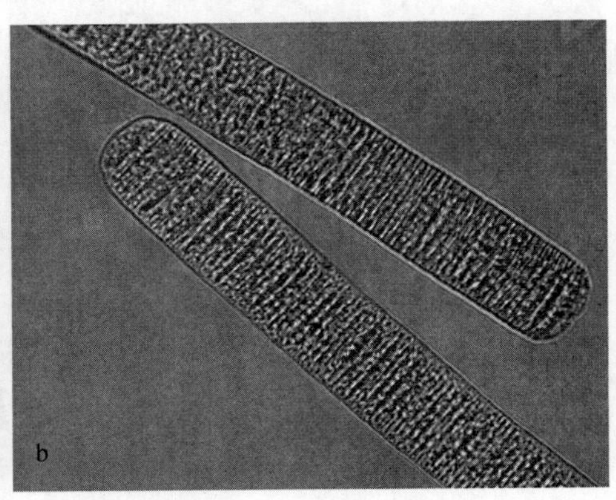

图 7-7　巨大鞘丝藻

a. 藻体外形；b. 细胞及其排列

——半丰满鞘丝藻（*L. semiplena* J. Agardh ex Gomont, 1892），藻体暗黄绿色或蓝绿色，干燥后呈暗紫罗兰色，丛生，匍匐，基部相互缠结，上部弯曲，长达 1～3 cm，直径 7～15 μm；鞘厚 1～3 μm，无色，随着生长而分层。藻丝直径 5～12 μm，隔壁处不缢缩，常有颗粒物。细胞短柱形，长 2～3 μm；端细胞稍变细，呈扁锥形或圆形冠状（图 7-8）。该种生长在中、高潮带岩石或贝壳上，在我国沿海常见。

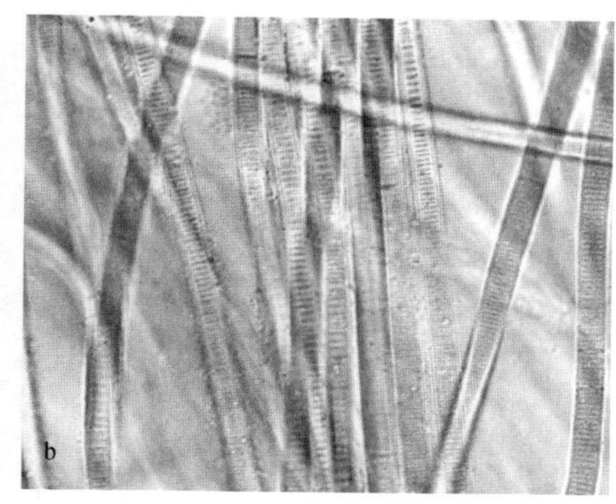

图 7-8 半丰满鞘丝藻

a. 藻体外形；b. 细胞及其排列

（3）微鞘藻科

已知该科有 25 属 264 种。我国报道 7 个属的种类：节旋藻属（*Arthrospira* Sitzenberger ex Gomont）、水鞘藻属（*Hydrocoleum* Kützing ex Gomont）、微鞘藻属（*Microcoleus* Desmazières ex Gomont）、紫管藻属（*Porphyrosiphon* Kützing ex M. Gomont）、链鞘藻属（*Sirocoleum* Kützing ex Gomont）、束藻属（*Symploca* Kützing ex Gomont）和束毛藻属（*Trichodesmium* Ehrenberg ex Gomont）。

①微鞘藻属（*Microcoleus* Desmazières ex Gomont, 1892），藻体单生或集生，呈薄层或席状；具无色、均一的胶质鞘，其内为稠密聚集的藻丝。藻丝平行、不规则螺旋或卷曲，圆柱形，顶端直而细，2～3 条至 100 条以上；藻丝通常为单列细胞，偶见简单分枝。细胞一般长与宽等径；端细胞通常圆锥形，偶见冠状。生殖依靠运动的藻殖段。已知该属有 55 种，生活于海水、淡水或土壤。我国报道该属的海产种类有 3 种。

——原形微鞘藻（*M. chthonoplastes* Gomont, 1892），该种目前被认为是 *Coleofasciculus chthonoplastes*（Gomont）Siegesmund, Johansen et Friedl in Siegesmund et al., 2008 的同物异名种。藻体暗蓝绿色，丝状，单条或偶见分枝，不规则弯曲，直径 30～90 μm；鞘透明，有时水解状，表面粗糙，顶端细。藻丝直径 2.5～6 μm，1 个鞘中有许多条藻丝，藻丝密集成束。细胞长 3.5～10 μm，隔壁处稍缢缩；端细胞渐细，不呈头状（图 7-9）。该种在高潮带形成紧密的层状或与其他藻类混杂生长，在我国沿海常见。

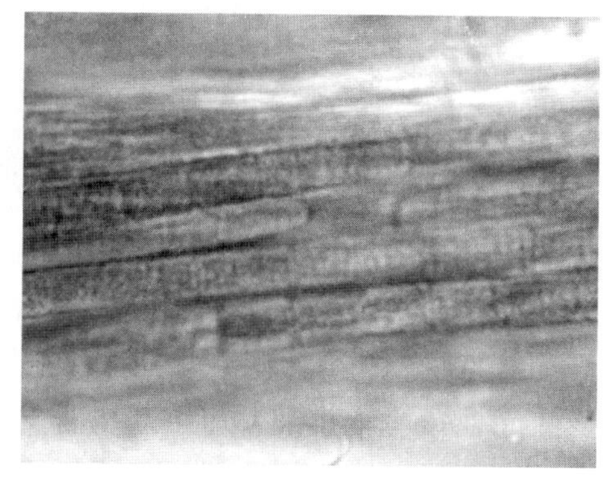

图 7-9 原形微鞘藻

——巨型微鞘藻（*M. majusculus* Tseng et Hua, 1984），藻体暗蓝绿色，密集呈席状，直径 200～500 μm。藻丝直或弯曲，末端游离，有许多二叉状或不规则分枝，长 1～2 cm，直径 5～8 μm；鞘厚，透明，1 个鞘中有许多藻丝，藻丝密集成束，顶端稍细

（图 7-10）。藻丝细胞长 6～12.5 μm。生殖时形成藻殖段；藻殖段较短，3～10 个细胞。该种在高潮带或潮上带岩石或盐田湿地上扩展形成厚膜层，在我国海南有分布。

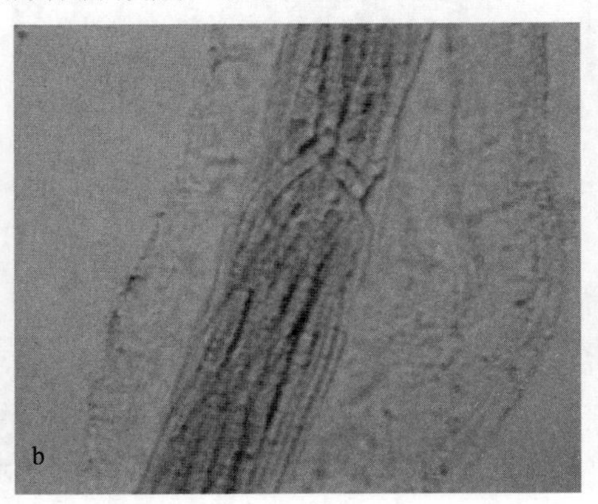

图 7-10　巨型微鞘藻

a. 藻体外形；b. 鞘及藻丝

②链鞘藻属（*Sirocoleum* Kützing ex Gomont, 1892），藻体为丝状体。藻丝相连呈胶质席状，后期为直立束状；藻丝长，圆柱形，分枝末端直；鞘硬、均质、宽而无色或稍呈黄色，缢缩；鞘内有几条至多条藻丝，有时密集平行成束。生殖时依靠具运动能力的藻殖段。已知该属有 3 种，生活于海水或淡水中，我国报道的海产种类有 1 种。

——库氏链鞘藻（*S. kurzii* Gomont, 1892），藻体暗绿色或黄绿色，单生或丛生；藻体直径 35～55 μm，长 275～500 μm，常形成软而疏松的丛生藻丝束，不规则或叉状分枝；鞘厚而透明，表面光滑或粗糙，顶端呈尖形，封闭或开口。藻丝直径 6～8 μm，1 个鞘内藻丝的数目多少不一，稠密或疏松交织，藻丝顶端几乎不变细（图 7-11）。细胞长 1.5～3 μm，隔壁处不缢缩，端细胞呈长或钝的锥形或圆形。该种常在中潮带与其他藻混生，在我国西沙群岛有分布。

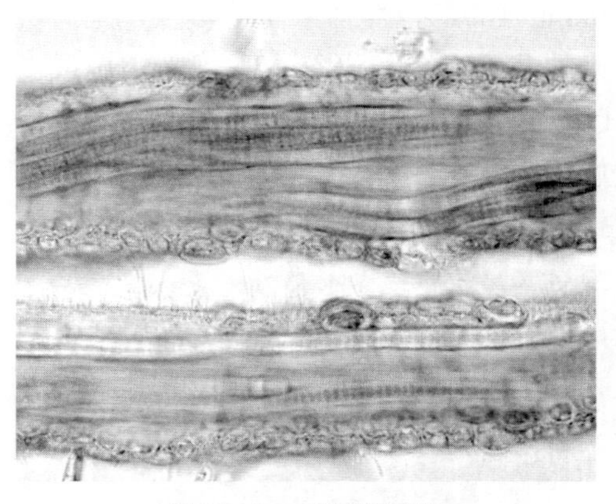

图 7-11　库氏链鞘藻

③束藻属（*Symploca* Kützing ex Gomont, 1892），藻体为扁平席状的群体。直立的藻丝束卷曲或平行排列，呈小而特有的草席状；藻丝束有时分枝或汇合；藻丝单生，稍卷曲，圆柱形，通常细胞隔壁处不缢缩；鞘硬而薄；藻丝末端常呈圆柱形，不变细。细胞圆柱形，内含物中无凸出的颗粒，端细胞圆。生殖依靠藻殖段。已知该属有 43 种，分布于陆地、淡水或海水中。我国报道的海产种类有 3 种。

——藓状束藻（*S. hydnoides* Kützing ex Gomont, 1892），藻体由许多藻丝密集丛生，呈直立束状、团簇状或小山峰状，高 1～3 cm；具明显的鞘，鞘薄而透明，每个鞘中只有 1 条藻丝（图 7-12a）。藻丝细胞长 5～14 μm，宽 6～8 μm，端细胞顶端圆钝（图 7-12b）。

该种附生于中、低潮带礁石、石块或大型藻体上，在我国山东青岛市、海南三沙市和台湾沿海有分布。

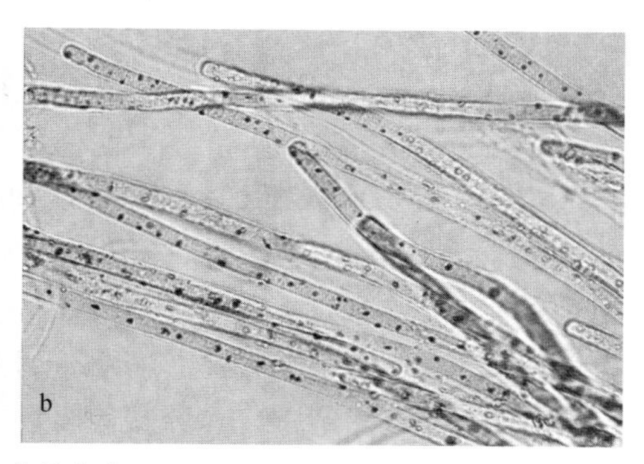

图 7-12　藓状束藻

a. 藻体外形；b. 细胞及其排列

④束毛藻属（*Trichodesmium* Ehrenberg ex Gomont, 1892），藻体为由不分枝藻丝组成的群体，漂浮生活。藻丝直或弯曲，平行成束或放射状伸长，无硬鞘；藻丝稍微运动，宽 6～22 μm，末端有时明显变细。藻丝细胞长宽等径、长筒形或短筒形，末端细胞伸长，细胞隔壁处缢缩或不缢缩；端细胞圆或细小，有时呈冠状。无异形胞，生殖依靠藻殖段，藻殖段具有运动能力。已知该属有 10 种，生活在淡水或海水中，我国报道的海产种类有 2 种。

——红海束毛藻（*T. erythraeum* Ehrenberg ex Gomont, 1892），藻体为许多藻丝成束或成片并列组成的群体，呈紫红色、黄褐色或淡黄色，一般长约 3 mm，宽 0.2～0.3 mm，无胶质鞘（图 7-13）。同束中的藻丝粗细大致相等；藻丝长 1～2 mm，直径 8～11 μm，顶端渐细。细胞短筒形，长 3～11 μm，细胞隔壁处缢缩，端细胞半球形或扁锥形，有时前端唇形。内含物一般呈明显的颗粒状，分布均匀。该种在我国东海和南海常见，大量繁殖时形成“赤潮”。

——汉氏束毛藻（*T. hildenbrandtii* Gomont, 1892），藻体浅褐色或浅紫罗兰色，浮游生活，束状丛生，有时会形成“赤潮”。藻丝直而平行，直径 10～20 μm，顶端稍细或不变细（图 7-14）。细胞长 3～8 μm，隔壁处无缢缩，端细胞圆，呈冠状。细胞内含物均匀，细胞中央有微小颗粒物集中。该种在我国南海常见。

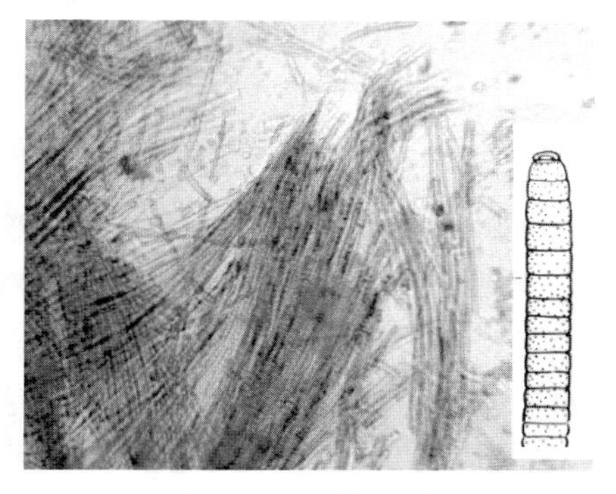

图 7-13　红海束毛藻

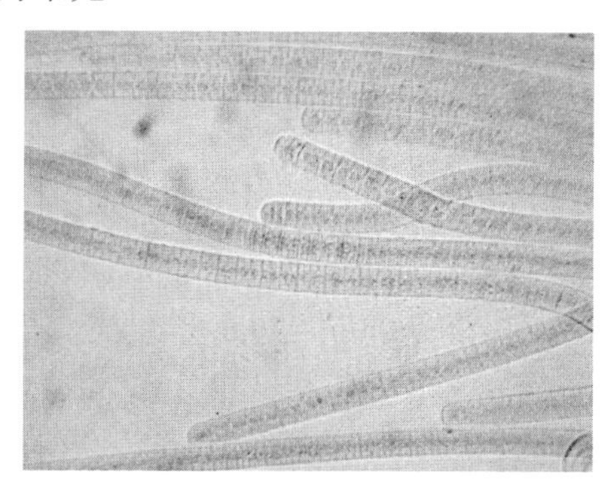

图 7-14　汉氏束毛藻

2. 螺旋藻目

藻体为规则螺旋状弯曲的丝状体，具周位类囊体，无异形胞。已知该目只有螺旋藻科 1 科。

螺旋藻科，已知该科有 3 属，我国报道了海产 1 个属的种类。

螺旋藻属（*Spirulina* Turpin ex Gomont, 1892），藻体丝状，浅蓝绿色或橄榄绿色，不分枝，一般无鞘，少数单生，多数聚生成肉眼可见的席状。藻丝不规则螺旋状卷曲，等宽；螺旋紧，2 个螺旋间有小的间隙；藻丝与螺旋的宽度比为 2～4；藻丝宽 0.5～3 μm，细胞单列，顶端不变细，有运动能力。细胞几乎等径、长柱形或短柱形，隔壁处缢缩或不缢缩，细胞内含物均一，端细胞宽圆，无厚壁。无异形胞，生殖依靠具运动能力的藻殖段。已知该属有 51 种，生活于海水或淡水中。我国报道的海产种类有 6 种。

——短丝螺旋藻（*S. labyrinthiformis* Gomont, 1892），藻体为丝状体，单生或聚生，宽 1～1.3 μm，长 175～250 μm，呈规则、紧密的螺旋状，藻丝宽 2～2.5 μm（图 7-15）。生殖时产生藻殖段。该种生长在低潮带石沼中，常与席藻和颤藻混生（夏邦美，2017），在我国西沙群岛有分布。

——极大螺旋藻（*S. major* Kützing ex Gomont, 1892），藻体为丝状体，单生或聚生，长达 1～1.5 mm，宽 5～6 μm，螺幅 40～60 μm，螺距 70～80 μm，呈规则、疏松的螺旋状（图 7-16a）；大量出现时形成膜状藻层；生活条件不良时，藻体常发生变形，螺旋不规则，甚至整条藻丝变直（图 7-16b）。生殖时产生藻殖段。生活在淡水、微咸和海水水域。生长在低潮线附近石沼中，常与刚毛藻、席藻和颤藻混生在一起。

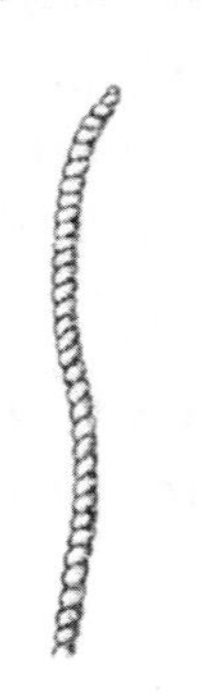

图 7-15　短丝螺旋藻

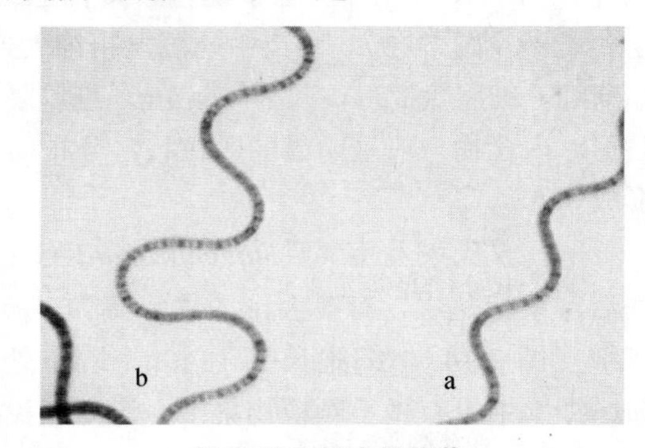

图 7-16　极大螺旋藻

a. 正常藻丝；b. 变形藻丝

——钝顶螺旋藻［*S. platensis*（Gomont）Geitler, 1925］，藻体呈暗蓝绿色，为单列细胞的丝状体；藻丝呈规则螺旋形，长 200～600 μm，宽 4～5 μm，螺幅 26～36 μm，螺距 43～57 μm；细胞短柱形，端细胞钝形（图 7-17a）。生殖时产生藻殖段。该种分布于高潮带及潮上带，在我国广东有分布。

——盐泽螺旋藻（*S. subsalsa* Oersted ex Gomont, 1892），藻体呈暗蓝绿色或黄绿色，为单列细胞的丝状体，单生或丛生，在潮间带常形成薄膜层；藻丝直径 1～2 μm，扭曲成规则或不规则的螺旋状（图 7-17b）。生殖时产生藻殖段。该种漂浮生活或附生在其他藻体上，在我国沿海常见。

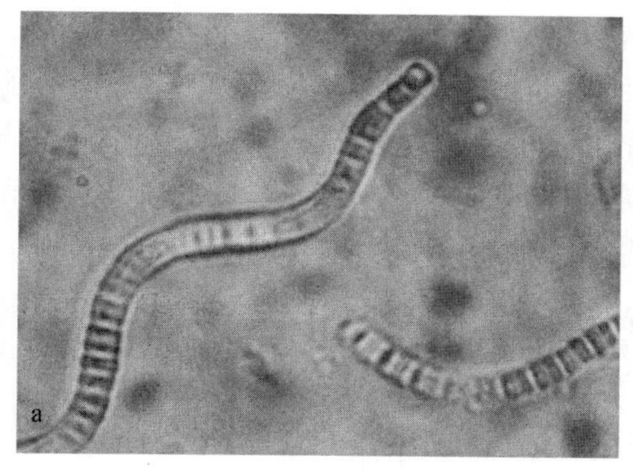

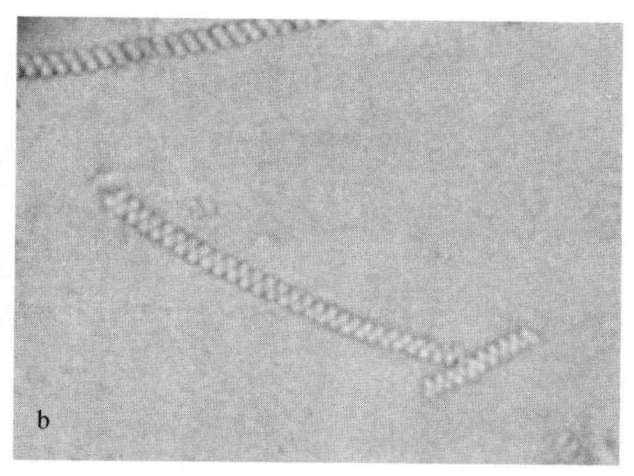

图 7-17　螺旋藻属种类

a. 钝顶螺旋藻；b. 盐泽螺旋藻

——细致螺旋藻（*S. subtilissima* Kützing ex Gomont, 1892），藻体为细小的规则螺旋形丝状体，较柔软，常集生。藻丝宽 0.6～1.0 μm，螺幅 1.5～2.5 μm，螺距 1.2～2.0 μm（图 7-18）。生殖时产生藻殖段。该种生长在低潮带岩石上，常与黑顶藻（*Sphacelaria* sp.）混生，在我国山东青岛的沿海地区有分布。

图 7-18　细致螺旋藻

——细丝螺旋藻（*S. tenerrima* Kützing ex Gomont, 1892），藻体为疏松的螺旋状丝状体，常集生，形成膜状藻层。藻丝宽 0.4～0.6 μm，螺幅 1.2～1.6 μm，螺距 1～1.5 μm。生殖时形成藻殖段。该种生长在低潮带石沼中，附生在泥沙表面或其他海藻体上，常与鞘丝藻、颤藻和微鞘藻等混生在一起，在我国西沙群岛有分布。

（二）念珠藻亚纲

目前该亚纲 1 个目，1 525 种。

念珠藻目，藻体为多细胞的丝状体，不分枝或有假分枝。生殖时一般形成顶生或间生的异形胞、藻殖段或厚壁孢子。该目已知有 24 科，我国报道海产 9 个科的种类：束丝藻科（Aphanizomenonaceae Elenkin）、眉藻科（Calothricaceae Cooke）、软管藻科（Hapalosiphonaceae Elenkin）、微毛藻科（Microchaetaceae Lemmermann）、念珠藻科（Nostocaceae Eichler）、胶须藻科（Rivulariaceae Frank）、伪枝藻科（Scytonemataceae Frank）、胶聚线藻科（Symphyonemataceae Hoffman，Komárek & Kastovsky）和单歧藻科（Tolypothrichaceae Hauer，Bohunická，J. R. Johansen，Mareš & Berrendero-Gomez）。

（1）束丝藻科

已知该科有 12 属 155 种。我国报道的海产种类有 1 属，即节球藻属。

节球藻属（*Nodularia* Mertens ex Bornet & Flahault, 1886），藻体丝状，单生或丛生，不分枝，直、弯曲或不规则螺旋状，顶端稍细；鞘薄，水解状，分 2 层。藻丝细胞单列，短柱形，细胞隔壁处缢缩。细胞内类囊体不规则卷曲，散生或集生在细胞的内表面上。异形胞形状相同，有时大小略不同（比营养细胞略小或大）。生殖依靠异形胞和藻殖段。已知该属有 20 种，大多盐生。我国报道的海产种类有 2 种：哈氏节球藻（*N. harveyana* Thuret ex Bornet & Flahault, 1886）和夏威夷节球藻（*N. hawaiiensis* Tilden, 1901）。

（2）眉藻科

已知该科有 2 属 143 种。我国报道的海产种类有 1 属，即眉藻属。

眉藻属（*Calothrix* C. Agardh ex Bornet & Flahault, 1886），藻体为丝状体，单生、簇生或扩展成一片呈天鹅绒状，有时匍匐在基质上。藻丝不分枝或有假分枝，顶端逐渐尖细。藻丝细胞柱形；胶质鞘一般坚实，有时只在基部有鞘，有时分层，呈黄褐色。生殖依靠球形或半球形、端生或间生异形胞或藻殖段，或在藻丝基部产生厚壁孢子。已知该属有 141 种，分布于淡水或海水中。我国报道的海产种类有 10 种：铜色眉藻［*C. aeruginea*（Kützing）Thuret］、丝状眉藻（*C. confervicola* C. Agardh ex Bornet & Flahault）、粘滑眉藻［*C. contarenii*（Zanardini）Bornet & Flahault］、皮壳状眉藻（*C. crustacea* Thuret ex Bornet & Flahault）、褐紫眉藻（*C. fuscoviolacea* P. L. Crouan & H. M. Crouan ex Bornet & Flahault）、附生眉藻（*C. parasitica* Thuret ex Bornet & Flahault）、软毛眉藻（*C. pilosa* Harvey）、粗眉藻（*C. robusta* Setchell & N. L. Gardner）、岩生眉藻（*C. scopulorum* C. Agardh ex Bornet & Flahault）和胎生眉藻（*C. vivipara* Harvey ex Bornet & Flahault）。

——丝状眉藻（*C. confervicola* C. Agardh ex Bornet & Flahault, 1886），藻体为丝状体，黑绿色或脏绿色，高 0.8～1.2 mm，丛生呈层状（图 7-19）。鞘厚 5～8 μm，透明或呈黄褐色，有时分层。藻丝不分枝，中部直径 20～28 μm，基部稍膨胀，末端为长的透明毛；毛状丝中间直径 10～15 μm。藻体细胞长 3～6.5 μm，胞间不缢缩。异形胞位于基部，一般球形。该种在我国海域沿岸常见。

——皮壳状眉藻（*C. crustacea* Thuret ex Bornet & Flahault, 1886），又称苔垢菜。藻体暗蓝绿色，高 1～2 mm，丛生，天鹅绒状（图 7-20）。藻丝中部宽 10～40 μm，基部略肿胀；鞘厚 6～10 μm，无色至黄褐色，有分层；藻丝细胞宽 10～20 μm，顶端渐细形成长毛；上部细胞长 2～3 μm。异形胞位于基部和细胞中间。藻体广泛扩展生长在高潮带岩石上。该种在我国海域沿岸常见。

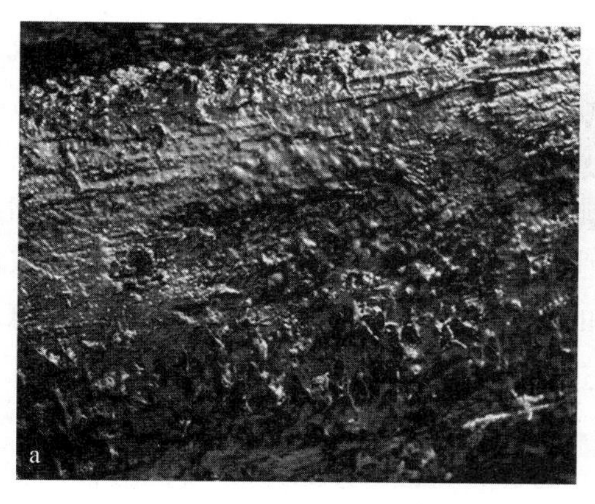
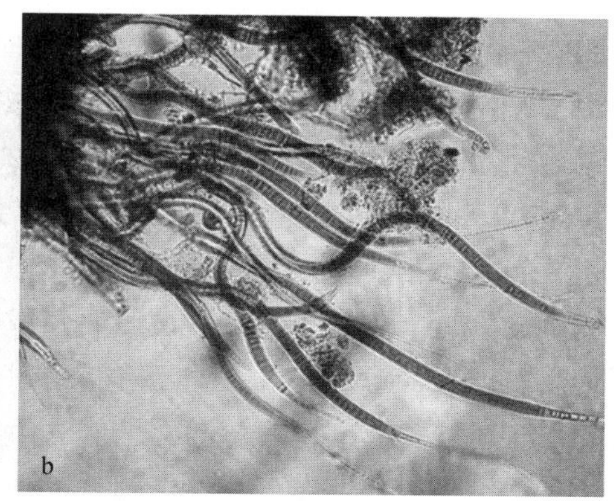

图 7-19　丝状眉藻

a. 藻体外形；b. 藻丝细胞及其排列

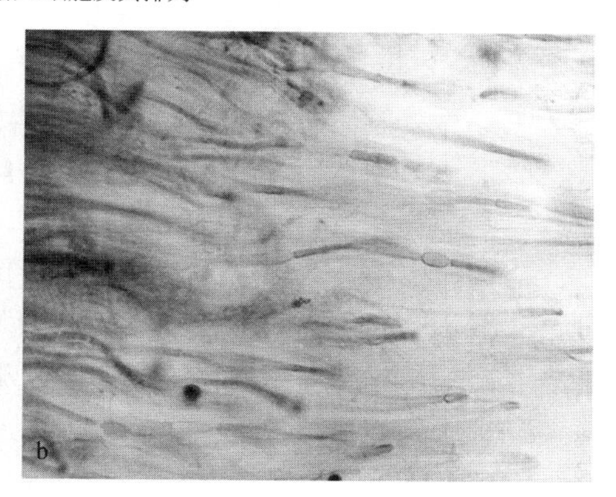

图 7-20　皮壳状眉藻

a. 藻体外形；b. 藻丝细胞及其排列

——岩生眉藻（*C. scopulorum* C. Agardh ex Bornet & Flahault, 1886），藻体蓝绿色，单生或簇生，长 1 mm 以上；藻丝直或弯曲，基部略膨大，顶端渐尖呈毛状；基部宽 12～16 μm，中部宽 6～12.5 μm；胶质鞘无色透明，或亮黄色，有层次，顶端扩展呈漏斗状（图 7-21a）。基部细胞长 3～5 μm，为宽的 1/3～1 倍；藻丝中、上部胞间壁缢缩不明显，基部缢缩明显。异形胞（图 7-21b）基生，生殖时也产生藻殖段。生长在中、低潮带石沼中，附生于礁石、死珊瑚或死贝壳上，常与鞘丝藻和颤藻混生。该种在我国西沙群岛、福建及山东沿岸有分布。

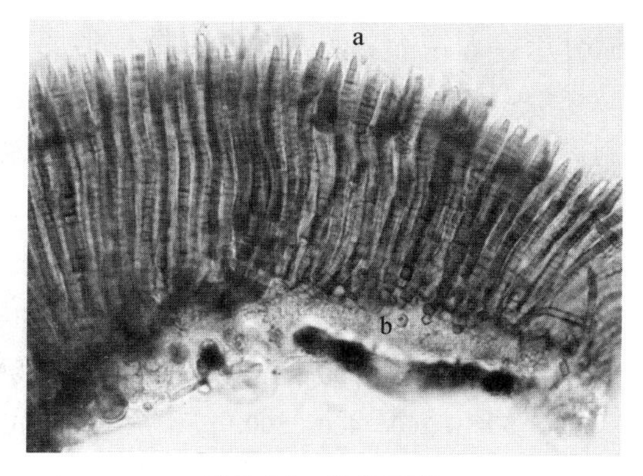

图 7-21　岩生眉藻

a. 胶质鞘扩展呈漏斗状；b. 异形胞

（3）软管藻科

已知该科有 27 属 102 种，我国仅报道了 1 属 1 种。

鞭鞘藻属（*Mastigocoleus* Lagerheim ex Bornet et Flahault, 1886），藻体蓝绿色或略带桃红色，由稠密、匍匐、不规则卷曲的藻丝组成；具无色、坚硬的薄鞘。藻丝通常具不规则“T”形分枝，分枝短小，由1～2个细胞组成，顶端为异形胞或呈毛状。细胞单列，圆柱形，长宽约相等，或长大于宽（尤其是分枝顶端），细胞隔壁处无或稍缢缩；异形胞一般位于分枝顶端，通常单生，偶见对生。该属常匍匐生长于钙化的石头上或软体动物的贝壳表面，主要分布于温带和亚热带的欧洲、南非和美国沿海地区。目前该属只有1种，我国有过报道。

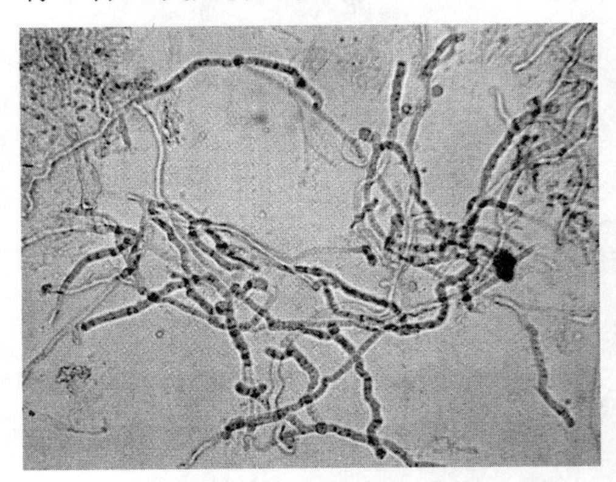

图7-22 鞭鞘藻

——鞭鞘藻（*M. testarum* Lagerheim ex Bornet et Falhault, 1886），藻体为分枝丝状体，蓝绿色、黄绿色或褐绿色，早期呈小团块状或斑点状，后期呈膜状或壳状；具透明而硬的薄鞘。藻丝匍匐，弯曲，直径6～10 μm，具长、短分枝；长分枝顶端毛状，顶端毛直径4～6 μm，细胞单列；而短分枝细胞仅1～3个，通常顶端为1个异形胞；藻丝细胞长4～8 μm，方形或圆柱形（图7-22）。异形胞间生，或生于短枝的顶端，一般球形或半球形。该种通常生长在潮间带软体动物的贝壳上或珊瑚上，在我国沿海常见。

（4）微毛藻科

已知该科4属22种。我国报道了1个属的种类。

微毛藻属（*Microchaete* Thuret ex Bornet et Flahault, 1886），藻体丝状，单条或小群聚生，固着或匍匐于基质上。基部形成异形胞，顶端游离。鞘明显，硬，薄或厚，有时稍微分层，通常无色。整个藻丝圆柱形或向顶端稍微变细，细胞隔壁处缢缩或不缢缩。细胞柱形，顶端细胞圆。异形胞基生，半球形、球形或稍长圆形，偶见间生、圆柱形异形胞。已知该属有35种，多数生长在淡水，少数分布于海水。我国报道的海产种类有4种，分种检索表如下所示。

1 异形胞基生……………………………………………………………2

1 异生胞基生或间生……………………………………………………3

　2 藻丝长150～300 μm，宽7～10 μm，基部略膨大……………灰色微毛藻 *M. grisea*

　2 藻丝长200～400（500）μm，宽6.3～8 μm，基部不膨大…………维蒂微毛藻 *M. vitiensis*

3 藻体胶质鞘厚，藻丝直径12 μm……………………………铜锈微毛藻 *M. aeruginea*

3 藻体胶质鞘较薄，藻丝直径4～4.5 μm………………………细小微毛藻 *M. tapahiensis*

（5）念珠藻科

已知该科32属461种。我国报道了海产4个属的种类：鱼腥藻属（*Anabaena* Bory de Saint-Vincent ex Bornet et Flahault）、拟弯线藻属（*Camptylonemopsis* Desikachary）、植

生藻属（*Richelia* Schmidt in Ostenfeld et Schmidt）和三离藻属［*Trichormus*（Ralfs ex Bornet & Flahault）Komárek & Anagnostidis］。

①鱼腥藻属（*Anabaena* Bory de Saint-Vincent ex Bornet et Flahault, 1886），藻体为丝状体，呈苍白色或亮蓝绿色或橄榄绿色，单生或丛生，通常缠结，有时螺旋状卷曲；一般具黏质、无色透明、易溶解的鞘。藻丝细胞单列，念珠形排列，圆柱形、球形、长柱形或短柱形；顶细胞有时稍延长，圆锥形、圆形或球形；细胞隔壁处有深缢缩。异形胞单生或间生，球形、宽卵形或圆柱形，细胞 3～9 个；常呈席状附着在基质上。已知该属有 150 种，我国报道的海产种类有 1 种。

——多变鱼腥藻（*A. variabilis* Kützing ex Bornet & Flahault, 1886），现在被认为是多变三离藻［*Trichormus variabilis*（Kützing ex Bornet et Flahault）Komárek et Anagnostidis, 1989］的同物异名种。藻体蓝绿色，单生或丛生，无鞘（图 7-23）。细胞短柱形，长 3～6.5 μm，宽 6～9 μm，细胞隔壁处明显缢缩，通常有气泡。异形胞球形或卵形，直径 6～12.5 μm，长 8～10 μm。生长在高、中潮带岩石上或其他海藻上。该种在我国南海沿岸常见。

②拟弯线藻属（*Camptylonemopsis* Desikachary, 1948），藻体丝状，通常匍匐在基质上，单条，不分枝，但明显分为顶端和具异形胞的基部，单生或小群集生；通常具硬而薄、无色的鞘。异形胞一般基生，球形或半球形，偶见间生的圆柱形异形胞；藻丝圆柱形，不变细，有时顶端稍微加宽。细胞圆柱形，末端的细胞有时圆形，细胞隔壁处缢缩。分生组织位于近顶端。生殖依靠异形胞和藻殖段，在藻殖段中间形成 1～2 个异形胞。已知该属有 6 种，我国报道了 1 种。

——大拟弯线藻（*C. major* C. K. Tseng M. & Hua, 1983），藻体为丝状体，亮褐绿色，丛生；幼时藻丝短，新月形，中部固着，两端直立；成熟时藻丝较长，达 1～3 mm，弯曲，直径 20～27 μm；不分枝或有少许假分枝；鞘硬而厚，基部厚 10 μm，分层，两端无明显分层（图 7-24）。藻丝基部细胞长 10～15 μm，宽 2.5～4 μm；端细胞长 2～4 μm，宽 15～19 μm。中央异形胞直径 1～2 μm，而其他部位达 3～6 μm。该种广泛分布于高潮带岩石上，在我国广东有分布。

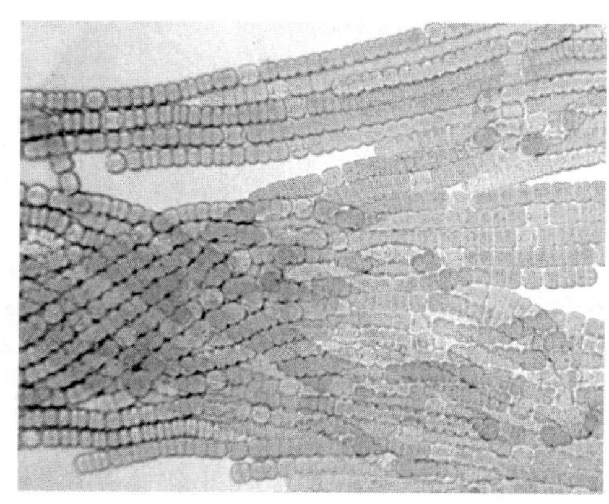

图 7-23　多变鱼腥藻

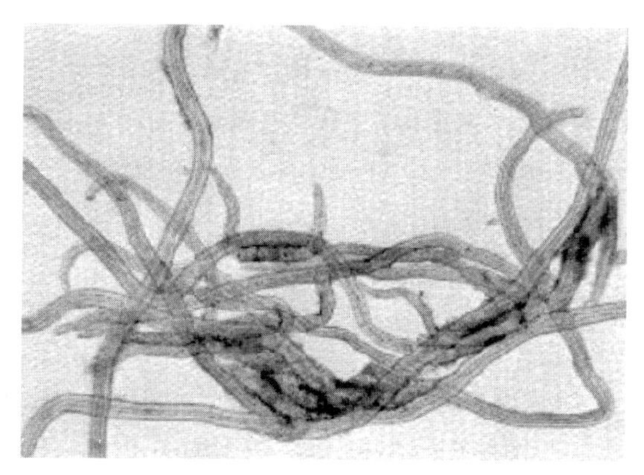

图 7-24　大拟弯线藻

（6）胶须藻科

已知该科有 21 属 166 种，我国报道了 5 个属的种类。下面介绍其中的 2 个属。

①双须藻属（*Dichothrix* Zanardini ex Bornet et Flahault, 1886），藻体丝状至叶状，单生、丛生或分层，藻丝分化为基部和顶端，顶端毛状，由一列长而细、透明细胞组成；通常侧生 1 个假分枝；一般具坚硬、无色或呈黄褐色、分层的鞘。细胞柱形，隔壁处缢缩或不缢缩。生殖依靠藻殖段和异形胞；异形胞通常基生，很少间生，单个或 2 个排列。已知该属有 39 种，生长于陆地、淡水或海水中。我国报道的海产种类有 6 种，分种检索表如下所示。

1 异形胞基生……………………………………2

1 异形胞基生或间生……………………………………4

  2 异形胞 2～6 个串生；细胞短筒形，长 2.5～3.5 μm……………………串胞双须藻 *D. seriata*

  2 异形胞单生，或 2 个串生；细胞长与宽约相等……………………………………3

3 异形胞 1 个或 2 个串生；藻丝较粗，宽 25～35 μm……………………刷状双须藻 *D. penicillata*

3 异形胞单生；藻丝较细，宽 12～15 μm……………………橄色双须藻 *D. olivacea*

  4 藻丝宽 17～27.5 μm；胶质鞘较薄……………………附生双须藻 *D. fucicola*

  4 藻丝宽＜16 μm；胶质鞘肥厚……………………………………5

5 藻丝宽达 7.5～14 μm；细胞短筒形，长 2～8 μm……………………博氏双须藻 *D. bornetiana*

5 藻丝宽 14～16 μm；细胞长与宽约相等，近基部细胞长 10～40（60）μm……中建双须藻 *D. zhongjianensis*

②束枝藻属（*Gardnerula* G. De Toni, 1936），藻体为蓝绿色丝状体，假分枝 5 回，高 1 cm；基部直径 300 μm，由许多平行、束状藻丝组成；鞘厚而硬，一般透明，分层；上部藻丝及其分枝通常略肿胀，有分生组织带；藻丝末端窄，有时延长成短或长的毛。藻丝基部细胞长与宽近相等，中间细胞长柱形，上部细胞短柱形；细胞隔壁处一般不缢缩，基部和上部增宽部位有时缢缩。生殖依靠异形胞和藻殖段；异形胞基生或间生，半球形、球形、卵形至长柱形，藻丝在异形胞处分离，并形成各自的鞘。已知该属有 5 种，其中 3 种海产种类，生长在潮间带珊瑚礁石上和砂岩上。我国报道了 3 种，分种检索表如下所示。

1 藻体的末端分枝不呈伞状；藻丝末端不渐尖……………………………………2

1 藻体的末端分枝呈伞状；藻丝末端渐尖细，并呈细长毛状……………………簇生束枝藻 *G. fasciculate*

  2 假分枝直径 50～80 μm，胶质鞘中藻丝 20～60 条；藻丝宽 3～4.5 μm……极细束枝藻 *G. tenuissima*

  2 假分枝直径 100～170 μm，胶质鞘中藻丝 80～200（260）条；藻丝宽 7.5～10 μm……………………西沙束枝藻 *G. xishaensis*

（7）伪枝藻科

已知该科有 14 属 185 种，我国报道了海产 1 个属的种类，即伪枝藻属。

伪枝藻属（*Scytonema* C. Agardh ex Bornet et Flahault, 1886），藻体为丝状体，单生或交织集生呈垫状，匍匐在基质上生长；细胞单列，具有二叉状假分枝；2 个异形胞之间的细胞死亡后，藻丝分离，形成假分枝，分枝平行或交叉生长；藻丝圆柱形，两端不渐尖或稍变尖。细胞隔壁处缢缩，端细胞圆形，藻丝中间偶见圆柱形细胞；胶质鞘厚而坚韧，通常透明，有时呈黄褐色，分层，在藻丝末端常扩展。异形胞圆柱形，间生，单生，偶见成对出现的异形胞。分生组织位于分枝末端，生殖依靠异形胞和藻殖段。已知该属有126种，生活于陆地、淡水或海水。我国报道海产3种，分种检索表如下所示。

1　藻丝宽10～20 μm，细胞短筒形……………………………………多孢伪枝藻 *S. polycystum*
1　细胞长与宽近似相等……………………………………………………2
　2　藻丝宽（22）25～35 μm……………………………………溪生伪枝藻 *S. rivulare*
　2　藻丝宽12～17 μm……………………………………………爪哇伪枝藻 *S. javanicum*

——溪生伪枝藻（*S. rivulare* Borzì, 1879），藻体为丝状体，呈黑褐色、橙色或黄褐色；藻丝弯曲，直径22～35 μm，有稀疏假分枝；具硬鞘，鞘厚5～8 μm，常呈均一的黄色或橙色，表面光滑或粗糙（图7-25）。藻丝细胞方形或短柱形，直径10～14 μm，隔壁处不缢缩。异形胞间生，一般为圆柱形。该种生长在高潮带岩石上，在我国西沙群岛有分布。

——多孢伪枝藻（*S. polycystum* Bornet & Flahault, 1886），藻体为丝状体，蓝绿色，群生，彼此交织呈絮状（图7-26）；藻丝分枝少，长2 mm，宽13～15 μm；胶质鞘较薄，无色透明；细胞长3～6 μm，宽10～12 μm，胞间壁无缢缩，仅在藻丝顶端处稍有缢缩。异形胞间生，球形或长球形，长10～15 μm。生长在低潮带附近石沼中，附生于死贝壳表面，常与颤藻和鞘丝藻混生。该种在我国西沙群岛有分布。

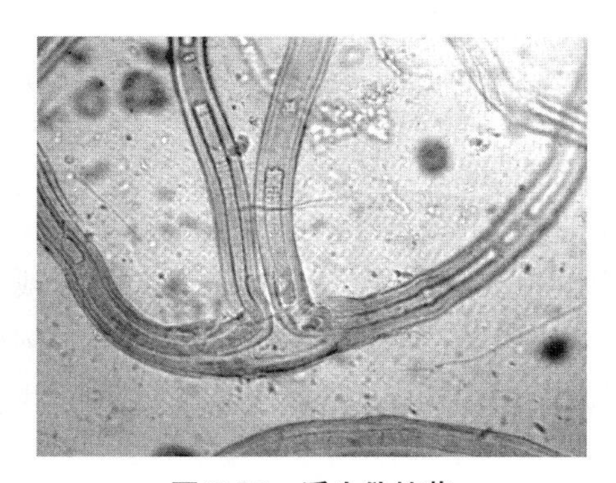

图7-25　溪生伪枝藻

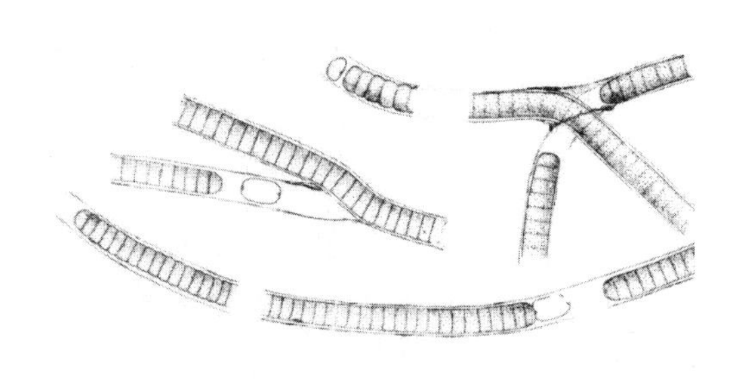

图7-26　多孢伪枝藻

（8）胶聚线藻科

已知该科有11属21种。我国报道了海产2个属的种类，即短毛藻属和膜基藻属。下面介绍其中1属。

短毛藻属（*Brachytrichia* Zanardini ex Bornet et Thuret, 1886），又称海雹菜属。藻体暗绿色或稍褐色，外形扁平至半球形，直径达5 cm；黏质，有时质脆；幼时中实，后期中空；内部由缠结的假根层或平行、放射状分布的真分枝藻丝组成，真分枝为倒“Y”形，很少为“V”形。幼期藻丝有鞘，鞘无色或呈黄色；后期藻丝无鞘，被黏液；藻丝细胞单列，中部圆柱形，向末端渐细，有时呈毛状。生殖时产生藻殖段和异形胞；异形胞间生，球形、长柱形或短柱形。已知该属有 3 种，海生，生长在海边石头或贝壳上。该属我国报道了 1 种。

——扩氏短毛藻（*B. quoyi* Bornet et Flahault, 1886），又称海雹菜。藻体为暗蓝绿色或深绿色的胶群体，外形呈球形、半球形或扁平状，一般表面多皱褶；早期中实，后期变为中空，直径 0.5～5 cm（图 7-27）。藻丝下部缠结，向上产生放射状、略平行的分枝，末端为短或长的毛，分枝呈“Y”形；毛状丝基部直径 6～9 μm，中上部直径 3～5 μm。异形胞间生，比营养细胞宽，球形或椭圆形。生长在高潮带岩石上，可食用。该种在我国黄海和南海沿岸有分布。

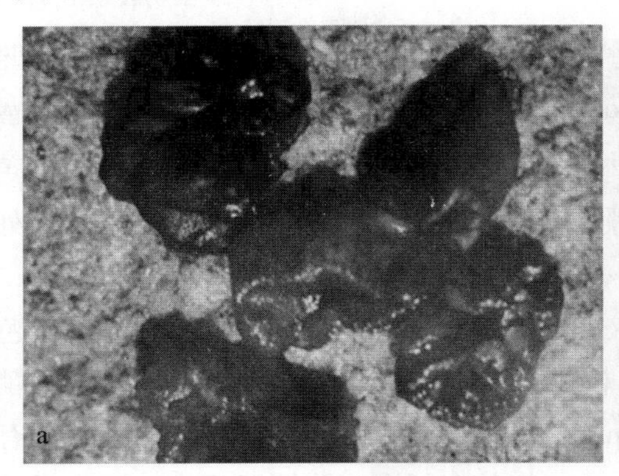

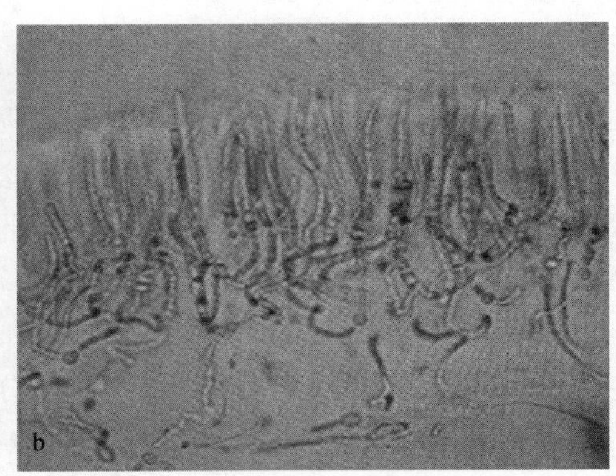

图 7-27　扩氏短毛藻

a. 藻体外形；b. 藻丝细胞及其排列

（9）单歧藻科

已知该科有 10 属 102 种。我国报道了海产 1 个属的种类，即单歧藻属。

单歧藻属（*Tolypothrix* Kützing ex Bornet et Flahault, 1886），藻体为丝状体，从生，顶端游离；通常假分枝，单侧分枝；分枝长而弯曲，初期通常间生异形胞；鞘薄或厚，有时分层，无色或呈黄褐色。细胞单列，隔壁处不缢缩；顶端细胞略窄或宽，呈圆形或球形；分生组织常位于近顶端。生殖时形成异形胞或藻殖段，异形胞基生，1 至数个，圆柱形至筒形。海产种类生长于海边石头、其他海藻或水生植物上。已知该属有 66 种，我国报道的海产种类有 1 种。

——半盐生单歧藻（*T. subsalsa* Tseng et Hua），藻体黑褐色、浅黄色或蓝绿色，单条，有时丛生垫状，高 2～5 mm；藻丝分化为两部分，基部藻丝单条，直径 20～30 μm；上部藻丝直径 30～45 μm，重复分枝，大多数分枝棍棒状；鞘厚达 4～10 μm，浅黄色或黄褐色，不分层（图 7-28）。毛状丝直径 7.5～12.5 μm。细胞长 4～6 μm，细胞内有一些大颗粒物。异形胞扁盘状或球形，直径 10～15 μm。生长在高潮带至潮上带岩石上和盐田潮湿的土壤上。该种在我国海南和广东有分布。

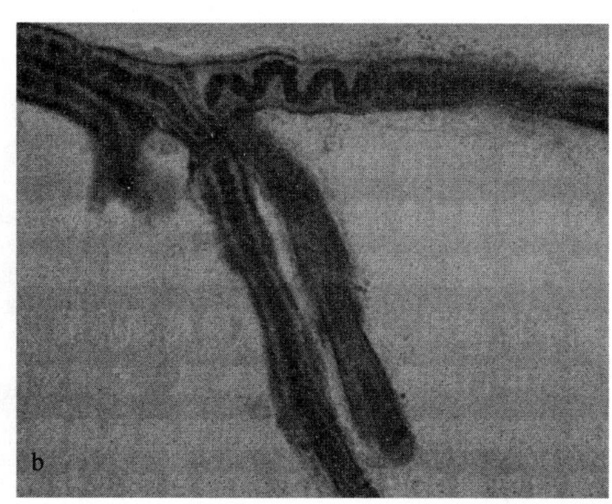

图 7-28　半盐生单歧藻

a. 藻体外形；b. 藻丝细胞及其排列

复习题

1. 名词解释

内生孢子、外生孢子、异形胞、藻殖段、厚壁孢子、藻殖孢、丝状体

2. 简答

(1) 蓝藻的形态结构有哪些特点?

(2) 蓝藻的生殖方式有哪几种?

(3) 常见的螺旋藻各有哪些主要特征?

第八章　绿藻的生物学

第一节　绿藻的生物学概述

一、形态

绿藻形态有单细胞体、单细胞群体和多细胞体 3 种类型。具体形态介绍如下。

1. 单细胞体或单细胞群体

常呈球形、梨形、多角形、丝状、片状、管状、囊状、扇状、伞状和树状等形状；微型、小型或大型；有或无鞭毛，运动或不运动。

2. 多细胞体

具体形态包括以下几种：

（1）丝状体

丝状体，即藻体细胞向一个方向分裂，细胞上下互相衔接形成的藻体形态，单条或分枝。

（2）异丝体

异丝体，即藻体下部为匍匐藻丝，水平生长，由此向上长出直立部，由匍匐丝和直立丝组成的藻体形态。

（3）膜状体

膜状体，即细胞向多个方向分裂、排列而成的藻体形态，呈叶状，分枝或不分枝，细胞单层或多层。

（4）管状体

管状体绿藻分两种类型：

①藻体大型，整个藻体只有一个细胞（生殖期除外），细胞质在由细胞壁与细胞质膜围成的管状腔中流动，这种藻体形态称为管状体。藻体细胞中含有多个细胞核，称为多核管状体；细胞中只含 1 个细胞核，称为单核管状体。单细胞多核管状体的形态有羽状、伞状、蕨状、扇状和掌状等。

②藻体大型，藻体由许多细胞组成，细胞分布在藻体周边，而中央部位无细胞，为空腔，这种藻体形态也称为管状体。多细胞多核管状体有丝状和囊状等形态。

绿藻的藻体大小不一，长为 10 cm 以上的大、中型种类较少，10 cm 以下的小型和微型种类较多。

二、结构

1. 细胞的结构

（1）细胞壁

绿藻一般都有细胞壁，很少有裸露的种类。细胞壁由内、外两层组成，外层为果胶质，一般为水溶性的；内层主要为纤维素，紧贴外层。有些绿藻（如刚毛藻）属种类在果胶质外有一层不溶解的几丁质（壳多糖）。松藻科及蕨藻科种类的细胞壁内层由胼胝质（β-1,3-葡聚糖）组成。有些绿藻如绒枝藻目和钙扇藻科的许多种类的细胞壁中含有大量的碳酸钙，使藻体常呈灰绿色。此外，研究发现绿藻细胞壁中还含有10%～69%的蛋白质。细胞壁的结构和化学组成因种类不同或同种的生活史阶段不同而存在差异。

在管状体绿藻中，如羽藻目和绒枝藻目，藻体为大型单细胞体。在生殖阶段形成配子囊，当配子囊发育到一定时期时，其基部环形加厚，形成一种称为隔壁（septum）或塞栓（plug）的结构，将配子囊与其他部位隔开。

（2）孔状联系

有些绿藻的相邻细胞间，具有直径约 400 nm 的孔状联系。

（3）细胞质

绿藻细胞的原生质外包一层薄的细胞质膜。有些绿藻的细胞质中含有液泡，有的如团藻目种类的细胞中无大液泡，而在羽藻目等种类中有大液泡。有一些绿藻，在其生活状态中可见到细胞质的流动，如羽藻属等种类的细胞质可沿着中央大液泡流动。

（4）细胞核

多数绿藻的细胞中有一个细胞核，有些种类的细胞中有多个细胞核，如刚毛藻目的种类；有些种类在幼期，即营养生长期的细胞中只有一个细胞核，发育成熟时则有多个细胞核，如绒枝藻目的种类。在分裂间期（静止期）的细胞内，细胞核有两层明显的核膜，核内物质包括由蛋白质和 DNA 结合组成的染色质网及 1 至数个核仁。内外核膜在多处愈合形成小孔，称为核孔。核膜外层在细胞质的一侧，常附着核糖体。

（5）色素和叶绿体

绿藻细胞中的色素种类有叶绿素 a、叶绿素 b、叶黄素和胡萝卜素，它们的成分及含量比例，绿藻与高等植物相似。

绿藻细胞中的叶绿体有多种形状，是绿藻进化的依据之一。原始、低级的绿藻细胞中的叶绿体一般为星状或杯状，绿藻进化后叶绿体多为小盘状或颗粒状。因为星状或杯状叶绿体接受的光线较少，光合作用效能低，而盘状或颗粒状叶绿体接受的光线最多，光合作用效能高，所以前者原始，后者进化。

绿藻叶绿体由双层膜包被，其内由基质和许多类囊体组成，通常由 2～6 个类囊体组成一个带，相邻两个带往往呈连续状。

（6）蛋白核

蛋白核因其中心是黏性强的蛋白质，外被淀粉鞘而得名，但是也有无鞘裸露的蛋白核。蛋白核被单一类囊体穿过或类囊体带横向穿过，如孔石莼被单一类囊体穿过，而延伸蕨藻被类囊体带横向穿过。蛋白核与淀粉的形成有密切关系，被认为是淀粉合成酶的作用位点；蛋白核是暂时储存光合作用早期产物的场所，随着早期产物的大量形成，淀粉合成酶将叶绿体中的葡萄糖分子聚合成淀粉。蛋白核在叶绿体上的位置与数量，因绿藻种类和叶绿体类型的不同而不同。通常绿藻的大部分叶绿体上都有蛋白核，也有一些种类无蛋白核，如松藻属的种类。一般每个细胞只含一个蛋白核，也有一些细胞含多个蛋白核。

有的绿藻在细胞分裂时，蛋白核也分裂，于是形成的子细胞中都含蛋白核。有的绿藻在细胞分裂时，蛋白核不分裂，只有一个子细胞中有蛋白核，而另一个子细胞中的蛋白核是新生的。当细胞连续快速分裂时，母细胞中蛋白核消失，大量子细胞中的蛋白核重新形成。在刚毛藻属中，细胞的叶绿体上有许多蛋白核，细胞分裂时，叶绿体横分裂，一分为二，在子细胞生长时，叶绿体也随之生长，蛋白核也分裂增多。

（7）鞭毛

绿藻运动的营养细胞、游孢子和动配子都有等长的鞭毛，它们多数有 2 条，少数有 4 条，极少数有 1 条或多条鞭毛。通常游动型藻体的营养细胞和游孢子有 2 条或 4 条鞭毛，而动配子只有 2 条鞭毛。绿藻中的鞭毛一般生于前端，少数长成一圈。一般有鞭毛的绿藻无细胞壁或有薄的细胞壁。

鞭毛的结构是 Fawcett 于 1961 年发现的。藻类的鞭毛由 11 条细微的纤维组成，呈“9+2”的结构，即周围有 9 条较粗的二联管（A 管和 B 管）环绕，中央有 2 条较细的微管，微管外有鞘包被，中间有间桥联系。周围的 A 管向相邻二联管的 B 管伸出 2 条臂，分别称外臂和内臂；并向中央微管的外鞘伸出凸起，称为辐条（spoke）。因此，鞭毛是由微管组成的微器官。

鞭毛分为茸鞭型和尾鞭型两种类型，它们的鞭毛都由 11 条细微的纤维组成纵轴，茸鞭型鞭毛在纵轴上有 1～2 列横向羽状的短纤毛，而尾鞭型鞭毛有纵轴而无横向的纤毛。绿藻的鞭毛一般属尾鞭型。鞭毛由鞭毛器长出。在每条鞭毛的基部有“生毛体”（又称基体）颗粒，生毛体之间由纤细的副连丝连接，其中一个生毛体由 1 条细丝与细胞的中心体连接，中心体又由 1 条细丝与核仁连接。在细胞分裂时，鞭毛器只保留中心体，其余部分均消失，新鞭毛器由每个子细胞内的中心体形成。

（8）伸缩泡

海产绿藻一般无伸缩泡，绿藻运动的营养细胞、游孢子和动配子鞭毛的基部一般具有 2 个伸缩泡，如团藻目和四孢藻目的种类。伸缩泡是单细胞生物的一种细胞器，是一种能做节奏性伸缩的液泡，其主要功能为调节渗透压。由于收缩与扩张可周期性交替进行，又称脉动。

（9）眼点

单细胞或群体的运动型绿藻普遍有眼点，多细胞绿藻的游孢子或动配子一般也有眼点。眼点通常位于细胞的前端，靠近鞭毛的基部，也有位于近细胞中部的，一般在叶绿体内。眼点由于存在类胡萝卜素，通常呈橘红色，形状有环形、卵形或亚线形等。眼点在运动型绿藻细胞分裂时也随之分裂，或者在细胞分裂时，眼点留在一个子细胞中，而另一个子细胞的眼点重新生成。研究发现，游动生殖细胞游孢子或动配子通常在接近成熟期时出现眼点，明显为重新产生的眼点，不是由质体中存在的嗜锇颗粒小球形成的。眼点的发育与鞭毛的形成彼此联系。

2. 藻体的结构

（1）单细胞体

微型单细胞体绿藻的结构特点见上面所述绿藻细胞的结构。大型单细胞绿藻通常在细胞中具有丝状内含物、色素体及液泡等结构。

（2）群体

微型群体绿藻由细胞直接相连或许多单细胞体被公共胶质包埋而成，结构见上文“细胞的结构”，群体定形或不定形，如卵囊藻为球形或椭球形群体。大型群体绿藻通常营固着生活，许多藻体生长于同一固着器上，直立部位一般每个个体独立生活，个体包括大型单细胞体和多细胞体绿藻，藻体结构分别见单细胞体和多细胞体绿藻结构。

（3）多细胞体

该类绿藻的细胞为长柱形或短柱形，细胞内具色素体、细胞核等内含物，多数种类没有明显的组织分化现象。在藻体的最外层是公共的体壁。固着生长的绿藻，有明显的固着器，常分化出形成固着器的基部细胞和其他细胞，形成固着器的细胞较其他细胞细长，并且不具有生殖功能，而其他细胞大多功能相似，具有形成生殖细胞或生殖结构的能力。

三、生殖

绿藻的生殖方式包括营养生殖、无性生殖和有性生殖。

1. 营养生殖

营养生殖，即不通过任何专门生殖的细胞进行生殖的方式，在适宜的环境条件下，由这种方式可迅速增加个体数量。

（1）细胞分裂

通常单细胞绿藻以这种方式生殖，包括横分裂和纵分裂，如盐生杜氏藻［*Dunaliella salina*（Dunal）Teod.］等。

（2）断裂生殖

多细胞体绿藻中有些种类可通过断裂的方式产生藻体小段或碎片，在适宜的环境条件下，这些小段或碎片继续生长成为与原来绿藻相同的新藻体，这种生殖方式称为断裂生殖，是营养生殖的一种类型，如石莼等。

2. 无性生殖

又称孢子生殖，即通过产生孢子进行的生殖。绿藻产生的孢子种类，包括以下几种：

（1）游孢子

游孢子又称动孢子，是绿藻藻体产生的有鞭毛、能运动的孢子。多为梨形，一般无细胞壁。产生游孢子的细胞称为游孢子囊，绿藻中多数属种的游孢子囊是由营养细胞直接转化而成的，外形与营养细胞相似，但通常原生质比较厚、个体增大。多数绿藻种类的 1 个游孢子囊形成多个游孢子。单核细胞形成游孢子时，游孢子囊内的细胞质反复二分，或者囊内的细胞核连续分裂，接着细胞质分割成许多单核的原生质团块，形成 2 的倍数个游孢子。多核细胞形成游孢子时，游孢子囊内的细胞质分割成许多单核的原生质团块，形成许多游孢子。游孢子常在夜间形成，黎明时释放。通常环境因子的突然改变，如流水变为静水，光照转为黑暗，温度或盐度显著改变等，可促使游孢子大量集中产生。成熟的游孢子从孢子囊母细胞壁上的一个胶化的小孔中释放出来，或由于孢子囊母细胞壁破裂而被释放出来。释放后的孢子在水中自由运动，游动持续的时间因物种和外界环境条件而异；多数绿藻的游孢子游动时间为 1～2 h，也有一些种类的游孢子游动时间短则 3～4 min，长则 2～3 d。当游孢子遇到合适的基质后，会停止运动，鞭毛收进细胞内（缩回），细胞壁开始形成，继而发育成新藻体。

（2）不动孢子

不动孢子又称静孢子，即绿藻藻体产生的无鞭毛、不能运动的孢子。通常有细胞壁。产生不动孢子的细胞称为不动孢子囊。

①似亲孢子，即形态构造与母细胞相似的不动孢子。这是共球藻纲某些科的绿藻唯一的生殖方式。一个母细胞产生似亲孢子的数目是 2 或 2 的倍数。

②厚壁孢子，又称厚垣孢子。有些绿藻在生活环境不良时，营养细胞内储藏丰富的养料，细胞壁直接增厚，成为厚壁孢子。有些种类在细胞内另生被膜，形成休眠孢子。二者在环境条件不良时均可长期休眠，当环境条件好转时，细胞质分裂形成许多游孢子，释放出来后便可萌发形成新藻体。

3. 有性生殖

由绿藻孢子囊经减数分裂产生的孢子萌发形成的新藻体称为配子体。配子体生长发育至一定阶段，藻体的某些细胞形成配子囊，可产生配子，这种通过产生雌、雄两性配子进行生殖的方式称为有性生殖。

绿藻产生的配子有游动配子和不动配子，前者的形态和游孢子相似，但是形成的数目较多，一般个体较小；后者多为雌配子，一般为球形。配子为单倍体，含单核，通常无细胞壁。雌、雄两性配子混合在一起时，配子鞭毛的前端黏结，两个配子保持在一起，接着细胞质开始融合，一般在 5 min 内完成。幼合子开始附着时，便逐步将 4 条鞭毛收进细胞内，或鞭毛脱落，合子逐渐变为球形。合子附着后，开始形成细胞壁，合子分泌薄或厚的细胞壁，直接萌发或经过休眠后萌发生长成为新个体。海产绿藻的合子一般无厚壁，1～2 d 即可萌发。根据绿藻生殖时形成配子的情况，将绿藻的有性生殖分为 4 种类型。

①同配生殖，是形态与大小都相同的雌、雄配子结合形成合子的生殖方式，如四孢藻目、绿球藻目和管枝藻目多数种类的有性生殖方式为同配生殖。

②异配生殖，是形态相似而大小不同的雌、雄配子结合形成合子的生殖方式，如石莼目多数种类的有性生殖方式为异配生殖。

③卵配生殖，又称卵式生殖（何培民等，2018），是形态、大小都不相同的雌、雄配

子结合形成合子的生殖方式。其中，雌配子大而雄配子小，雄配子有鞭毛、能运动，雌配子无鞭毛、不能运动。通常雌配子又被称作卵，雄配子又被称作精子。这种有性生殖方式在绿藻中少见，如溪菜属种类的有性生殖方式为卵配生殖。

④单性生殖。雌配子或雄配子不经结合直接萌发生长为新个体的生殖方式称为孤雌生殖或孤雄生殖，多见孤雌生殖。

四、生活史

绿藻的生活史有单世代型和2世代型两种类型。其中，单世代型生活史又分为单世代单倍体型生活史和单世代二倍体型生活史两种类型，2世代型又分为等世代型和不等世代型两种类型。

1. 单世代单倍体型

藻体细胞是单倍体（n），有性生殖时，体细胞直接转化成生殖细胞，仅在合子期为二倍体（2n），合子在萌发前经减数分裂，产生新的单倍体藻体（n），生活史中只有核相交替而无世代交替。单细胞游动类型绿藻的生活史一般属于此种类型，如盐生杜氏藻等。

2. 单世代二倍体型

藻体细胞是二倍体（2n），有性生殖时体细胞经减数分裂后产生生殖细胞（n），合子不再进行减数分裂，直接发育成新的二倍体藻体（2n），生活史中只有核相交替而无世代交替。羽藻科种类的生活史属于此种类型。

3. 等世代（同形世代交替）型

生活史中出现孢子体（2n）和配子体（n）两种独立生活的藻体，它们的形态相同，大小相近，二者交替出现，如石莼属种类的生活史。

4. 不等世代（异形世代交替）型

生活史中出现孢子体（2n）和配子体（n）两种独立生活的藻体，它们在外形和大小上有明显差别，二者交替出现。根据配子体和孢子体大小不同，不等世代型分为配子体大于孢子体型和孢子体大于配子体型两种类型。多数绿藻异形世代交替型生活史存在配子体大，而孢子体小的情况，如礁膜的配子体为大型膜状体，而孢子体为微型盘状体。

五、习性与分布

1. 生长方式

①散生长。丝状体或异丝体绿藻通常藻丝各部位的细胞都有分生能力，自顶端到中部，以及靠近基部的细胞都有较强的分裂能力，属于散生长。

②顶端生长。有的绿藻分生细胞位于藻体顶端，属于顶端生长方式。

2. 生活方式

海产绿藻除营固着和附着生活外，也有营浮游在水中或漂浮在水面生活的种类，还有附生或寄生在水生动植物体上或与其他动植物共生的种类。

3. 分布

海产绿藻种类约占绿藻门种类的10%。绒枝藻目的种类全部为海产种类；石莼目和羽藻目的种类主要分布在海水中；胶毛藻目和刚毛藻目的种类在海水和淡水中均有较多分布；其他目的种类则主要分布在淡水中。

（1）水平分布

绿藻的水平分布范围很广。多数海产绿藻种类受水温的影响，形成一定的地理分布特征。在绿藻中，有分布于热带或亚热带海洋中的热带性或亚热带性种类；有分布于寒带或亚寒带海域的寒带性或亚寒带性种类；也有分布于温带海区的温带性种类；而石莼属和浒苔属的一些种类则是世界性种类，广泛分布于世界各海区。

（2）垂直分布

海产绿藻一般“阳生”，喜强光，所以多数分布在潮间带。有固着器的种类多固着生长在岩石、石砾、沙粒或贝壳上。在礁石和滩涂上繁茂生长时，很像一片绿色的草地。在水质澄清的热带海域中，如我国的东沙群岛、西沙群岛和南沙群岛，有些蕨藻可生长在数十米深的海区。在美国佛罗里达州生长的一些蕨藻分布在水深75～80 m的海底，有些附着生长的绿藻甚至生长在海洋100 m处。

第二节 绿藻的主要类群

一、分类概况

绿藻门（Chlorophyta Reichenbach, 1834）是藻类中的一大类群，目前统计有6 950种，其中大部分生长于淡水或陆地，少数生长于海洋。根据藻体的形态、结构、生殖方式及生活史类型等特征，绿藻门共分12个纲。我国报道的海产大型绿藻属于1个纲，即石莼纲。因此，本节主要介绍石莼纲的种类。

（一）绿藻门1个纲

石莼纲（Ulvophyceae K. R. Mattox & K. D. Stewart, 1984）。藻体一般具有多个细胞核，细胞壁或多或少钙化。藻体丝状，有或无分枝；或藻体膜状，细胞单层或多层，或由紧密排列的管形成垫状。生殖时产生具2条或4条尾鞭型鞭毛的游动生殖细胞。生活史类型为同形或异形世代交替。已知该纲2 300种，下分14个目，主要为6个目的种类，其中3个目主要是海产种类。我国报道了石莼纲5目22科45属285种及变种。

（二）绿藻门石莼纲下的部分目

石莼纲，我国报道了14个目中5个目的海藻种类。

①羽藻目（Bryopsidales J. H. Schaffner, 1922），藻体大多为单细胞管状，一般大型，有时微型；简单不分枝或分枝，有的种类表面钙化。细胞中具有一个大中央液泡，有许

多纺锤形或椭球形叶绿体和许多细胞核，细胞质具有流动性；叶绿体中有或无蛋白核，具有管藻素和管藻黄素；细胞壁多糖主要为甘露聚糖、木聚糖和葡聚糖。生殖细胞具有2条或4条鞭毛。具有性生殖的种类，生活史以单世代单倍体型为主，也有同形或异形世代交替现象。目前已知该目有682种，下分13个科，我国报道了8个科的种类，几乎全部为海产种类，仅叉管藻属（*Dichotomosiphon*）的海藻同时也出现在淡水区域。

②绒枝藻目（Dasycladales Pascher, 1931），藻体单细胞，多数钙化，有一条直立的中轴，自上而下或只在顶端产生辐射状的分枝，分枝全部或部分为生殖枝。藻体细胞常为单核，成熟后分裂为多核；叶绿体为小椭圆形或小盘形，有1个蛋白核。生殖时，生殖枝内的原生质体形成1个或多个有盖子的芽胞，细胞核经减数分裂后产生具2条鞭毛的配子。目前已知该目有397种，下分9个科，主要分布于热带或亚热带海洋中。

③刚毛藻目（Cladophorales Haeckel, 1894），藻体为丝状体，有或无分枝。藻丝细胞圆筒形，长或短，细胞壁厚或薄，有多个细胞核；叶绿体盘状，相互连接排列呈网状，有许多蛋白核。无性生殖时产生不动孢子、厚壁孢子或具4条鞭毛的游孢子，有性生殖方式为同配或异配生殖。已知该目有9科。

④丝藻目（Ulotrichales Borzi, 1895），藻体为单列细胞组成的丝状体，有或无附着的基部，典型的种类不分枝，藻丝外有时包被1层薄胶质。细胞圆柱形，大多数细胞只有1个细胞核，叶绿体片状或环状分布，位于近细胞壁处或细胞中央，有1至数个蛋白核。无性生殖产生游孢子，通常也产生不动孢子或厚壁孢子，游孢子有2条或4条鞭毛。有性生殖方式为同配生殖、异配生殖或卵配生殖。该目种类多数分布于淡水，少数生长在海水中，还有些种类分布在陆地。已知该目有15科，海产种类有3科。

⑤石莼目（Ulvales Blackman et Tansley, 1902），藻体为膜状体、管状体或圆柱状体；每个细胞有1个细胞核；叶绿体颗粒状，侧生，呈片状分布，有1个或多个蛋白核。无性生殖产生具4条鞭毛的游孢子，有性生殖方式为同配或异配生殖，产生具2条鞭毛的配子。生活史中有1个或2个世代的藻体，只有无性生殖时，为同形或异形世代交替。已知该目有8科272种，主要分布于海水，少数生长于淡水，海产种类有4科246种。

（三）石莼纲5个目下的部分科

1. 羽藻目

已知该目有13科682种，我国报道了8个科的种类。

①羽藻科（Bryopsidaceae Bory de Saint-Vincent, 1829），已知该科有7属83种，主要为3个属的种类，我国报道了3个属的种类。

②蕨藻科（Caulerpaceae Kützing, 1843），已知该科有5属113种，主要为1个属。我国报道了1个属的种类。

③松藻科（Codiaceae Kützing, 1843），已知该科有25属193种。我国报道了1个属的种类。

④德氏藻科（Derbesiaceae Hauck, 1884），已知该科有3属27种。我国报道了1个属

的种类。

⑤叉管藻科（Dichotomosiphonaceae G. M. Smith, 1950），已知该科有3属34种。我国报道了1个属的种类。

⑥仙掌藻科（Halimedaceae Link, 1832），已知该科有7属56种。我国报道了1个属的种类。

⑦扇形藻科（Rhipiliaceae Dragastan, Richter, Kube, Popa, Sarbu et Ciugulea, 1997），已知该科有2属31种。我国报道了1个属的种类。

⑧钙扇藻科（Udoteaceae J. Agardh, 1887），已知该科有96种，分24个属。我国报道了4个属的种类。

2. 绒枝藻目

目前已知该目有397种，下分9个科，主要分布于热带或亚热带海洋中。我国报道了2个科的种类。

①绒枝藻科（Dasycladaceae Kützing, 1843），目前已知该科有240种，分97个属。我国报道了4个属的种类。

②多枝藻科（Polyphysaceae Kützing, 1843），已知该科有32种，分9个属。我国报道了2个属的种类（丁兰平等，2015a）。

3. 刚毛藻目

已知该目有494种，分9个科。我国报道了4个科的种类。

①肋叶藻科（Anadyomenaceae Kützing, 1843），已知该科有32种，分2个属。我国报道了2个属的种类。

②刚毛藻科（Cladophoraceae Wille in Warming, 1884），已知该科有340种，分13个属。我国报道了3个属的种类。

③管枝藻科（Siphonocladaceae F. Schmitz, 1879），已知该科有28种，分6个属。我国报道了3个属的种类。

④法囊藻科（Valoniaceae Kützing, 1849），已知该科有13种，分3个属。我国报道了2个属的种类。

4. 丝藻目

目前已知该目有179种，分15个科。我国报道了4个科的种类。

①科氏藻科（Collinsiellaceae Chihara, 1967），已知该科有4种，分2个属。我国报道了1个属的种类。

②孢根藻科（Gomontiaceae De Toni, 1889），已知该科有11种，分3个属。我国只报道了1个属的种类。

③褐友藻科（Phaeophilaceae D. F. Chappell, C. J. O Kelly, L. W. Wilcox & G. L. Floyd, 1990），已知该科有1属9种，我国报道了1属1种。

④丝藻科（Ulotrichaceae Kützing, 1843），已知该科有114种，分28个属。多数产于淡水，少数生长在海水中，也有陆生种类。我国报道了海产4个属的种类。

5. 石莼目

目前已知该目有272种，分8个科，主要分布于海水，少数生长于淡水。我国报道了海产4个科的种类。

①科恩氏藻科（Kornmanniaceae L. Golden & K. M. Cole, 1986），已知该科有24种，分8个属。我国报道了2个属的种类。

②礁膜科（Monostromataceae Kunieda, 1934），已知该科有34种，分2个属。

③石莼科（Ulvellaceae J. V. Lamouroux ex Demortier, 1822），该科主要为海产种类，有125种，分13个属。我国报道了2个属的种类。

④似石莼科（Ulvellaceae Schmidle, 1899），已知该科有93种，分6个属。我国报道了3个属的种类。

二、海产大型绿藻的主要种类

已知石莼纲藻体一般具有多个细胞核，细胞壁或多或少钙化。藻体有或无分枝，细胞单层或多层，或由紧密排列的管形成垫状。生殖时产生具2条或4条尾鞭型鞭毛的游动生殖细胞。生活史类型为同形或异形世代交替。下分14个目，我国报道了5个目的种类：羽藻目、绒枝藻目、刚毛藻目、丝藻目和石莼目。

1. 羽藻目

（1）羽藻科

藻体大多为单细胞体，由假根状匍匐部和羽状分枝的直立部组成。营养生长期藻体无横、纵隔壁，生殖期配子囊以隔壁与藻体的其他部位分隔。细胞内有叶绿体和蛋白核。有性生殖为异配生殖方式。已知该科有7属，83种，主要为3个属的种类，我国报道了3个属的种类：羽藻属（*Bryopsis* J. V. Lamouroux）、假羽藻属（*Pseudobryopsis* Berthold）和毛管藻属（*Trichosolen* Montagne）。

①羽藻属（*Bryopsis* J. V. Lamouroux, 1809），藻体为单细胞体，固着器假根状，直立部多分枝，高2 cm以上；主枝明显，其上生有许多羽状分枝；藻体内部管状，具有许多细胞核和小盘形或梭形的叶绿体，有1个蛋白核，在主枝和小羽枝中央有贯通的大液泡。孢子体的细胞壁中有甘露聚糖，配子体阶段的细胞壁由纤维素和木聚糖组成。叶绿体和线粒体DNA大小分别为150 kb、220 kb。生殖方式包括营养生殖（主要为断裂生殖）、无性生殖（主要产生不动孢子）和有性生殖（主要为异配生殖）。营养生殖时藻体的羽枝基部产生横隔壁与主枝隔开，并形成假根状突起，该突起凋落后，在适宜的环境条件下长成新藻体；有性生殖时配子囊在普通枝上产生，然后枝的基部产生横隔壁，形成配子囊。该属的种类主要分布于温带至亚热带海区，已知有59种，我国报道了6种。

——羽藻［*B. plumose*（Hudson）C. Agardh, 1823］，藻体浅绿至橄榄绿色，直立丛生，通常下部裸露，上部有规则的羽状分枝，呈塔形，高约6 cm（图8-1）。该种生长在低潮带岩石上或隐蔽的石沼中，广泛分布于我国沿海。

——偏列羽藻（*B. harveyana* Agardh, 1887），该种现在被定名为羽状羽藻偏枝变种

［*B. pennata* var. *secunda*（Harvey）Collins et Hervey, 1917］（曾呈奎和毕列爵，2005；丁兰平著，2015；https://www.algaebase.org/）。藻体浅绿色至深绿色，高 3～4 cm，主枝直径 180～330 μm，上部分枝偏生；小枝直径 66～100 μm，长约 2.5 mm，其基部稍缢缩（图 8-2）。丛生于中、低潮带隐蔽的珊瑚礁上。该种在我国渤海、黄海、台湾和广东沿海有分布。

图 8-1　羽藻

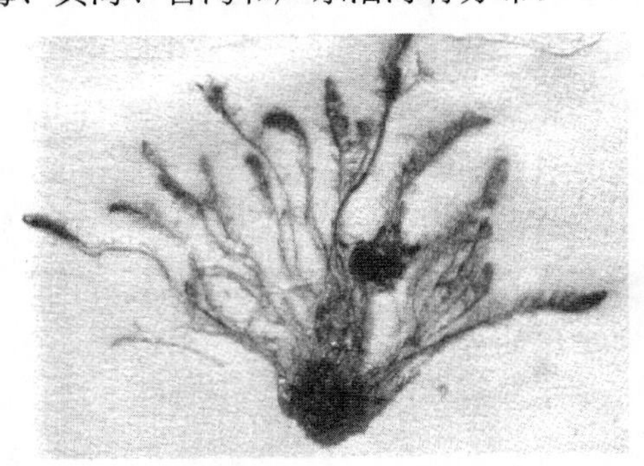

图 8-2　偏列羽藻

②假羽藻属（*Pseudobryopsis* Berthold in Oltmanns, 1904），已知该属有 7 种，我国仅报道了 1 种。

——海南假羽藻（*P. hainanensis* Tseng, 1936），藻体绿色，小，直立丛生，高约 2.2 cm，以许多根丝固着在 *Rhizophora* sp.（Tseng, 1983）的茎部；主枝直径 100～500 μm，向上变尖细，偶尔在藻体上部有叉状分枝；小枝亚圆柱形，单条，柔软，通常下部枝长、上部枝短，长可达 1.2 mm，直径 18～36 μm，向上渐细（图 8-3）。色素体圆形，直径 2～3 μm，有蛋白核。成熟后每个小枝下部产生 1 个配子囊，配子囊倒卵形或球形，长 52～78 μm，宽 36～52 μm，顶端尖。该种在我国海南有分布。

③毛管藻属（*Trichosolen* Montagne, 1861），藻体黄绿色，长可达 20 cm 以上，丛生，同一固着器上可长出多条主枝，具有许多短小侧枝，一些枝的末端直立。雌雄同体，异配生殖；配子囊产生于顶端侧面，无柄或有短柄，椭圆形至近球形。细胞单核，核大，生殖时细胞质可全部形成生殖细胞的细胞质。已知该属 11 种，我国报道了 1 种。

——海南毛管藻［*T. hainanensis*（C. K. Tseng）W. R. Taylor, 1962］，该种目前被认为是海南假羽藻的同物异名种（图 8-4）。

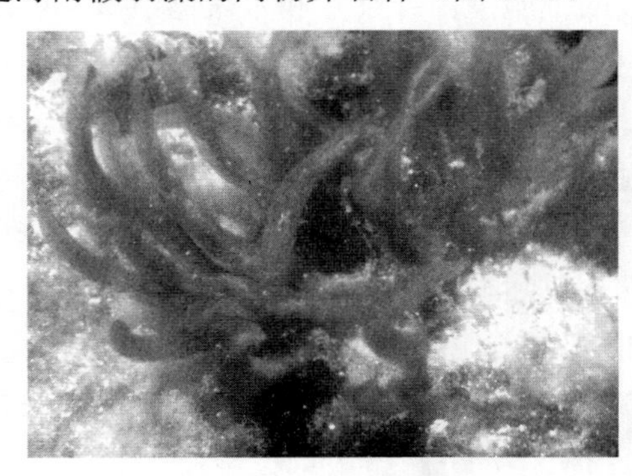

图 8-3　海南假羽藻

图 8-4　海南毛管藻

（2）蕨藻科

藻体为单细胞体，由假根状固着器、匍匐茎和直立部组成，为多分枝的管状多核体。藻体内部无细胞隔壁，细胞腔中有具支持作用的纵、横骨条，具盘状叶绿体和蛋白核。雌雄同体或异体。生殖方式包括断裂生殖和有性生殖（Phillips, 2009），有性生殖方式为异配生殖。已知该科主要有 1 个属，104 种。我国报道了 1 属的种类。

蕨藻属（*Caulerpa* J. V. Lamouroux, 1809），藻体为单细胞体，由假根状固着器、匍匐枝和直立部组成，高 30 cm 以上。直立部形态多样，呈线状、叶状、羽状、海绵状和囊状等形状，有的藻体外形始终如一，而个别种类形态多样（Price, 2011）。藻体内部无横隔壁，细胞腔中具有盘状叶绿体和蛋白核。生殖方式包括营养生殖（主要为断裂生殖）和有性生殖（主要为异配生殖）。新鲜的蕨藻可以食用。该种一般生长在潮间带或低潮线以下的岩石、珊瑚礁或泥沙海底上，盛产于热带及亚热带海区。在我国南海海域常见。已知该属有 104 种，我国报道了 14 种。

——锯叶蕨藻（*C. brachypus* Harvey, 1860），藻体为单细胞体，由假根状固着器、匍匐茎和直立部组成，长达 10 cm 以上。直立部扁平叶片状，具分枝，枝宽达 1 cm 以上，边缘具有锯齿状凹凸（图 8-5）。该种生长在水下 0.5 m 至几米深处，在我国台湾、南沙群岛有分布。

——柏叶蕨藻［*C. cupressoides*（West）C. Agardh, 1817］，藻体为单细胞体，群生，匍匐枝长几十厘米，向下产生假根，向上产生叶状直立枝。直立枝较少单条，一般有圆柱形、顶端渐细的分叉，形成密集枝丛。每枝通常有 2～3 列重叠呈鳞状、圆柱状、顶端尖的短枝（图 8-6）。该种在我国广东硇洲岛、海南岛和西沙群岛有分布。

图 8-5　锯叶蕨藻

图 8-6　柏叶蕨藻

——墨西哥蕨藻（*C. mexicana* Sonder ex Kützing, 1849），藻体为单细胞体，由假根状固着器、匍匐茎和直立部组成，匍匐茎近圆柱形，直立部叶片状；直立叶片有明显中肋，两侧具扁平羽状分枝，分枝末端有时尖细（图 8-7）。该种在我国西沙群岛有分布。

——小叶蕨藻［*C. microphysa*（Weber Bosse）Feldmann, 1955］，又称总状蕨藻小叶变种［*C. racemosa* var. *microphysa*（Weber Bosse）Reinke, 1900］。藻体为单细胞体，由假根状固着器、匍匐茎和直立枝组成，直立枝上多侧枝；侧枝具短柄，密集丛生，串状排列，顶端圆球形（图 8-8）。该种在我国台湾地区有分布。

图 8-7 墨西哥蕨藻

图 8-8 小叶蕨藻

——盾叶蕨藻（*C. peltata* J. V. Lamouroux, 1809），该种目前被认为是 *C. chemnitzia*（Esper）J. V. Lamouroux, 1809 的同物异名种。藻体为单细胞体，小，匍匐枝纤细；直立枝一般高 1～2 cm，有 1 至数个盾状小枝，小枝具 1 个较纤细、长 1～2 mm 的柄，末端具 1 个半径为 3～5 mm 的盘（图 8-9）。该种广泛分布在热带海区，生长在低潮带以下有沙覆盖的珊瑚礁上，在我国南海常见。

——总状蕨藻棒状变种［*C. racemosa* var. *clavifera*（Turner）Weber-van Bosse, 1909］，藻体为单细胞体，具较长、密集缠结、粗糙分枝的匍匐枝，具分枝状假根和密集的直立枝；直立枝高 1～11 cm，分枝不规则、对生或互生，一般棍棒状，有 1 个短柄，小枝直径 1～2.5 mm（图 8-10）。该种生长在中潮带以下有沙覆盖的岩石上，分布在热带和亚热带海区，在我国台湾、广东硇洲岛和徐闻、海南岛和西沙群岛有分布。

图 8-9 盾叶蕨藻

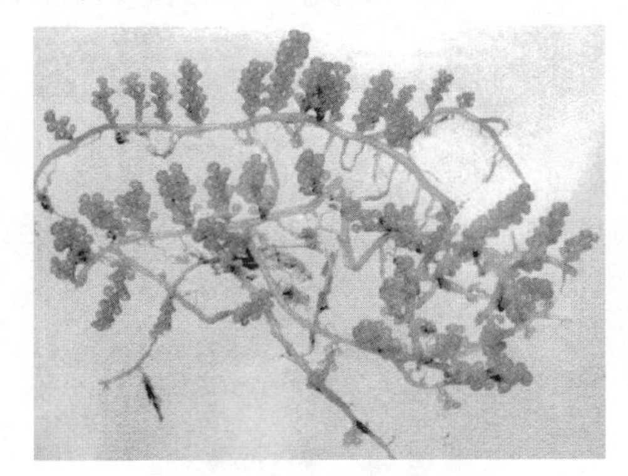

图 8-10 总状蕨藻棒状变种

——棒叶蕨藻［*C. sertularioides*（Gmel.）Howe f. *longiseta*（Bory）Svedelius］，藻体为单细胞体，匍匐枝粗糙、裸露、分枝，直立枝叶状，假根分枝状；直立枝多数单条，高达 5 cm，扁平，具柄，柄长 4 mm，具长达 6 mm 的线形小羽片（图 8-11）。该种匍匐生长在中、低潮带有沙覆盖的珊瑚礁上；广泛分布在热带海区；在我国广东硇洲岛、海南岛和西沙群岛有分布。

——杉叶蕨藻［*C. taxifolia*（Vahl）C. Agardh, 1817］，藻体为单细胞体，匍匐枝裸露，向上产生直立叶状枝，向下形成分枝的假根状枝；直立枝常密集丛生，有一个长1～3 cm的柄，单条或少量分枝；小枝镰刀状，长约6 mm，宽1 mm，扁平细长方形至线形，规则的羽状对生，通常向下明显扁压，基部收缩，顶端渐细或尖（图8-12）。该种生长在低潮带以下有沙覆盖的岩石上，在我国广东硇洲岛、海南岛和西沙群岛有分布。

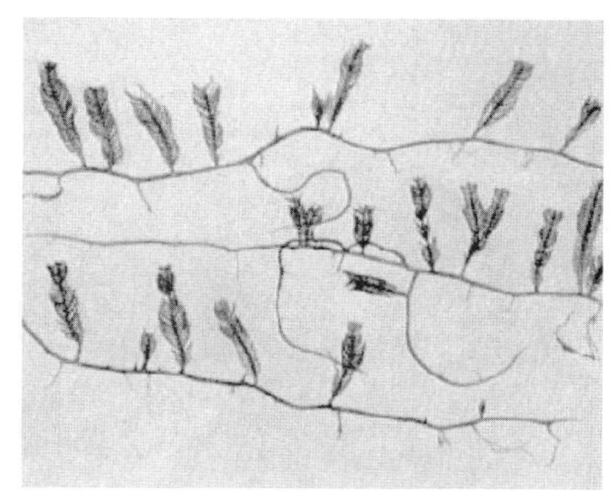
图8-11　棒叶蕨藻

图8-12　杉叶蕨藻

（3）松藻科

藻体为多分枝的管状、多核单细胞体，海绵质，枝圆柱形、扁压或扁平叶状，固着器假根状。体内由许多管状丝交织而成，叶绿体圆盘状，配子囊具一定形状。有性生殖方式为异配生殖。已知该科下分25属193种，主要为1属144种。我国报道了1个属的种类。

松藻属（*Codium* Stackhouse, 1797），藻体为单细胞体，海绵质，基部以假根状或盘状固着器固着在岩石或贝壳上，大小1～10 m，直立或匍匐。外形变化很大，呈匍匐皮壳状、中空球形、花瓣状或扁平膜状。枝圆柱状或扁平。内部结构由髓部和栅状排列的囊胞组成，其中，髓部由无色管状丝交织构成，管状丝中无隔壁；囊胞中央有一个大液泡，顶端具盘状叶绿体，无蛋白核，有无数个小细胞核。生殖只有有性生殖方式，多数种类雌雄异体，少数雌雄同体。成熟时，在每个囊胞的侧面凸起形成1～2个卵状配子囊，当配子囊发育至2/3阶段时，其基部环形加厚，产生隔壁，将配子囊和囊胞的原生质隔开；雄配子囊为黄绿色或金棕色，雌配子囊呈深绿色。生活史为单世代二倍体型。目前已知松藻属有144种，在海洋中分布很广。我国报道了9种。

——匍匐松藻（*C. adhaerens* C. Agardh, 1822），藻体为单细胞体，呈扁平皮壳状，表面凹凸不平，暗绿色或深蓝绿色；囊胞细长，顶端圆钝；顶端侧面观平直，两角偏圆。生殖时在囊胞顶部侧面长出倒卵形或纺锤形配子囊（图8-13）。该种匍匐、绵延生长在礁石上，在我国台湾有分布。

——缢缩松藻（*C. contractum* Kjellman, 1897），藻体为单细胞体，鲜绿色，多数有直立圆柱形分枝，分枝处原枝变得宽扁，枝基部或枝中间明显缢缩；藻体顶端呈二叉或三叉分枝状，并且在枝周围多毛（图 8-14）。该种以基部固着器固着在礁石上生长，在我国台湾屏东县有分布。

——长松藻（*C. cylindricum* Holmes, 1896），藻体为单细胞体，深绿色或黄绿色，海绵质，较长，通常高达 60 cm，偶见长 4 m 以上的个体，分枝为规则叉状，上部渐细，顶端钝形；下部枝的分叉处膨胀呈楔形或宽三角形；囊胞非常大，长 1.5～2.5 mm，直径通常 400～550 μm，呈粒状，肉眼明显可见（图 8-15）。该种以海绵质的宽盘状固着器固着在低潮带岩石上生长，在我国福建、广东和香港有分布。

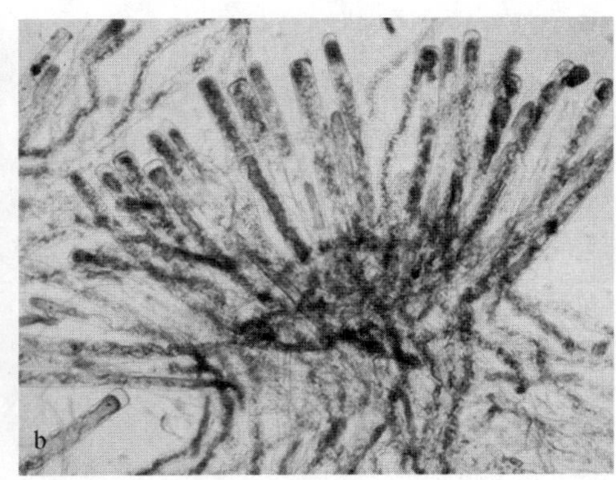

图 8-13　匍匐松藻

a. 藻体外形；b. 显微结构

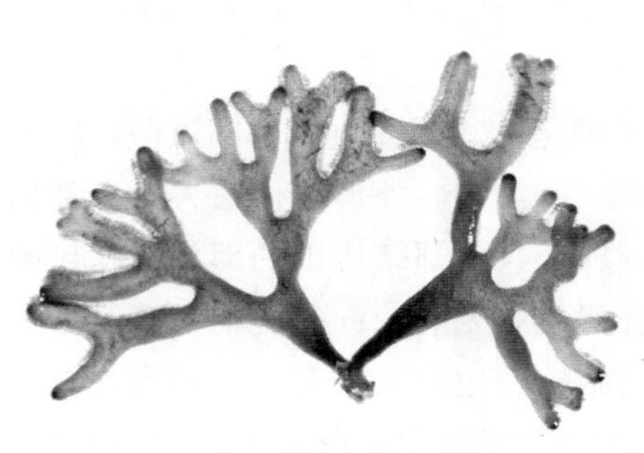

图 8-14　缢缩松藻

图 8-15　长松藻

——刺松藻［*C. fragile*（Suringar）Hariot, 1889］，藻体为单细胞体，暗绿色，多圆柱形、叉状分枝，表面光滑似玻璃或有小皱纹，有时长毛，高 10～30 cm；单生或丛生，固着器盘状，海绵质；囊胞长 900～1 025 μm，直径 215～350 μm，圆柱状或棒状，顶端具多或少、明显的刺（图 8-16）。该种可以食用和药用，又称“水松”；生长在潮间带岩石上或小石沼中，在我国黄海、渤海沿岸习见，东海沿岸也有分布。

——交织松藻（*C. geppiorum* O. C. Schmidt, 1923），藻体为单细胞体，鲜绿色至暗绿色，多短小分枝，分枝相互交错，形成团块状；末端分枝多呈二叉状；囊胞棒状，成熟时在囊胞中上部形成长椭圆形配子囊（图 8-17）。该种在我国台湾、香港有分布。

——扁平松藻（*C. latum* Suringar, 1867），藻体为单细胞体，暗绿色，多分枝，枝扁平；下部分枝较宽，分枝较少；上部分枝较窄，较多，叉状，短小（图 8-18）。该种以基部固着器固着在礁石上生长，在我国广东、台湾有分布。

——纤细松藻［*C. tenue*（Kützing）Kützing, 1856］，藻体为单细胞体，海绵质，鲜绿色，密集叉状分枝，分枝短小（图 8-19）。该种固着在基质上直立生长，在我国台湾有分布。

图 8-16　刺松藻

图 8-17　交织松藻

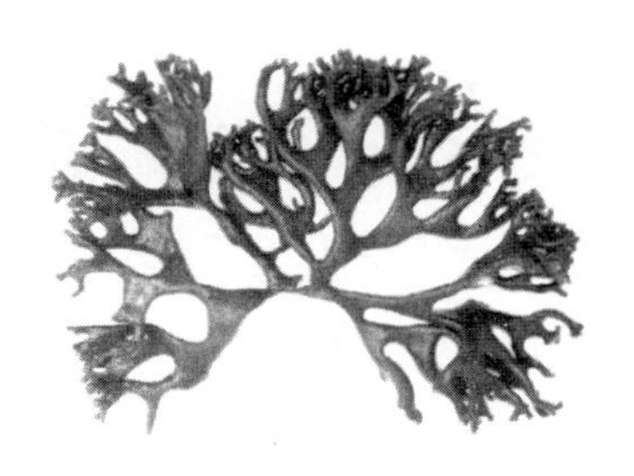

图 8-18　扁平松藻

图 8-19　纤细松藻

（4）德氏藻科

藻体丝状或囊状，单细胞或有隔壁，有或无分枝，有或无柄。每个细胞中有多个细胞核，具颗粒状叶绿体，有或无蛋白核。无性生殖时产生侧生、卵圆形孢子囊，游孢子具一圈鞭毛；有性生殖时形成配子囊。已知该科有 3 属，常见 2 属：德氏藻属（*Derbesia*）和佩氏藻属（*Pedobesia*）。

①德氏藻属（*Derbesia* Solier, 1846），藻体的生活史为异形世代交替类型。孢子体分枝管状，有稀疏或稠密的直立管状枝，有时呈刷子状，高 3～5 cm，固着器假根状；配子体囊状，以前归为海囊藻属（*Halicystis* Areschoug, 1850），有一个球形至梨形的囊，直径大于 3 cm，有一短小、纤细的固着茎（图 8-20）。细胞壁成分在分枝期为甘露聚糖，囊状期为木聚糖；细胞中央有一个大液泡，内含纺锤形或小盘形叶绿体，有或无蛋白核，细胞有许多小细胞核，为多核体。藻体无性生殖产生游孢子，孢子体成熟时，枝的侧面产生卵

形游孢子囊，游孢子囊为15～40个核时进行减数分裂，然后在藻体基部形成横壁并与枝隔开；游孢子卵形，前端由环形生毛体长出一圈鞭毛，萌发为配子体。雌雄异体，有性生殖时形成雌、雄配子，异配生殖。雌配子囊深绿色，雄配子囊黄褐色；配子囊形成初期，原生质由营养区移入配子囊区并不断增厚，然后在配子囊区与藻体其他部分之间形成一层配子囊膜将二者隔开，囊内原生质体分裂形成许多配子。雄配子小，内含1个叶绿体，雌配子相对较大，有数个叶绿体，二者配合形成合子，萌发、生长为孢子体。藻体存在单性生殖，大配子通过孤雌生殖产生新的孢子体。有时孢子囊不产生游孢子，可直接发育成囊状配子体。藻体还可进行断裂生殖。已知该属有21种，我国报道了1种，即琉球德氏藻（*D. ryukyuensis* Yamada et Tanaka, 1938），该种目前被认为是琉球佩氏藻［*Pedobesia ryukyuensis*（Yamada & T. Tanaka）Kobara & Chihara, 1984］的同物异名种。

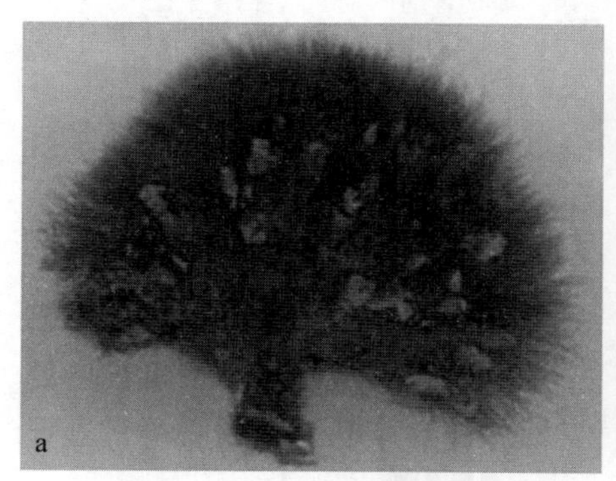

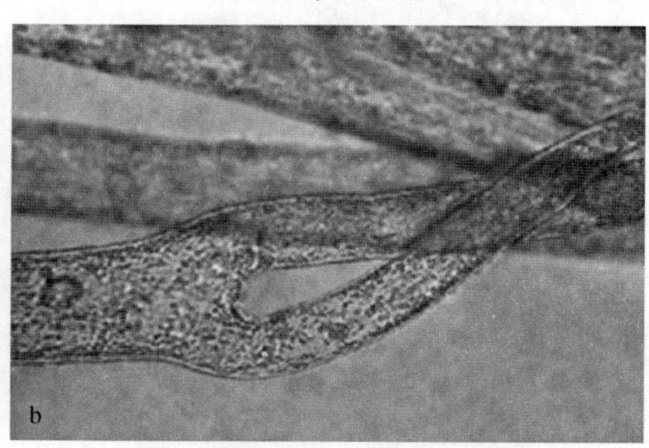

图 8-20　德氏藻属的德氏藻［*D. vaucheriiformis*（Harvey）Agardh, 1887］

a. 藻体外形；b. 细胞

②佩氏藻属（*Pedobesia* MacRaild et Womersley, 1974），藻体为钙化的小盘状，有时有同轴环；或由不钙化的直立棒状枝和不规则分枝组成（这两种形态在一定条件下可互相转化，并反复出现）。小盘状形态藻体的直径达1.4 mm以上，表面有许多圆形至倒卵形的孔，细胞壁中含碳酸钙；有细管从盘的边缘发育出来，许多匍匐管产生高达6 cm的直立枝。钙化阶段是区别该属与德氏藻属和羽毛藻属的依据之一。佩氏藻属的生活史为同形世代交替。可进行断裂生殖，无性生殖时在直立管状枝的侧面产生孢子囊，孢子囊球形至卵形，由隔膜将其与藻体其他部位分开，孢子囊发育成熟产生游孢子或不动孢子。有性生殖未见报道。已知该属有5种，我国报道了2种：

——琉球佩氏藻［*P. ryukyuensis*（Yamada & T. Tanaka）Kobara & Chihara, 1984］，在我国海南有分布。

——简枝佩氏藻［*P. simplex*（Meneghini ex Kützing）M. J. Wynne & F. Leliaert, 2001］，藻体草绿色，直立管状体，丛生，高4～5 cm；固着器多分枝，直径45～100 μm；直立部几乎不分枝，顶端圆钝或稍尖细；中间直径440～800 μm，基部直径300～350 μm；叶绿体多，无蛋白核；生殖时在直立部一侧或周围产生孢子囊，每个管状枝产生1～6个孢子囊，成熟的孢子囊球形至肾形（图8-21）。该种在我国台湾有分布。

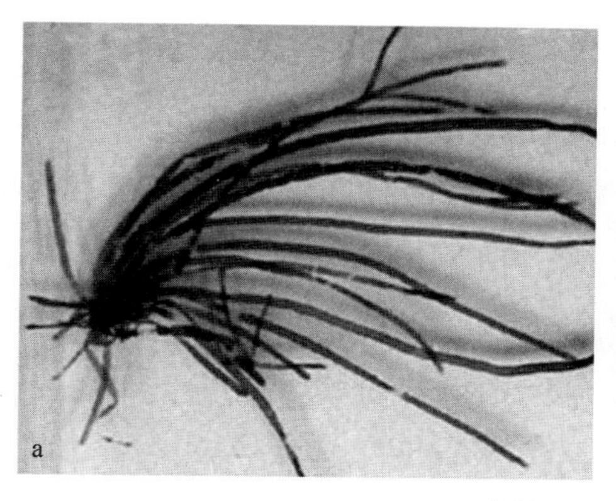

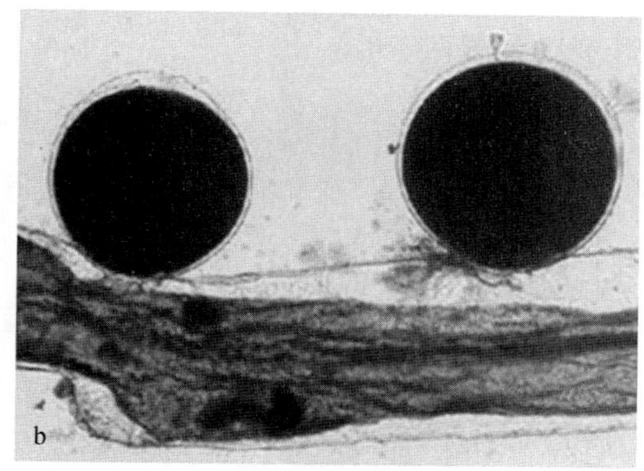

图 8-21 简枝佩氏藻

a. 藻体外形；b. 孢子囊

（5）叉管藻科

藻体为二叉形分枝的管状多核体，有性生殖为卵配生殖。该科的主要特征为具有异质体，白色体产生淀粉粒，而叶绿体上无蛋白核。已知该科有 3 属 34 种。我国报道了 1 个属的种类。

绒扇藻属（*Avrainvillea* Decaisne, 1842），藻体由 1 个或多个具柄的叶片组成，固着器露出水面或没于水中；叶片、柄和固着器因种而异；柄单条、有或无分枝，每个柄上有一片叶子；叶片通常扇状，长 2～30 cm（包括柄长），不钙化，有环带，管状，无隔壁；分枝叉状或无侧生小枝；管状枝圆柱形，弯曲或呈念珠状，有紧或松的收缩，直径 20～70 μm，顶端圆或尖，内部由叉状分枝的藻丝组成。生活史尚不十分清楚，但是确定与其他近缘属相似。全年存在无性生殖，孢子囊由藻体的顶端形成，内生 1～8 个不动孢子；囊群苍白色、橙黄色或褐色。已知该属有 30 种，我国报道了 7 种。

——群栖绒扇藻［*A. amadelpha*（Montagne）A. Gepp & E. S. Gepp, 1908］，藻体暗绿色，直立丛生；基部具一短柄，柄多呈压扁状；叶片常产生分枝（图 8-22）。该种一般生长在低潮带以下数米深处，在我国西沙群岛有分布。

——直立绒扇藻［*A. erecta*（Berkeley）Gepp et Gepp, 1911］，藻体暗绿色，直立，具一非常短小的柄，以伸长的、紧密交织的假根固着在基质上；叶片薄，肾形，边缘有毛，高约 6 cm，宽 10 cm；毛状丝黄褐色，圆柱形，端部不渐细，直径 24～60 μm（图 8-23）。该种生长在中潮带的隐蔽沙泥海区，在我国海南有分布。

图 8-22 群栖绒扇藻

——琉球绒扇藻（*A. riukiuensis* Yamada, 1932），藻体黄绿色，单生；固着器为假根状，柄圆柱形，较长，可达 10 cm 以上；叶片扇形，较圆，扇叶直径可达 15 cm 以上（图 8-24）。该种一般生长在低潮带以下数米至十几米深处，在我国台湾有分布。

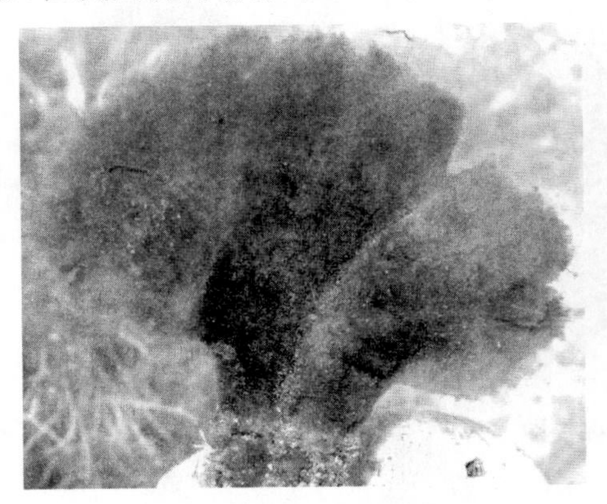

图 8-23　直立绒扇藻

图 8-24　琉球绒扇藻

（6）仙掌藻科

已知该科有 7 属 56 种，主要报道 1 个属的种类。

仙掌藻属（*Halimeda* Lamouroux, 1812），藻体为单细胞体，基部具假根状固着器，其上由钙化的节片与不钙化的节部相间连接而成。假根圆柱形或团块状，由成束的藻丝组成，以此固着在泥沙海底上生长；节片圆形、肾形、倒卵形或楔形等，扁平或圆；分枝二叉状、三叉状或掌状。藻体内部由许多无隔壁的藻丝互相联结而成，藻丝叉状分枝，在节部紧密排列；节片间藻丝垂直向外生出分枝，最末的分枝膨大，形成坚实的皮层。石灰质沉积在细胞的侧壁，细胞壁厚而硬，细胞内有叶绿体。无性生殖时产生具 4 条鞭毛的游孢子；藻体可进行断裂生殖；有性生殖时由节片边缘或表面形成深绿色的配子囊，配子囊具柄，球形或倒卵形，簇生呈葡萄状。已知该属有 49 种，我国报道了 12 种。

——楔形仙掌藻（*H. cuneata* Hering, 1846），藻体鲜绿色或草绿色，钙化的节片楔形，上部较宽而下部较窄，具有分枝（图 8-25）。该种在我国台湾有分布。

——圆柱状仙掌藻（*H. cylindracea* Decaisne, 1842），藻体黄绿色至草绿色，直立丛生，钙化的节片圆柱状，长短不一，粗细不一，具有较多分枝；藻体下部主枝明显，上部不分主、侧枝，所有枝均直立向上生长（图 8-26）。该种在我国南沙群岛有分布。

——巨节仙掌藻（*H. gigas* W. R. Taylor, 1950），藻体亮绿色，节片较宽大，分枝较松散（图 8-27）。该种在我国南沙群岛有分布。

——相仿仙掌藻（*H. simulans* M. Howe, 1907），藻体浅绿色至鲜绿色，干后呈灰绿色，中度钙化，高 10 cm 以上；藻体基部常有一短柄，向上分生出许多相似的枝，各枝的节片形状与大小均相似，各枝顶端的节片均略有减小（图 8-28）。该种在我国西沙群岛、南沙群岛有分布。

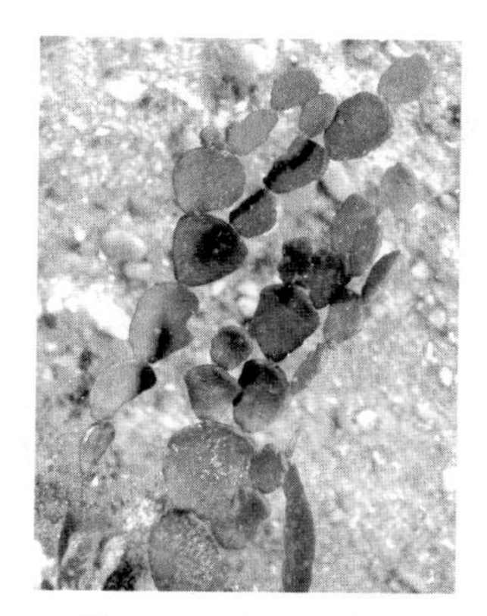

图 8-25　楔形仙掌藻

图 8-26　圆柱状仙掌藻

图 8-27　巨节仙掌藻

图 8-28　相仿仙掌藻

（7）扇形藻科

已知该科有 2 属 31 种。我国报道了 1 个属。

拟扇形藻属（*Rhipiliopsis* A. Gepp et E. S. Gepp, 1911），藻体不钙化，单层或多层，高不足 5 mm 或达 7 cm 以上，为不规则披针形或规则的圆心不同的盾形，叉状分枝。根状茎匍匐，埋入基质中；向上形成柄和叶，直立部为指状突起；柄部为单管或多管结构，单管柄光滑或有刺状突起。该属的生殖方式未见报道，但是已有关于模式种游孢子囊的报道，其游孢子囊单生，卵形至梨形，有柄。已知该属有 16 种，我国报道了 1 种。

——茎刺拟扇形藻［*R. echinocaulos*（A. B. Cribb）Farghaly, 1986］，在我国西沙群岛有分布。

（8）钙扇藻科

已知该科有 24 属 96 种，主要为 5 个属的种类，我国报道了其中 4 个属的种类：缢丝藻属（*Boodleopsis* A. Gepp et E. S. Gepp）、绿毛藻属（*Chlorodesmis* Harvey et Bailey）、瘤枝藻属（*Tydemania* Weber-van Bosse1）和钙扇藻属（*Udotea* J. V. Lamouroux）。

钙扇藻属（*Udotea* J. V. Lamouroux, 1812），藻体钙化，直立，由固着器、柄和叶片组成；固着器单条或为分枝假根状；柄匍匐，分枝，圆柱形或稍扁圆形；叶片扁平扇状或漏斗形，具重圈状线，上部分裂规则或不规则，边缘常产生副枝。内部由管状丝构成，柄部明显分为皮层和髓部，叶片部有或无皮层；细胞无横隔壁，但在丝状细胞的分枝点有缢缩现象；许多管状藻丝在侧面结合形成假薄壁组织。有性生殖方式为异配生殖，叶片的丝状细胞顶端产生一个横隔壁，以便形成配子囊；雌、雄配子结合后，合子经过3个连续的时期即单核原球体期、幼年丝状期和成熟期，萌发为成熟的叶状体。该属为热带性海藻，已知该属有35种，我国报道了10种：银白钙扇藻（*U. argentea* Zanardini）、钙扇藻［*U. flabellum*（J. Ellis & Solander）M. Howe］、脆叶钙扇藻（*U. fragilifolia* C. K. Tseng et M. L. Dong）、小钙扇藻［*U. javensis*（Montagne）A. Gepp & E. S. Gepp］、东方钙扇藻（*U. orientalis* A. Gepp & E. S. Gepp）、肾形钙扇藻（*U. reniformis* C. K. Tseng & M. L. Dong）、韧皮钙扇藻（*U. tenax* C. K. Tseng & M. L. Dong）、薄叶钙扇藻（*U. tenuifolia* C. K. Tseng & M. L. Dong）、茸毛钙扇藻（*U. velutina* C. K. Tseng & M. L. Dong）和西沙钙扇藻（*U. xishaensis* C. K. Tseng & M. L. Dong）。

——银白钙扇藻（*U. argentea* Zanardini, 1858），藻体银白色至黄绿色，干燥后呈灰白色，高可达10 cm以上；藻体基部具一短柄，向上扩展成宽大、多皱、多层次的扇形结构（图8-29）。该种在我国台湾有分布。

——钙扇藻［*U. flabellum*（Ellis et Solander）Howe, 1904］，藻体浅绿色，有环层带，柔软有韧性，钙化；固着器为伸长的球根状，高约3 cm，直径4 mm，上部膨胀扩展成一个宽大的扇状部；扇状部高约10 cm，宽15 cm，不规则分裂为几片（图8-30）。藻体内部由多列藻丝构成。皮层的藻丝直径25～45 μm，分枝稠密，有许多不规则分布的侧生附属物，附属物有柄，密集丛生或呈聚伞状，顶端平截形或呈指状。该种生长在低潮带沙泥底质上，在我国海南有分布。

图8-29 银白钙扇藻

图8-30 钙扇藻

——脆叶钙扇藻（*U. fragilifolia* C. K. Tseng & M. L. Dong, 1975），藻体灰绿色，轻微钙化，柄亚圆柱形，叶扇形，薄而脆，略有带，高约4 cm，宽5 cm；侧枝简单，棍棒状，无缢缩（图8-31）。内部由髓丝和皮层丝构成。皮层丝的直径25～35 μm，向上渐细，在10～20倍放大镜下肉眼可见；髓丝直径30～40 μm，向上渐尖，有和皮层相似的侧枝，侧枝顶端凹入。该种生长在低潮线以下 4～5 m 水深处，在我国广东和西沙群岛有分布。

——东方钙扇藻（*U. orientalis* A. Gepp & E. S. Gepp, 1911），藻体绿色，钙化，基部有一短柄，叶片宽大、扁平扇形，圈状线明显，边缘略呈波状（图 8-32）。

图 8-31　脆叶钙扇藻

图 8-32　东方钙扇藻

2. 绒枝藻目

我国报道了 2 个科的种类。

（1）绒枝藻科

已知该科下分 97 属 240 种，主要报道了 9 属。我国报道了 4 个属的种类：轴球藻属（*Bornetella* Munier-Chalmas）、聚伞藻属（*Cymopolia* J. V. Lamouroux）、绒枝藻属（Dasycladus C. Agardh）和蠕藻属（*Neomeris* J. V. Lamouroux）。

①轴球藻属（*Bornetella* Munier-Chalmas, 1877），藻体亚球形、卵形至棒状，单细胞，长约 3 cm；主枝上有许多轮生的初生和次生侧枝。具多个盘状叶绿体，无蛋白核。配子囊产生于初生侧枝上。配子囊产生单核细胞（球形轴球藻中心轴的直径 2.5～10 μm，其成熟的配子囊有 2 000 个细胞核），每个单核细胞从盖子结构形成的小孔中释放出来，变为 1 个有 2 条鞭毛的配子。该属种类分布在热带和亚热带太平洋中。已知该属有 6 种，我国报道了 3 种：轴球藻（*B. nitida* Munier-Chalmas ex Sonder in Mueller）、小孢轴球藻（*B. oligospora* Solms-Laubach）和球形轴球藻［*B. sphaerica*（Zanardini）Solms-Laubach］。

——小孢轴球藻（*B. oligospora* Solms-Laubach, 1892），藻体轻微钙化，单生，高约 3 cm，亚圆柱形或棍棒状，有时稍弯曲；初生枝轮生，25～30 个，顶端产生 3～5 个彼此相连的短次生枝（图 8-33）。不动孢子囊球形，每个初生分枝上侧生 4～9 个刺，成熟时每个不动孢子囊产生 7～14 个卵形不动孢子。该种生长在中、低潮带岩石或死珊瑚上，在我国广东有分布。

——球形轴球藻［*B. sphaerica*（Zanardini）Solms-Laubach, 1892］，藻体轻微钙化，球形或卵形，高约 1 cm，初生枝轮生，14～18 个，顶端产生 4～7 个彼此相连的短次生枝；不动孢子囊球形，每个初生分枝上侧生 4～5 个刺，成熟时每个不动孢子囊产生 2～8 个卵形不动孢子（图 8-34）。该种生长在中、低潮带岩石或死珊瑚上，在我国广东硇洲岛和海南岛有分布。

图 8-33 小孢轴球藻

图 8-34 球形轴球藻

②聚伞藻属（*Cymopolia* J. V. Lamouroux, 1816），藻体为单细胞体，叉状分枝长达 20 cm，或不分枝长 3～5 cm；钙化，由节与节间组成；节间直径达 4 cm，由窄的不钙化节相连；节间由管状中轴及侧枝组成；顶端有一圈一年生、3 次分枝的不育毛。叶绿体盘状，多个，叶绿体和细胞质中都有淀粉粒。藻体可进行断裂生殖，无性生殖产生不动孢子；有性生殖时形成直径达 300 mm 的配子囊，成熟后释放具 2 根鞭毛的配子。已知该属有 2 种，我国报道了 1 种。

图 8-35 端根聚伞藻

——端根聚伞藻（*C. vanbosseae* Solms-Laubach, 1892），藻体为大型的单细胞体，由节与节间组成；节间亚球形，节偶有毛伸出；藻体顶端及顶端节处有很多毛伸出，似根状（图 8-35）。该种在我国台湾有分布。

③绒枝藻属（*Dasycladus* C. Agardh, 1828），藻体为单细胞体，高 3～6 cm，基部具坚实固着器，其上伸出主枝；枝上紧密轮生二叉或三叉侧枝，侧枝基部钙化。细胞具许多盘状叶绿体。配子囊单生，深绿色，为次生分枝；配子囊直接产生具 2 根鞭毛的配子，配子最初单核。已知该属有 3 种，生长在热带至温带海域，我国报道了 1 种。

——蠕形绒枝藻［*D. vermicularis*（Scopoli）Krasser in Beck et Zahlbruckner, 1898］，单细胞，单生；主枝较粗，直径可达 0.5 mm 以上，密集轮生侧枝；侧枝上再生次生分枝，侧枝宽可达 0.5 mm 以上，顶端圆弧形；整个藻体外形似一只蠕虫（图 8-36）。该种固着在礁石上生长，在我国台湾有分布。

图 8-36　蠕形绒枝藻

④蠕藻属（*Neomeris* J. V. Lamouroux, 1816），藻体棒状、虫状，不分枝，有钙化的环状带，单细胞，高 1～2.5 cm，顶端有一丛毛，轴上轮生 30～40 个侧枝，每枝产生 3 回分枝。第 1 回分枝分离或粘在一起，每个分枝只产生 2 个侧枝，顶端膨大，侧面粘连；第 2 回分枝形成 1 个单核、具短柄的配子囊，又称胞囊。细胞核经多次分裂产生多个细胞核。每个配子囊柄附近分化出 1 个盖子，盖子打开后释放出具 2 条鞭毛的配子。细胞中具许多盘状叶绿体，叶绿体内外有淀粉粒。该属种类分布于热带与亚热带海域，已知有 10 种。我国报道了 3 种：环蠕藻（*N. annulata* Dickie）、双边蠕藻（*N. bilimbata* Koster）和范氏蠕藻（*N. vanbosseae* Howe）。

（2）多枝藻科

已知该科有 9 属 32 种，我国主要报道了 2 个属的种类。

伞藻属（*Acetabularia* Lamouroux, 1812），藻体外形像一把张开的伞，伞部为盘状，钙化，放射状分裂为多室，称为生殖枝；具圆柱形柄部，向下为不规则分枝的假根状固着器。藻体发育成熟时，生殖枝发育完全；合子萌发时，初生细胞核变为原来直径的 20 倍，分裂为许多核，并随细胞质流动进入生殖枝中，各自形成 1 个有盖子的圆形胞囊；胞囊成熟后，生殖枝分解，胞囊放散，之后数天内或经休眠后萌发；胞囊萌发时，原生质体分裂产生许多有 2 条鞭毛的配子，成熟后经盖子打开的环形孔逸出。主要进行同配生殖或单性生殖。合子萌发时先生成极性管，向上长成 1 个圆柱状主轴（柄），向下长出分枝固着器；顶端长出 1 轮毛状不育小枝，当主轴长至超过毛状小枝时，又依次长出第 2 轮、第 3 轮毛状不育小枝，随后各轮小枝顺次脱落，并在主轴上留下脱落后的痕迹；发育成熟时，在顶端产生生殖枝，生殖枝在侧面连接成伞形，此时藻体停止生长。每个生殖枝的基部表面有侧面互相连合的突起，组成一圈结节称冠部。生殖枝成熟时，藻体内沉积厚的石灰质。该属种类为热带性海藻，已知有 13 种，我国报道了 6 种：伞藻（*A. caliculus* J. V. Lamouroux）、棒形伞藻（*A. clavata* Yamada）、大伞藻（*A. major* G. Martens）、小伞藻（*A. parvula* Solms-Laubach）、梨形伞藻（*A. Tsengiana* Egerod）和琉球伞藻（*A. Ryukyuensis* Okamura & Yamada）。其中棒形伞藻、小伞藻和梨形伞藻目前归为 *Parvocaulis* Berger, Fettweiss, Gleissberg, Liddle, Richter, Sawitzky et Zuccarello 属。

——伞藻（*A. caliculus* J. V. Lamouroux, 1824），藻体轻微钙化，小，高约 4 cm；柄细，相当硬；伞状部杯形，直径约 5 mm，有 30 或 31 个枝，侧面互相略微连合，易分离；每枝的末端或多或少有深缺刻，从基部至顶端扁压（图 8-37）。该种生长在平静海区低潮带的泥质碎石、岩石或贝壳上，在我国广东有分布。

——琉球伞藻（*A. ryukyuensis* Okamura & Yamada, 1932），在我国台湾有分布（图 8-38）。

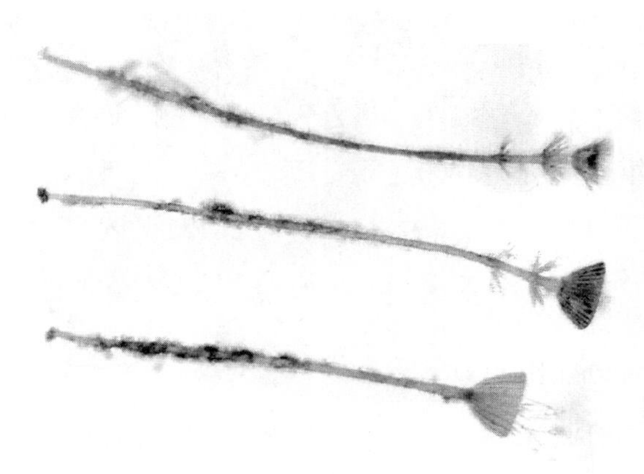

图 8-37 伞藻

图 8-38 琉球伞藻

3. 刚毛藻目

已知该目有 9 科 494 种，主要报道了 6 个科的种类，我国报道了 4 个科的种类：肋叶藻科、刚毛藻科、管枝藻科和法囊藻科。

（1）肋叶藻科

藻体为多细胞体，基部具假根状固着器，向上有短柄；直立部多分枝，分枝间以附着胞互相粘连成网状叶片。顶端生长。细胞内有多个细胞核，叶绿体呈网状，有多个蛋白核。无性生殖时，由小枝细胞产生具 2 条鞭毛的游孢子。已知该科有 2 属 32 种，我国报道了 2 个属的种类。

①肋叶藻属（*Anadyomene* Lamouroux, 1812），藻体由固着器、柄和叶片组成，固着器假根状，柄短而不明显，向上由 1 至数个叶片组成，叶片上有掌状相连的中肋。细胞圆柱形、棍棒形或长卵形，并间有卵形、披针形或长椭圆形的小细胞；中肋细胞的顶端有掌状分枝，重复多次直到边缘（Alves et al., 2011）。已知该属有 15 种，我国报道了 1 种。

——肋叶藻（*A. wrightii* Harvey ex Gray, 1866），藻体直立、丛生，高 1～3 cm，宽 0.9～2.2 cm，由 1 至多个叶片组成，呈扇状。基部的中肋细胞长 700～1 500 μm，宽 110～165 μm；上部的长 130～170 μm，宽 70～90 μm；基部与上部间有许多卵形、椭圆形的小细胞，小细胞长 33～115 μm，宽 16～49 μm（图 8-39）。该种生长在低潮线以下 0.5～1 m 深的珊瑚礁上，在我国台湾和广东有分布。

②小网藻属（*Microdictyon* Decaisne, 1841），藻体由 1 个或多个扁平、单层、呈网状的叶片组成，高 2～10 cm；无柄或有短柄，无环形收缩，固着器假根状；叶片具对生或呈星形排列的分枝，枝间以附着胞相互黏着，疏松或紧密地交织成网状；细胞圆柱状，长 50～1 000 μm，直径 50～800 μm，排列于同一个平面上；每个细胞中有多个细胞核，多个盘状叶绿体（排列成网状），1 个蛋白核。已知该属有 17 种，我国报道了 5 种。

图 8-39　肋叶藻

a. 藻体外形；b. 细胞

——黑叶小网藻［*M. nigrescens*（Yamada）Setchell, 1925］，藻体暗绿至黑褐色，高 3～7 cm，叶片平展或略卷曲，表面可见清晰的网状细胞列，网孔极小，细胞较厚（图 8-40）。该种生长在低潮带石沼中，在我国台湾有分布。

——假附小网藻（*M. pseudohapteron* A. Geoo et E. S. Gepp, 1908），藻体暗绿色，扁平叶状，高约 3 cm，宽 1～2.5 cm（图 8-41）；主枝细胞通常对生，长 400～700 μm，直径 200 μm；小枝细胞长 200～400 μm，直径 80～150 μm；细胞以基部末端细胞壁细圆齿状加厚的结构而附着。该种生长在潮下带 0.6 m 深的珊瑚礁上，在我国台湾和广东有分布。

图 8-40　黑叶小网藻

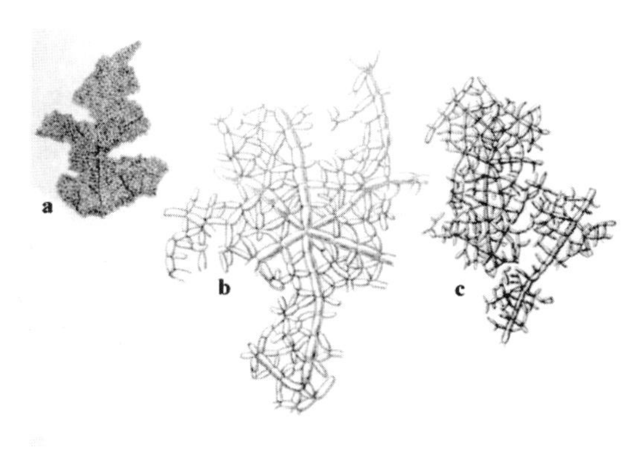

图 8-41　假附小网藻

a. 藻体外形；b. 星状小枝；c. 网状小枝

——脐状小网藻［*M. umbilicatum*（Velley）Zanardini, 1862］，藻体鲜绿色或黄绿色，直立部叶片状，表面清晰可见网状排列的细胞，细胞较薄；整个藻体叶片伸展的外形似脐状（图 8-42）。该种在我国台湾有分布。

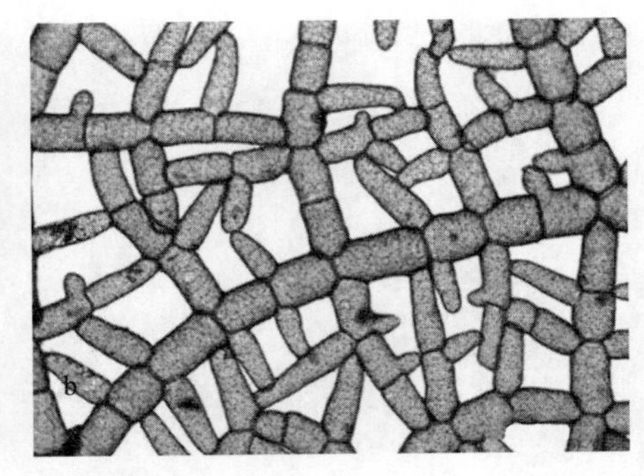

图 8-42 脐状小网藻

a. 藻体外形；b. 藻体显微结构（示网状排列细胞）

（2）刚毛藻科

藻体一般为直立丝状，少数匍匐，有或无分枝，基部具假根状固着器；营固着或漂浮生活；细胞单列，每个细胞中有蛋白核、多个细胞核和许多叶绿体；生长方式为顶端生长或间生长；无性生殖时产生具 4 条或 2 条鞭毛的游孢子，有性生殖方式为同配生殖；生活史多数为同形世代交替类型。已知该科有 13 属 340 种，海产种主要为 5 属的种类。我国报道了 3 个属的种类，分属检索表如下：

1 藻体上具有假根状分枝……………………………………………根枝藻属 *Rhizoclonium*

1 藻体上无假根状分枝……………………………………………………………2

 2 藻体分枝…………………………………………………………刚毛藻属 *Cladophora*

 2 藻体不分枝……………………………………………………硬毛藻属 *Chaetomorpha*

①硬毛藻属（*Chaetomorpha* Kützing, 1845），藻体为单列细胞的直立、不分枝丝状体，基部具 1 个增厚细胞，或无基部细胞而平卧；生长方式为间生长；细胞圆柱形或筒形，直径 20～5 000 μm，长可为宽的 10 倍；每个细胞中有许多小盘状叶绿体和 1 至多个蛋白核，有多达 10～1 000 个细胞核（Leliaert et al., 2011），细胞核数量与细胞大小有关。藻体可行断裂生殖（Deng et al., 2011）；无性生殖时产生具 4 条鞭毛的游孢子；有性生殖时采取同配生殖或单性生殖方式，产生具 2 条鞭毛的配子。生活史为同形世代交替类型（Deng et al., 2011）。已知该属有 74 种，我国报道了 12 种，分种检索表如下：

1 藻丝直径＜300 μm……………………………………………………………2

1 藻体直径＞300 μm……………………………………………………………7

 2 藻体漂浮生长……………………………………………线形硬毛藻 *C. linum*

 2 藻体固着生长……………………………………………………………3

3 藻体直径＞100 μm……………………………………………………………4

3 藻体直径＜100 μm………………………………………………扭曲硬毛藻 *C. tortuosa*

 4 藻体中、上部细胞多为短筒形，壁厚多＞20 μm……………短节硬毛藻 *C. brachygona*

 4 藻体中、上部细胞多为长筒形，壁厚多＜20 μm…………………………………5

5 藻体细胞长为宽的 0.6～2.3 倍………………………………爪哇硬毛藻 *C. javanica*

5 藻体细胞长为宽的 0.5～6 倍……………………………………………………6

6 藻丝上部胞间壁稍缢缩，细胞宽＞50 μm ……………………辽东硬毛藻 *C. liaodongensis*

6 藻丝上部胞间壁不缢缩，细胞宽＜50 μm ……………………极小硬毛藻 *C. minima*

7 藻体近基部呈螺旋形 ……………………………………………螺旋硬毛藻 *C. spiralis*

7 藻体基部直，不呈螺旋形 ……………………………………………………8

8 藻丝反曲 ……………………………………………………反曲硬毛藻 *C. basiretrorsa*

8 藻丝不反曲 …………………………………………………………………9

9 藻体固着器不明显，营漂浮生活 ……………………………强壮硬毛藻 *C. valida*

9 藻体固着器明显，营固着生活 ……………………………………………10

10 藻体基部胞间壁缢缩 ……………………………………………硬毛藻 *C. antennina*

10 藻体基部胞间壁无缢缩 …………………………………………………11

11 藻体固着器长假根状，基部细胞弯曲 ……………………厚硬毛藻 *C. pachynema*

11 藻体固着器盘状，基部细胞不弯曲 ………………………气生硬毛藻 *C. aerea*

——气生硬毛藻［*C. aerea*（Dillwyn）Kützing, 1849］，藻体为单列细胞的丝状体，丛生，高 10～15 cm，直径 100～170 μm。固着器盘状，基部具 1 个明显的长细胞，基部细胞长 133.3～144.5 μm，宽 55.5～58.8 μm；向上细胞为长筒形或短筒形，中部细胞长 54.5～62.2 μm，宽 88.8～89.2 μm；而顶端细胞长 111.2～111.5 μm，宽 110.5～111.6 μm（Ghosh et al., 2010）（图 8-43）。该种生长在中、高潮带岩石上或石沼中，在我国沿海均有零星分布。

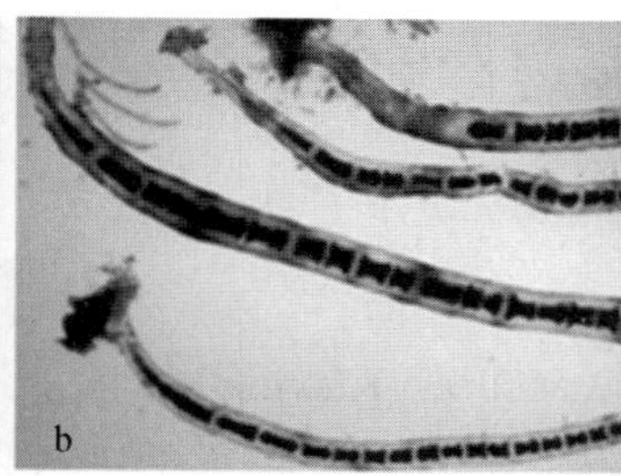

图 8-43 气生硬毛藻

a. 藻体外形；b. 基部细胞；c. 中、上部细胞

——硬毛藻［*C. antennina*（Bory de Saint-Vincent）Kützing, 1847］，目前该种被认为是中间硬毛藻［*C. media*（C. Agardh）Kützing, 1849］的同物异名种。藻体深绿色，质硬，为单列细胞组成的直立、不分枝丝状体，丛生，高达 9 cm；固着器为长而不规则分枝的假根状。藻丝细胞壁明显分层，厚 25 μm，在隔壁处通常收缩（图 8-44）。基部细胞长 6～8 mm，直径约 420 μm；上部细胞直径约 500 μm，长为直径的 2/3～3 倍。该种生长在中、低潮带暴露的岩石上，在我国东海、南海沿岸有分布。

——反曲硬毛藻（*C. basiretrorsa* Setchell, 1926），藻体深绿色，丛生，为单列细胞组成的直立、不分枝丝状体，基部具分枝假根状固着器，具次生假根；藻丝常反曲（图 8-45）。细胞短筒形或长筒形，胞间壁稍有缢缩。该种生长在中潮带礁石上。

——极小硬毛藻（*C. minima* Collins & Hervey, 1917），藻体细小，单生或丛生；固着器盘状，细胞长筒形（图 8-46）。该种在我国海南有分布。

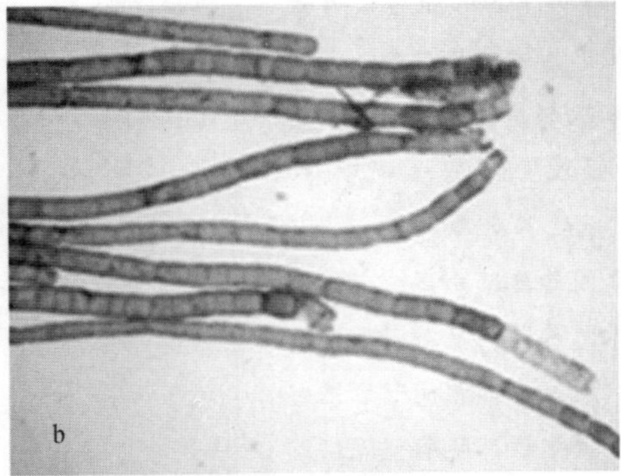

图 8-44　硬毛藻

a. 藻体外形；b. 中、上部细胞

图 8-45　反曲硬毛藻

图 8-46　极小硬毛藻

——线形硬毛藻［*C. linum*（Müller）Kützing, 1845］，藻体浅绿色至深绿色，丝状，硬而直；固着器盘状；丛生，高 4～10 cm；基部纤细，直径 130～200 μm，细胞圆柱形，长为直径的 2 倍以下；细胞隔壁处或多或少收缩；基部细胞略棒形，直径 130～150 μm，顶部细胞长可达直径的 8～10 倍（图 8-47）。该种生长在高潮带浅石沼中，在我国黄海和东海沿岸有分布。

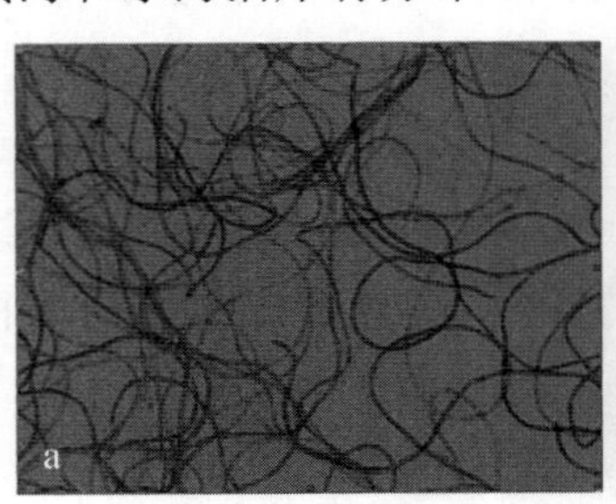

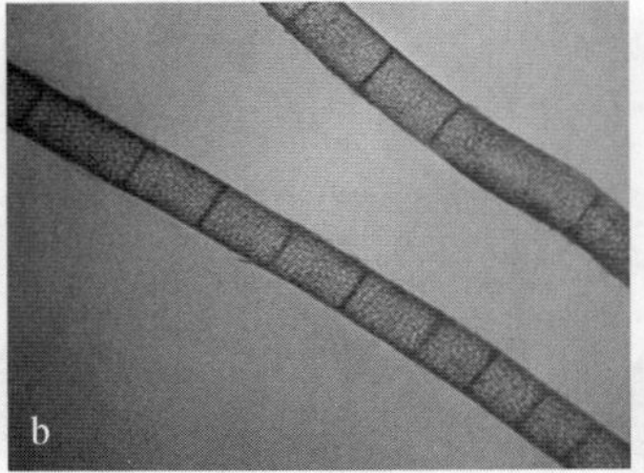

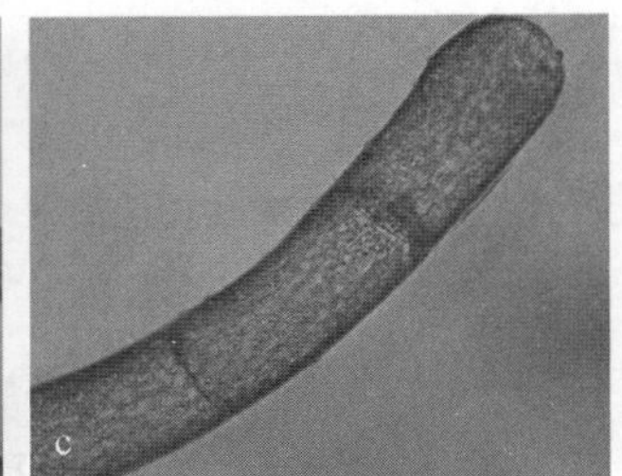

图 8-47　线形硬毛藻

a. 藻体外形；b. 中部细胞；c. 顶部细胞

——螺旋硬毛藻（*C. spiralis* Okamura, 1903），藻体暗绿色，硬而长，不分枝丝状体，长 22 cm；藻体假根单条，或稍有分枝，短而钝；基部细胞发生螺旋形扭曲（图 8-48）。基部细胞宽 500～600 μm，长为宽的 2～3 倍；中上部细胞念珠形至圆柱形，宽 400～630 μm，长为宽的 0.5～1.5 倍。该种生长在低潮带和潮下带岩石上，在我国广东和海南有分布。

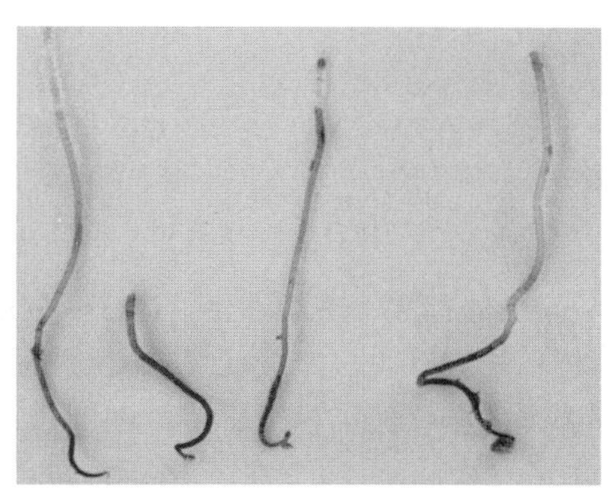
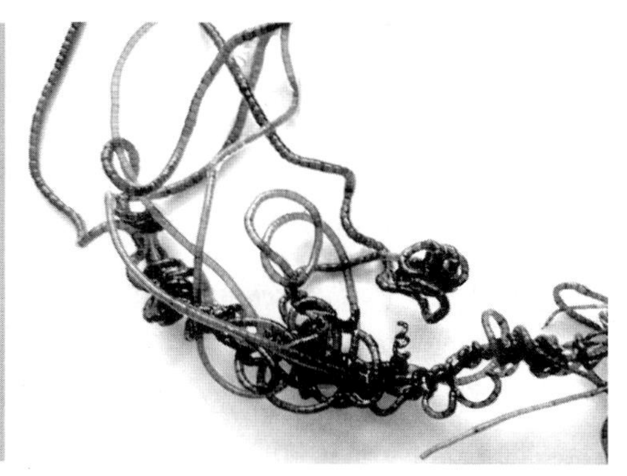

图 8-48　螺旋硬毛藻的藻体外形

②刚毛藻属（*Cladophora* Kützing, 1843），藻体为单列细胞组成的分枝丝状体，分枝稀疏或繁多；顶端生长或间生长；基部具分枝假根状固着器；细胞壁厚，主要成分为纤维素，形成多层结构；叶绿体小盘状，密集或连成网状，许多叶绿体中有蛋白核；每个细胞中有多个细胞核。无性生殖时产生具 1～3 个孔的游孢子囊，游孢子具 2 条或 4 条鞭毛；有的种类可进行断裂生殖；有性生殖方式为同配生殖，产生具 2 条鞭毛的配子。已知该属有 198 种，我国报道的海产种类有 38 种。常见的 14 种分种检索表如下：

1　藻体主枝匍匐 ······ 扩展刚毛藻 *C. patentiramea*
1　藻体主枝直立 ······ 2
　2　藻体小，高＜2 cm ······ 3
　2　藻体较大，高＞2 cm ······ 5
3　藻体微小，高 1～1.5 mm ······ 壳生刚毛藻 *C. conchopheria*
3　藻体高 0.5～2 cm ······ 4
　4　主枝细胞直径为 180～360 μm ······ 链状刚毛藻 *C. catenata*
　4　主枝细胞直径为 130～160 μm ······ 具钩刚毛藻 *C. uncinella*
　4　主枝细胞直径为 50～90 μm ······ 达尔马提亚刚毛藻 *C. dalmatica*
5　藻体基部只有初生假根丝 ······ 6
5　藻体基部有初生和次生假根丝 ······ 9
　6　主枝细胞直径＜60 μm ······ 小枝刚毛藻 *C. oligoclada*
　6　主枝细胞直径＞100 μm ······ 7
7　主枝细胞直径＜180 μm ······ 细弱刚毛藻 *C. gracilis*
7　主枝细胞直径＞200 μm ······ 8

8 藻体较大，高＞15 cm。末端小枝密集成簇，枝端钝圆……………………散束刚毛藻 *C. vagabunda*

8 藻体较小，高 7～15 cm，末端小枝不密集成簇，枝端尖 ………似哈钦森刚毛藻 *C. hutchinsioides*

9 藻体高＜10 cm……………………………………………………………………………………10

9 藻体高＞15 cm……………………………………………………………………………………11

10 分枝细胞直径为 40～70 μm，长为直径的 2～4 倍 ……………………沙生刚毛藻 *C. arenaria*

10 分枝细胞直径为 30～45 μm，长为直径的 7～12 倍……………………美丽刚毛藻 *C. speciosa*

11 藻体基部产生初生和次生假根……………………………………………………………………12

11 除基部外，藻体下部分枝也产生次生假根……………………………………细丝刚毛藻 *C. sericea*

12 主枝细胞直径 50～70 μm………………………………………………………暗色刚毛藻 *C. opaca*

12 主枝细胞直径＞100 μm ………………………………………………………史氏刚毛藻 *C. stimpsonii*

——沙生刚毛藻（*C. arenaria* Sakai, 1964），藻体直立、密集丛生，高 3～7 cm，稍硬；基部以原生或次生假根固着于基质上；分枝不规则互生、二叉状或三叉状；上部枝由 1～6 个细胞组成，明显弯曲（图 8-49）。细胞隔壁处多缢缩，中、下部细胞短，呈念珠状；主枝细胞直径 60～90 μm，长为直径的 2～6 倍；分枝细胞直径 40～50 μm，长为直径的 2～4 倍。该种生长在中潮带积沙岩石上，在我国辽宁有分布。

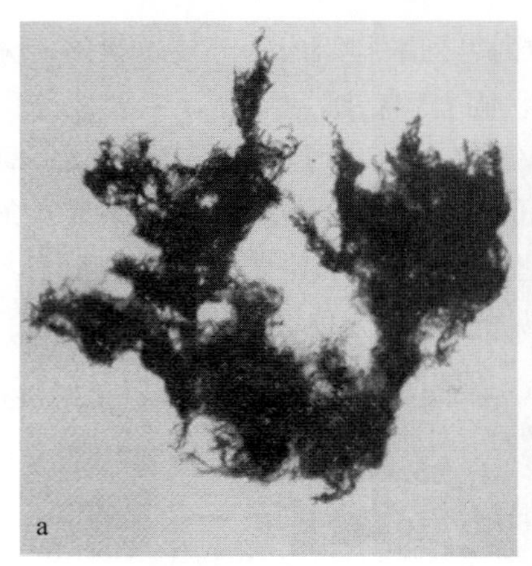

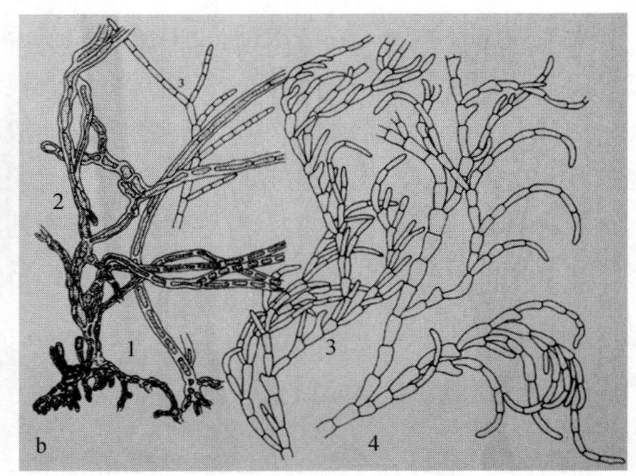

图 8-49 沙生刚毛藻

a. 外形；b. 显微结构

1. 假根；2. 主枝；3. 藻体上部分枝；4. 藻体中部分枝

——束生刚毛藻［*C. fascicularis*（Mertens ex C. Agardh）Kützing, 1843］，目前该种被认为是散束刚毛藻［*C. vagabunda*（Linnaeus）Hoek, 1963］的同物异名种。藻体绿色或黄绿色，丝状，呈灌木丛状，基部假根不规则分裂，高 10～20 cm；主枝直径 200～300 μm，长为直径的 1～5 倍；分枝互生，有时呈梳状排列，直径 60～150 μm，长为直径的 2～4 倍（图 8-50）。该种丛生于潮间带石沼中或大型海藻（尤其是马尾藻属的种类）藻体上，在我国沿海常见。

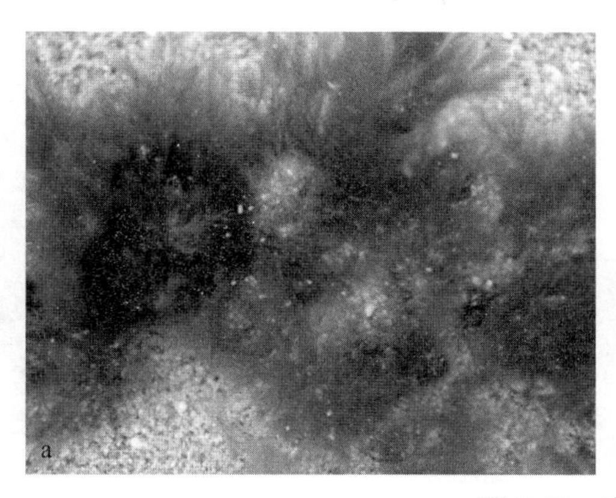
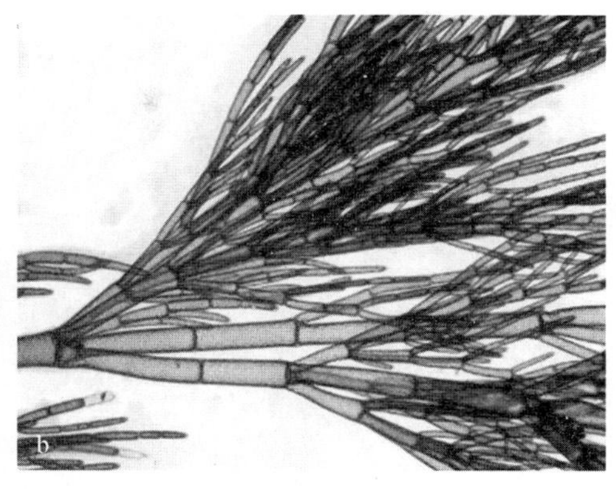

图 8-50　束生刚毛藻

a. 藻体外形；b. 藻体分枝及细胞

——绿色刚毛藻［*C. glaucescens*（Griffiths ex Harvey）Harvey, 1849］，目前该种被认为是细丝刚毛藻［*C. sericea*（Hudson）Kützing, 1843］的同物异名种。藻体绿色，为单列细胞组成的分枝丝状体，分枝繁茂，丛生，高 7～25 cm；主枝直径为 55～65 μm（图 8-51）。该种生长在中、低潮带岩石上或石沼中，在我国浙江沿海常见。

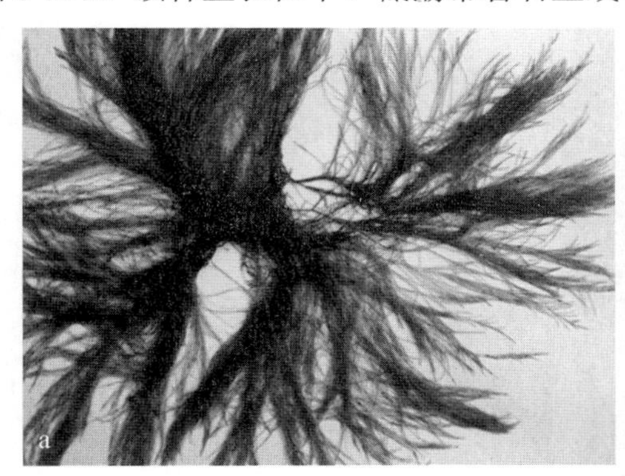
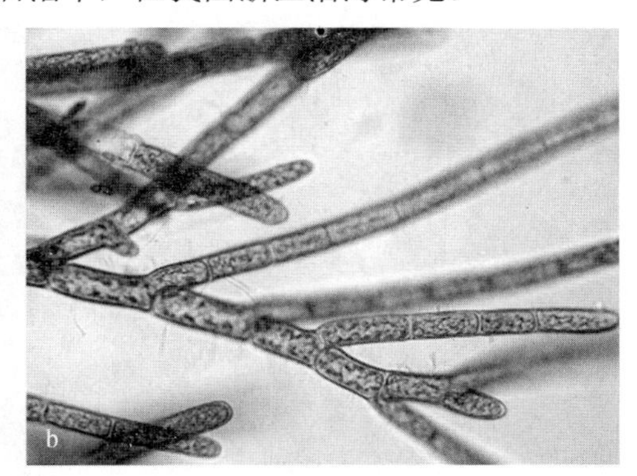

图 8-51　绿色刚毛藻

a. 藻体外形；b. 藻体分枝及细胞

——微皱刚毛藻（*C. rugulosa* Martens, 1866），目前该种被认为是育枝刚毛藻［*C. prolifera*（Roth）Kützing, 1843］的同物异名种。藻体褐绿色至暗绿色，直立、密集丛生，高约 7 cm；基部假根不规则分裂；主枝多或少，其上具有许多假根，并有环形收缩，直径 200～332 μm；分枝 2～3 回，小枝及末枝对生或偏生，末端钝形或亚尖形（图 8-52）。该种生长在中潮带岩石或贝壳上，在我国广东和海南有分布。

③根枝藻属（*Rhizoclonium* Kützing, 1843），藻体纤细，直径 60 μm，不分枝或具 1 至几个细胞组成的假根状侧枝；细胞长筒形，长为宽的几倍以上；每个细胞具多个细胞核，具小盘状叶绿体，具蛋白核。该属海产种类的生活史为同形世代交替类型；无性生殖产生具 4 条鞭毛的游孢子；有性生殖产生具 2 条鞭毛的配子。已知该属有 30 种，分布于淡水、咸水和海水中。我国报道的海产种类有 3 种，目前认为其中 2 种互为同物异名种。

图 8-52　微皱刚毛藻

a. 藻体外形；b. 藻体分枝及细胞

——大根枝藻（*R. grande* Børgesen, 1935），藻体黄绿色，多匍匐丝，长 0.3 cm 以上；基部具许多假根丝，假根较长，长 400～2 200 μm，有的末端分枝；藻丝较粗，细胞长筒形（图 8-53）。该种匍匐生长于潮间带岩石上，在我国海南文昌等地有分布。

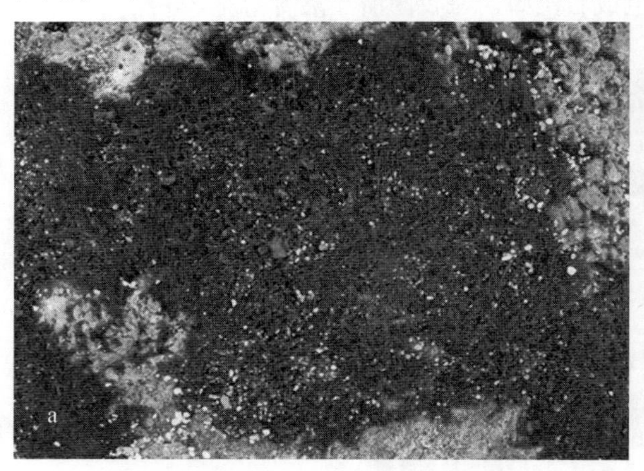
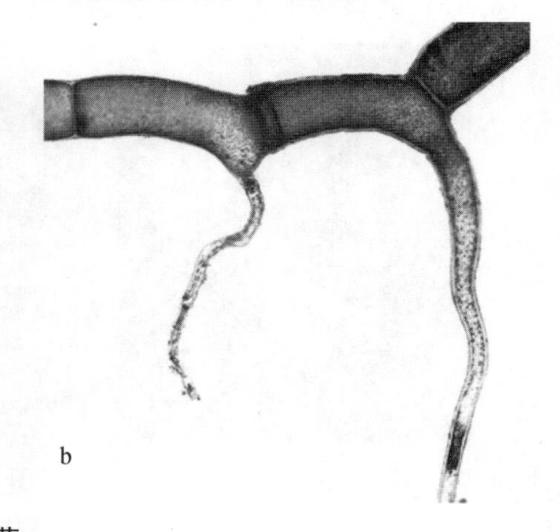

图 8-53　大根枝藻

a. 外形；b. 显微结构

——错综根枝藻［*R. implexum*（Dillwyn）Kützing, 1845］，目前认为该种与岸生根枝藻［*R. riparium*（Roth）Harvey］同物异名。藻体浅绿色、黄绿色或暗绿色，丝状丛生，有时扭曲或缠绕，通常具许多短、不规则且逐渐变细的假根状分枝；分枝单细胞，或由 2～8 个细胞组成（图 8-54）。细胞单列，圆柱形，顶端比基部稍宽，直径 20～43 μm，长为直径的 1～2 倍；叶绿体小盘状，蛋白核多。该种生长在高潮带积泥岩石上，在我国辽宁、山东和福建有分布。

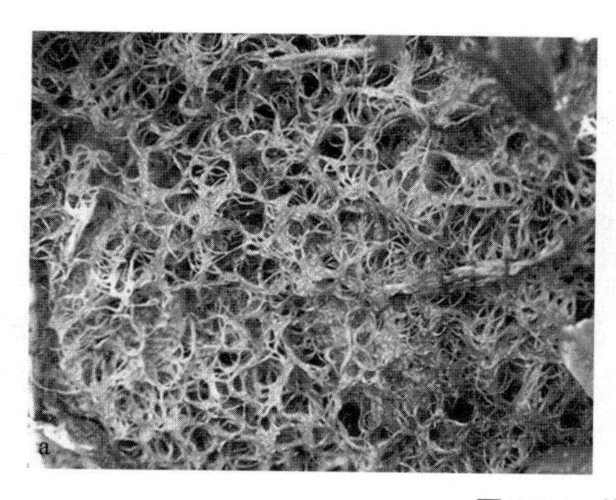

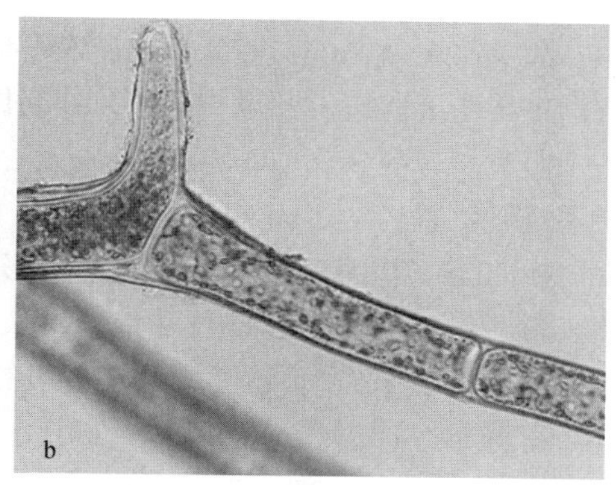

图 8-54　错综根枝藻

a. 藻体外形；b. 藻体分枝及细胞

（3）管枝藻科

藻体圆柱状或棍棒状，有或无分枝，固着器为 1 至数个细胞组成的假根状结构；细胞小，每个细胞中含有多个细胞核；叶绿体小盘状（交织呈网状），蛋白核多个。无性生殖时产生游孢子，游孢子直接萌发成新藻体。已知该科主要有 6 属，我国报道了 3 个属的种类。

①香蕉菜属（*Boergesenia* J. Feldmann, 1938），藻体基部具假根状固着器，向上长出 1 至数个不分枝、向内弯曲的长梨形囊；囊高 1～5 cm，基部锥形，有明显的环形收缩，顶部直径 2～8 mm；每个细胞内含有多个细胞核，有许多盘状叶绿体，每个叶绿体有 1 个蛋白核。生活史未知。因为藻体大，该属种类已广泛应用于生理、发育和核研究方面。该属种类仅分布于热带印度—西太平洋海域；在隐蔽的岩石裂缝中常见。已知该属有 3 种，我国报道了 1 种。

——香蕉菜［*B. forbesii*（Harvey）Feldmann, 1938］，藻体黄绿色，高 5 cm，丛生；幼时棍棒形，成体上部增大，变成囊状，基部环形收缩；同丛囊通常通过假根状附着器相互连接（图 8-55）。香蕉菜的单倍体与二倍体染色体数目分别为 14～18 个和 36 个。该种生长在中潮带积沙的碎珊瑚上或石沼底部，在我国台湾、海南岛和西沙群岛有分布。

图 8-55　香蕉菜

②网球藻属（*Dictyosphaeria* Decaisne, 1842），藻体为多细胞体，细胞间以小附着胞互相联结形成球状体，中实，或幼时中实长大后中空，高 1～5 cm；藻体下部细胞向下伸出管状突起，以附着胞固着在基质上。藻体细胞多角形，每个细胞中有多个细胞核、盘状叶绿体（常排列成网状）、1～3 个蛋白核和 1 个中央大液泡。无性生殖产生游孢子、不动孢子或厚壁孢子。已知该属有 11 种，我国报道了 5 种。

——网球藻［*D. cavernosa*（Forsskål）Børgesen, 1932］，藻体硬质，单生或丛生，直径可达 3 cm 以上；藻体幼时无柄、中空，近球形，细胞不规则分裂、生长，形成多核细胞体；细胞多角形，直径 1～4 mm，单层排列；有许多附着胞，侧面观呈方形或长方形，高

30～40 μm，宽 20～53 μm；藻体基部最下方有刺伸入细胞腔（图 8-56）。该种生长在中、低潮带至潮下带 1 m 深岩石和珊瑚礁上，在我国台湾、香港和广东有分布。

——腔刺网球藻（*D. spinifera* Tseng et Chang），藻体绿色，中空，幼时倒梨形，长大后形状不规则，直径达 2 cm；细胞多角形，直径 490～1 350 μm；附着胞侧面观呈方形，直径 45～55 μm；背面观呈圆形或略三角形；腹面观呈矩形，长 45 μm。细胞内壁间有刺，刺一般直，有时略弯曲，顶端钝形，长 37～85 μm，宽 9～20 μm；细胞表面光滑，有时稍呈波状（图 8-57）。该种生长在有浪的中潮带岩石或珊瑚礁上，在我国广东海丰和西沙群岛有分布。

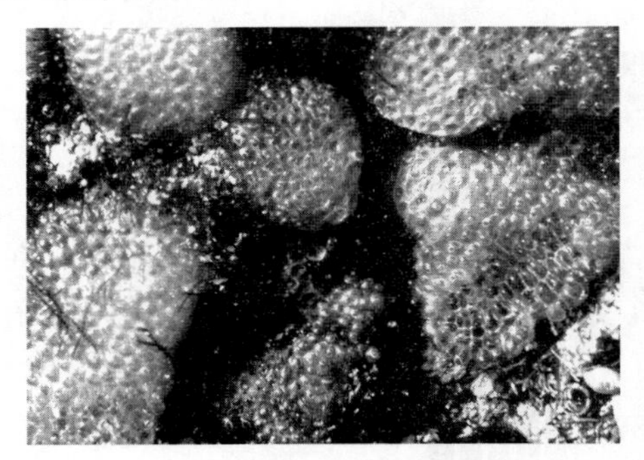

图 8-56 网球藻

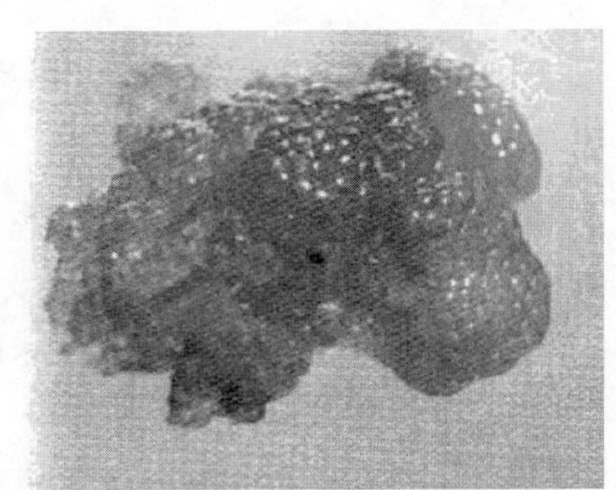

图 8-57 腔刺网球藻

——实刺网球藻（*D. versluysii* Weber-van Bosse, 1905），藻体黄绿色，硬，呈扁平垫状，直径 1～4 cm（图 8-58）。细胞多角形，直径 425～2 000 μm，多为 1 000 μm；细胞内壁有刺，刺单个或分叉，长 40～150 μm，宽 7～25 μm，直或弯曲，细胞边缘光滑或呈波状；附着胞通常分枝，长 60～100 μm，有时单个，长 40～50 μm。该种生长在中、低潮带岩石或碎珊瑚上，在我国广东有分布。

③管枝藻属（*Siphonocladus* Schmitz, 1879），藻体丛生，固着器呈假根状；基部有环状缢缩，上部由单列或多列细胞组成，每个细胞可产生分枝，分枝 4 回，枝丫圆柱形。已知该属有 8 种，我国报道了 2 种，下面介绍其中的 1 种。

——热带管枝藻［*S. tropicus*（P. Crouan & H. Crouan）J. Agardh, 1887］，藻体绿色，直立丛生，高 5 cm 以上。藻体有明显主枝，其上轮生管状分枝，分枝长短不一，末端稍膨大（图 8-59）。该种在我国台湾有分布。

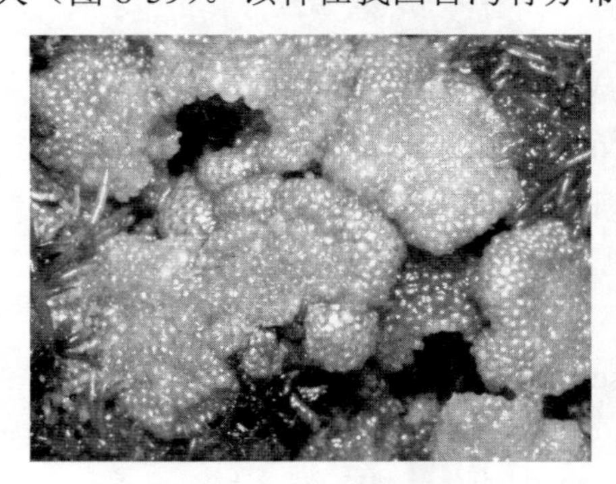

图 8-58 实刺网球藻

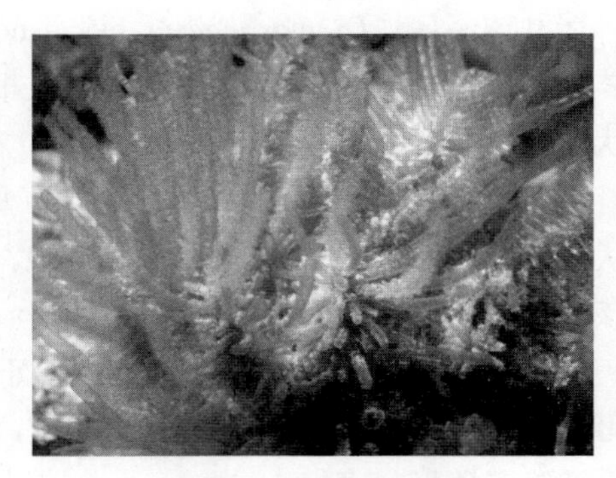

图 8-59 热带管枝藻

（4）法囊藻科

藻体固着器假根状，直立部由 1 个大囊状或分枝细胞组成，细胞可分离分裂产生小细胞，大小细胞组成枕状或不规则形状的团块；每个细胞中有多个细胞核，具圆盘状叶绿体，有或无蛋白核。可进行营养生殖，无性生殖产生游孢子或不动孢子，有性生殖方式一般为同配生殖。已知该科有 3 属，我国报道了 2 个属的种类。

①法囊藻属（*Valonia* C. Agardh, 1823），藻体幼时以小附着胞固着在基质上，当细胞直径增至 3 cm 左右时，在初生细胞上部分裂出凸镜形细胞，长大后变为棒状，形成栅状排列的团块，直径约 20 cm。成熟细胞中央具有 1 个明显的大液泡，有许多细胞核，许多叶绿体，每个叶绿体上有 1 个蛋白核。无性生殖产生游孢子，游孢子梨形，有 1 个细胞核、2～3 个叶绿体和 1 个眼点。已知该属有 10 种，我国报道了 4 种，下面介绍其中的 2 种。

——法囊藻（*V. aegagropila* C. Agardh, 1823），藻体暗绿色，高 1.7～2 cm，为多核体；最初附着，后期分离，形成群体；藻体由短分枝丝组成，丝细胞呈大亚圆柱形，或直或呈弓形，直径 1.5～3 mm，长 5～8 mm，侧面或顶端分枝（图 8-60）。该种生长在低潮带或低潮线以下 1～2 m 深处，在我国台湾和广东有分布。

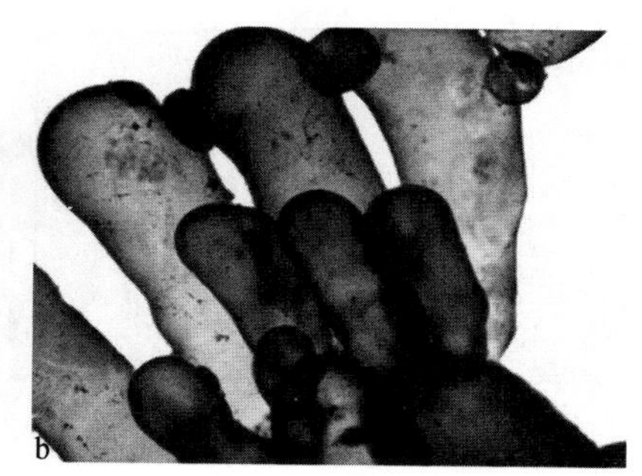

图 8-60　法囊藻

a. 藻体外形；b. 细胞

——帚状法囊藻（*V. fastigiata* Harvey ex J. Agardh, 1887），藻体绿色、黄绿色、暗绿色至黄褐色，基部具固着器，向上生出较多枝，枝下方相互粘连，上方分离，整个藻体外形呈帚状（图 8-61）。该种生长在低潮带至潮下带十几米的深处，在我国台湾有分布。

图 8-61　帚状法囊藻

a. 藻体外形；b. 分枝

②指枝藻属（*Valoniopsis* Børgesen, 1934），藻体垫状，下部稍匍匐或缠绕，以浅裂或分枝的附着胞固着在基质上，附着胞处常有隔壁；直立部由相互缠结的丝状细胞组成，厚 1～1.5 cm，细胞直径 1～1.5 mm，长 5 mm；上部藻体稍硬而弯曲，顶端不规则分枝，无环形收缩；分枝由透镜形细胞形成，2～3 个集生，单侧分枝，或呈亚伞房状，其顶端常附着在基质上；每个细胞中有许多盘状叶绿体，有 1 个蛋白核，单倍体染色体数目为 20。该属种类常与肋叶藻属和小网藻属种类混生，喜欢水体运动剧烈的海域。已知该属有 2 种，我国报道了 1 种。

——指枝藻［*V. pachynema*（Martens）Børgesen, 1934］，藻体暗绿色，疏松缠结形成宽大垫状，以初生或次生假根附生在低潮带至低潮线以下的岩石或珊瑚礁上。幼时枝直立，老时扩展，常呈弓形；分枝侧生或呈掌状；多核细胞圆柱形，长 5～7 mm，直径 500～750 μm；基部有少许小透镜细胞（图 8-62）。该种在我国广东和台湾有分布。

图 8-62　指枝藻

a. 藻体外形；b. 细胞

4. 丝藻目

目前已知该目有 15 科 179 种，我国报道了 4 个科的种类：科氏藻科、孢根藻科、褐友藻科和丝藻科。

（1）科氏藻科

藻体生活史为异形世代交替类型。配子体大，梨形、球形或不定形，群生，外被胶质鞘。营养细胞前端有 2 条长线状假鞭毛。藻体初期为盘状体，后期产生叉状分枝，分枝集生在柄上。已知该科有 2 属 4 种，我国报道了 1 个属的种类。

科氏藻属（*Collinsiella* Setchell et Gardner, 1903），配子体为多细胞体，硬；初期盘状，由细胞束组成，成熟藻体明显膨胀，中空或中实，胶质，附着于基质上。配子体近上部表层细胞梨形至椭圆形，内部细胞大，球形至梨形；近下部表层细胞球形，其上有假根；每个细胞具 1 个细胞核，具杯状叶绿体和 1 个大蛋白核。具分层的外壁，具短而呈二叉状的柄。生殖方式为同配生殖；1 个配子囊产生 4～16 个或 32 个梨形、具 2 条鞭毛的配子。孢子体微小，为球形单细胞体，具许多假根，伸入贝壳生长；生殖期产生许多梨形、具 4 条鞭毛的游孢子。已知该属有 3 种，我国报道了 2 种，分种检索表如下：

1 藻体初期盘状，中实；后期半球形，中空；表面凹凸不平 ……………………………… 凹陷科氏藻 *C. cava*
1 藻体球形，中实，有皱褶 ……………………………………………………………………科氏藻 *C. tuberculata*

（2）孢根藻科

该科有 3 属 11 种，我国报道了 1 个属的种类。

孢根藻属（*Gomontia* Bornet et Flahault, 1888），藻体生活史为异形世代交替类型。配子体多细胞，而孢子体为钙化的单细胞。配子体为假薄壁组织，以放射状丝固着在硬基质上；幼时单层，后期中心部位多层。每个细胞一般只有 1 个细胞核，偶见多核；具侧生带状、盾状或网状叶绿体，具 1 至数个蛋白核。孢子体圆形或球形，直径达 250 μm，叶绿体侧生，略呈网状，有几个蛋白核。无性生殖时产生游孢子囊，游孢子长梨形，具 4 条鞭毛，单侧萌发。有性生殖时产生具 2 条鞭毛的配子，异配生殖。该属藻类分布于淡水或海水中，已知有 8 种，其中 7 种为淡水或陆生种类，海产种类只有 1 种。

——孢根藻［*G. polyrhiza*（Lagerheim）Bornet et Flahault, 1888］，藻体分上、下层。上层埋于基质表面以下，由许多匍匐、形状不规则的藻丝组成；分枝不规则；细胞排列紧密，往往形成假薄壁组织团块，其中有明显的叶绿体和多个蛋白核。下层由许多垂直且互相平行的藻丝组成；细胞排列疏松，圆柱形，长 15～55 μm，直径 4～12 μm，细胞壁厚，并深入石灰质。无性生殖时，上层藻丝的细胞膨胀，发育为游孢子囊，产生 2 种大小不等的游孢子。孢根藻寄生于经济贝类上，寄生于作为培养紫菜丝状体基质的文蛤或牡蛎壳中时，会影响经济贝类及紫菜丝状体的正常生长。孢根藻着生于贝壳上时会形成绿色斑点。该种生长在海水中的木、石上和贝壳内外，在我国海南有分布。

（3）褐友藻科

藻体为单列细胞丝状体，个体微小，具长刺。细胞单核。无性生殖产生具 4 条鞭毛的游孢子。已知该科有 1 属 9 种，我国报道了 1 属 1 种。

褐友藻属（*Phaeophila* Hauck, 1876），藻体为单列细胞丝状体，具多回、不规则分枝，匍匐。细胞壁较厚，许多细胞侧生 1～3 条无隔壁的无色毛，毛基部不膨大；叶绿体侧生，片状，蛋白核数个。已知该属有 9 种，我国报道了 1 种。

——树状褐友藻［*P. dendroides*（P. Crouan & H. Crouan）Batters, 1902］，藻体为多分枝的单列细胞丝状体，分枝不规则；藻丝细胞两侧具 1～3 条不规则膨大、呈波状的无色毛伸出。细胞内有 1 个大叶绿体，数个淀粉核。该种常附生于各种大型海藻表面或组织内，在我国黄海沿岸有分布。

（4）丝藻科

藻体为不分枝丝状体，细胞单列，圆筒形，壁薄；固着或漂浮生活；每个细胞中有 1 个细胞核，叶绿体环带状（周位排列），有或无蛋白核。生殖方式包括断裂生殖、无性生殖和有性生殖 3 种类型。无性生殖时产生游孢子或不动孢子，有性生殖为同配或异配生殖。已知该科有 28 属 114 种，多数产于淡水，少数为海生或陆生种类。我国报道了海产 4 个属的种类：盒管藻属（*Capsosiphon* Gobi）、绵形藻属（*Spongomorpha* Kützing）、丝藻属（*Ulothrix* Kützing）和尾孢藻属（*Urospora* Areschoug）。

丝藻属［*Ulothrix* Kützing, 1833］，藻体软，为单列细胞丝状体，一般不分枝；幼时细胞壁薄而光滑，后期变厚、有时粗糙；细胞圆筒形，顶细胞多圆形，基部细胞呈假根状。细胞单核。叶绿体周位排列，规则或不规则带状，具 1 个蛋白核。无性生殖产生不动孢子或具 4 条鞭毛的游孢子；藻体可进行断裂生殖；有性生殖方式为同配生殖，雌雄同体或异体，产生具 2 条鞭毛的配子。生活史为同形世代交替、异形世代交替或单世代型（孢子体）。已知该属有 40 种，其中多数分布于淡水。我国报道了 2 个海产种类。

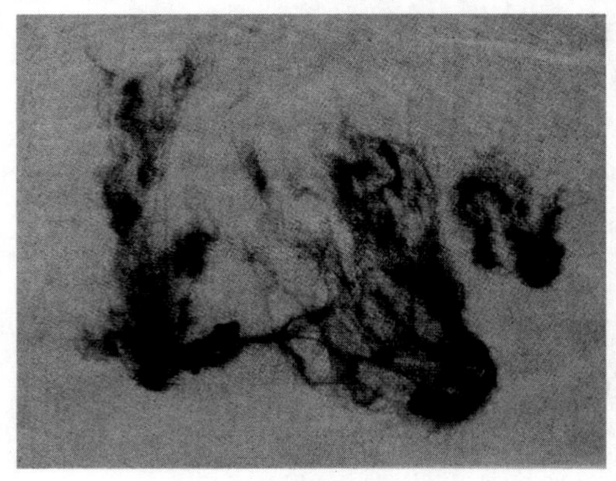

图 8-63 软丝藻

——软丝藻［*U. flacca*（Dillwyn）Thuret in Le Jolis, 1863］，藻体亮绿色或暗绿色，丝状体，通常缠结，呈软团块状（图 8-63）；不分枝，直径 11～25 μm，细胞长为宽的 0.25～0.75 倍；每个细胞具侧生叶绿体和 1～3 个蛋白核。该种可食用或药用，生长在中潮带岩石或木料上，广泛分布于我国各沿海，其中以福建最丰富，在当地又被称为“绿苔”。

5. 石莼目

已知该目有 8 科 272 种，主要分布于海水，少数生长于淡水。我国报道了海产 4 个科的种类。

（1）科恩氏藻科

该科藻类的外形多样，呈丝状、管状或膜状；漂浮或固着生活；孢子体大，为单层细胞的膜状体，体薄；细胞小，有 1 个叶绿体，有或无蛋白核；无性生殖产生具 2 条或 4 条鞭毛的游孢子。配子体小，呈盘状。雌雄同体，可进行同配、异配或孤性生殖。生活史类型为同形世代交替或异形世代交替。已知该科有 8 属 24 种，我国报道了 2 个属的种类：科恩氏藻属（*Kornmannia* Bliding）和盘苔属（*Blidingia* Kylin）。

盘苔属（*Blidingia* Kylin, 1947），藻体外形丝状，实为管状，分枝或不分枝；下部为具多层薄壁组织的盘状匍匐部，有或无分枝。向上产生中空管状的直立部。藻体细胞小，一般＜10 μm。叶绿体分布于细胞的内侧壁，有 1 个蛋白核。无性生殖时，由直立部产生具 4 条鞭毛、无眼点的游孢子。生活史类型为同形世代交替。已知该属有 7 种，我国报道了 2 种。

——边缘盘苔［*B. marginata*（J. Agardh）P. J. L. Dangeard ex Bliding, 1963］，藻体外形为深绿色丝状体，丛生，高 3～6 cm；藻丝中空管状，下部较细，上部较粗，有缢缩。生长在低潮带石沼中。该种在我国辽宁、广东有分布。

——盘苔［*B. minima*（Nägeli ex Kützing）Kylin, 1947］，藻体浅绿色或黄绿色，质软，高 5～20 cm，宽 2～5 mm，固着器小盘状；管状或扁压，单条或丛生，偶见基部有短芽，边缘略有皱褶（图 8-64）。细胞表面观多角形，不规则排列，直径 5～7 μm，有侧生叶绿体和 1 个蛋白核；横切面观细胞长方形，内侧的细胞壁较厚。该种可食用或用作饲料，生长在中、高潮带岩石或木料上，在我国黄海、渤海习见，我国山东、浙江和福建有分布。

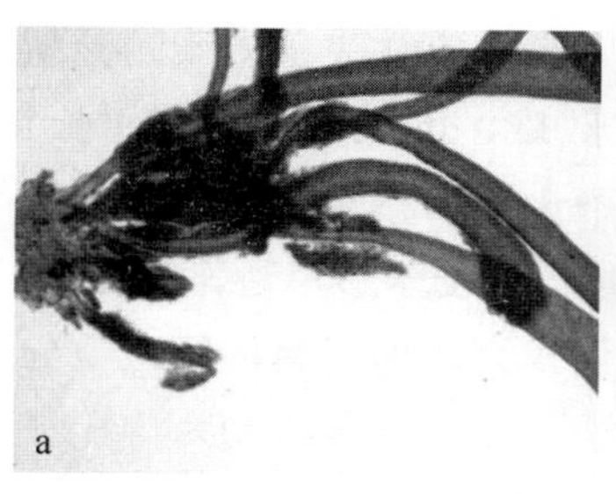
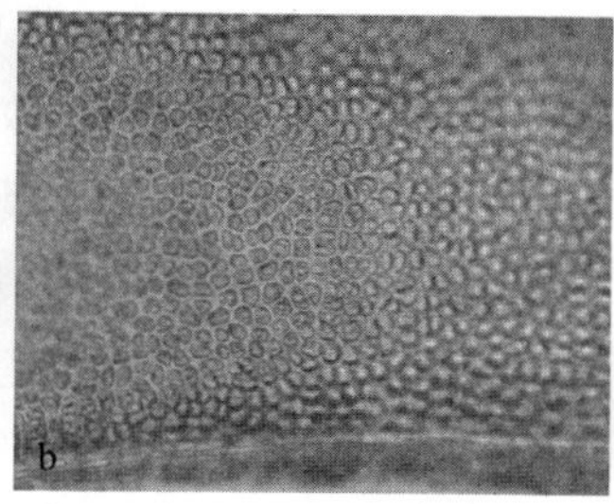
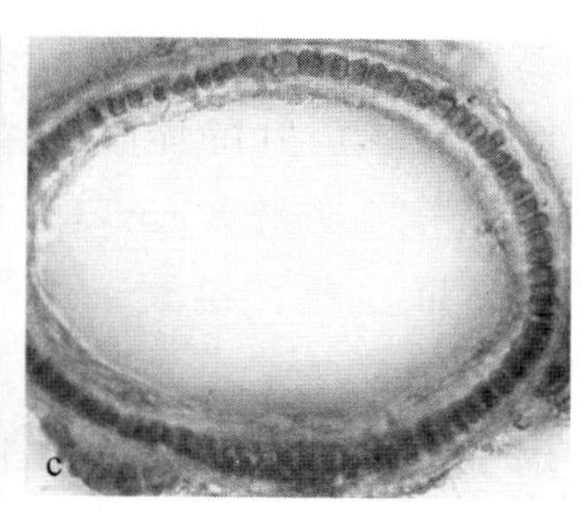

图 8-64　盘苔

a. 藻体外形；b. 藻体表面观细胞；c. 藻体横切面观

（2）礁膜科

藻体的配子体为大型膜状体，细胞单层。生活史为 2 世代型。游动生殖细胞在细胞壁溶解后释放。该科有 2 属 34 种，2 属即礁膜属（*Monostroma* Thuret）和原礁膜属（*Protomonostroma* K. L. Vinogradova）。

①礁膜属（*Monostroma* Thuret, 1854），藻体生活史类型为异形世代交替。配子体为单层膜状体，以基部小盘状固着器固着于礁石上；绿色、黄绿色或暗绿色，长可达 30 cm 以上，薄软且黏滑，退潮后贴于岩石上。孢子萌发早期为囊状阶段，然后裂开形成膜状。藻体顶端细胞通常约等径，基部细胞伸长，并在固着器部位形成长假根状突起。每个细胞中有 1 个细胞核，1 个侧生片状或带状叶绿体，1 至数个蛋白核。孢子体为单细胞体，具有厚壁，具 1 个柄。有性生殖方式为同配或异配生殖，可进行单性生殖，雌雄异体；配子囊通常由藻体边缘营养细胞分化而来，配子有 2 条鞭毛和明显的眼点，具趋光性，而受精卵有逆光性；无性生殖产生具 4 条鞭毛（偶见 2 条鞭毛）的游孢子，游孢子具趋光性。已知该属有 32 种，我国报道了 6 种，分种检索表如下：

1　配子体无光泽……2
1　配子体有光泽……3
　2　叶缘无皱褶，幼体囊状期较长……袋礁膜 *M. angicava*
　2　叶缘呈皱波状……北极礁膜 *M. arcticum*
3　叶缘有皱褶，幼体无囊状期……宽礁膜 *M. latissimum*
3　叶缘多皱褶……4
　4　藻体无从边缘深裂至基部的裂片……礁膜 *M. nitidum*
　4　藻体有从边缘深裂至基部的裂片……5
5　配子体边缘厚约 36 μm，近基部厚 85～90 μm……厚礁膜 *M. crassissimum*
5　配子体厚<30 μm……格氏礁膜 *M. grevillei*

——袋礁膜（*M. angicava* Kjellman, 1883），藻体生活史类型为异形世代交替。配子体为单层膜状体，黄绿色或淡黄色，长 5～26 cm，厚 25～35 μm，薄软而黏滑，无光泽，边缘无皱褶；基部细胞向下延伸形成假根丝，藻体以此固着在基质上（图 8-65）。幼体长囊状，故又名囊礁膜。幼体囊状期较长，一般在体长达 1～4 cm 时，开始局部或全部破裂为细条形至不规则圆形的裂片，裂片数通常为 3～4 个。有性生殖方式为异配生殖或单性生殖。成熟的配子体边缘呈黄绿色或黄褐色，放散雌、雄配子，雌配子长 5.6～10.6 μm，宽 2.7～5.3 μm，雄配子长 3.7～7.6 μm，宽 1.5～3.3 μm。配子放散后，留下空的配子囊壁。雌、雄配子结合成合子；合子附着在基质上变成球形，逐渐长成孢子体（直径 60～150 μm），并以孢子体度过夏天；入秋后孢子体发育成孢子囊，经减数分裂形成游孢子。单性生殖的配子直接形成孢子囊，放散游孢子，其中一半萌发为雌配子体，另一半萌发为雄配子体。游孢子具 4 条鞭毛，梨形，长 7.2～10.6 μm，宽 3.0～5.8 μm，附着在基质上，2～3 d 后萌发为盘状体，由盘状体中央向上长出囊状幼期配子体。该种生长于中、低潮带的岩石或石沼中，为世界性物种，分布于亚寒带海域，在我国黄海、渤海沿岸习见。

——北极礁膜（*M. arcticum* Wittrock, 1866），该种目前被认为是格氏礁膜北极变种［*M. grevillei* var. *arcticum*（Wittrock）Rosenvinge, 1893］的同物异名种。藻体的配子体呈黄绿色或绿色，为单层细胞的膜状体，柔软黏滑，无光泽，高 15 cm 以上，厚 25～35 μm，最初囊状，长至 1～4 cm 时开始纵裂，有时可长至 10 cm，后逐渐纵裂成几片，裂片长可达 22 cm，宽 18 cm，边缘皱波状（图 8-66）。细胞为四至六角形，表面呈不规则排列，横切面观呈纵长方形。该种可食用，生长在高、中潮带的岩石上或浅石沼中，在我国黄海沿岸分布甚广、产量较多，山东省又称之为“绿膜菜”。

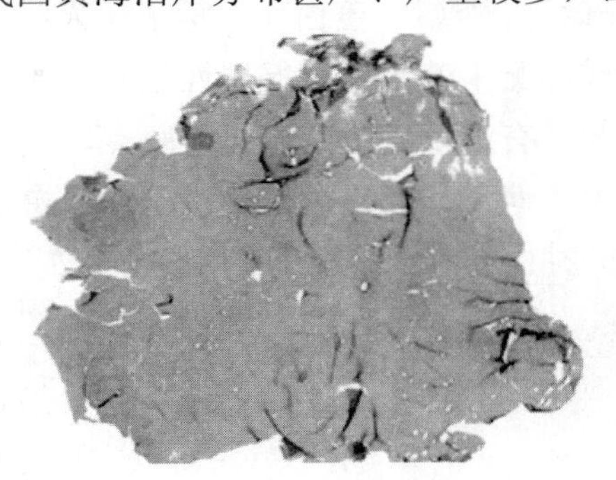

图 8-65 袋礁膜

图 8-66 北极礁膜

——厚礁膜（*M. crassissimum* Iwamoto, 1960），藻体的配子体呈黄绿色，为单层细胞的膜状体，有光泽，长 3 cm 以上，有几个从边缘深裂至基部的裂片，边缘多皱褶，并有短小的片状突起，藻体边缘厚约 36 μm，近基部厚 85～90 μm（图 8-67）。该种生长在中潮带岩石上，可食用，在我国浙江嵊山有分布。

——格氏礁膜［*M. grevillei*（Thuret）Wittrock, 1866］，藻体生活史类型为异形世代交替。配子体绿色或黄绿色，幼期囊状，成长后破裂为数个裂片，高 3～5 cm（图 8-68）；藻体较薄，厚一般＜30 μm。有性生殖方式为异配生殖。该种生长于低潮带或潮下带岩石上或其他生物、非生物基质上，在我国辽宁有分布。

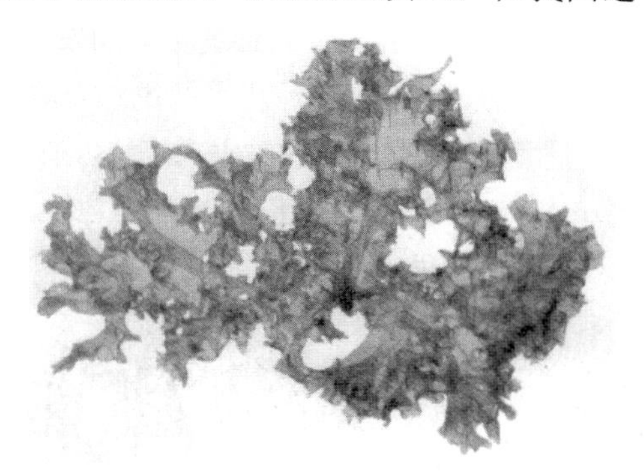
图 8-67 厚礁膜

图 8-68 格氏礁膜

——宽礁膜（*M. latissimum* Wittrock, 1866），藻体生活史类型为异形世代交替。配子体为单层细胞的膜状体，成熟后呈黄绿色，干后暗绿色，有或无裂片，稍黏滑，有光泽，无囊状期，叶边缘有皱褶，个体较大，体高 20 cm 以上，厚 19～25 μm（图 8-69）。有性生殖时在成熟的配子体边缘形成配子囊，呈黄绿色或黄褐色，放散雌、雄配子（长 7.5 μm，宽 2.0 μm）；配子放散后，无空壁痕迹。雌、雄配子均有 2 条鞭毛和 1 个眼点，二者结合成合子；合子附着在基质上变成球形，并逐渐长成孢子体，以此度过夏季，入秋后孢子囊经减数分裂形成游孢子。未结合的雌、雄配子也可进行单性生殖。单性生殖的配子直接形成孢子体，放散游孢子，其中一半萌发为雌配子体，另一半发育为雄配子体。游孢子有 4 条鞭毛，梨形，长 9.4 μm，宽 3 μm，游孢子附着在基质上萌发、分裂为盘状体，由盘状体中央向上长出膜状配子体。该种生长于内湾平静水体、高潮带的岩石或石沼中，为冷温性种，分布于太平洋中南部沿岸内湾海域，在我国福建、台湾和香港等地的内湾有分布。

图 8-69 宽礁膜

——礁膜（*M. nitidum* Wittrock, 1866），藻体生活史类型为异形世代交替。配子体膜状，黄绿色或淡黄色，柔软而有光泽，幼时囊状，囊状期短，很快裂为不规则的膜状，干燥后完全粘在纸上（图 8-70）。叶片边缘不规则，并有许多皱褶。配子体长可达 18 cm 以上，厚 24～30 μm。有性生殖时，成熟的配子体边缘由浅黄绿色变成淡黄褐色，形成配子囊，放散大小不同的雌、雄配子，雌配子长 7.9～8.4 μm、宽 2.1～3.4 μm，雄配子长 7.6～7.8μm、宽 1.9～2.9 μm。配子放散出来后，配子囊壁立即溶解，无空壁痕迹。雌、雄配子均有 2 条鞭毛和 1 个眼点，结合成具 4 条鞭毛的合子（直径 5～6 μm），合子附着在基质上变成球形，并逐渐长成孢子体（直径 40～80 μm），以孢子体度过夏季，入秋后经减数分裂形成游孢子。未结合的雌、雄配子也可进行单性生殖，直接形成孢子囊；1 个孢子囊可产生32个游孢子，其中，一半发育成雄配子体，另一半发育成雌配子体。游孢子具1个眼点、1个叶绿体和4条鞭毛，平均长9.5μm，宽3 μm，附着在基质上萌发、分裂、生长为盘状体，由盘状体中央向上长出配子体。该种生长于内湾静水区的中、高潮带岩石或有泥沙的碎贝壳、珊瑚上，属暖温性种，广泛分布于热带和亚热带海区，是北太平洋西部特有种，在我国东海、南海沿岸内湾分布较广，浙江、福建、台湾、广东、海南、香港等地的沿海均有分布。该种可以食用，日本人常用来做汤和酱（Ohno, 1995）。

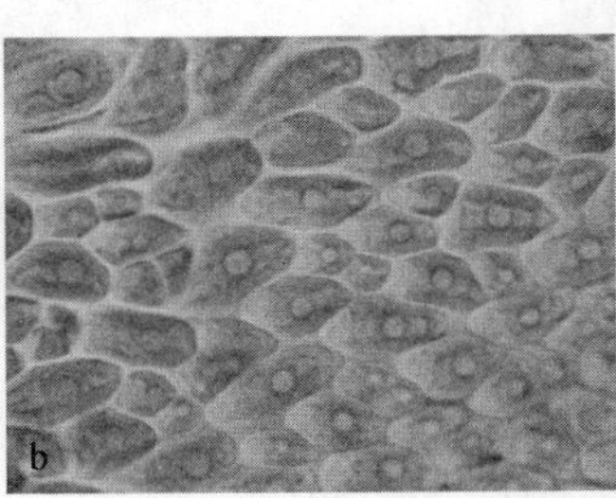
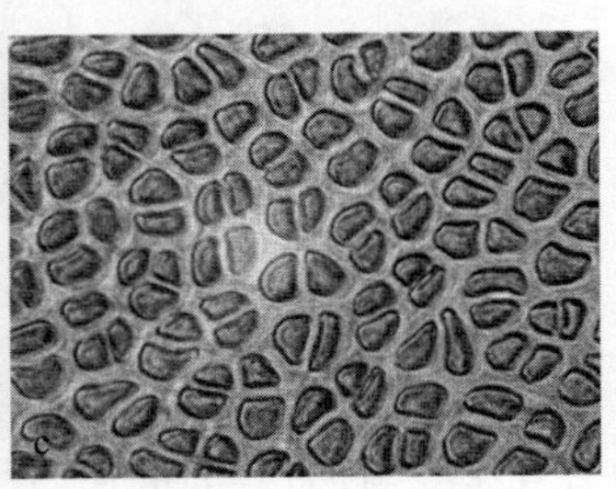

图 8-70　礁膜

a. 外形；b. 基部细胞表面观；c. 中、上部细胞表面观

②原礁膜属（*Protomonostroma* K. L. Vinogradova, 1969），藻体生活史类型为异型世代交替。配子体浅绿色，为单层细胞的膜状体，无囊状期；披针形至卵形，长10～20 cm；细胞单核，有一个周位叶绿体，1个蛋白核。孢子体为单细胞体，具厚壁，成熟后释放具4条鞭毛的游孢子，萌发长成配子体。已知该属有2种，我国报道了1种。

——波状原礁膜［*P. undulatum*（Wittrock）K. L. Vinogradova, 1969］，配子体鲜绿色，高5～15 cm，较薄，自基部向上裂成数个裂片，裂片披针形，边缘多皱褶（图8-71）。配子体上、中、下部厚分别为12～16 μm、15～25 μm、20～40 μm。该种生长在中、低潮带石沼中，在我国辽宁、福建有分布。

图 8-71　波状原礁膜

（3）石莼科

藻体为2层细胞组成的膜状体或1层细胞组成的管状体，单条、分枝或呈数个裂片状。无性生殖产生具4条鞭毛的游孢子，有性生殖产生具2条鞭毛的配子，可进行同配或异配生殖。生活史为同形世代交替。该科种类主要为海产种，已知有13属125种，我国报道了2个属的种类：浒苔属（*Enteromorpha* Link in Nees）和石莼属（*Ulva* Linnaeus），分属检索表如下：

1　藻体管状或局部管状……………………………………浒苔属 *Enteromorpha*

1　藻体膜状，由2层细胞组成……………………………………石莼属 *Ulva*

①浒苔属（*Enteromorpha* Link, 1820），藻体外形呈丝状体或膜状体，长成时大多呈中空管状（有时非中空），切面观周缘为一层细胞，个别藻体中央部位2层细胞紧密排列在一起，仅边缘中空；藻体外观单条或有分枝，分枝密集或稀疏。细胞内具许多小盘状叶绿体和1个细胞核，有1个或多个蛋白核。无性生殖产生具4条鞭毛的游孢子；有性

生殖产生具 2 条鞭毛的配子，生殖类型为同配生殖。生活史类型为同形世代交替。目前，一些文献和资料将该属种类归为石莼属。《中国海藻志》第四卷，第Ⅰ册中将其仍独立为 1 属。笔者依据该属种类外部形态特征和内部结构与石莼属种类差异较大的特点，仍将此属种类单独列出。已知该属曾记载有 130 多种，我国报道了 9 种 1 变种（赵素芬等，2013），其中常见的 6 种 1 变种的分种检索表如下：

1　藻体不分枝 ……………………………………………………………… 缘管浒苔 *E. linza*
1　藻体分枝 ……………………………………………………………………………… 2
　2　藻体仅基部有分枝 ………………………………………………………………… 3
　2　整个藻体密集分枝 ………………………………………………………………… 4
3　基部分枝少 ……………………………………………………………………………… 5
3　基部分枝多 …………………………………………………………… 扁浒苔 *E. compressa*
　4　藻体侧枝与主枝直径相似 ……………………………………… 条浒苔 *E. clathrata*
　4　藻体侧枝直径明显小于主枝直径 ………………………………… 浒苔 *E. prolifera*
5　藻体基部柄状，中、上部膨大呈肠状，表面多皱褶，且不规则扭曲和缢缩 …………… 6
5　藻体细长，彼此错综交织在一起 …………………………………… 曲浒苔 *E. flexuosa*
　6　藻体宽 2.08 ± 1.33 cm ……………… 肠浒苔宽叶变种 *E. intestinalis* var. *broadifolium*
　6　藻体宽 4.75 ± 2.66 mm ……………………………………… 肠浒苔 *E. intestinalis*

——条浒苔［*E. clathrata*（Roth）Greville, 1830］，藻体浅绿色或暗绿色，管状，主枝明显或不明显，密集细长分枝；分枝 2 回，主枝与分枝直径相似；分枝的细胞单列或多列，高 15～30 cm，基部宽 0.1～0.3 mm，中部宽 0.1～4.6 mm，顶部宽 0.5～5.7 mm（图 8-72）。藻体细胞表面观呈多角形，纵向规则排列；基部细胞长 10～22 μm、宽 8～15 μm；中部细胞长 12～25 μm、宽 10～16 μm；顶部细胞长 10～25 μm、宽 6～15 μm；蛋白核 1～4 个，偶见 5～6 个；切面观单层细胞的藻体厚（28.51 ± 5.12）μm；细胞近长方形、方形或多角形，位于中央，长（19.83 ± 1.78）μm，宽（12.31 ± 3.75）μm。该种生长在泥沙质底的高、中潮带，可食用，国内又称“苔条”，在我国沿海习见，尤其在浙江省分布量最大。

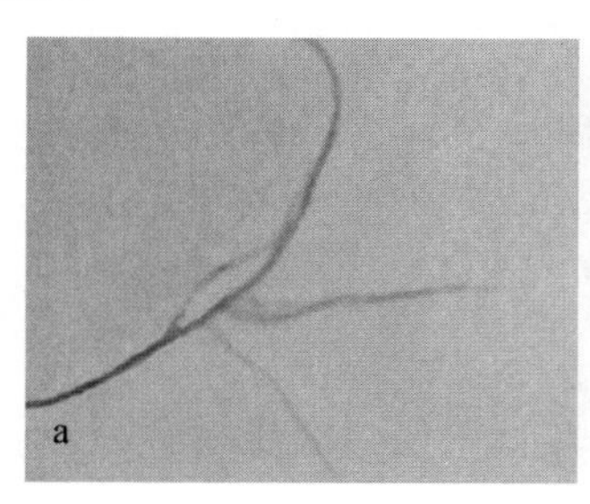

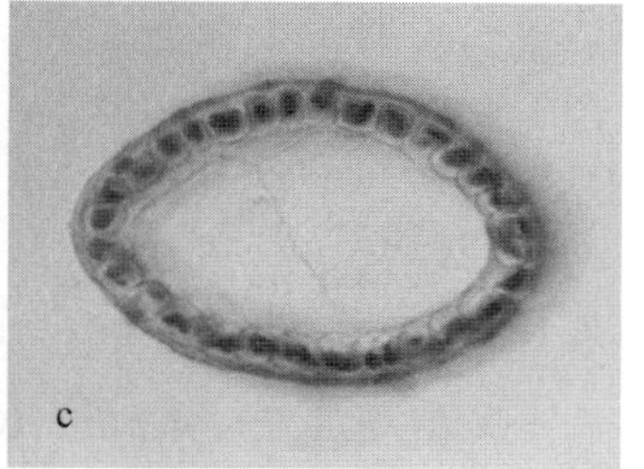

图 8-72　条浒苔

a. 藻体外形；b. 藻体外形局部放大；c. 枝的横切面观

——扁浒苔［*E. compressa*（Linnaeus）Nees, 1820］，藻体浅绿色或暗绿色，扁压，

基部分枝较密，分枝基部收缩，向上少许扭曲和缢缩，顶部较宽大，顶端稍钝圆；分枝形状和直径常与主枝相似，高 14～30 cm、宽 2～45 mm（图 8-73）。基部和中部细胞稍纵列，顶部不规则，细胞多角形；基部细胞长 10～22 μm、宽 6～12 μm；中部细胞长 10～18 μm，宽 5～10 μm；顶部细胞长 8～20 μm、宽 5～12 μm；蛋白核 1 个。切面观单层细胞的藻体厚（31.02 ± 3.24）μm；细胞长方形或多角形，位于中央，长（19.13 ± 1.44）μm、宽（9.40 ± 1.82）μm。该种生长在泥沙底质的中、低潮带，在我国沿海习见。

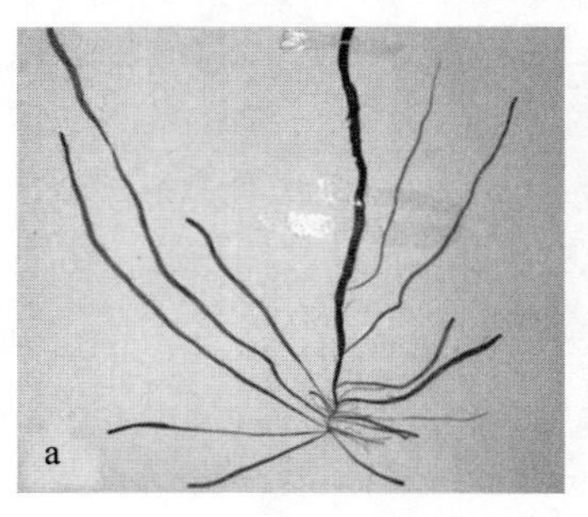
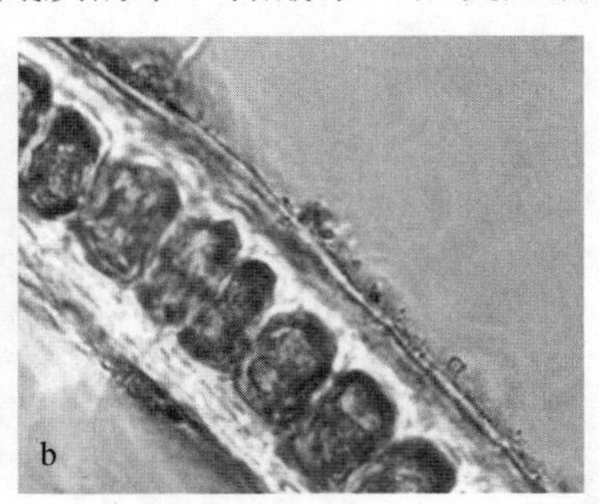

图 8-73　扁浒苔

a. 藻体外形；b. 藻体切面观

——曲浒苔［*E. flexuosa*（Wulfen）J. Agardh, 1883］，藻体深绿色，丛生，彼此交织，易断，分离时为细长单条的藻段；偶尔在基部有小分枝，向下变得更细；圆柱形，向上渐扩展，有时略扁压（图 8-74）。基部细胞整齐纵列，中、上部细胞不规则排列。藻体细胞表面观呈多角形，长（21.35 ± 5.96）μm、宽（11.23 ± 2.11）μm，内有蛋白核 2～8 个。切面观单层细胞的藻体外壁较薄，厚（21.57 ± 1.94）μm；细胞近长方形、方形或多角形，位于中央，长（16.74 ± 1.34）μm、宽（10.45 ± 2.31）μm。该种生长在泥沙质底的高、中潮带，在我国南海沿岸大量分布。

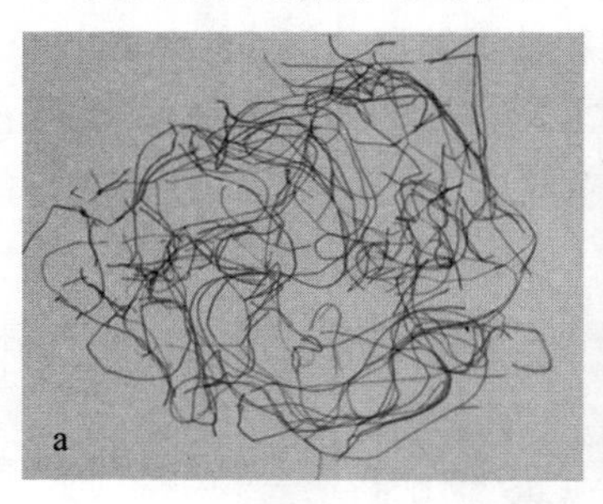
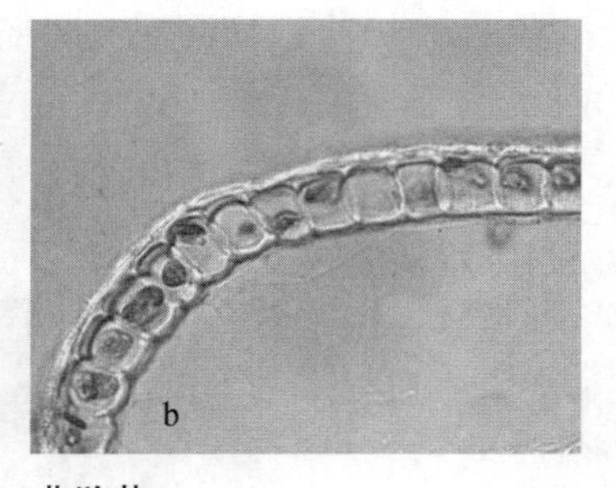

图 8-74　曲浒苔

a. 藻体外形；b. 藻体切面观

——肠浒苔［*E. intestinalis*（Linnaeus）Nees, 1820］，藻体黄绿色至深绿色，单生或丛生，不规则扭曲和缢缩，表面有皱褶；基部较细，似柄状，圆筒形，中、上部膨胀犹如肠状；单条或基部有少数分枝，高 8～20 cm；藻丝宽 2～6 mm（图 8-75）。除基部外，其他部位细胞不规则排列；细胞多角形，基部长 8～20 μm、宽 5～18 μm；中部长 8～15 μm、宽 5～12 μm；顶部长 10～20 μm、宽 5～15 μm；蛋白核 1 个。切面观单层细胞的藻体外壁较厚，厚（36.96 ± 3.38）μm；细胞长形，偏于外侧，长（30.92 ± 3.57）μm、宽（10.50 ± 1.96）μm。生长在泥沙质底的高、中、低潮带，在我国南北各海岸有分布。

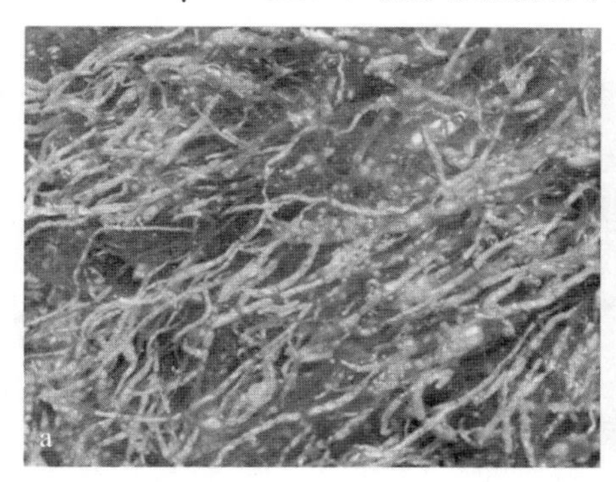
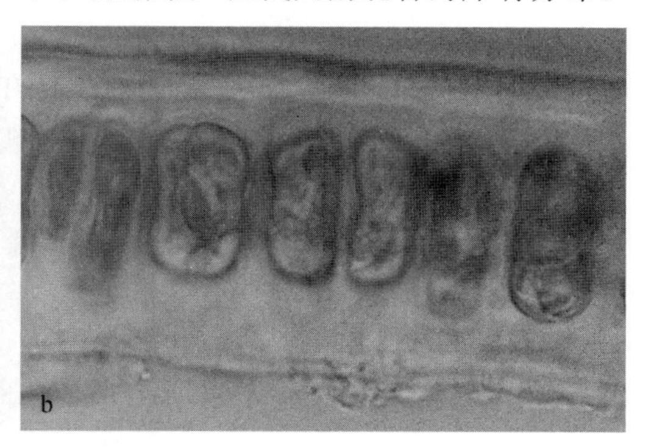

图 8-75　肠浒苔

a. 藻体外形；b. 藻体切面观

——缘管浒苔［*E. linza*（Linnaeus）J. Agardh, 1883］，藻体黄绿色至暗绿色，丛生或单生，不分枝；基部变细形成明显的柄部，向上呈扁带状，边缘具波状皱褶；高 10～39 cm，平均（21.92 ± 1.01）cm；基部宽 0.20～1.10 mm，平均（0.63 ± 0.20）mm；中部宽 2.0～15.0 mm，平均（7.54 ± 3.21）mm；顶部宽 1.5～6.8 mm，平均（3.72 ± 1.20）mm（图 8-76）。藻体叶缘和柄部的两层表皮细胞分离有内腔。细胞排列不规则；细胞呈多角形，基部细胞长 10～22 μm、宽 5～12 μm；中部细胞长 10～16 μm、宽 5～10 μm；顶部细胞长 10～18 μm、宽 6～10 μm；蛋白核 1 个。切面观单层细胞的藻体外壁较厚，厚（44.41 ± 9.07）μm；细胞长方形至长多角形，位于中央，长（27.57 ± 4.47）μm、宽（11.93 ± 1.85）μm。生长在泥沙质底的高、中潮带，在我国南北部各沿海有分布。

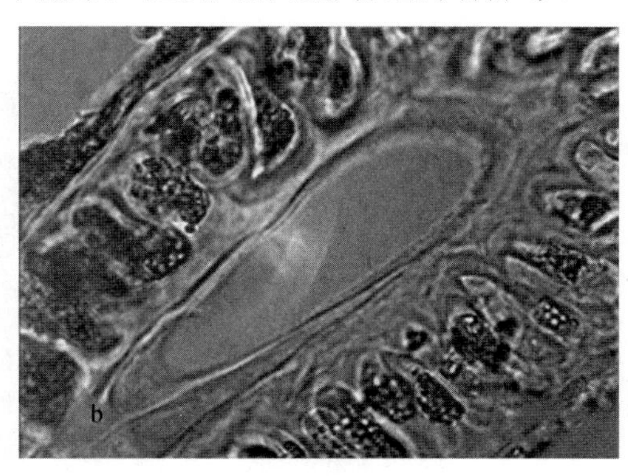

图 8-76　缘管浒苔

a. 藻体外形；b. 藻体切面观

——浒苔［*E. prolifera*（Müller）J. Agardh, 1883］，藻体浅绿色至暗绿色，丛生，错综交织，完整的单棵藻体难以分辨、确定，高 1 m 以上，直径 0.5～1.0 mm；藻体主枝明显，除基部较细外，其余部位直径约相等，有较多细长分枝；分枝直径小于主枝直径，基部常缢缩（图 8-77）。藻体的基部及分枝细胞纵向整齐排列，其他部位细胞排列不规则；细胞多角形，基部细胞长 8～22 μm、宽 5～12 μm；中部细胞长 6～15 μm、宽 5～12 μm；顶部细胞长 10～22 μm、宽 5～18 μm；蛋白核 1 或 2 个以上。切面观单层细胞的藻体外壁较厚，厚（43.19 ± 8.54）μm；细胞近长方形，位于中央，长（35.20 ± 2.44）μm，宽（16.65 ± 3.43）μm。该种生长在沙泥质底的高、中、低潮带。可食用，我国温带至亚热带各沿海皆有分布，尤其是在浙江和福建资源丰富。

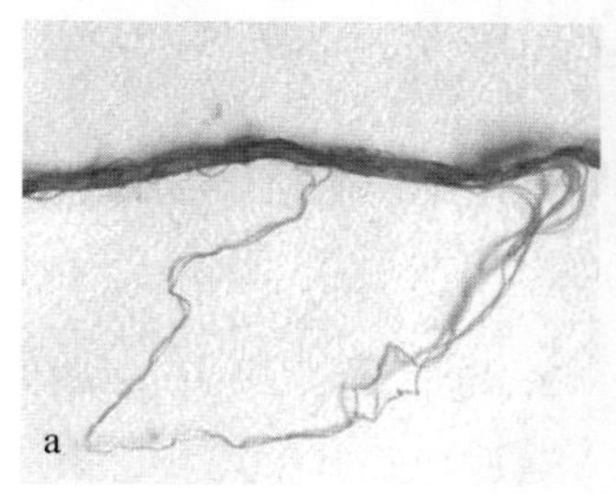

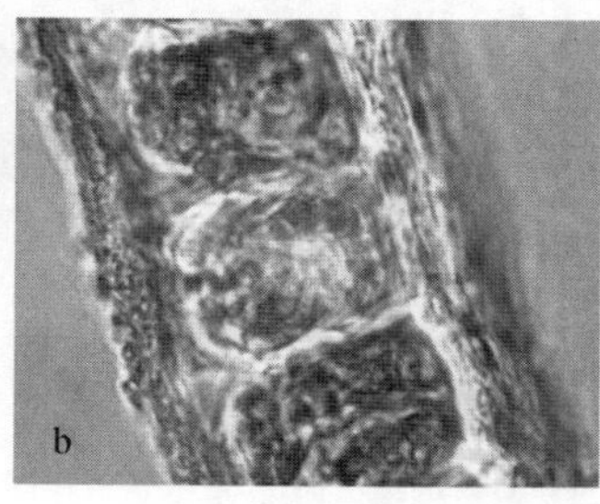

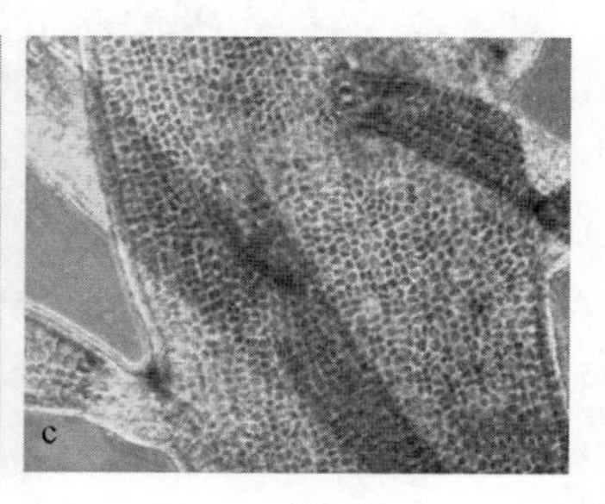

图 8-77 浒苔

a. 藻体外形；b. 切面观；c. 表面观（主枝与侧枝）

——肠浒苔宽叶变种［*E. intestinalis* var. *broadifolium* S. F. Zhao, 2013］，藻体深绿色，单条或丛生；基部窄细，形成柄状；中上部扁平，不规则旋转扭曲，多皱褶；顶部皱褶加剧；藻体高 6～20 cm，平均（13.69 ± 0.62）cm，宽 0.9～4.07 cm，平均（2.08 ± 1.33）cm（图 8-78）。表面观基部细胞稍纵列，其他部位不规则排列；细胞长圆形至多角形，基部细胞长 （18.17 ± 0.72）μm，宽（9.86 ± 0.48）μm；中部细胞长（10.06 ± 0.35）μm，宽（7.64 ± 0.47）μm；顶部细胞长（14.61 ± 0.59）μm，宽（8.57 ± 0.41）μm；蛋白核 1～3 个。切面观单层细胞的藻体外壁较厚，厚（50.81 ± 4.30）μm；细胞长多角形，偏向外侧，长（37.23 ± 2.83）μm，宽（10.77 ± 2.17）μm。该种分布在积沙的高、中潮带，在我国福建、广东有分布。

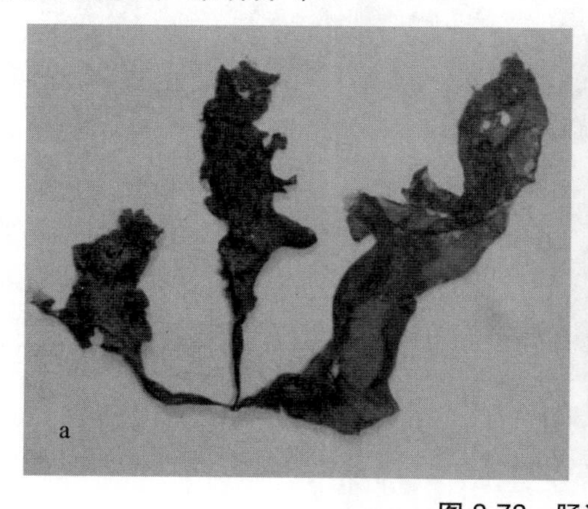

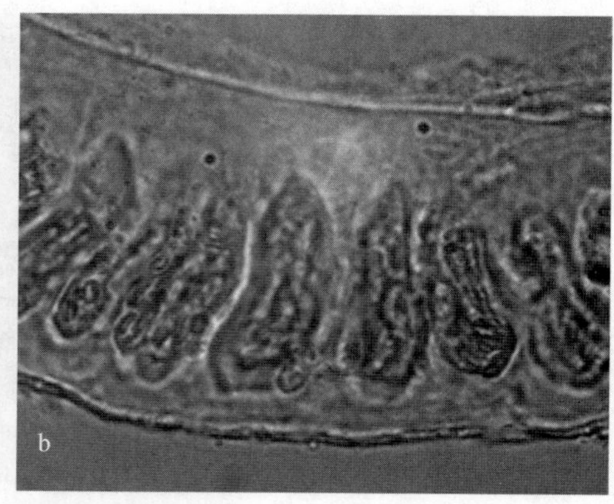

图 8-78 肠浒苔宽叶变种

a. 藻体外形；b. 切面观；c. 表面观（主枝与侧枝）

②石莼属（*Ulva* Linnaeus, 1753），藻体为 2 层细胞的叶状体，叶片宽，不分裂或不规则分裂；楔形、线形、披针形或倒披针形；一些种类表面有孔，或边缘呈齿状；固着器

假根状，假根细胞由 2 层细胞间向下延伸。营养细胞具小盘状叶绿体，有 1 至多个蛋白核；每个营养细胞只有 1 个细胞核，假根细胞通常多核；单倍体藻体的染色体数为 5～13 条，通常为 10 个。生殖方式包括断裂生殖、无性生殖与有性生殖。无性生殖产生具 4 条鞭毛的游孢子，有性生殖产生具 2 条鞭毛的配子，异配生殖，少数同配生殖；配子和游孢子均有趋光性。生活史为同形世代交替。已知该属有 85 种，我国报道了 7 种，分种检索表如下：

1　藻体边缘无刺状突起 ······ 2
1　藻体边缘有刺状突起 ······ 4
　2　藻体较小，外形呈花瓣状 ······ 蛎菜 *U. conglobata*
　2　藻体较大，外形不呈花瓣状 ······ 3
3　藻体表面具孔洞 ······ 孔石莼 *U. pertusa*
3　藻体表面无孔洞 ······ 石莼 *U. lactuca*
　4　藻体表面密布孔洞 ······ 网石莼 *U. reticulata*
　4　藻体表面无孔洞或孔洞较少 ······ 5
5　藻体长＞10 cm，具长带状分裂叶 ······ 裂片石莼 *U. fasciata*
5　藻体长通常＜10 cm，叶片有分裂，但不呈长带状 ······ 6
　6　藻体较厚，中、上部厚＞85 μm ······ 硬石莼 *U. rigida*
　6　藻体中、上部厚＜80 μm ······ 多刺石莼 *U. spinulosa*

——蛎菜（*U. conglobata* Kjellman, 1897），藻体亮绿色，丛生，扩展形成近球形团块，高 2～4 cm；藻体上部壁厚 30～50 μm，基部厚 100～125 μm（图 8-79）。细胞横切面观呈纵长方形，长为宽的 1.5～2 倍。该种可食用，也可用作动物的饲料。该种生长在高、中潮带积沙的岩石上，在我国各沿海均有分布，南部沿海其资源量更丰富。

图 8-79　蛎菜

——裂片石莼（*U. fasciata* Delile, 1813），藻体深绿色，膜质，高达 60 cm 以上，具不规则分裂；裂片舌状或线状，有时具不规则叉状分枝；边缘全缘、具不规则皱褶或具圆锯齿状突起；细胞壁厚 70～80 μm（图 8-80）。该种生长在中潮带岩石上或石沼中，在我国福建、台湾、广东和香港有分布。

——石莼（*U. lactuca* Linnaeus, 1753），藻体鲜绿色，膜质，卵圆形至圆形，高约 30 cm，边缘稍呈波状，固着器假根状（图 8-81）。细胞不规则排列，直径 10～20 μm；切面观细胞方形或亚方形，厚约 45 μm；每个细胞中有 1 个细胞核，许多小盘状叶绿体和 1～3 个蛋白核。该种可食用，广东和香港药店称之为“昆布”；生长在中潮带岩石上或石沼中；在我国各沿海有分布，南海其资源量更丰富。

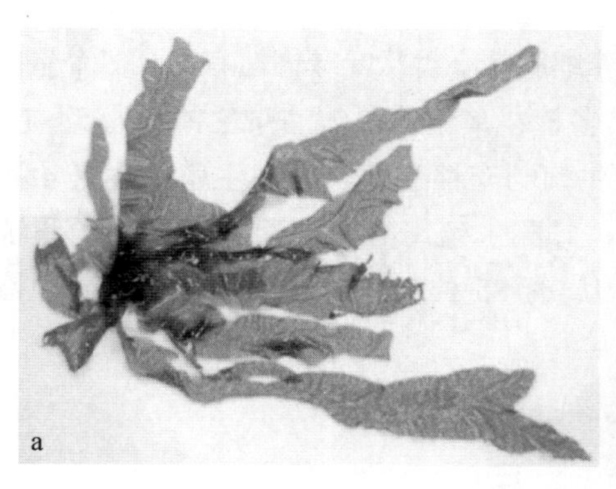
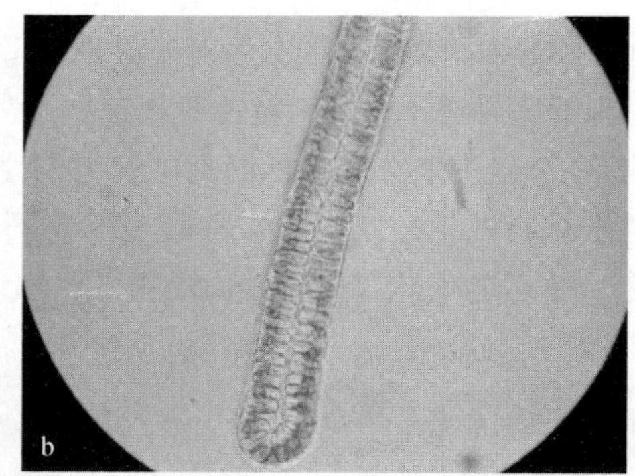

图 8-80 裂片石莼

a. 藻体外形；b. 藻体切面观

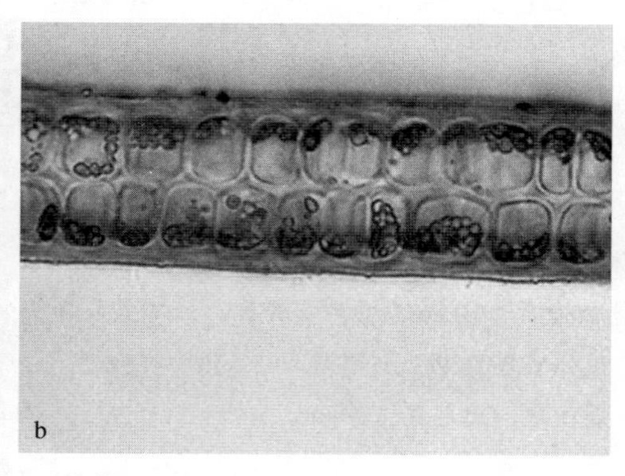

图 8-81 石莼

a. 藻体外形；b. 藻体切面观

——孔石莼（*U. pertusa* Kjellman, 1897），藻体浓绿色，不规则圆形或披针形，叶片上常有圆形或不规则形状、大小不一的孔，高 10～40 cm，固着器盘状；藻体上部厚约 70 μm，近基部厚 130～180 μm（图 8-82）。切面观边缘细胞呈亚方形，内部细胞为角圆的纵长方形。该种生长在中、低潮带的岩石上或石沼中，在我国沿海均有分布，其中北方生长繁茂，南方分布较少。此种亦可药用。

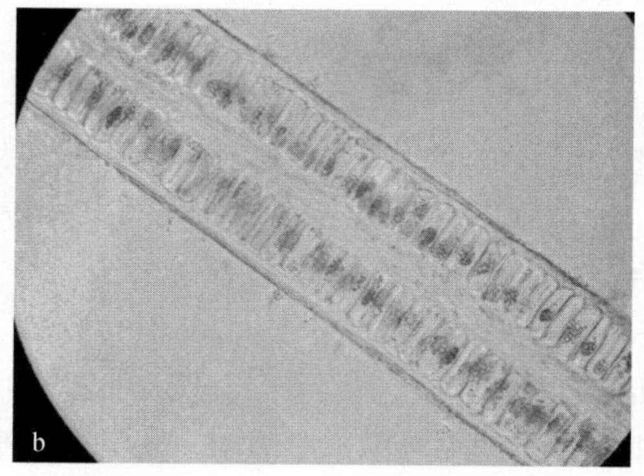

图 8-82 孔石莼

a. 藻体外形；b. 藻体切面观

——网石莼（*U. reticulata* Forsskål, 1775），藻体为鲜绿色或黄绿色的膜状体，基部具小盘状固着器，长 35～50 cm；叶片具分裂叶，表面呈波状，其上密布大小不一的孔洞，整个藻体平展开似网，孔的边缘具有刺状突起（图 8-83）。该种生长于高、中潮带岩石上，在我国台湾、广东和东沙群岛有分布。

——硬石莼（*U. rigida* C. Agardh, 1823），藻体为鲜绿色或深绿色膜状体，长 8 cm 以上，单生或丛生；藻体有许多不规则裂片，表面多皱褶，边缘具有刺状突起（图 8-84）。藻体上、中、下部体厚分别为 85～180 μm、160～210 μm、170～220 μm；细胞中有 1～2 个蛋白核。该种生长在低潮线附近岩石上，在我国山东、广东和海南有分布。

图 8-83　网石莼

图 8-84　硬石莼

（4）似石莼科

藻体为分枝丝状体，有或无无色毛；微小型或大型，通常生长在其他生物体上或体内。细胞具单核，含有 1 个叶绿体，1 或多个蛋白核。无性生殖产生具有 2、3 或 4 条鞭毛的游孢子；有性生殖多异配，配子具 2 条鞭毛。生活史为同形世代交替。已知该科有 6 属 93 种，我国报道了 3 个属的种类。

①内枝藻属（*Entocladia* Reinke, 1879），藻体为匍匐分枝的丝状体，细小，有无色毛；基层常由 1 层细胞形成假薄壁组织；每个细胞内有 1 个细胞核、侧生片状叶绿体和 1～2 个蛋白核；无性生殖时，由中央区的营养细胞变成游孢子囊，每个囊产生 8 个具 4 条鞭毛的游孢子；有性生殖时，由营养细胞转化成配子囊，每个囊产生 8～16 个具 2 条鞭毛的配子，异配生殖。该属产于海水，一般附生或寄生于其他海藻藻体上。已知有 15 种，我国报道了 1 种。

——内枝藻（*E. viridis* Reinke, 1879），藻体为微观的内生绿藻，为分枝丝状体，成体藻丝基部细胞侧面愈合形成假薄壁组织，外侧为自由的分枝；藻丝近顶端渐狭，或呈圆锥形，末端钝形（图 8-85）。中央细胞不规则，膨大或扭曲；边缘

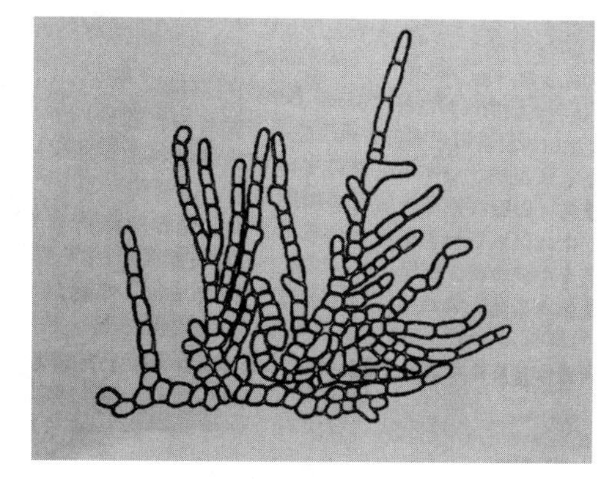

图 8-85　内枝藻藻体的一部分（示愈合的中央部及游离的边缘分枝）

细胞多为圆柱形，直径一般为 5～8 μm，长为直径的 1～5 倍；每个细胞中有 1 个大而几乎充满整个细胞的叶绿体，有 1 个蛋白核。该种为世界性种，一般生长在红藻的细胞壁上，在我国黄海海区的青岛、烟台等地分布甚广。

②帕氏藻属（*Pringsheimiella* Höhnel, 1920），目前该属被认为是似石莼属。藻体十分微小，一般附着于大型海藻或海洋高等植物如海韭菜等的叶面上，外形盾形，由单层细胞、辐射状相连的藻丝形成的假薄壁组织组成。边缘生长。藻体内、外细胞的形状、排列及作用都有区别。中央细胞在成熟时呈圆锥形，并直立于基质上；边缘细胞平铺于基质上，向四周辐射，并不断分裂，藻体不断扩展；在一定条件下，普通的营养细胞上会长出毛。叶绿体侧生，片状，有 1 至数个蛋白核。有性生殖为异配生殖，产生具 2 条鞭毛的配子；雌雄同体，雌、雄配子由不同的配子囊产生。无性生殖时产生具 2 条或 4 条鞭毛的游孢子；游孢子囊由普通营养细胞形成。已知该属有 6 种，分布在海洋或其他咸水中，我国报道了 1 种。

——盾形帕氏藻［*P. scutata*（Reinke）Höhnel ex Marchewianka, 1924］，藻体微小，单层细胞，呈盾形，成熟时直径达 1～2 mm，通常以腹面密贴在寄主表面，无假根，营附生生活（图 8-86）。成熟时，藻体的中央细胞与边缘细胞差异明显，前者圆锥形，自基质上隆起；后者扁平，仍密贴于基质上，并有明显的二叉状分裂；营养细胞内有 1 个大型的片状叶绿体，有 1 个蛋白核。幼期细胞上有长无色刺毛，成熟时刺毛大多脱落。我国黄海有分布。

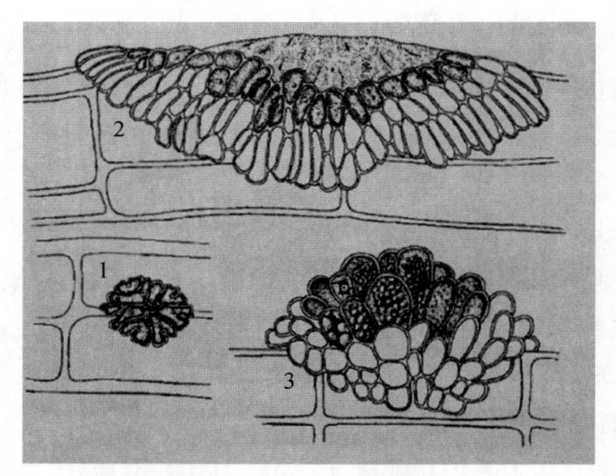

图 8-86　盾形帕氏藻

1. 幼体；2. 成体的侧面；3. 孢子囊

③似石莼属（*Ulvella* P. L. Crouan et H. M. Crouan, 1859），又称笠帽藻属，藻体小，由辐射状丝相连组成，以其腹面密贴于基质上。顶端生长。藻体幼时细胞单层，随着生长，其细胞从中央向四周辐射状排列，细胞侧壁互相愈合形成 1 个盘形体；边缘细胞单层，而中央部位细胞多层；每个营养细胞有侧生叶绿体，1 至数个蛋白核；上部细胞产生毛。无性生殖时，藻体中央细胞大多转化为游孢子囊，每个囊可产生 4～16 个、具 4 条鞭毛的游孢子。已知该属有 11 种，分布于近海滩处、海水或淡水（2 种）中，我国报道

了海产 1 种。

——双凸似石莼（*U. lens* P. L. Crouan et H. M. Crouan, 1859），又称盘形笠帽藻（*U. lens*）。藻体微小盘形，亮绿色，常寄生在其他海藻藻体上，其寄主以红藻类为主，但是不固定。成熟时，藻体中央部位隆起，直径 1.5 mm，厚 150～250 μm。中央细胞一般 2～3 层，较小，直径 8～15 μm（图 8-87）。近边缘的细胞较大，直径 10～15 μm，长 20～30 μm。边缘细胞单层，多为楔形，直径 3.5～4.5 μm，长达 15～25 μm。叶绿体侧生，无蛋白核。无性生殖时产生游孢子。在我国黄海海区有分布，较少见，但如果发现寄主体上存在此种，则其数量极多，可达几千个。

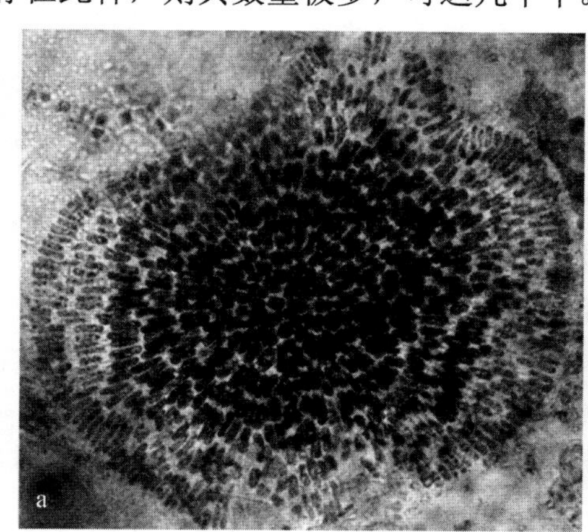

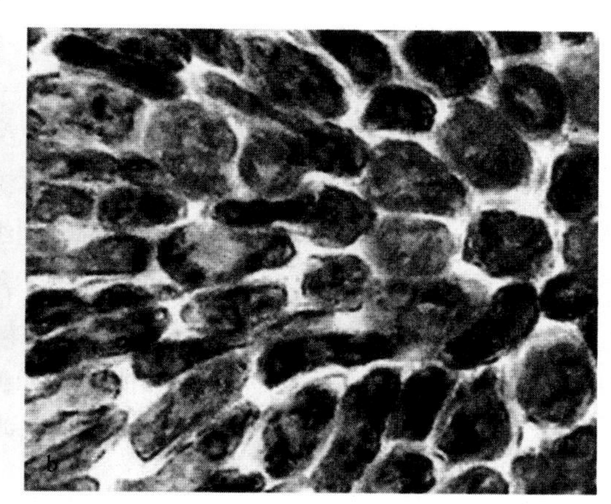

图 8-87　双凸似石莼

a. 藻体外形；b. 藻体细胞

复习题

1. 名词解释

膜状体、似亲孢子、游孢子、同形世代交替、异形世代交替

2. 简答

（1）绿藻有哪几种形态类型？

（2）礁膜的生殖方式有哪几种？

（3）浒苔有哪些方面的应用？

（4）列举 5 种可食用的大型经济绿藻。

第九章　红藻的生物学

第一节　红藻的生物学概述

一、形态

少数种类为单细胞体或群体，大多数种类为多细胞体。单细胞体或群体常呈卵圆形、椭圆形或圆形等，而多细胞体则有多种体态，包括以下 5 种。

①丝状体：藻体外形丝状，由简单的单列细胞或多列细胞组成，分枝或不分枝。

②异丝体：藻体由匍匐丝和直立丝组成，藻丝多为单列细胞，如丛出寄生丝藻。

③假膜体：藻体部分或全部外观似膜状体，而内部是由藻丝（细胞列）组成的，钙化或不钙化，分枝或不分枝，如沙哈林藻属和鹧鸪菜属的种类（郑宝福，2009）。

④膜状体：藻体外形膜状，由单层细胞或多层细胞组成，或单层与双层细胞共同组成，分枝或不分枝。

⑤枝叶状体：藻体外形多由固着器、主干（主枝）和侧枝组成，生殖时生殖细胞由藻体上形成的特殊结构产生。枝叶状体红藻的固着器多呈盘状，主干（主枝）圆形、扁压或扁平，侧枝长或短，比主干细或与主干直径相近。

二、结构

1. 细胞的结构

（1）细胞壁

红藻的细胞壁由内外两层组成，外层为果胶质，其成分因种类而异，有琼胶、海萝胶和卡拉胶等。内层为纤维素，它紧贴于外层。有些红藻的细胞壁含有大量的碳酸钙，如珊瑚藻科的种类。红毛菜和紫菜细胞壁中还含有蛋白质。研究长心卡帕藻发现，除水溶性胶质外，水不溶性细胞壁中的主要单糖为葡萄糖，占藻体干重的 70%，次要单糖为半乳糖、3,6-脱水半乳糖、甘露糖和木糖（Lechat et al., 1997）。真红藻纲的红藻细胞壁上有孔状联系，其结构不同于真正的胞间连丝。

（2）细胞质

大多数红藻细胞内的原生质中央有一个液泡，液泡内容物的 pH 为 4～6.8，用中性红或美蓝染色极易着色，往往有结晶体的沉淀物形成。生长在深海的红藻，其细胞的渗透压是海水的 1.5 倍，而生长在潮间带的种类，一般是海水的 2 倍多，有抵抗高渗溶液的能力。

（3）细胞核

多数红藻的细胞中有一个细胞核，少数多核，有些种类在幼年时细胞中只有一核，老年时则有多个细胞核，生殖细胞通常只有一个细胞核。红藻营养细胞的细胞核一般较小，平均约 3 μm，具有双层膜，核膜上有核孔和核糖体。核中有一个核仁和染色质的颗粒，染色质含量很少。核数目多少与体积大小无关，如海头红的中轴细胞含一个大核，直径 30～35 μm，其周围细胞含有许多小核。

（4）色素和色素体

红藻细胞中的色素种类有叶绿素 a、叶绿素 d、叶黄素、胡萝卜素和藻胆素（赵文等，2005），后者包括藻红素（藻红蛋白）和藻蓝素（藻蓝蛋白）。一般生长在深海区的红藻为鲜红色或粉红色，是因为藻体细胞中含有大量的藻红蛋白，不含或含很少藻蓝蛋白，而生长在潮间带的红藻为紫红色、紫色或暗紫红色等，是由于藻体中含有一定量的藻蓝蛋白，不同藻体或同一藻体在不同季节所含藻蓝蛋白与藻红蛋白的比例不同所致。

红藻细胞中的色素体有多种形状，是红藻进化上的依据之一。原始、低级的红藻细胞中的色素体一般为星状，进化的多为带状、圆盘状。有的红藻在同一藻体上具有不同形状的色素体，如仙菜属种类的皮层细胞中色素体多为四边形，而在中轴细胞中的为长带形。色素体具有双层膜，类囊体单条存在，有或无周边类囊体。类囊体的数目与红藻种类、细胞所在部位和细胞功能有关，一般表皮细胞的类囊体最多，皮层与髓部细胞的类囊体数目明显减少。

（5）蛋白核

低级红藻的色素体内常含一个蛋白核，高级的真红藻纲种类细胞中一般无蛋白核（除海索面目种类外）。红藻的蛋白核可分为 3 种类型：①蛋白核位于星状色素体的中央，其内具有杂乱排列的类囊体，一些单一类囊体进入蛋白核内并在基质内弯曲排列，如海索面；②蛋白核有柄，其内无类囊体伸入，偶尔有细胞核膜凸起伸入蛋白核，其周围有分散的淀粉粒；③蛋白核内有细胞质或细胞核的内陷。

（6）同化产物

红藻的光合作用产物为多糖类，即红藻淀粉，附在色素体表面或存在于细胞质中，用碘化钾溶液处理时，则变成红紫蓝色或葡萄红色，而不呈深蓝紫色，因此它是一种非溶性的碳水化合物。一般为小颗粒状，大小不等（不足 1 μm 至数微米）。形状也因种而异，圆形、扁豆形或长形。此外，有许多红藻的光合作用产物为溶解性糖类或某些酒精类，还含有各种维生素和无机盐等。

（7）鞭毛

红藻无性生殖产生的孢子都没有鞭毛，不能游动。有性生殖为卵式生殖，其中的精子也无鞭毛，不能游动，称不动精子，它们在水流的作用下与卵结合。

2. 藻体的结构

红藻藻体的结构因其藻体大小、形态的不同而有较大差异，通常包括以下 3 种类型。

（1）单细胞体

此类红藻其结构特点见上面所述红藻细胞的结构。

（2）群体

包括微型和大型群体。微型群体红藻由细胞直接相连或许多单细胞体被公共胶质包埋而成，其中的单细胞个体能独立生活，结构见上述“细胞的结构”。大型群体红藻通常营固着生活，许多多细胞体红藻生长于同一固着器上，直立部的个体独立生活，藻体结构见多细胞体红藻结构。

（3）多细胞体

此类红藻细胞间大多具有孔状联系，并且在藻体最外层具有公共的胶质体壁。相对低级的多细胞体红藻，其细胞分化较少，一般常分化出形成固着器的基部细胞和其他细胞，形成固着器的细胞较其他细胞细长，并且不具有生殖功能，而其他细胞一般功能相似，具有形成生殖细胞的能力。相对高级的多细胞体红藻的细胞分化较多，形成多种组织，除基部细胞外，还有表皮、皮层和髓部细胞，并在生殖时期形成特殊的生殖结构，如果胞枝、囊果、生殖窝、生殖瘤、孢子囊等。

依据细胞的排列及分化情况，将多细胞体红藻直立部的结构分为两种类型：

①多轴型（fountain type）结构。所谓多轴型结构，即藻体中央（髓部）由许多藻丝（又称中轴藻丝，一般为2～100条）组成的结构。多轴型结构中由髓部细胞向四周各方向生出分枝的侧丝或分裂产生的多层细胞组成皮层，皮层细胞中含有色素，具有光合作用和生殖能力，这种藻丝又称同化丝；有的多轴型结构中皮层细胞不含色素，无光合作用和生殖能力，但皮层向外由一至数层小细胞组成表皮层，表皮层细胞含有色素，具有光合作用和生殖能力。

②单轴型（monopodial type）结构。所谓单轴型结构，即藻体中央（髓部）仅由一条中轴藻丝组成的结构。单轴型结构中由髓部细胞向四周各方向分裂产生分枝的侧丝组成皮层，皮层细胞中含有色素，具有光合作用和生殖能力，这种藻丝又称同化丝；有的单轴型结构中皮层细胞不含色素，无光合作用和生殖能力，但藻体最外层由1～3层或以上小细胞组成表皮层。表皮层细胞含有色素，具有光合作用和生殖能力。还有一些红藻的皮层细胞不排列呈丝状，而是像高等植物那样分化出具有不同功能的组织，其细胞向各方向紧密排列，这是高级的结构类型。

三、生殖

红藻的生殖方式包括营养生殖、无性生殖和有性生殖等。

1. 营养生殖

①细胞分裂。通常单细胞红藻以这种方式生殖。

②断裂生殖。多细胞体红藻中主要是枝叶状体可通过断裂的方式产生藻体小段或小枝，在适宜的环境条件下，这些小段或小枝继续生长成为与原来相同的新藻体，如麒麟菜、卡帕藻（Muñoz et al., 2006）。

2. 无性生殖

又称孢子生殖，即通过产生孢子进行生殖的方式。红藻进行无性生殖时形成孢子囊或先产生孢子囊窝，后又产生孢子囊。孢子种类：

①四分孢子。孢子体的营养细胞形成孢子囊母细胞，由它经过减数分裂产生4个单倍体的孢子，每个孢子称四分孢子。4个四分孢子在形态上完全相同，但在本质上有性的差别，其中2个孢子萌发成雄配子体，另外2个萌发成雌配子体。这是红藻类在无性生殖时产生的主要孢子类型。四分孢子囊产生四分孢子时的分裂方式通常有3种，即十字形（cruciate）分裂、带形（zonate）分裂和四面锥形（tetrahedral）分裂。

②果孢子。产生果孢子的藻体又称果孢子体，这是红藻中一类特殊个体，往往寄生在雌配子体上，是果胞受精后不经过减数分裂发育而成。受精的果胞进行一次水平分裂和一次垂直分裂后，再经多次分裂，形成具有一定数目、排列规则原生质团的果孢子囊，果孢子囊成熟后释放一种不动孢子，即果孢子，果孢子萌发成孢子体。

③单孢子。红藻中某些种类的孢子体能产生单孢子囊，每个孢子囊只产生一个孢子，这种孢子称单孢子。

④二分孢子。有些红藻的孢子体能产生二分孢子囊，成熟后1个孢子囊产生2个孢子，这种孢子称二分孢子，如坛紫菜。

⑤多分孢子。红藻中还有一些种类的孢子体能产生多孢子囊，每个孢子囊能产生4个以上的孢子，这种孢子称多分孢子，如仙菜目的一些种类能产生8个或更多的孢子。多孢子囊是四分孢子囊在形成过程中由于细胞的异常分裂形成的。

3. 有性生殖

红藻的有性生殖都是卵式生殖，过程比较复杂，是高级进化的表现。

雄性的生殖结构称为精子囊（spermatangium），有些种类形成精子囊窝，窝中产生精子囊。精子囊产生不具鞭毛的不动精子。精子囊的分裂不同步，有快有慢，分裂的次数越多，精子个体越小。1个精子囊产生精子的数目因种而异。精子成熟时，囊壁破裂释放出精子。红藻的精子多数无色，缺色素体，或色素体减小，类囊体也减少。

雌性的生殖细胞称果胞，单独存在或产生自果胞枝上。果胞枝即某些红藻在进行有性生殖时由皮层细胞分裂产生的小枝，由2个以上细胞组成，其顶端是果胞。果胞烧瓶状，其内有1个卵核，顶端有一条受精丝，一般低级红藻果胞的受精丝短，而高级红藻果胞的受精丝较长。果胞内色素体大，类囊体多而致密；红藻淀粉体与线粒体较多，并位于色素体周围；果胞内多原生质，液泡不明显。精子释放后随水漂流，到达受精丝顶端并粘在其上，在接触处二者的壁融解，精子核经受精丝进入果胞，与卵核结合为合子。合子不离开母体，发育后在雌配子体上形成果孢子体。果孢子体是某些红藻的一个藻体世代，寄生在雌配子体上，凸起或内陷，一般由产孢丝、果孢子囊和果被组成，又称囊果，成熟时形成囊果孔，果孢子从孔中释放出来。

在红藻的有性生殖过程中，除产生果胞、果胞枝和囊果外，还有一些与生殖有关的特殊细胞与结构，包括支持细胞、产孢丝、辅助细胞、融合胞和生殖窝。支持细胞，即某些红藻中位于果胞枝的下方（下位），可分裂产生果胞枝的特殊皮层细胞。果胞受精后的合子发生细胞分裂，形成由无数细胞组成的细胞列团，其末端细胞往往形成果孢子囊，即产孢丝。辅助细胞，即某些红藻中比周围的细胞大，其内充满原生质，可接受合子移入并产生产孢丝，有辅助生殖作用的特殊皮层细胞。融合胞，即一些红藻在进行有性生殖时，受精的果胞与周围的皮层细胞发生融合后形成的大细胞，又称胎座，可分裂产生产孢丝。有些红藻在有性生殖时，在藻体上形成窝状结构，即生殖窝，窝中有精子囊或囊果分布，如乳节藻属或江蓠属的种类可生成雌生殖窝或雄生殖窝等。

红藻受精的果胞发育成为囊果、产生果孢子的方式不尽相同，一般有以下 5 种情形。

①果胞受精后的合子成为果孢子囊，后者经过发育，分裂成为具有一定数目果孢子的果孢子囊，果孢子发育成熟即从囊中放散出来，如紫菜。

②果胞受精后的合子首先发生横分裂，产生上、下两个细胞，分别称上位细胞和下位细胞，上位细胞继续分裂，形成产孢丝，成熟的产孢丝末端细胞成为果孢子囊，果孢子发育成熟即从囊中放散出来，如海索面属的种类。

③果胞受精后的合子移至果胞枝的下位细胞（辅助细胞）中，后者经过无数次细胞分裂，形成产孢丝，成熟的产孢丝末端细胞成为果孢子囊，果孢子发育成熟即从囊中放散出来，如海门冬属的种类。

④果胞受精后的合子通过连络丝移入辅助细胞，后者经过无数次细胞分裂，形成产孢丝，成熟的产孢丝末端细胞成为果孢子囊，果孢子发育成熟即从囊中放散出来，如海萝属的种类。

⑤果胞受精后与周围的不育丝、支持细胞等发生融合，形成融合胞（胎座），后者经无数次细胞分裂，形成产孢丝，成熟的产孢丝末端细胞成为果孢子囊，果孢子发育成熟即从囊中放散出来，如江蓠。

4. 单性生殖

又称孤性生殖，包括孤雌生殖和孤雄生殖。

①孤雌生殖：多见。雌性藻体产生雌配子，在缺乏雄配子的情况下，雌配子直接发育形成雌性配子体，这种生殖方式称为孤雌生殖，如坛紫菜。

②孤雄生殖：少见。雄性藻体产生雄配子，在缺乏雌配子的情况下，雄配子直接发育形成雄性配子体，这种生殖方式称为孤雄生殖，如坛紫菜。

四、生活史

红藻的生活史有单世代型、2 世代型和 3 世代型。单世代型生活史见于单细胞体和微型群体红藻，大多数红藻属于 2 世代型和 3 世代型生活史。2 世代型生活史包括等世代型和不等世代型（如紫菜）两种类型。较高级的红藻生活史都属于 3 世代型。

五、习性与分布

1. 生长方式

红藻的生长方式包括以下几种：

①顶端生长。分生细胞位于藻体顶端的生长方式，多数红藻属于这种类型。

②居间生长。分生细胞位于藻体中间的生长方式，如珊瑚藻科等的一些种类。

③散生长。分生细胞在藻体上分散存在的一种生长方式，如紫菜属等的一些种类。

2. 生活类型

红藻营固着、附着、漂流、内生和寄生生活方式。

3. 分布

绝大部分的红藻生活在海洋，在世界各海域都有分布。有的红藻生于风浪大的海区，有的则生于风平浪静的内湾。大多数红藻依靠固着器固着在岩石、沙砾或其他基质上，有的红藻也可固着或附生在其他海藻藻体上。

①水平分布。海产红藻的地理分布通常和海洋的表面温度有密切关系。红藻主要产在温带海区，北极海与南极海也有，但物种数较少。从两极到热带海域，海水的表层温度逐渐升高，红藻的物种分布随之变化，约 34%的海藻生于北半球温带海洋，22%的海藻生于热带海洋，44%的海藻生于南半球温带海洋。

②垂直分布。红藻一般“阴生”，不喜强光，多分布在低潮线附近或以下的海域，有的可在水深 100 m 以上的潮下带生活。但是在潮间带也有“阳生”红藻分布。

第二节　红藻的主要类群

一、分类概况

红藻门（Rhodophyta Wettstein, 1901）是藻类中的一大类群，有 650～760 属，7 592 种。其中少数生于淡水，其他生于海洋。最新资料显示，红藻门分 8 个纲，我国报道了其中 6 个纲的种类。

（一）红藻门的6个纲

1. 红毛菜纲（Bangiophyceae Wettstein, 1901）

记录 186 种，其下有 1 个亚纲，即红毛菜亚纲（Bangiophycidae Wettstein, 1901）。

2. 弯枝藻纲（Compsopogonophyceae G. W. Saunders & Hommersand, 2004）

记录 74 种。

3. 红藻纲（Florideophyceae Cronquist, 1960）

记录 7 191 种，有 5 个亚纲。

①伊谷藻亚纲（Ahnfeltiophycidae G. W. Saunders & Hommersand, 2004），12 种。

②珊瑚藻亚纲（Corallinophycidae Le Gall & G. W. Saunders, 2007），930 种。

③胭脂藻亚纲（Hildenbrandiophycidae G. W. Saunders & Hommersand, 2004），19 种。

④海索面亚纲（Nemaliophycidae T. Christensen, 1978），905 种。

⑤红皮藻亚纲（Rhodymeniophycidae G. W. Saunders & Hommersand, 2004），5 242 种。

4. 紫球藻纲（Porphyridiophyceae M. Shameel, 2001）

记录 10 种。

5. 小红藻纲（Rhodellophyceae Cavalier-Smith, 1998）

记录 7 种。

6. 茎丝藻纲（Stylonematophyceae H. S. Yoon, K. M. Müller, R. G. Sheath, F. D. Ott & D. Bhattacharya, 2006）

记录 51 种。

（二）红藻门6个纲、6个亚纲的分目

1. 红毛菜纲、红毛菜亚纲

分 1 个目，即红毛菜目（Bangiales Nägeli, 1847），有 186 种。

2. 弯枝藻纲

74 种，分 3 个目，主要报道 2 个目。

①弯枝藻目（Compsopogonales Skuja, 1939），10 种。

②红盾藻目（Erythropeltales Garbary, G. I. Hansen & Scagel, 1980），63 种。

3. 红藻纲、伊谷藻亚纲

12 种，分 2 个目，主要报道 1 个目，即伊谷藻目（Ahnfeltiales Maggs & Pueschel, 1989），11 种。

4. 红藻纲、珊瑚藻亚纲

930 种，分 6 个目，主要报道 3 个目。

①珊瑚藻目（Corallinales P. C. Silva & H. W. Johansen, 1986），有 630 种。

②Hapalidiales W. A. Nelson, J. E. Sutherland, T. J. Farr & H. S. Yoon；有 200 种。

③孢石藻目（Sporolithales Le Gall & G. W. Saunders, 2010），有 58 种。

5. 红藻纲、胭脂藻亚纲

19 种，分 1 个目，即胭脂藻目（Hildenbrandiales Pueschel & K. M. Cole, 1982），19 种。

6. 红藻纲、海索面亚纲

905 种，分 11 个目，主要报道 6 个目，我国报道了 3 个目的种类。

①顶丝藻目（Acrochaetiales Feldmann, 1953），有 221 种。

②寄生丝藻目（Colaconematales J. T. Harper & G. W. Saunders, 2002），有 52 种。

③海索面目（Nemaliales F. Schmitz in Engler, 1892），有 282 种。

7. 红藻纲、红皮藻亚纲

5 242 种，分 15 个目，主要报道 11 个目。

①柏桉藻目（Bonnemaisoniales Feldmann & G. Feldmann, 1942），33 种。

②仙菜目（Ceramiales Nägeli, 1847），2 704 种。

③石花菜目（Gelidiales Kylin, 1923），240 种。

④杉藻目（Gigartinales F. Schmitz in Engler, 1892），952 种。

⑤江蓠目（Gracilariales Fredericq & Hommersand, 1989），237 种。

⑥海膜目（Halymeniales G. W. Saunders & Kraft, 1996），361 种。

⑦滑线藻目（Nemastomatales Kylin, 1925），64 种。

⑧耳壳藻目（Peyssonneliales Krayesky, Fredericq & J. N. Norris, 2009），149 种。

⑨海头红目（Plocamiales G. W. Saunders & Kraft, 1994），74 种。

⑩红皮藻目（Rhodymeniales Nägeli, 1847），406 种。

⑪黏滑藻目（Sebdeniales Withall & G. W. Saunders, 2007），19 种。

8. 紫球藻纲

10 种，分 1 个目，即紫球藻目（Porphyridiales Kylin, 1937），10 种。

9. 小红藻纲

7 种，分 3 个目，我国报道了 1 个目的种类，即小红藻目（Rhodellales H. S. Yoon, K. M. Müller, R. G. Sheath, F. D. Ott & D. Bhattacharya, 2006），1 种。

10. 茎丝藻纲

51 种，分 2 个目，主要报道 1 个目的种类，即茎丝藻目（Stylonematales K. M. Drew, 1956），50 种。

（三）红藻门25个目分科

1. 红毛菜目

186 种，分 2 个科，主要报道 1 个科的种类，即红毛菜科（Bangiaceae Duby, 1830），185 种。

2. 弯枝藻目

10 种，分 2 个科，主要报道 1 个科的种类，即弯枝藻科（Compsopogonaceae F. Schmitz, 1896），9 种。

3. 红盾藻目

63 种，分 2 个科，主要报道 1 个科的种类，即星丝藻科（Erythrotrichiaceae G. M. Smith, 1933），60 种。

4. 伊谷藻目

11 种，分 1 个科，即伊谷藻科（Ahnfeltiaceae Maggs & Pueschel, 1989），11 种。

5. 珊瑚藻目

630 种，分 10 个科，我国报道了 5 个科。

①珊瑚藻科（Corallinaceae J. V. Lamouroux, 1812），234 种。

②水石藻科（Hydrolithaceae R. A. Townsend & Huisman, 2018），29 种。

③石叶藻科（Lithophyllaceae Athanasiadis, 2016），224 种。

④宽珊藻科（Mastophoraceae R. A. Townsend & Huisman, 2018），16 种。

⑤似绵藻科（Spongitaceae Kützing, 1843），54 种。

6. Hapalidiales

200 种，分 2 个科。

①Hapalidiaceae J. E. Gray, 1864；162 种。

②中叶藻科（Mesophyllumaceae C. W. Schneider & M. J. Wynne, 2019），38 种。

7. 孢石藻目

58 种，分 1 科，即孢石藻科（Sporolithaceae Verheij, 1993），58 种。

8. 胭脂藻目

19 种，分 1 个科，即胭脂藻科（Hildenbrandiaceae Rabenhorst, 1868），19 种。

9. 顶丝藻目

221 种，分 3 个科，主要报道 1 个科，即顶丝藻科（Acrochaetiaceae Melchior, 1954），212 种。

10. 寄生丝藻目

52 种，分 1 个科，即寄生丝藻科（Colaconemataceae J. T. Harper & G. W. Saunders, 2002），52 种。

11. 海索面目

282 种，分 6 个科，主要报道 4 个科。

①乳节藻科（Galaxauraceae P. G. Parkinson, 1983），56 种。

②粉枝藻科（Liagoraceae Kützing, 1843），152 种。

③海索面科（Nemaliaceae De Toni & Levi , 1886），10 种。

④鲜奈藻科（Scinaiaceae Huisman, J. T. Harper & G. W. Saunders, 2004），59 种。

12. 紫球藻目

10 种，分 1 个科。紫球藻科（Porphyridiaceae Kylin, 1937），藻体为单细胞体或群体，群体外被一层薄膜，色素体星状，有 1 个蛋白核；藻体通过细胞纵裂进行生殖；已知该科有 10 种。

13. 小红藻目

1 科。小红藻科（Rhodellaceae H. S. Yoon, K. M. Müller, R. G. Sheath, F. D. Ott & D. Bhattacharya, 2006）；藻体为单细胞体，有 1 个高度分裂的色素体，有 1 或多个蛋白核；通过细胞分裂进行繁殖；已知该科仅有 1 种。

14. 柏桉藻目

33 种，分 2 个科，我国报道了 1 科的种类，即柏桉藻科（Bonnemaisoniaceae F. Schmitz in Engler, 1892），25 种。

15. 仙菜目

2 704 种，分 5 个科。

①绢丝藻科（Callithamniaceae Kützing, 1843），207 种。

②仙菜科（Ceramiaceae Dumortier, 1822），461 种。

③红叶藻科（Delesseriaceae Bory, 1828），644 种。

④松节藻科（Rhodomelaceae Horaninow, 1847），1 104 种。

⑤软毛藻科（Wrangeliaceae J. Agardh, 1851），288 种。

16. 石花菜目

240 种，分 4 个科，我国报道了 3 个科的种类。

①石花菜科（Gelidiaceae Kützing, 1843），173 种。

②凝花菜科（Gelidiellaceae K.-C. Fan, 1961），33 种。

③鸡毛菜科（Pterocladiaceae G. P. Felicini & Perrone in Perrone, G. P. Felicini & Bottalico, 2006），29 种。

17. 杉藻目

952 种，分 37 个科，我国主要报道了 5 个科的种类。

①茎刺藻科（Caulacanthaceae Kützing, 1843），16 种。

②内枝藻科（Endocladiaceae Kylin），8 种。

③杉藻科（Gigartinaceae Bory, 1828），144 种。

④育叶藻科（Phyllophoraceae Willkomm, 1854），127 种。

⑤红翎菜科（Solieriaceae J. Agardh, 1876），94 种。

18. 江蓠目

237 种，分 1 个科，即江蓠科（Gracilariaceae Nägeli, 1847），237 种。

19. 海膜目

361 种，分 3 个科，主要为 1 科，即海膜科（Halymeniaceae Bory, 1828），344 种。

20. 滑线藻目

65 种，分 2 个科。

①滑线藻科（Nemastomataceae Ardissone, 1869），32 种。

②裂膜藻科（Schizymeniaceae Masuda & Guiry, 1995），33 种。

21. 耳壳藻目

149 种，分 1个科，即耳壳藻科（Peyssonneliaceae Denizot, 1968），149 种。

22. 海头红目

74 种，分 3 个科，主要报道 2 个科的种类。

①海头红科（Plocamiaceae Kützing, 1843），48 种。

②海木耳科（Sarcodiaceae Kylin, 1932），25 种。

23. 红皮藻目

406 种，分 7 个科，主要报道 4 个科的种类。

①环节藻科（Champiaceae Kützing, 1843），72 种。

②网囊藻科（Faucheaceae Strachan, G. W. Saunders & Kraft, 1999），60 种。

③节荚藻科（Lomentariaceae Willkomm, 1854），54 种。

④红皮藻科（Rhodymeniaceae Harvey, 1846），195 种。

24. 黏滑藻目

19 种，分 1 个科，即黏滑藻科（Sebdeniaceae Kylin, 1932），19 种。

25. 茎丝藻目

50 种，分 2 个科，主要报道 1 个科的种类，即茎丝藻科（Stylonemataceae K. M.

Drew, 1956)，48 种。

二、海产大型红藻的主要种类

（一）弯枝藻纲

已知此纲记录 74 种，下分 3 个目，主要报道 2 个目，我国报道了 1 个目的种类。

红盾藻目，藻体附生在大型海藻藻体上，多细胞体，具有胶质壁或同心加厚的细胞壁，细胞中色素体星状，有或无蛋白核。间生长或顶端生长。无性生殖产生单孢子，有些属存在有性生殖。已知该目分 2 个科、63 种。我国报道了 1 个科的种类。

星丝藻科，已知该科 10 属 60 种，我国报道了 4 个属的种类，分属检索表如下：

1 藻体为假膜体……沙哈林藻属 *Sahlingia*
1 藻体为丝状体或膜状体……2
  2 藻体为膜状体……拟紫菜属 *Porphyropsis*
  2 藻体为丝状体……3
3 丝状藻体的细胞单列或多列……星丝藻属 *Erythrotrichia*
3 分枝丝状体基部连接，上部分离……红枝藻属 *Erythrocladia*

（二）茎丝藻纲

已知该纲下分 2 个目、51 种，主要报道其中 1 个目的种类。

茎丝藻目，已知该目下分 2 个科、50 种。主要报道 1 个科的种类。

茎丝藻科，48 种。藻体为分枝丝状体，内充满胶质。细胞卵形或圆柱形，单核，每个细胞内有一星状色素体。无性生殖产生单孢子，有性生殖不详。已知该科分 15 个属，我国报道了 2 个属的种类，分属检索表如下：

1 藻体为单列细胞的丝状体，细胞圆形或长圆形，色素体蓝绿色，有厚壁孢子…色指藻属 *Chroodactylon*
1 藻体为 1 列或多列细胞组成的丝状体，细胞短筒形，色素体红色，无厚壁孢子….茎丝藻属 *Stylonema*

①色指藻属（*Chroodactylon* Hansgirg, 1885），藻体为单列细胞的丝状体，具假二叉状分枝。藻丝位于胶质鞘中。色素体星状，有蛋白核。无性生殖产生厚壁孢子，有性生殖不详。已知该属 3 种。我国报道 1 种 1 变型，分类检索表如下：

1 藻体无分枝，体长 ＜1 mm……色指藻简单变型 *C. ornatum* f. *simplex*
1 藻体有分枝，体长 1～15 mm……色指藻 *C. ornatum*

②茎丝藻属（*Stylonema* Reinsch, 1874—1875），藻体紫红色，体形小，为一列细胞组成的二叉状分枝的丝状体，极少数出现多列细胞。细胞圆形或卵圆形，单核，色素体星状。生殖为分裂生殖或形成单孢子。常附生在潮间带岩石或其他藻体上，我国北方海域沿岸都有分布。已知该属 19 种。我国报道了 15 种 2 变型：简单茎丝藻（*S. simplicissimum* B. F. Zheng et J. Li）、矮小茎丝藻（*S. pumilum* B. F. Zheng et J. Li）、纤细茎

丝藻（*S. tenue* B. F. Zheng et J. Li）、短枝茎丝藻（*S. breviramosum* B. F. Zheng et J. Li）、单侧茎丝藻（*S. unilaterale* B. F. Zheng et J. Li）、三叉茎丝藻（*S. trinacriforme* B. F. Zheng et J. Li）、畸形茎丝藻（*S. abnorme* B. F. Zheng et J. Li）、瘤状茎丝藻（*S. gongylodes* B. F. Zheng et J. Li）、均匀茎丝藻（*S. aequabile* B. F. Zheng et J. Li）、厚膜茎丝藻（*S. crassimembranaceum* B. F. Zheng et J. Li）、尖顶茎丝藻（*S. acutum* B. F. Zheng et J. Li）、鞭状茎丝藻（*S. flagelliforme* B. F. Zheng et J. Li）、茎丝藻［*S. alsidii*（Zanardini）K. M. Drew］、近基茎丝藻（*S. basifixum* B. F. Zheng et J. Li）、远基茎丝藻（*S. basifixum* B. F. Zheng et J. Li）、茎丝藻小枝变型（*S. alsidii* f. *ramosum* B. F. Zheng et J. Li）、茎丝藻不规则变型（*S. alsidii* f. *irregulare* B. F. Zheng et J. Li）。

——茎丝藻［S. *alsidii*（Zanardini）K. M. Drew, 1956］，藻体橄榄色至紫红色，附生，丝状，分枝为多回二叉式，高 1～4 mm。藻体基部往往为单列细胞，中上部有不规则的 2 列细胞，丝状体宽 12～35 μm；细胞圆形或圆筒形，直径一般 9～10 μm，每个细胞内有一个中央位的星状色素体，其中有一个蛋白核（图 9-1）。无性生殖产生单孢子，有性生殖不详。

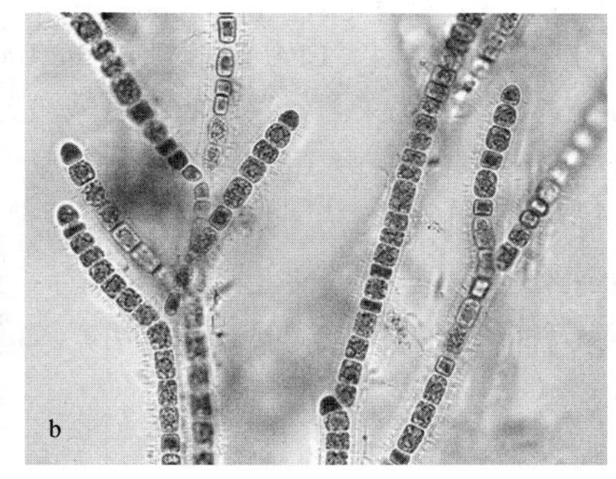

图 9-1　茎丝藻

a. 外形；b. 显微

（三）红毛菜纲

已知该纲记录了 186 种，下设红毛菜亚纲，有 1 目 186 种。

红毛菜目，藻体通常为多细胞体，偶见单细胞体；细胞单核，有 1 个星状色素体，一个蛋白核。无性生殖产生单孢子、二分孢子；有性生殖时由营养细胞形成精子囊和果胞；果胞有短受精丝，果胞受精后，合子反复分裂形成果孢子。已知该目分 2 个科，主要报道 1 科 185 种。

红毛菜科，藻体为不分枝的丝状体或由单层细胞或单层与双层细胞共同组成的膜状体。色素体星状，内含一个蛋白核。无性生殖产生 2 个或 4 个以上的单孢子，有性生殖时，藻体上的营养细胞直接形成精子囊和果胞，精子囊成熟后放散精子，果胞受精后，合子发育成果孢子囊，分裂产生 4～64 个果孢子。生活史类型为不等世代型。生长于高潮带的岩石、沙砾上。已知该科有22个属，我国报道了其中2个属，分属检索表如下：

1 藻体为直立圆柱形、无分枝的丝状体 ……………………………… 红毛菜属 *Bangia*
1 藻体为膜状体 ……………………………………………………… 紫菜属 *Porphyra*

①红毛菜属（*Bangia* Lyngbye, 1819），配子体颜色一般呈紫红色，为不分枝丝状体。藻体一般长3 cm以上。基部由单列细胞组成，中上部由多列细胞组成，基部细胞向下延伸为假根状的固着器。细胞内有一个星状色素体，其内含一个蛋白核。孢子体生殖方式包括无性生殖与有性生殖两种。无性生殖时营养细胞直接分裂为2个、4个或多个细胞，每个细胞产生1个单孢子。雌雄同体或异体，有性生殖时雄配子体的营养细胞形成精子囊，每个精子囊由8～256个精子组成，呈淡黄色。雌配子体的营养细胞产生有短受精丝的果胞，果胞受精后直接形成果孢子囊；果孢子囊呈暗紫红色，每个果孢子囊分裂产生4～64个果孢子。生活史类型为异形世代交替。

该属物种分布广泛，从寒带至亚热带海域都有分布。我国东海与南海沿岸多见，北方海域沿岸少见，生长旺盛期9—12月。一般生长在高、中潮带的岩石上。藻体可食用，味道鲜美，营养丰富，富含多糖、游离氨基酸、不饱和脂肪酸（尤其是EPA）、藻胆素和类胡萝卜素。红毛菜EPA含量达500 mg/100 g干重，是迄今发现EPA含量最高的大型海藻种类。由于红毛菜与紫菜生长的区域相近，可与紫菜争夺生长空间，是紫菜养殖的敌害。

已知该属16种，我国报道了5种，分种检索表如下：

1 藻体的假根丝细胞除存在于基部外，也存在于中上部细胞中 ……… 胚根红毛菜 *B. radicula*
1 藻体的根丝细胞只存在于基部，参与形成固着器 ……………………………………… 2
　2 藻体高2 cm左右 ………………………………………………………………… 3
　2 藻体高2 cm以上 ………………………………………………………………… 4
3 藻体细胞单列，少见多列，藻丝直径15～26 μm …………………… 山田红毛菜 *B. yamadai*
3 藻体细胞单列，少见多列，藻丝直径50 μm ………………… 小红毛菜 *B. gloiopeltidicola*
　4 藻丝有节，节短，直径60～120 μm ……………………… 短节红毛菜 *B. breviarticulata*
　4 藻丝无节，直径40～150 μm ………………………………… 红毛菜 *B. fusco-purpurea*

——红毛菜［*B. fusco-purpurea*（Dillw.）Lyngbye, 1819］，配子体颜色呈深红色、紫红色或棕褐色，有光泽，为柔软的近圆柱形、不分枝丝状体（图9-2a）。藻体一般长3 cm以上，直径达300 μm以上。藻体由固着器固着在基质上，固着器盘状。藻丝下部由单列细胞组成，细胞长筒形；中、上部由多列细胞组成，多列细胞处横切面观细胞呈辐射状排列，细胞多短筒形（图9-2b、图9-2c，图9-3）。每个细胞中有1个星状色素体，色素体中央有1个蛋白核，有数条至几十条类囊体，并有几条类囊体伸入蛋白核。孢子体为微小的分枝丝状体，无固着器，分枝不规则。在自然条件下，孢子体钻到贝壳或其他石灰质基质内生长，外观呈现紫黑色点状或斑块状藻落；人工培养时，丝状孢子体可悬浮于海水中，以自由丝状体方式生长。孢子体由单列细胞组成，细胞长筒形，宽3～5 μm，长度为宽的 5 倍以上，最长可达 90 μm 以上。细胞间有孔状联系。细胞内叶绿体沿细胞边缘分布。类囊体 6～12 条，平行分布或以蛋白核为中心排列，数条类囊体伸入蛋白核。

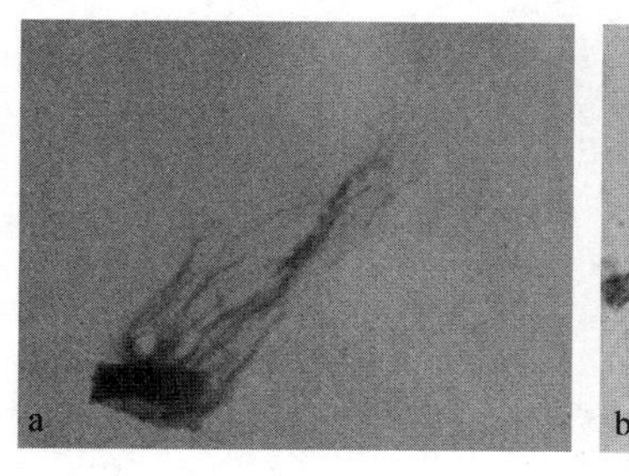
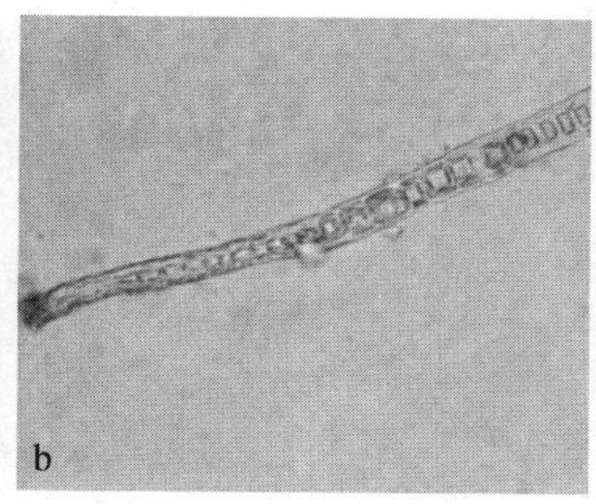
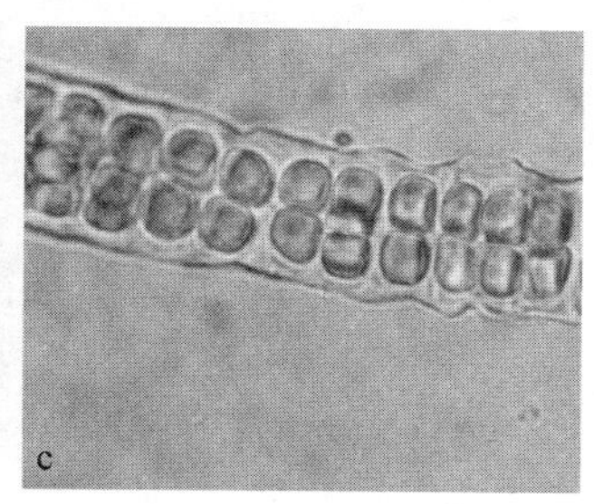

图 9-2 红毛菜

a. 配子体外形；b. 基部；c. 中、上部多列细胞

红毛菜的生殖方式包括营养生殖、无性生殖和有性生殖。红毛菜配子体或孢子体，断裂为丝状小段后，可继续生长成完整的藻体，这种方式称为断裂生殖，属于营养生殖方式。无性生殖时，由孢子体的营养细胞形成孢子囊，产生壳孢子。配子体雌雄异体。有性生殖时，雌、雄配子体分别呈深紫红色和淡黄色，藻体中、上部细胞分别形成果胞和精子囊（图 9-3），藻体明显变粗。每个成熟精子囊表面观具有 8～16 个精子，总数为 64～256 个精子，色素体逐渐退化。精子球形，直径 3.9～5 μm，甚至达 7.6 μm。果胞在近藻体外壁侧突起为受精丝，精子附着后，精子核与果胞核结合，发育形成果孢子囊（图 9-4）。果孢子囊表面观具有 2 个或 4 个果孢子，果孢子直径 9.8～17.5 μm。果孢子释放后在适宜条件下萌发长成丝状配子体。红毛菜配子体存在单性生殖方式。在一定条件下，配子体上可释放直径 10～18 μm 的单细胞生殖细胞，萌发长成新的丝状配子体。

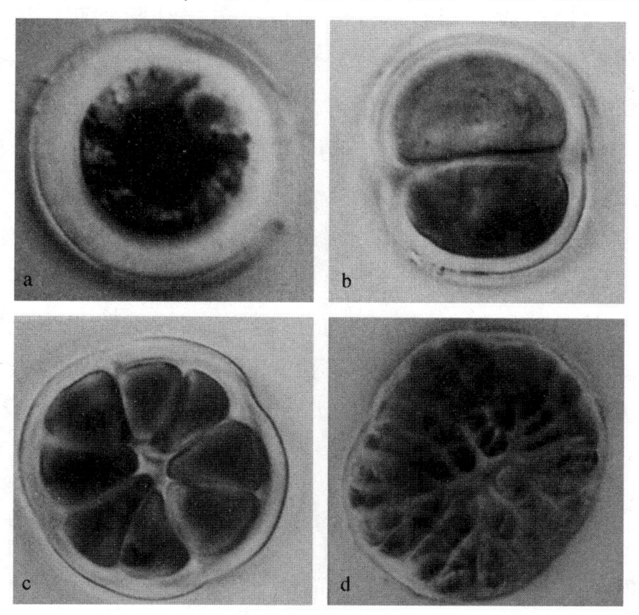

图 9-3 红毛菜横切面观

a. 单列细胞；b. 2 列细胞；c. 8 列细胞；d. 生殖结构的切面观

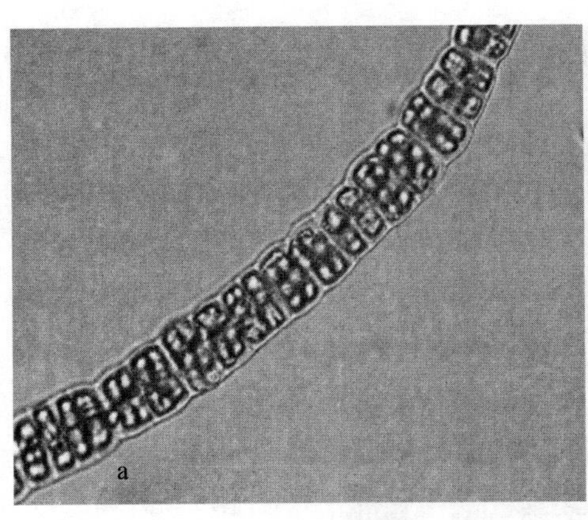

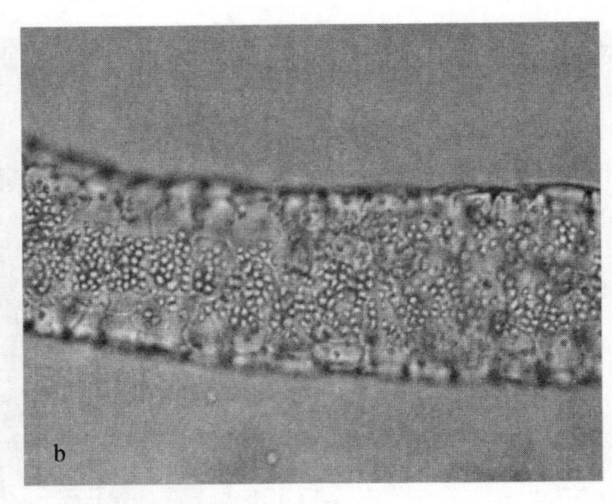

图 9-4 红毛菜配子体的生殖结构表面观

a. 果孢子囊；b. 精子囊

红毛菜的生活史类型包括不等世代型和单世代型两种。不等世代型生活史中包括不分枝丝状较大型配子体和分枝丝状微小孢子体，配子体成熟后形成果胞与精子，二者结合成合子，发育成孢子体；孢子体成熟后形成壳孢子囊，释放壳孢子，萌发、生长成配子体。单世代型生活史中只有丝状较大型配子体，配子体在一定条件下产生单细胞生殖细胞（n），该生殖细胞直接萌发、生长成配子体。

红毛菜生长在中、高潮带的岩礁、木材或紫菜养殖筏架上，在我国辽宁、浙江、福建、山东、广东、广西和台湾有分布。

②紫菜属（*Porphyra* C. Agardh, 1824），配子体深紫红色或浅黄绿色，常见圆形、椭圆形、披针形或长卵形的膜状体，又称叶状体，基部脐形、楔形、心脏形或半圆形等，基部细胞向下延伸成假根组成的固着器。叶状体由单层细胞、双层细胞组成或单层与双层细胞共同组成，细胞呈多角形。色素体呈星形，具有一个蛋白核。无性生殖时除基部细胞外，其他营养细胞产生单孢子，一个单孢子可萌发成一个新的叶状体。有性生殖时由藻体边缘营养细胞形成精子囊和果胞，精子囊可形成 32 个、64 个或 128 个以上的精子，灰白色或淡黄色，精子圆形、无鞭毛。可进行单性生殖，包括孤雌生殖和孤雄生殖。果胞受精后直接发育为果孢子囊，分裂产生 8 个、16 个、32 个或 64 个果孢子，果孢子一般深紫红色。果孢子释放出来后，遇到合适的固着基，通常是贝壳或其他含有碳酸钙的物体，便钻入其中萌发生长成红色的分枝丝状体，又称贝壳丝状体，即孢子体，然后发育为膨大藻丝（图 9-5），藻丝细胞形成壳孢子囊，成熟时放散出单孢子，又称壳孢子。紫菜的生活史为不等世代型，配子体大于孢子体（图 9-6）。

紫菜属物种中精子总数和果孢子总数及它们的排列有一定形式，可作为分类研究的依据，一般用分裂式来表示。以 A、B 代表表面观的两个水平轴，以 C 代表垂直轴，则每一物种在进行有性生殖时，精子囊产生的精子数和果孢子囊产生的果孢子数可用一定的分裂式来表示。例如，甘紫菜的精子囊中形成 64 个精子，表示为♂ $A_4B_4C_4$；果孢子囊中形成 8 个果孢子，表示为♀ $A_2B_2C_2$。

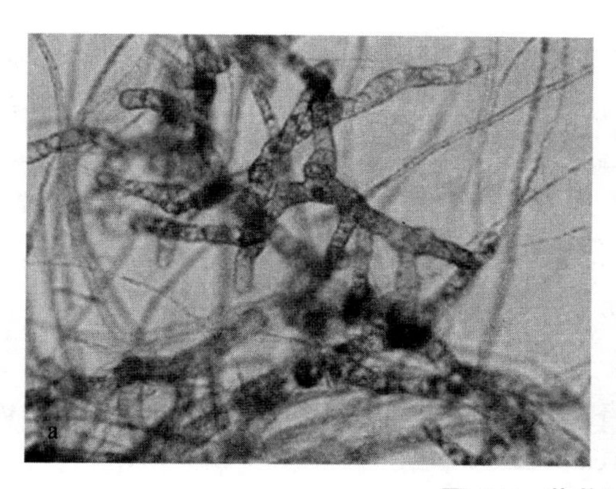

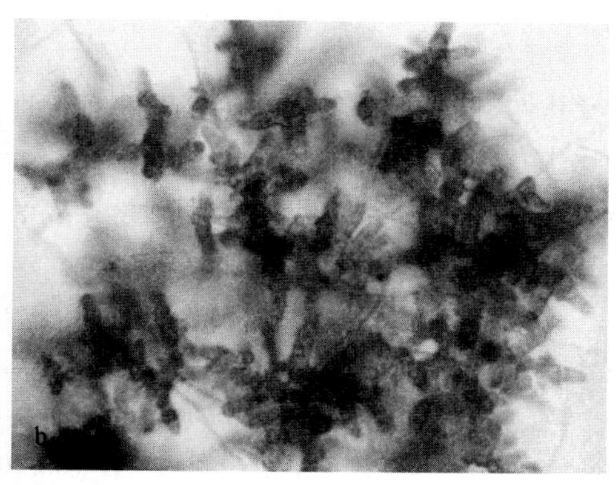

图 9-5　紫菜属的膨大藻丝

a. 条斑紫菜的膨大藻丝；b. 坛紫菜的膨大藻丝

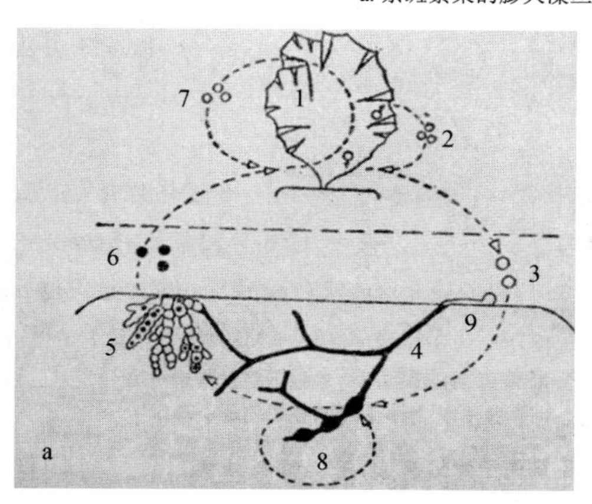

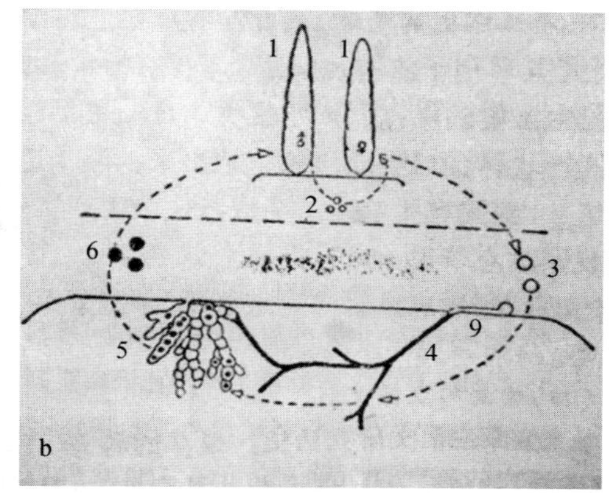

图 9-6　紫菜属种类的生活史

a. 雌雄同体型；b. 雌雄异体型

1. 叶状体；2. 精子；3. 果孢子；4. 丝状体；5. 壳孢子囊枝；6. 壳孢子；7. 单孢子；8. 壳单孢子；9. 贝壳

根据配子体（叶状体）边缘的形态特征，将紫菜属物种分为 3 组：a. 全缘紫菜组，叶状藻体的边缘光滑。b. 刺缘紫菜组，叶状藻体的边缘有刺状突起。c. 边缘紫菜组，叶状藻体的边缘有缺刻。

紫菜味道鲜美、营养丰富，我国沿海居民历来有采食紫菜的传统习惯。紫菜的营养价值居目前大型栽培海藻的首位，富含蛋白质和氨基酸，游离氨基酸达 50%；富含 EPA，含量约占脂肪酸的 50%；富含维生素，有“维生素的宝库”之称。

已知该属有 55 种，我国报道紫菜属有 24 种及变种，常见的有全缘紫菜组：条斑紫菜、甘紫菜、半叶紫菜华北变种、拟线形紫菜。边缘紫菜组：边紫菜。刺缘紫菜组：坛紫菜、长紫菜、皱紫菜、圆紫菜、广东紫菜、单胞紫菜等。我国紫菜属分种检索表如下：

1　配子体边缘无退化细胞……………………………………………………………………2

1　配子体边缘有退化细胞……………………………………………………………………22

　2　配子体边缘有锯齿…………………………………………………………………………3

2 配子体边缘无锯齿……14
3 配子体边缘细胞不稀疏……4
3 配子体边缘细胞稀疏……12
4 配子体不呈裂片状……5
4 配子体呈裂片状或簇状……6
5 配子体圆形、椭圆形、肾脏形或漏斗形……7
5 配子体亚卵形或披针形……8
6 配子体圆形，雌雄同体，体高 10 cm 以下，厚 50～60 μm……皱紫菜 *P. crispate*
6 配子体亚卵形或披针形，雌雄同体，体高 10 cm 以上……9
7 配子体高 10 cm 以下，厚 30～60 μm……10
7 配子体高 10 cm 以上，厚 20～40 μm，全年放散单孢子……单孢紫菜 *P. monosporangia*
8 配子体披针形，雌雄异体……长紫菜 *P. dentata*
8 配子体披针形，雌雄同体……11
9 配子体披针形或亚卵形，有 2～6 个裂片……23
9 配子体披针形、椭圆形或长卵形，有 5～10 个裂片……多枝紫菜 *P. ramosissima*
10 配子体圆形或肾脏形，雌雄生殖细胞混杂排列……圆紫菜 *P. suborbiculata*
10 配子体漏斗形，大量放散单孢子，冬天藻体消失……圆紫菜青岛变种 *P. suborbiculata* var. *qingdaoensis*
11 配子体高 10 cm 以上，雌雄生殖细胞相间排列……福建紫菜 *P. fujianensis*
11 配子体高 30 cm 以上，雌雄生殖细胞混杂排列……广东紫菜 *P. guangdongensis*
12 配子体细胞单层或局部双层，锯齿由 1～3 个细胞组成，雌雄异体或同体……坛紫菜 *P. haitanensis*
12 配子体细胞单层，边缘有锯齿，雌雄异体……13
13 锯齿由 1 至几十个细胞组成，形态多样……坛紫菜巨齿变种 *P. haitanensis* var. *grandidentata*
13 锯齿由 1 至十几个细胞组成……坛紫菜养殖变种 *P. haitanensis* var. *culta*
14 配子体披针形、倒卵形或不规则椭圆形……15
14 配子体半圆形或肾形……16
15 雌雄同体，精子囊结构面积小，肉眼不能识别……少精紫菜 *P. oligospermatangia*
15 雌雄同体，精子囊结构面积大，肉眼能识别……17
16 配子体薄，有深裂，基部脐形……深裂紫菜 *P. schistothallus*
16 配子体薄，无深裂，基部心脏形……柔薄紫菜 *P. tenuis*
17 精子囊栅状排列……18
17 精子囊不呈栅状排列……19
18 精子囊宽 2 mm 以下……青岛紫菜 *P. qingdaoensis*
18 精子囊宽 2 mm 以上……条斑紫菜 *P. yezoensis*
19 配子体高 25 cm 以上……甘紫菜 *P. tenera*
19 配子体高 25 cm 以下……20
20 精子囊呈棋盘状排列……列紫菜 *P. seriata*
20 配子体常附生在大型海藻藻体上……21
21 附生在铁钉菜上，雌雄生殖细胞混杂排列……铁钉紫菜 *P. ishigecola*

21 附生在叉枝藻上，雌雄生殖细胞分区排列，雄性所占区域明显少于雌性，雌雄异体时，仅见雄体……………………………………………………半叶紫菜华北变种 *P. katadai* var. *hemiphylla*

22 雌雄同体，边缘的退化细胞有 5～10 排 ……………………………………边紫菜 *P. marginata*

22 雌雄异体，边缘的退化细胞有 2～6 排，有锯齿……………………………刺边紫菜 *P. dentimarginata*

23 雌雄同体，叶状藻体厚 20～25 μm ……………………………………………越南紫菜 *P. vietnamensis*

23 雌雄同体或异体，叶状藻体厚 50～56 μm ……………… 坛紫菜裂片变种 *P. haitanensis* var. *schizophylla*

——条斑紫菜（*P. yezoensis* Ueda, 1932），配子体（叶状藻体）鲜紫红、紫褐或紫黑色，由固着器、柄和叶片组成（图 9-7）。固着器盘状，固着在礁石上；柄部短小，不明显；叶片卵形或长卵形，基部圆形或楔形（图 9-8）。叶片边缘有皱褶，光滑无锯齿，属全缘紫菜组（图 9-9）。自然生长的一般长 12 cm 以上，宽 2 cm 以上，养殖的长可达 1 m 以上，宽 15 cm 以上，厚 30～50 μm。藻体由单层细胞组成，表面观基部细胞多延伸为卵形或长棒形，其他部位呈多角形。边缘细胞较薄，而中部稍厚，基部细胞最厚。细胞中央有一个星状色素体，1 个周位细胞核，色素体中央有 1 个大蛋白核，其内有类囊体弯曲伸入，类囊体 11～16 条，无外周类囊体。条斑紫菜孢子体呈分枝丝状，微小，通常生活在死亡软体动物的贝壳内，在内壳面可见点状或斑块状的藻落。丝状孢子体的细胞长形，直径 3～5 μm，长度为宽度的 5～10 倍，细胞内有 1 个细胞核，色素体侧生，带状，细胞间有孔状联系。人工培养时，不附着于贝壳等基质上，而悬浮生长于海水中，该藻体称为游离丝状体或自由丝状体。丝状藻体的发育可分为果孢子萌发、丝状藻丝的生长、壳孢子囊枝的形成、壳孢子形成和壳孢子放散 5 个时期。

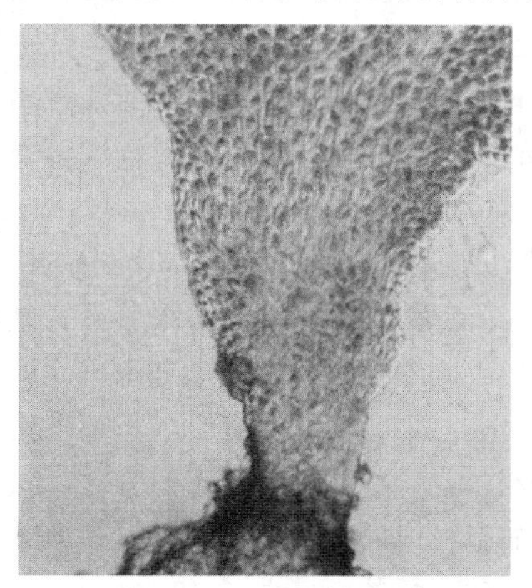

图 9-7 条斑紫菜的基部

固着器、柄和叶片（标尺 100 μm）

图 9-8 条斑紫菜

藻体外形（标尺 5 cm）

条斑紫菜的生殖方式包括营养生殖、无性生殖与有性生殖。人工栽培条斑紫菜时，可收获多茬紫菜，即收割紫菜叶片后，剩余藻体部位可继续生长，紫菜的叶片具有增殖新个体的能力；条斑紫菜的长丝状体在人为粉碎后，形成的小段可继续生长，这种方式属于营养生殖方式。无性生殖时条斑紫菜丝状孢子体可产生壳孢子，萌发长成叶状体。

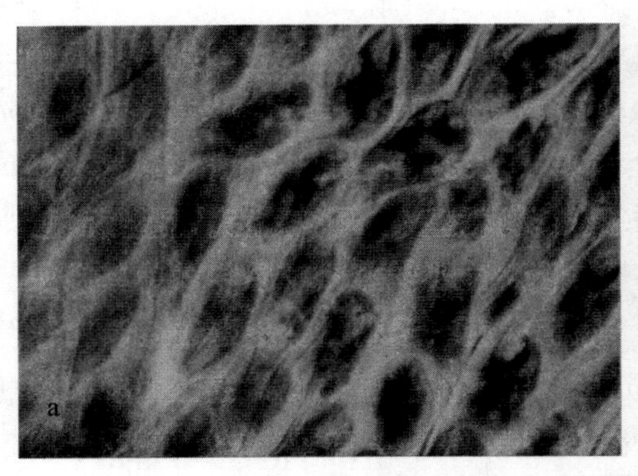

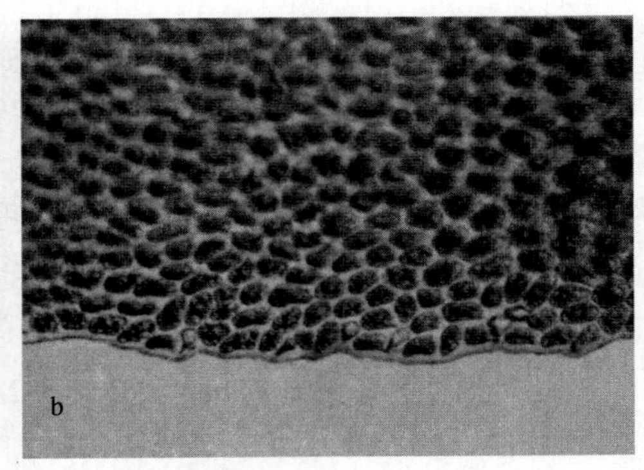

图 9-9 条斑紫菜的基部细胞及叶状配子体边缘

a. 基部细胞；b. 叶状配子体边缘

有性生殖时，条斑紫菜雌雄同体，叶状配子体一侧的边缘营养细胞形成精子囊，每个精子囊产生 128 个或 64 个精子，分裂式为♂$A_4B_4C_8$或♂$A_2B_4C_8$；另一侧的边缘营养细胞形成果胞，果胞受精后的合子发育形成果孢子囊，每个果孢子囊产生 16 个果孢子，分裂式为♀$A_2B_2C_4$。条斑紫菜的叶状配子体还可产生单细胞生殖细胞，从藻体上释放后可直接萌发为叶状体，即具有单性生殖方式。雌性生殖细胞进行单性生殖称为孤雌生殖，雄性生殖细胞进行单性生殖称孤雄生殖。条斑紫菜进行单性生殖时其后代性别与母体相同，均为雌性或雄性。

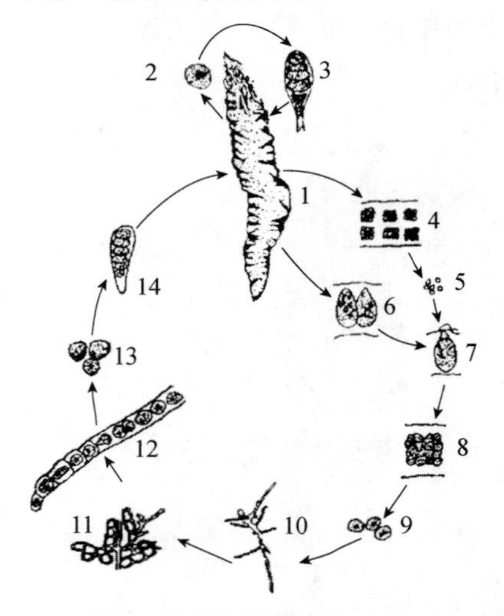

图 9-10 条斑紫菜生活史

1. 配子体；2. 单细胞生殖细胞；3. 萌发后的幼苗；4. 精子囊；5. 精子；6. 果胞；7. 受精卵；8. 果孢子囊；9. 果孢子；10. 孢子体；11. 孢子囊枝；12. 孢子囊枝放大；13. 壳孢子；14. 壳孢子萌发长成的幼苗

条斑紫菜生活史属于不等世代型，有配子体和孢子体两个世代，配子体大，而孢子体小（图 9-10）。

条斑紫菜是北太平洋西部特有种类，多生长在中、低潮带礁石上。在我国自然生长于浙江舟山群岛以北的渤海、黄海和东海沿岸。是我国长江以北沿海地区的主要栽培种类。

——坛紫菜（*P. haitanensis* T. J. Chang et B. F. Zheng），配子体暗紫色或红褐色，由固着器、柄和叶片组成（图 9-11）。固着器盘状，固着在礁石上；柄部短小；叶片披针形、亚卵形或长卵形，基部多为心脏形，少数圆形或楔形；边缘无皱褶或稍有之，具稀疏的、由 1～3 个细胞组成的锯齿状小突起，属刺缘紫菜组（图 9-12）。自然生长的坛紫菜长 12 cm 以上，栽培的长可达 2 m 以上，最长的达 4.44 m，宽 8 cm 以上，厚 60～110 μm。藻体由单层细胞组成，细胞间无孔状联系，外被胶质层，胶质层厚 17～26 μm。表面观基部细胞呈圆形，其他部位的为多角形。多数细胞中央有一个星状色素体，色素体中央有 1 个球形蛋白核，有多条类囊体平行伸入蛋白核。丝状孢子体呈红褐色，细胞长柱形，有 1 个细胞核，叶绿体侧生，带状，细胞间有孔状联系。坛紫菜丝状孢子体的发育可分为果孢子萌发、丝状藻丝的生长、壳孢子囊枝的形成、壳孢子形成和壳孢子放散 5 个时期。自然条件下，坛紫菜的丝状孢子体一般生长在死亡软体动物的贝壳内，形成外观为点状或斑块状的藻落；人工培养时可获得在海水中悬浮生长的自由丝状体。

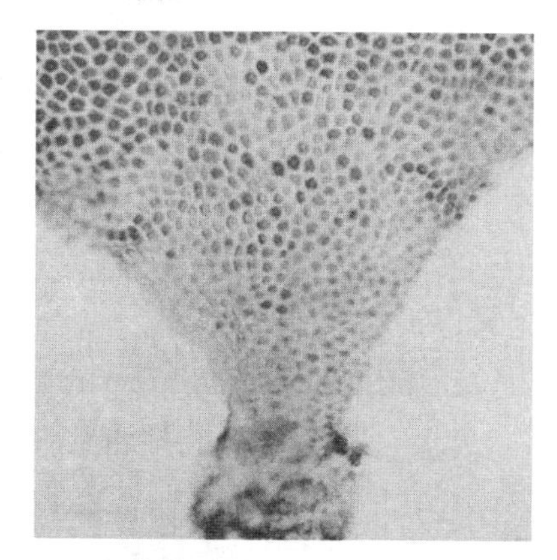

图 9-11　坛紫菜的基部（固着器、柄和叶片）

坛紫菜的生殖方式包括营养生殖、无性生殖与有性生殖。营养生殖方式同条斑紫菜。无性生殖时坛紫菜的丝状孢子体发育形成膨大藻丝、壳孢子囊枝，壳孢子囊成熟后放散壳孢子，壳孢子在适宜条件下萌发长成叶状体。有性生殖时，坛紫菜配子体一般雌雄异体，少数雌雄同体，同体时两性生殖结构对半分布，或以直线或曲线为界分别集中于一定区域。每个精子囊产生 128 个或 256 个精子，表面观 16 个，分裂式为♂$A_4B_4C_8$或♂$A_4B_4C_{16}$；每个果孢子囊产生 16 个或 32 个果孢子，分裂式为♀$A_2B_2C_4$或♀$A_2B_4C_4$。

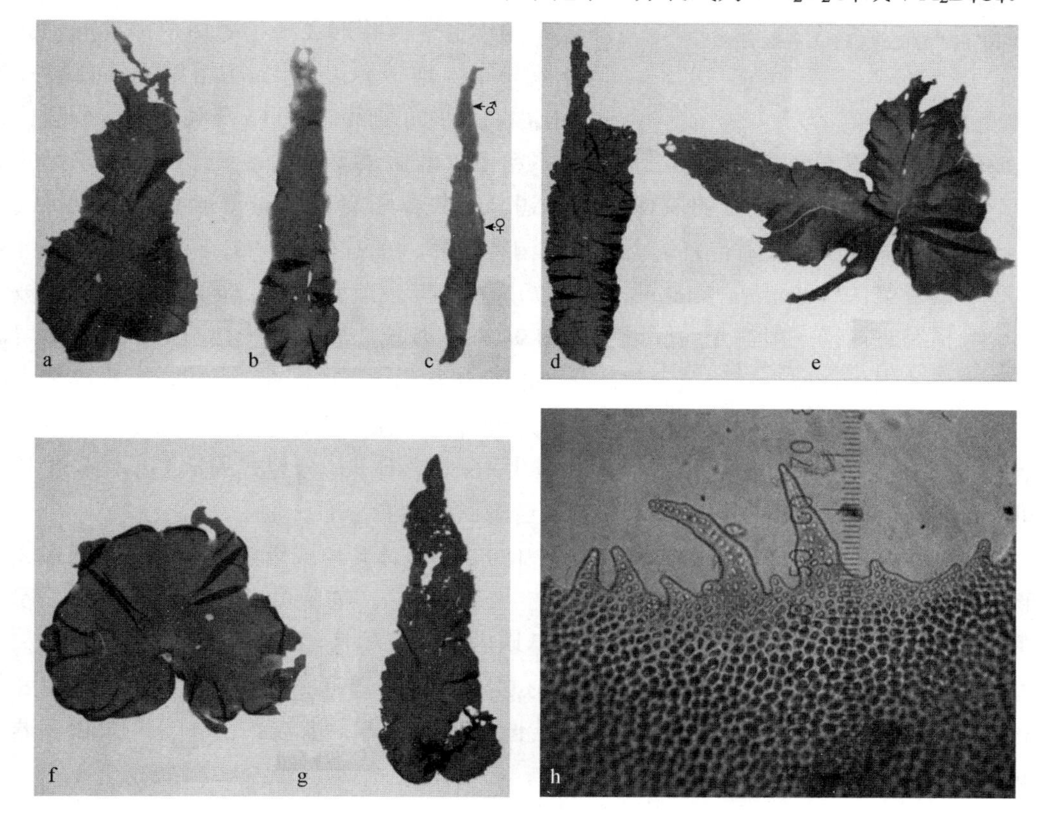

图 9-12　坛紫菜

a. 雌体；b. 雄体；c. 雌雄同体；d. 养殖变种；e. 裂片变种；f. 巨齿变种；g. 巨齿变种；h. 巨齿变种的显微结构（郑宝福等，2009）

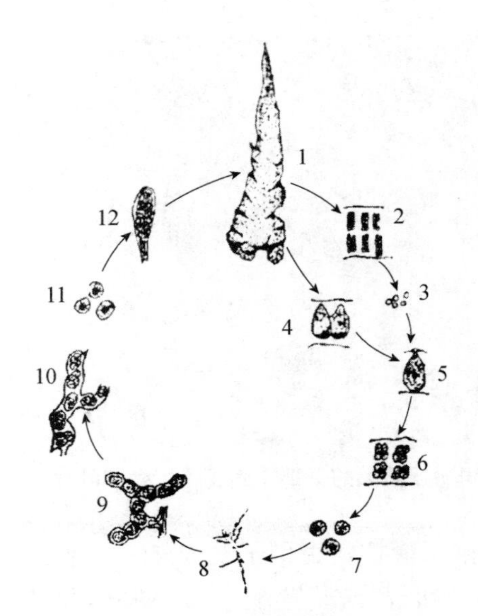

图 9-13 坛紫菜生活史

1. 配子体；2. 精子囊；3. 精子；4. 果胞；5. 受精的果胞；6. 果孢子囊；7. 果孢子；8. 孢子体；9. 孢子囊枝；10. 孢子囊枝放大；11. 壳孢子；12. 壳孢子萌发长成的幼苗

坛紫菜生活史属于不等世代型，有配子体和孢子体两个世代，配子体大，而孢子体小（图 9-13）。叶状配子体 11 月进入繁殖盛期，直到翌年 3—4 月，形成果胞与精子囊；果胞受精后形成果孢子囊，果孢子释放后藻体腐烂流失；果孢子随波逐流，遇到适宜基质（贝壳）即钻入其中，萌发生长形成丝状孢子体，度过炎热夏季；秋季发育成熟，放散壳孢子，壳孢子萌发形成叶状配子体。

坛紫菜为暖温带性种类，是我国特有种。主要分布于浙江、福建和广东沿海，盛产于福建平潭和莆田沿海，为我国南方的主要栽培种类。该种较耐干旱，多密生于高潮带岩礁上。

——边紫菜（*P. marginata* Tseng et Chang, 1958），藻体淡褐色或黄褐色，圆形，边缘波状有皱褶，固着器圆盘状，高 12～41 cm。细胞单层，边缘有缺刻，属于边缘紫菜组（图 9-14）。雌雄同体，精子囊首先成片出现，并形成精子囊环带，果孢子囊多呈分散分布；精子囊可产生 64 个精子，分裂式为♂$A_2B_4C_8$；果孢子囊可产生 16 个果孢子，分裂式为♀$A_2B_2C_4$，果孢子囊间常有营养细胞混生。精子放散后，藻体上逐渐形成大小不等的孔洞。一般情况下，在有孔洞的藻体上才普遍分布果孢子囊，此时一般在 3 月中旬或下旬。此种通常生长在近低潮带石块上，为我国特有种，在山东有分布。

——长紫菜（*P. dentata* Kjellman, 1897），藻体紫色或紫红色，展开呈长叶形或披针形，边缘稍有皱褶，一般高 15 cm 以上（图 9-15）。基部心脏形，少数圆形；细胞单层，边缘有稀疏的锯齿，属于刺缘紫菜组，锯齿状突起常由 1～3 个细胞组成。雌雄异体，精子囊和果孢子囊都先在藻体边缘出现，然后逐渐蔓延至藻体中部。每个精子囊可产生 128 个精子，分裂式为♂$A_4B_4C_8$，果孢子囊可产生 16 个果孢子，分裂式为♀$A_2B_2C_4$。生长在潮间带岩石上。在我国浙江、福建、广东、台湾和香港有分布。

——圆紫菜（*P. suborbiculata* Kjellman, 1897），藻体紫色或紫红色，展开呈圆形或肾脏形，基部心脏形，少数楔形，高 2 cm 以上（图 9-16）。细胞单层，边缘有锯齿，属于刺缘紫菜组。雌雄同体，精子囊和果孢子囊均出现在藻体边缘，二者呈不规则排列。每个精子囊可产生 64 个精子，分裂式为♂$A_4B_4C_4$，果孢子囊可产生 8 个果孢子，分裂式为♀$A_2B_2C_2$。该种生长在潮间带岩石上，在我国山东、江苏、浙江、福建、广东和香港有分布。

图 9-14 边紫菜

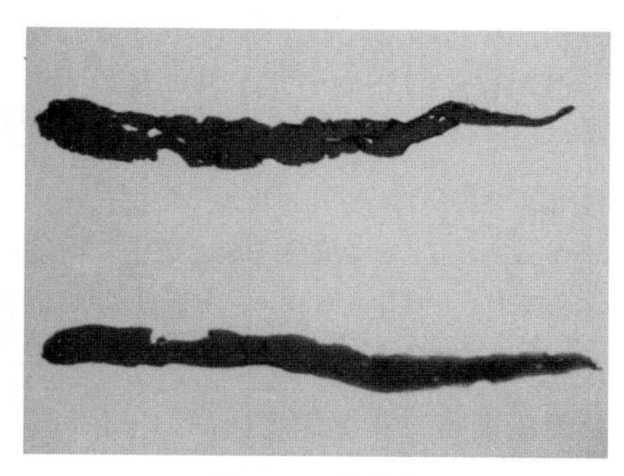

图 9-15 长紫菜

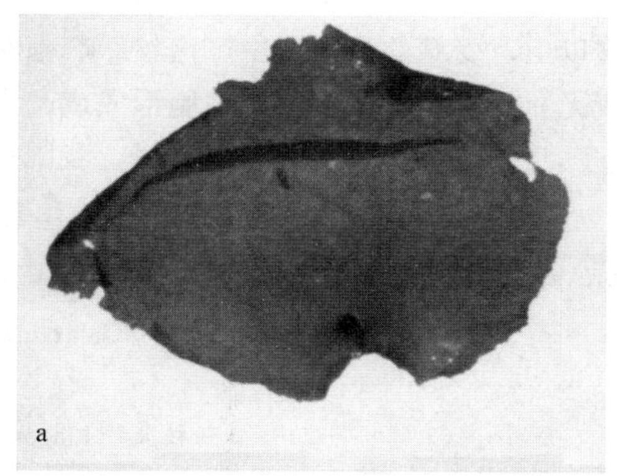

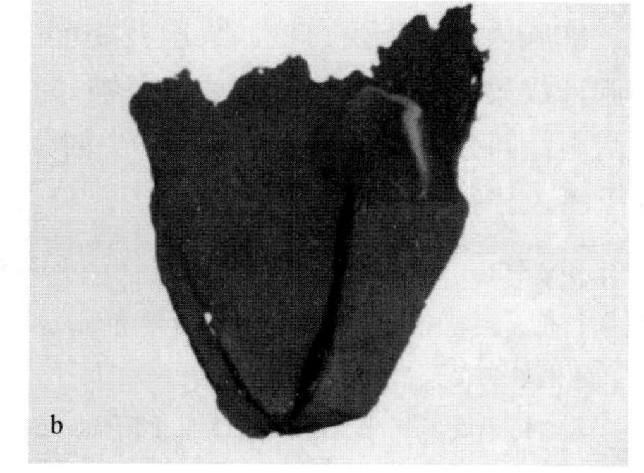

图 9-16 圆紫菜

a. 圆紫菜外形；b. 圆紫菜青岛变种外形

——皱紫菜（*P. crispata* Kjellman, 1897），藻体呈花簇状，圆形或肾脏形，有明显的裂片，基部心脏形或脐形；边缘有锯齿，锯齿常由 1～3 个细胞组成，基部锯齿密集；长 2～4 cm，宽 2～7 cm（图 9-17）。藻体由单层细胞组成，厚 52～60 μm，胞外胶质厚约 10 μm。雌雄同体，藻体边缘细胞产生果孢子囊群和精子囊群。精子囊分裂产生 128 个精子，表面观 16 个，分裂式为♂ $A_4B_4C_8$；果孢子囊分裂产生 16～32 个果孢子，表面观 4～8 个，分裂式为♀ $A_2B_4C_4$ 或♀ $A_2B_2C_4$。该种生长在中潮带岩石上，在我国浙江、福建和台湾有分布。

图 9-17 皱紫菜

（四）海索面亚纲

已知该亚纲分11个目，905种，主要报道6个目，我国报道了3个目，分目检索表如下：

1 藻体为单列细胞的分枝丝状体，生长于其他海藻体内……………………寄生丝藻目 Colaconematales
1 藻体为异丝体、丝状体、壳状或枝叶状体……………………………………………………………2
  2 藻体为异丝体或丝状体，有性生殖时果胞顶生…………………………顶丝藻目 Acrochaetiales
  2 藻体呈丝状体、壳状或枝叶状体，果胞枝3个细胞以上……………………海索面目 Nemaliales

海索面目，藻体配子体与孢子体同形或异形。配子体大，直立，多分枝，枝圆柱形或扁压；内部结构为多轴型，髓部细胞纵向排列呈丝状，皮层细胞也呈丝状排列，一般垂直于藻体表面；藻体钙化或不钙化。孢子体小，呈丝状、壳状或与配子体相同。细胞单核，细胞内有或无蛋白核。果胞枝3个细胞以上，受精的果胞产生产孢丝，产孢丝顶端细胞形成果孢子囊。囊果有或无果被，有或无孔；精子囊由表皮层细胞形成或产生于生殖窝内；四分孢子囊十字形分裂产生四分孢子。已知该目分6个科，282种，我国报道了4个科，分科检索表如下：

1 藻体多数钙化，少数不钙化……………………………………………………………………………2
1 藻体钙化，主枝和侧枝圆柱形，干时常有皱或破碎………………………乳节藻科 Galaxauraceae
  2 藻体不钙化，果胞枝顶生在支持细胞上…………………………………………………………3
  2 藻体钙化或不钙化，果胞枝侧生于同化丝上…………………………………粉枝藻科 Liagoraceae
3 囊果具果被…………………………………………………………………………鲜荼藻科 Scinaiaceae
3 囊果无果被…………………………………………………………………………海索面科 Nemaliaceae

（1）乳节藻科

56种。藻体为枝叶状体，大多数种类的藻体钙化，直立枝扁平叶状，圆柱形、扁压或扁平；亚叉状分枝，分枝光滑、有环纹或多皱，有的种类分枝表面有软毛或硬毛，多轴型结构。四分孢子囊十字形分裂产生四分孢子；果胞枝通常3个细胞，顶生在内皮层的支持细胞上；果胞受精后产生的产孢丝末端细胞形成果孢子囊。已知该科有4属，我国报道了3属，分属检索表如下：

1 藻体粗，分枝伸展，无毛或毛不规则分布…………………………………………………………2
1 藻体较细，分枝交错，有明显、规则的间隔环，环上有硬毛………………幅毛藻属 *Actinotrichia*
  2 无毛，脱钙后外皮层细胞彼此易分离………………………………………果胞藻属 *Tricleocarpa*
  2 有毛，脱钙后皮层细胞粘连…………………………………………………乳节藻属 *Galaxaura*

①乳节藻属（*Galaxaura* J. V. Lamouroux, 1812），藻体钙化，为枝叶状体，有节与节间；枝圆柱形或扁平，或下部圆柱形而上部扁平，分枝通常叉状。藻体内部由髓部和皮层组成，髓部由许多叉状分枝的细胞列错综交织而成，细胞中无色素体；皮层细胞1～3层，球形或扁圆形，细胞中含色素体。四分孢子囊生于同化丝或外皮层细胞中，生殖时

在藻体上形成雌雄生殖窝，切面观圆形或亚圆形。已知该属有24种，我国报道了13种。

——太平洋乳节藻（*G. pacifica* Tanaka, 1935），藻体钙化，浅紫红色，高3～6 cm，固着器盘状，基部有一长1～1.5 cm的短柄，柄上密被长约1 mm、直径14～18 μm的绒毛，枝圆柱形，光滑无毛，有节与节间，节间长<10 mm，分枝叉状（图9-18）。内部由髓部、皮层和表皮层组成，髓部藻丝叉状分枝；内皮层细胞较大，卵圆形或椭圆形；外皮层细胞球形；表皮层细胞小，排列紧密，五角形或六角形，有星状色素体。雌雄同体，成熟时形成球形生殖窝，精子囊圆形或椭圆形。该种一般生长在低潮带岩石上或潮下带3～5 m水深处的珊瑚礁上，在我国广东和海南有分布。

——硬乳节藻（*G. robusta* Kjellman, 1900），藻体钙化，高10 cm，枝圆柱形，有节与节间，节间长8～20 mm，分枝叉状（图9-19）。内部由髓部、皮层和表皮层组成，髓部藻丝叉状分枝，排列疏松；皮层细胞2～4层，内皮层为1层大亚圆形细胞，外皮层为1～3层圆柱形细胞；表皮层为1～2层倒圆锥形细胞，排列紧密，表面观多角形，每个细胞中有1个大星状色素体和1个蛋白核。四分孢子囊短棒形或倒梨形，集生，十字形分裂产生四分孢子。该种一般生长在低潮线附近的岩石上，在我国台湾和广东有分布。

图9-18 太平洋乳节藻

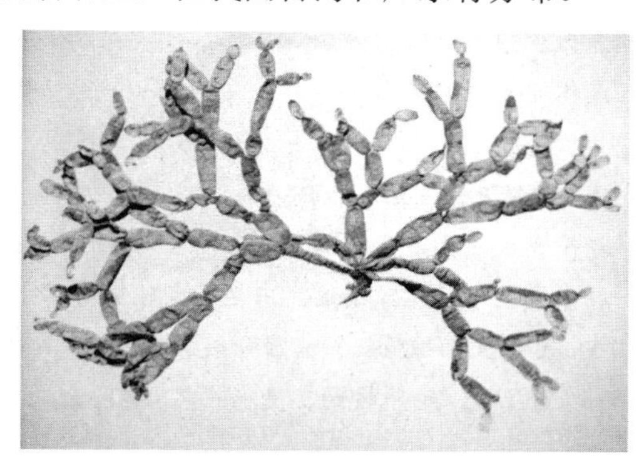

图9-19 硬乳节藻

②果胞藻属（*Tricleocarpa* Huisman & Borowitzka, 1990），藻体为多分枝的枝叶状体，钙化。多轴型结构。皮层细胞3～4层。果胞枝3个细胞，果孢子囊顶生。精子囊生于精子囊窝内。孢子体丝状。

——白果胞藻［*T. oblongata*（Ellis & Solander）Huisman & Borowitzka, 1990］，目前该种被认为是易碎果胞藻［*T. fragilis*（Linnaeus）Huisman & R. A. Townsend, 1993］的同物异名种。藻体为密布叉状分枝的枝叶状体，高2～10 cm。枝圆柱形，无毛，有环纹和节，钙化（图9-20）。内部由表皮层、皮层和髓部组成。雌雄同体。具生殖窝。生长于中、低潮带或低潮线下岩石上，在我国福建、广东和海南有分布。

（2）粉枝藻科

藻体为枝叶状体，胶黏或钙化。果胞枝侧生于同化丝上，果胞受精后，合子先分裂为上、下2个细胞，上位细胞继续分裂产生产孢丝，产孢丝的分枝紧密，顶端细胞形成果孢子囊；囊果裸露或有疏松的果被。已知该科有34属152种，我国报道了7个属的种类，分属检索表如下：

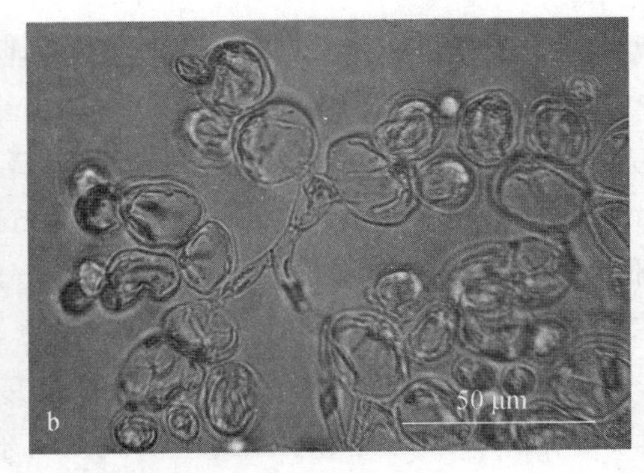

图 9-20　易碎果胞藻（白果胞藻）

a. 藻体外形；b. 皮层及髓部细胞

1　藻体不钙化 ………………………………………………………… 2
1　藻体钙化 …………………………………………………………… 3
　2　果胞枝侧生，少数生于根样丝末端，果胞受精后直接产生产孢丝 ………… 皮丝藻属 *Dermonema*
　2　果胞枝侧生，果胞受精后发生分裂，上位细胞产生产孢丝 ……………… 蠕枝藻属 *Helminthocladia*
3　藻体少量或中等钙化 ………………………………………………… 4
3　藻体通常整体钙化 …………………………………………………… 6
　4　囊果有包围丝 ………………………………………………………… 5
　4　囊果无包围丝 ………………………………………… 拟果丝藻属 *Trichogloeopsis*
5　精子囊生于生殖窝内 …………………………………………… 果丝藻属 *Trichogloea*
5　精子囊生于同化丝顶端，不生于生殖窝内 …………………………… 华枝藻属 *Sinocladia*
　6　髓丝少，细胞粗，直径一般＞40 μm，不育丝少且不包围产孢丝 ………… 殖丝藻属 *Ganonema*
　6　髓丝多，细胞较细，直径一般＜40 μm，不育丝接近或包围产孢丝 ………… 粉枝藻属 *Liagora*

①皮丝藻属（*Dermonema* Harvey ex Heydrich, 1894），藻体黏滑、肥厚多汁，圆柱形或扁圆，重复的多叉状分枝。多轴型。髓部由纵向藻丝交织而成，皮层由分枝的藻丝组成。雌雄异株，果胞枝 3 个细胞，侧生于同化丝细胞的基部。果胞受精后，直接生出 2～4 个产孢丝原始细胞，继而分裂形成规则分枝的产孢丝，其末端细胞形成果孢子囊。已知该属有 5 种，为亚热带性海藻。我国报道了 2 种，在我国台湾和广东沿岸都有生长，多丛生于潮水激荡的中潮带岩石上，分种检索表如下：

1　藻体线状，矮小，分枝末端呈鹿角状 ………………………… 垫形皮丝藻 *D. pulvinatum*
1　藻体圆柱状，较高大，分枝末端非鹿角状 ……………………………… 皮丝藻 *D. virens*

——皮丝藻［*D. virens*（J. Agardh）Pedroche et Ávila Ortiz, 1996］，藻体一般呈红色、紫红色或黄红色，干燥后为黑褐色，黏滑，肥厚多汁，直立，单生或丛生，固着器盘状，高 2～6 cm，直径 1～3.5 mm。主枝圆柱形，分枝叉状，2～4 回，有的部位密生绒毛状小短枝（图 9-21）。内部为多轴型，髓部细胞圆柱形，细胞壁厚，直径为 5～15 μm，两端呈喇叭形或钝圆形。同化丝一般叉状分枝 2～3 回，少数 4～5 回，每枝一般

3～6 个细胞，顶细胞钝头形或水滴形，常见有毛，大小为（8～13）μm×（15.8～31）μm。基部细胞长柱形、囊状或球形，大小为（7.5～12.5）μm×（17.5～42）μm。雌雄异体，精子囊枝叉状，在同化丝的顶部 1～3 个细胞处形成，精母细胞柄状，每个精母细胞产生 1～4 个精子囊，大小为 4 μm×（6～8）μm。果胞受精后，直接长出原始产孢丝细胞，再继续分裂形成产孢丝。果孢子囊棍棒形、长椭圆形或卵形，直径 5～13 μm，长 15～35 μm。该种生长在中、高潮带岩石上，在我国广东、海南、台湾和香港有分布。

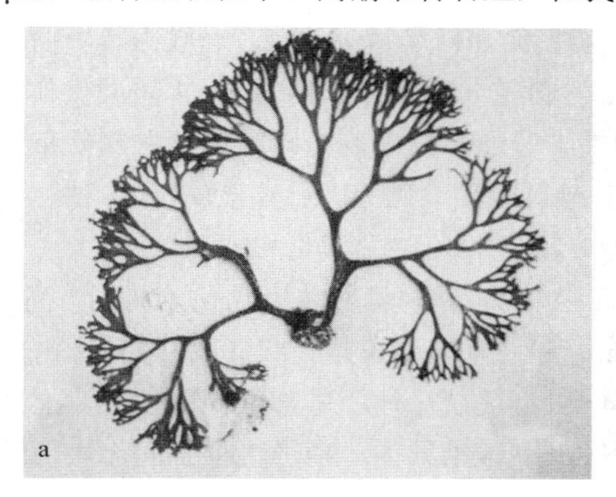

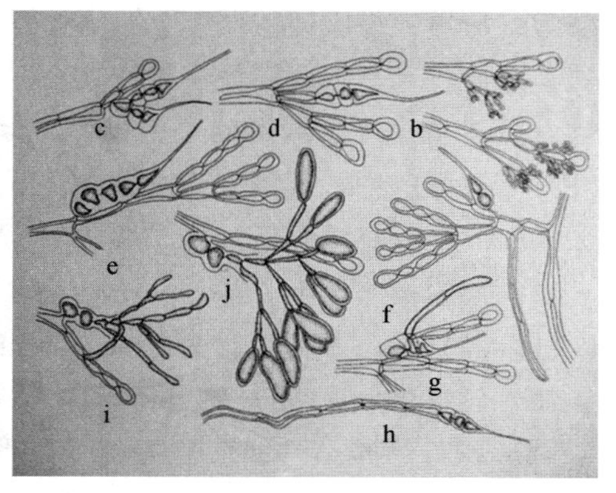

图 9-21　皮丝藻

a. 外形；b. 精子囊枝；c～f. 果胞枝；g. 果胞枝侧面产生根样丝；h. 根样丝末端形成果胞枝；i. 幼期产孢丝；j. 成熟产孢丝

——垫形皮丝藻［*D. pulvinatum*（Grunow et Holmes）Fan, 1962］，藻体暗褐色或棕褐色，干燥时黑褐色，黏滑，矮小，高 1～3 cm，线状，直径 0.8～1 mm。主枝不明显或短，分枝不规则叉状，2～3 回，末端呈鹿角状（图 9-22）。固着器圆盘状，丛生于岩石上，呈半球形或垫状。内部为多轴型，髓丝直径为 1.8～3 μm，同化丝由髓丝细胞顶端膨大处产生，一般 4～5 回分枝，顶细胞倒卵形，长 15～16 μm，宽 6～10 μm。一般为雌雄异体，也有雌雄同体。精子囊多由同化丝顶端的 1～3 个细胞产生，果胞枝一般 2～7 个细胞，常见 3～4 个，偶见 8～12 个，少数果胞有双受精丝或双果胞的变异。果胞枝分枝

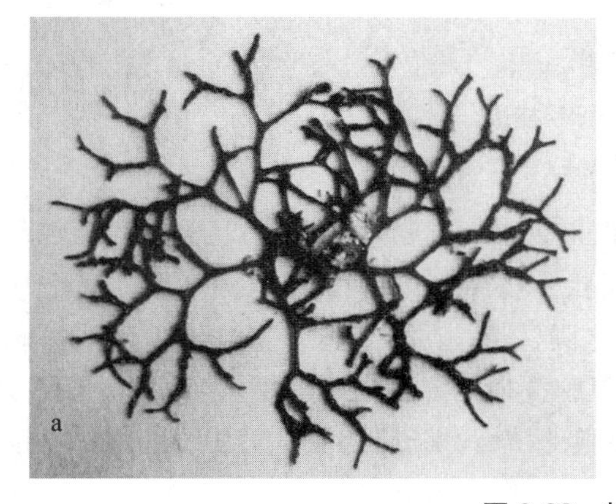

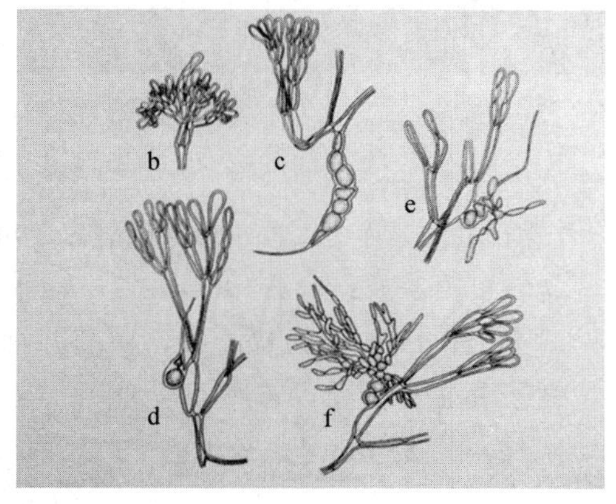

图 9-22　垫形皮丝藻

a. 外形；b. 精子囊枝；c、d. 果胞枝；e. 幼期产孢丝；f. 成熟产孢丝

或不分枝，有的还可长出同化丝或根样丝。果胞受精后，直接长出原始产孢丝细胞，再继续分裂形成产孢丝。该种生长在中、高潮带岩石上，在我国福建、广东、海南及台湾有分布。

②粉枝藻属（*Liagora* Lamouroux, 1812），藻体钙化，叉状或羽状分枝，枝圆柱形或扁压，多轴型结构。雌雄同体或异体，精母细胞常集生于同化丝的顶端或下面的第 2、第 3 个细胞周围，每一个精母细胞的顶端或两侧产生 1 个以上具柄的球形、卵形或伞状排列的精子囊；雌体的果胞枝常顶生于同化丝的第 2、第 3 回叉状分枝上，一般由 2 个以上细胞组成；果胞受精后，合子先横裂为上、下 2 个细胞，上位细胞产生 3～4 回叉状分枝的产孢丝，其末端产生椭圆形的果孢子囊，囊果半球形，具果被。该属种类主要分布于热带、亚热带海区的中、低潮带或潮下带岩石、砂砾或珊瑚礁上。已知该属有 55 种，我国报道了 30 种。

——纤细粉枝藻（*L. filiformis* Fan et Li, 1975），藻体淡红色，钙化，丛生，高 3～5 cm，纤细圆柱形，基部直径为 0.8～1.2 mm，分枝呈稍不规则叉状（图 9-23）。内部多轴型，髓丝圆柱形，宽 18～38 cm；同化丝 4～6 回叉状分枝，基部细胞圆柱形，上部细胞长椭圆形或长倒卵形，顶细胞倒卵形或圆锥形。雌雄异体，精子囊位于同化丝顶端，对生或串生，整体呈伞形。果胞枝 3～4 个细胞，长 30～40 μm，基部细胞较短，果胞大锥状，宽 10～18 μm，囊果半球形。该种生长于低潮带岩石或珊瑚礁上。

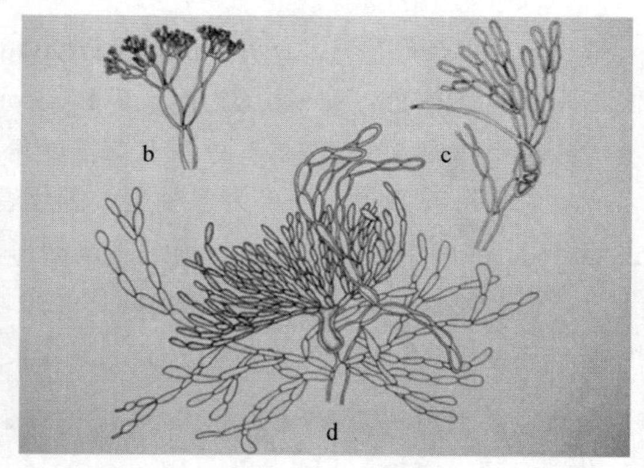

图 9-23 纤细粉枝藻

a. 外形；b. 精子囊枝；c. 侧生的果胞枝；d. 囊果

——海南粉枝藻（*L. hainanensis* Tseng et Li, 2005），藻体基部灰白色，末端淡红色。稍硬，含较多石灰质；高 6～8 cm，3～4 回叉状分枝（图 9-24）。髓丝圆柱形，直径 10～25 μm，同化丝 3～4 回叉状分枝，其基部细胞圆柱形，顶端细胞卵圆形或倒卵形。雌雄异体，精子囊生于同化丝末端，呈伞房状，果胞枝顶生或侧生，有柄，4～5 个细胞；果胞锥形，长 40～55 μm，直径 10～13 μm。果胞受精后，分裂为上、下 2 个细胞，上位细胞经过纵、横分裂产生产孢丝，成熟后其末端产生果孢子囊。该种生于低潮带 4～5 m 深岩石上。

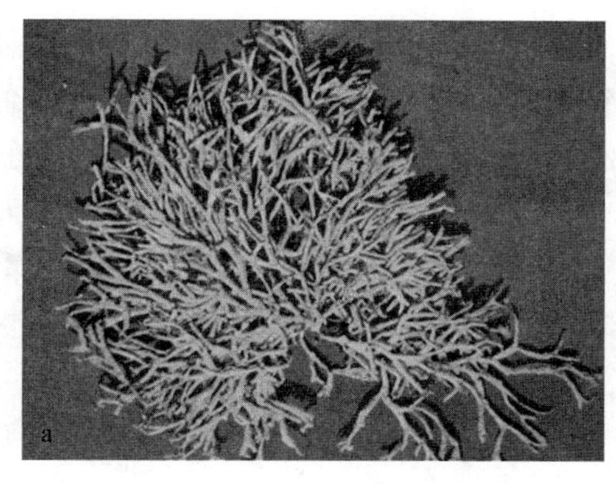

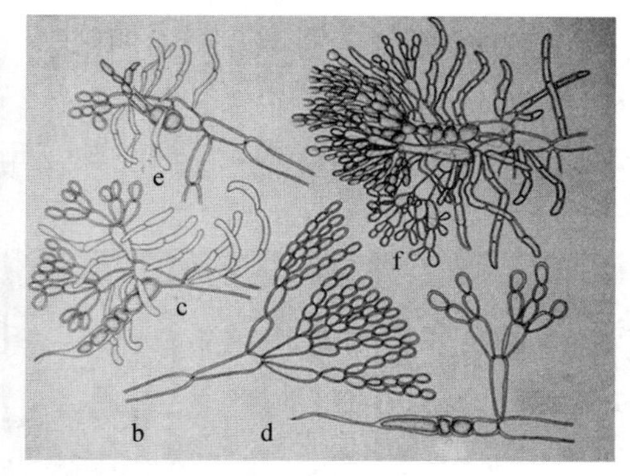

图 9-24　海南粉枝藻

a. 外形；b. 同化丝；c. 侧生的果胞枝；d. 顶生的果胞枝；e. 幼期囊果；f. 产孢丝

③果丝藻属（*Trichogloea* Kützing, 1847），藻体为枝叶状体，钙化，多轴型结构。分枝少，分枝放射状，或羽状排列。孢子体为微小丝状体。有些种类的下层同化丝在形成同化丝束前形成细胞丛，通常具有伸长的小分枝。同化丝的端细胞椭球形或念珠形，具有色素。老同化丝上长出新同化丝，细胞较小，直径 3～4 μm，其上形成果胞枝。果胞受精后，伸长至藻体表面。皮层细胞的顶端细胞通常有 1～2 根无色毛。精子囊在皮层的顶端或近顶端成簇形成。已知该属有 3 种，我国报道了 1 种。

——果丝藻［*T. requienii*（Montagne）Kützing, 1847］，藻体为枝叶状体，紫红色或褐红色，柔软、黏滑，分枝羽状，高 5～30 cm（图 9-25）。多轴型结构。髓部有石灰质沉积。雌雄异体，果胞枝细胞可达 8 个，囊果外有包围丝。精子囊由皮层顶端细胞产生。孢子囊十字形分裂形成四分孢子。该种生长于低潮线附近，在我国台湾有分布。

（3）海索面科

藻体黏滑，单条或分枝，多轴型结构。髓部由密集的藻丝组成，同化丝基部叉状分枝，每个细胞中含 1 个中位或侧位的蛋白核。雌雄同体。精子囊簇生于同化丝的顶部；果胞枝 4～8 个细胞，果胞受精后，合子先横裂为上、下 2 个细胞，上位细胞产生产孢丝；产孢丝的大部分细胞变为果孢子囊；四分孢子囊十字形分裂产生四分孢子。已知该科仅有 1 属 10 种。

海索面属（*Nemalion* Duby, 1830），藻体直立，黏滑，不含石灰质；单条或分枝，枝圆柱形或亚圆柱形。雌雄同体，果胞枝 4～8 个细胞，在同化丝的顶部产生；果胞受精后，合子先横裂为上、下 2 个细胞，囊果有包围丝。已知该属有 10 种，我国报道了 1 种。

——海索面（*N. vermiculare* Suringar, 1874），藻体新鲜时紫红色或黄褐色，直立、黏滑，不分枝或仅基部稍有分枝，长 10 cm 以上，宽 1.2～2 mm（图 9-26）。多轴型结构。髓部由许多藻丝组成；同化丝呈叉状分枝，细胞椭圆形，每个细胞有一个星状色素体。雌雄同体，精子囊及果胞枝常产生自同一藻体的不同分枝上。精子囊由同化丝的末端细胞形成，先产生 4～7 个精子囊母细胞，每个精母细胞产生 4 个放射状排列的精子囊，每个囊成熟后放出 1 个球状、透明的精子。果胞枝 3～5 个细胞，由同化丝的基部细胞形成，果胞受精后，合子先横裂为上、下 2 个细胞，上位细胞产生产孢丝，其末端细胞发育为果孢子囊，囊果球状。该种多生长在高、中潮带岩石上，可食用，在我国山东有分布。

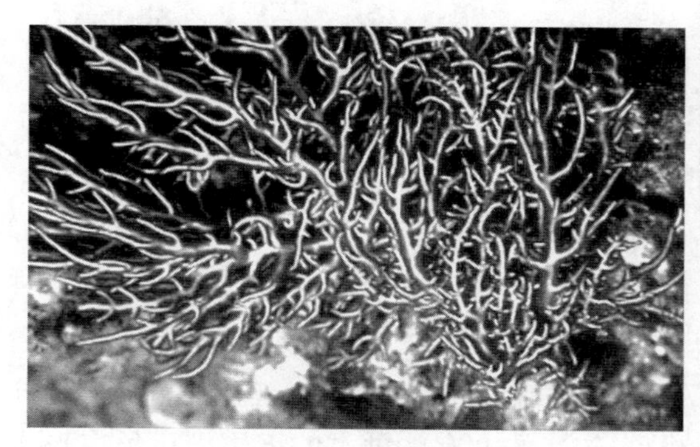

图 9-25　果丝藻

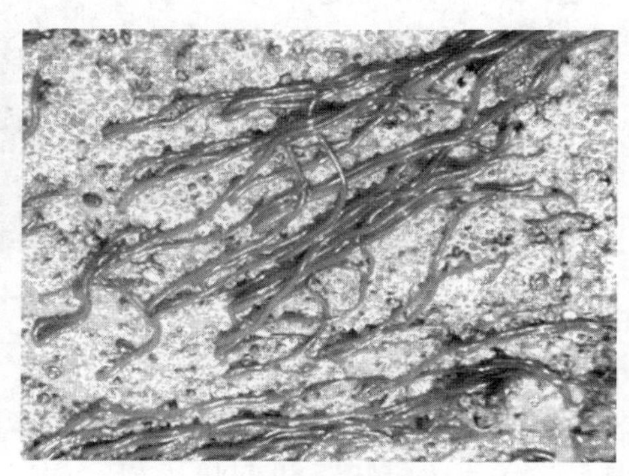

图 9-26　海索面

（4）鲜奈藻科

藻体枝叶状体，不钙化，二叉或亚二叉状分枝，少数不规则分枝；枝圆柱形或扁平。多轴型结构。皮层丝状或假膜状。精子囊产生于外皮层细胞或窝内；果胞枝 3 个细胞，由内皮层丝产生，产孢丝直接由受精的果胞发育而来。囊果不突起，具有分枝的产孢丝和顶端的果孢子囊，成熟时具有明显的果被。孢子体丝状或壳状，孢子囊十字形分裂产生四分孢子。已知该科有 59 种，分 4 个属，我国报道了 1 个属的种类。

鲜奈藻属（*Scinaia* Bivona-Bernardi, 1822），藻体的生活史为不等世代型。配子体大，为枝叶状体，枝圆柱形、扁平或有缢缩；内部为多轴型结构，由髓部和皮层组成。卵式生殖；雌雄同体或异体。精子囊母细胞细长，由皮层细胞形成；果胞枝由 3～4 个细胞组成；囊果壶状，有囊果被。孢子体小，为丝状体；孢子囊十字形分裂产生四分孢子。已知该属有 45 种，我国报道了 3 种，分种检索表如下：

1　藻体念珠状，有规则的深度缢缩 ………………………… 鲜奈藻 *S. boergesenii*

1　藻体非念珠状，无缢缩 ………………………… 2

　2　藻体扁平 ………………………… 扁鲜奈藻 *S. latifrons*

　2　藻体圆柱形 ………………………… 清澜鲜奈藻 *S. tsinglanensis*

——扁鲜奈藻（*S. latifrons* M. Howe, 1911），藻体为枝叶状体，玫瑰红色，高可达 15 cm，基部具小盘状固着器，有一圆柱形短柄，向上枝扁平，5～7 回叉状分枝，枝的边缘明显增厚（图 9-27）。内部构造为多轴型。囊果多在枝的边缘形成，呈明显的暗色点，具有一个囊果孔和 2～4 层细胞的果被。该种生长在潮下带 3～5 m 的珊瑚礁、贝壳或石块上，在我国福建和海南有分布。

——清澜鲜奈藻（*S. tsinglanensis* C. K. Tseng, 1941），藻体为枝叶状体，柔软，肥厚多汁，基部具小盘状固着器，并有 1 个圆柱形短柄，向上为圆柱形枝。分枝二叉式，7～8 回，分枝基部偶有缢缩，分枝顶端略细，圆钝形，枝的中央明显可见中轴线（图 9-28）。藻体内部为多轴型结构，由髓部、皮层和表皮层组成。囊果散生在整个藻体枝上，亚球形，呈红斑点状。囊果成熟时约 260 μm 宽，高与宽约相等，顶端突然缢缩成一明显的短囊孔，囊果被由 3～5 层细胞组成。该种生长在低潮带或潮下带，在我国海南有分布。

图 9-27 扁鲜奈藻

图 9-28 清澜鲜奈藻

（五）伊谷藻亚纲

已知该亚纲分 2 个目、12 种，主要报道了 1 目，即伊谷藻目。

伊谷藻目，藻体具异形的配子体和孢子体，配子体大，孢子体小；配子体直立，多分枝，枝圆柱形或扁压；果胞受精后形成融合胞，囊果突出于藻体表面。孢子体皮壳状，带形分裂产生四分孢子。已知该目仅分 1 个科，11 种。

伊谷藻科的特征与伊谷藻目的特征相似。已知该科仅有 1 属，11 种。

伊谷藻属（*Ahnfeltia* E. M. Fries, 1836），配子体为枝叶状体，坚硬，直立，多回二叉分枝。多轴型，外皮层紧密连接的细胞层放射状排列，有孔状联系。有性生殖卵配，果孢子体没有果被，可进行孤性生殖。四分孢子体壳状，四分孢子囊带状分裂。已知该属有 11 种，我国报道了 2 种，分种检索表如下：

1 藻体枝圆柱状，纤细，枝径 0.3 mm 左右……………………………………………帚状伊谷藻 *A. fastigiata*

1 藻体除基部外，呈扁圆、扁压或扁平叶状，枝径可达 1 mm……………莺歌海伊谷藻 *A. yinggehaiensis*

——帚状伊谷藻［*A. fastigiata*（Endlicher）Makienko, 1970］，藻体为枝叶状体，高 4～5.5 cm，基部固着器盘状，枝圆柱形，二叉式分枝，分枝基部不缢缩，顶端钝形，直径 332～340 μm，变化不大（图 9-29a）。内部为多轴型结构，髓部细胞比皮层细胞大。囊果突出于藻体枝的表面（图 9-29b）。该种生长在潮间带岩石上，在我国广东有分布。

图 9-29 帚状伊谷藻

a. 藻体外形；b. 分枝及囊果

（六）珊瑚藻亚纲

已知该亚纲分 6 个目，630 种，主要报道了 3 个目。

1. 珊瑚藻目

藻体坚硬而脆，钙化，粉红色至白色，多数种类的枝由钙化的节间与不钙化的节组成，节间被节规则地分隔。基部具壳状固着器，藻体顶端生长。多轴型结构，邻接的营养丝细胞常常联生，直接侧面融合或由次生孔状联系连接。生殖细胞在生殖窝内发育，四分孢子囊带形分裂产生四分孢子，偶见二分孢子囊；精子囊分布于生殖窝的底面和侧壁，支持细胞与果胞也生于生殖窝内，每个支持细胞产生 2～3 个果胞枝，果胞枝 1～2 个细胞；果胞受精后，合子核通过连络丝进入支持细胞，后者产生产孢丝，其顶端细胞形成果孢子囊。目前已知该目分 10 个科，630 种，我国报道了 5 个科。

（1）珊瑚藻科

藻体钙化，粉红色至白色，具有钙化的节间与不钙化的节，前者被后者规则地分隔。固着器壳状，多轴型结构，四分孢子囊带形分裂产生四分孢子，偶见二分孢子囊；精子囊分布于生殖窝的底面和侧壁；每个支持细胞产生 2～3 个果胞枝，每个果胞枝 1～2 个细胞，支持细胞与果胞也生于生殖窝内；果胞受精后，合子核通过连络丝进入支持细胞，后者产生产孢丝，其顶端细胞形成果孢子囊。已知该科去掉化石藻属后共分 21 个属，234 种，我国报道了 6 个属的种类：叉节藻属（*Amphiroa* J. V. Lamouroux）、扁节藻属（*Bossiella* P. C. Silva）、唇孢藻属［*Cheilosporum*（Decaisne）Zanardini］、珊瑚藻属（*Corallina* Linnaeus）、叉珊藻属（*Jania* J. V. Lamouroux）和呼叶藻属（*Pneophyllum* Kützing）。

①叉节藻属（*Amphiroa* J. V. Lamouroux, 1812），藻体固着器壳状，其上长出具 1 至几个分枝、有节与节间的直立部。节间钙化而节不钙化，二者相间连接，分枝叉状或不规则。节间由髓部和皮层组成，髓部细胞为高 5～20 μm 的短细胞或高 40～130 μm 的长细胞，皮层细胞短，相邻藻丝上的细胞通常通过次生胞间孔状联系相连，无细胞融合。节部也由髓部和皮层组成，髓部细胞 1 层至数层，或短或长、未钙化，皮层细胞也不钙

化。生毛细胞底部表面观圆形，孔在中央。生殖细胞在生殖窝内产生，生殖窝位于节间的表面，或在固着器基部。四分孢子囊窝最初形成时环状，环绕不育细胞，有时也形成中央细胞群。当初生生殖细胞顶上被外围丝覆盖时形成有性生殖窝，孢子萌发长成壳状的幼苗，少数种类通过单一连续的藻丝形成内生植物。已知该属有 68 种，我国报道了 15 种、2 变型（丁兰平等，2015b；夏邦美，2013）：网结叉节藻（*A. anastomosans* Weber-van Bosse）、宽扁叉节藻（*A. dilatata* Lamouroux）、*A. beauvoisii* Lamouroux、*A. bowerbankii* Harvey、平滑叉节藻［*A. ephedraea*（Lamarck）Decaisne］、瘦小叉节藻（*A. exilis* Harvey）、叶状叉节藻（*A. foliacea* J. V. Lamouroux）、脆叉节藻［*A. fragilissima*（Linnaeus）J. V. Lamouroux］、伽氏叉节藻（*A. gaillonii* Lamouroux）、*A. Misakiensis* Yendo、小叉节藻（*A. pusilla* Yendo）、硬叉节藻（*A. rigida* J. V. Lamouroux）、椭圆叉节藻（*A. subcylindrica* Dawson）、法囊氏叉节藻（*A. valonioides* Yendo）、带形叉节藻（*A. zonata* Yendo）、脆叉节藻原变型［*A. fragilissima* f. *fragilissima*（J. V. Lamouroux）Weber-van Bosse］和脆叉节藻轮枝变型［*A. fragilissima* f. *cyathifera*（J. V. Lamouroux）Weber-van Bosse］。

——网结叉节藻（*A. anastomosans* Weber-van Bosse, 1904），藻体粉红至紫色，高 1～2 cm，丛生于低潮带迎风礁石上；分枝圆柱形，为规则的二叉状，有时网状（图 9-30）。纵切面观节不明显，由髓部和皮层组成，节间由 4～5 列长细胞组成，细胞长 38～95 μm，与一列长 12 μm 的短细胞交替排列。孢子囊窝稠密分散在节间表面，其内径为 160～180 μm，成熟时产生四分孢子。该种在我国广东有分布。

——叶状叉节藻（*A. foliacea* J. V. Lamouroux, 1824），藻体灰紫红色，高 3～5 cm，由匍匐枝和直立枝组成（图 9-31）。分枝呈二叉或三叉状，有时节伸出不定分枝，水平伸长的分枝有明显的翼状节片，节片上有明显的中肋，直立部呈扁压的圆柱状。纵切面观节间的髓部由 3～4（5）列长 50～90 μm 的细胞组成，与一列长 7～13（20）μm 的短细胞交替排列。孢子囊窝侧生，分散在节间表面，其内径为 230～360 μm，成熟时产生长 42～50 μm 的四分孢子。该种一般生长在中、低潮带岩石上，在我国南海有分布。

图 9-30　网结叉节藻

图 9-31　叶状叉节藻

②扁节藻属（*Bossiella* P. C. Silva, 1957），藻体固着器壳状，其上长出具 1 至数个分枝的直立部，具有明显的背腹面，分枝羽状或叉状，不钙化的节与钙化的节间相间排

列；节间圆柱形、亚圆柱形或扁压，具有中脉和翼；内部由髓部和皮层组成，髓部有长度相同的直线细胞形成的弓形层，节部由单层、长而不分枝的细胞组成。相邻藻丝的细胞常融合，无次生孔状联系。生殖细胞在由节间皮层细胞形成的生殖窝内产生。成熟时1至数个生殖窝突出于节间表面，并具有中央位或偏位的窝孔。四分孢子囊或二分孢子囊窝在孢子释放前产生30个以上的成熟孢子囊。雌雄异体。精子囊窝开孔于短喙顶端，果胞窝产生大量支持细胞和果胞枝，果孢子囊窝形成宽扁的融合胞及产孢丝，孢子萌发长成壳状幼苗，随后慢慢生长扩展并长出直立部。此属的特点是生殖窝侧生。目前已知该属有16种，我国报道了1种。

——粗扁节藻［*B. cretacea*（Postels & Ruprecht）H. W. Johansen, 1969］，藻体粗壮，高5～7 cm，有钙化的节间和不钙化的节，分枝常从节间长出，二叉状或不规则（图9-32）。近基部的节间圆柱形，直径1～2 mm，主枝上部圆柱形或略扁压；侧枝的节间圆柱形，顶部渐细或呈念珠状。藻体的节间由髓部和皮层组成，纵切面观皮层较厚，髓部由数层等长的细胞组成，节部由单列细胞组成。相邻藻丝的细胞通过融合相连。四分孢子囊窝半球形，侧生在节间表面。有性生殖窝未见。该种生长在中、低潮带的石沼中，或潮下带2～3 m处，在我国辽宁、山东有分布。

③唇孢藻属［*Cheilosporum*（Decaisne）Zanardini, 1844］，藻体直立，由钙化的节间与不钙化的节组成，节间扁平，固着器壳状。切面观藻体内部由髓部、皮层和表皮层组成。生殖时形成生殖窝，生殖窝由节间边缘、近分枝顶端产生。已知该属仅有1种，我国报道了1种。

——唇孢藻［*C. acutilobum*（Decaisne）Piccone, 1886］，目前该种被认为是叉珊藻属 *Jania acutiloba*（Decaisne）J. H. Kim, Guiry & H.-G. Choi, 2007的同物异名种。藻体为枝叶状体，由钙化的节间与不钙化的节组成，高2～3（6）cm。固着器盘状，分枝多对生，近基部的节间呈圆柱形，其他节间扁压，并具有明显的中肋（图9-33）。节间长0.5～0.7 mm、宽2 mm左右。该种生长在中、低潮带岩石上或石沼中，以及潮下带有波浪冲击的礁石上，在我国台湾、海南有分布。

图9-32 粗扁节藻

图9-33 唇孢藻

④珊瑚藻属（*Corallina* Linnaeus, 1758），藻体钙化，由壳状的固着器及其上生长的羽

状分枝组成。具不钙化的节和钙化的节间。节间楔形，由髓部和皮层组成，相邻藻丝的细胞融合，细胞间可进行细胞核转移，无次生孔状联系；节由单层、长而直的不分枝细胞组成，节细胞不钙化，而那些凸出形成节间的细胞除外。藻体有生毛细胞，但通常不明显，表面观圆形，中央有孔。生殖细胞在生殖窝内形成，生殖窝由枝顶端的髓部分裂组织产生。藻体成熟时，具有生殖力的节间出现隆起的生殖窝，生殖窝孔中央位。在孢子释放前四分孢子囊窝中成熟的四分孢子超过 30 个，二分孢子囊罕见。孢子囊母细胞分裂成初生孢子和柄细胞，随后孢子增大，核减数分裂，同时胞质移动，产生带形孢子囊，生殖窝偶尔在顶上产生分枝。雌雄异体，每个精子囊孔位于其顶部凸出的喙尖处，无分枝，精子囊母细胞和精子囊从窝内底或壁上基细胞中产生，果胞的生殖窝中有支持细胞和果胞枝，每个果孢子囊窝有一个融合胞，从其侧面或上方形成产孢丝，果孢子囊窝有时产生分枝；孢子萌发长成外壳状幼体，藻体从壳部继续生长、发育。目前已知该属有 29 种，我国报道了 2 种，分布在黄海、渤海，分种检索表如下：

1　节间无明显的中肋，主枝节间髓部细胞 16～19 层 ……………………………………… 珊瑚藻 *C. officinalis*
1　节间有明显的中肋，主枝节间髓部细胞 8～12 层 ………………………………………… 小珊瑚藻 *C. pilulifera*

——珊瑚藻（*C. officinalis* Linn, 1767），藻体紫红色，高 4～7 cm，羽状分枝 2～3 回，有节与节间（图 9-34）。主枝节间基部圆柱形，中、上部亚楔形，小枝的节间条裂状。孢子囊及生殖窝轴生在单条小枝的顶端，通常无角。该种生长在中、低潮带岩石上或石沼中，在我国黄海和东海有分布。

——小珊瑚藻（*C. pilulifera* Posels et Ruprecht, 1840），藻体灰紫色，高 3～5 cm，羽状分枝 2～3 回，有节与节间（图 9-35）。节间近基部圆柱形，上部扁压，具不明显的六角，长略大于宽，通常有明显的中肋。孢子囊窝和雌雄生殖窝均轴生在小分枝或短分枝的顶部，常有 2 个侧生的角。生长在潮间带岩石上或石沼中，通常簇生。在我国辽宁大连、河北北戴河、山东荣成、烟台和青岛等地有分布。

图 9-34　珊瑚藻

图 9-35　小珊瑚藻

⑤叉珊藻属（*Jania* J. V. Lamouroux, 1812），藻体固着器皮壳状，有匍匐枝和叉状分枝的直立枝，该属中至少 1 种有羽状分枝。枝圆柱形或亚圆柱形，钙化的节间和不钙化

的节相间连接，少数种类的节间扁平。相邻藻丝的细胞边缘通常融合，无次生胞间孔状联系。节部包括1排不分枝、未钙化的长细胞。生殖细胞在生殖窝内形成，四分孢子囊和果孢子囊的生殖窝由枝顶端的髓部分裂组织产生，具有生殖力的节间处出现隆起的生殖窝，生殖窝孔中央位，有时生殖窝连续生成。在孢子释放前四分孢子囊的生殖窝中，成熟的四分孢子不足10个，孢子囊母细胞分裂成初生孢子和柄细胞，随后孢子增大，核减数分裂，同时胞质移动，产生带形分裂的孢子囊。一般雌雄异体，至少一种雌雄同体，精子囊窝披针形，被有厚壁，有基细胞和精子囊母细胞。果胞的生殖窝有支持细胞和1个细胞的果胞枝，果胞有1个长受精丝，每个果孢子窝里有1个融合胞及从其边缘产生的产孢丝，孢子释放后，萌发成幼孢子体，长成1至数个藻体。一些种类的幼体很容易分离，附生至其他海藻体上继续生长，并形成匍匐枝。已知该属有47种，我国报道了6种，常见1种。

——宽角叉珊藻（*J. adhaerens* J. V. Lamouroux, 1816），目前该种被认为是叉珊藻属 *J. pedunculata* var. *adhaerens*（J. V. Lamouroux）A. S. Harvey, Woelkerling & Reviers, 2020的同物异名种。藻体呈粉红色至紫红色，直立，高1～2 cm，密集簇生在中潮带岩石上或附生在粗糙海藻上（图9-36）。通常以45℃以上的角度分枝，分枝圆柱形，直径60～180 μm，不规则叉状，顶端圆锥形。孢子囊窝瓶形，侧面有角，并最终发育成枝。该种在我国东海和南海海域有分布。

图9-36　宽角叉珊藻

图9-37　蹄形叉珊藻

——蹄形叉珊藻［*J. ungulata*（Yendo）Yendo, 1905］，藻体为枝叶状体，细小，丛生，高约2.5 cm，具多回二叉状分枝，枝通常圆柱形，呈扇状排列。节间长圆柱形，长为宽的3～7倍，末端节间通常宽而扁，呈马蹄形或球形（图9-37）。该种生长在低潮线附近礁石上或其他大型海藻藻体上，在我国台湾有分布。

（2）水石藻科

已知该科分1个亚科，即水石藻亚科（Hydrolithoideae Kato & Baba in Kato et al., 2011），有29种，下分3个属，我国报道了1个属的种类。

水石藻属［*Hydrolithon*（Foslie）Foslie, 1909］，藻体皮壳状，没有节。基部细胞单层，皮层厚，细胞在大小和排列方面不规则，生毛细胞在外皮层产生，无次生胞间孔状联系，有胞间融合，所有的生殖窝单孔。目前已知该属有22种，我国报道了5种，分种检索表如下：

1　藻体固着在礁石或贝壳上 ·· 2
1　藻体附生在大型海藻体上 ·· 端胞水石藻 *H. farinosum*
　2　藻体具1组织性构造 ·· 孔水石藻 *H. onkodes*
　2　藻体具2组织性构造 ·· 3
3　藻体的异形胞多，常4～9个水平排列 ·························· 布氏水石藻 *H. boergesenii*
3　藻体的异形胞少，单个存在 ·· 4
　4　藻体表面光滑 ·· 萨摩亚水石藻 *H. samoense*
　4　藻体表面具瘤状突起 ·· 水石藻 *H. reinboldii*

（3）石叶藻科

224种，下分1个亚科。石叶藻亚科（Lithophylloideae Setchell, 1943），藻体相邻营养丝的细胞主要或仅通过次生孔状联系连接，只有1个种存在细胞融合，有节的种类其节部由1至数层细胞组成。已知该亚科分8个属，224种，我国报道了2个属：石叶藻属（*Lithophyllum* Philippi）和皮石藻属（*Titanoderma* Nägeli in Nägeli & Cramer）。

石叶藻属（*Lithophyllum* Philippi, 1837），藻体有背腹之分，呈球形团块状。以有时被突起包围的壳固着在基质上，或者不固着。壳状部分由匍匐丝或匍匐丝和直立丝组成，直立丝几乎与匍匐丝垂直。匍匐丝细胞弓形或弯曲向上，很少延长形成层。表皮细胞的最外壁圆形或扁平，相邻丝的细胞经常通过次生孔状联系连接，无细胞融合。很少生毛细胞。生殖细胞在生殖窝内形成，四分孢子囊和二分孢子囊窝有时有轴，孢子囊无顶盖，配子囊未知。该属种类较多，目前已知有135种，我国报道了6种。

——新石叶藻（*L. neofarlowii* Setchell & L. R. Mason, 1943），目前被认为是 *Chamberlainium tumidum*（Foslie）Caragnano, Foetisch, Maneveldt & Payri, 2018 的同物异名种。

——微凹石叶藻（*L. kotschyanum* Unger, 1858），藻体浅红紫色，壳状，早期从壳上产生粗壮突起并形成稠密的顶端，高6 cm，直径11 cm，突起宽，扁或圆形，通常在近顶端融合，有时亚叉状分枝（图9-38）。在直立的突起部分，髓部细胞亚长方形，中央部位细胞长13～36 μm，直径5～13 μm；皮层多层，细胞亚方形，长3～5 μm，直径5～7 μm，相邻细胞列之间常有次生孔状联系。孢子囊窝稍凸，单孔，沿枝的侧面产生，内径270～360 μm，孢子囊双孔，长42～50 μm，直径25～33 μm，沿窝腔的边缘分布。该种一般生长在低潮带礁石上，在我国海南有分布。

（4）宽珊藻科

藻体匍匐或直立，直立部不分节。有或无分枝，外形多种多样。藻丝的相邻细胞主要或仅通过细胞融合相连。已知该科分1个亚科。宽珊藻亚科（Mastophoroideae Setchell, 1943），分5属，16种，我国报道了1属。

宽珊藻属（*Mastophora* Decaisne, 1842），藻体不分节，薄壳状或多种外形的皱片状，由细胞或假根松散地固着或不固着在基质上。藻体细胞排列呈丝状，片状部丝的细胞分层并伸长，其上生出的丝由1～3个细胞组成；表皮层细胞的最外壁圆形或扁平，不外展；相邻丝的细胞有时通过融合相连，无次生胞间孔状联系。生毛细胞单生或聚生或两两存在，在片状部丝上产生。生殖细胞在突出的生殖窝内形成。四分孢子囊窝有中心轴，无孢子囊盖，二分孢子囊、配子囊不详。来自东南亚和热带西太平洋岛屿的该属物种曾有报道，目前已知该属有5种，我国报道了2种，分种检索表如下：

1 藻体具叉状或不规则分枝，枝扁平 ………………………………………… 宽珊藻 *M. rosea*
1 藻体壳状，常重叠 ………………………………………………………… 太平洋宽珊藻 *M. pacifica*

——宽珊藻［*M. rosea*（C. Agardh）Setch, 1842］，藻体紫红色，轻度钙化，扁平，干后脆，附生在大型海藻上、自由漂浮或匍匐生长在中潮带或潮下带沙底上（图9-39）。藻体向各方向生出分枝，分枝不规则叉状，直径2～5 mm。脱钙后藻体切面观多呈2层结构，上表皮通常由1层细胞组成，细胞长方形，大小（52～65）μm×（23～29）μm；下表皮细胞纵长方形，呈栅状排列，有时向下生出假根。孢子囊窝显著突出，分散分布于藻体表面，圆锥形，具单孔。内径650～720 μm，窝腔的边缘分布着孢子囊，带形分裂产生四分孢子。该种在我国广东有分布。

图9-38 微凹石叶藻

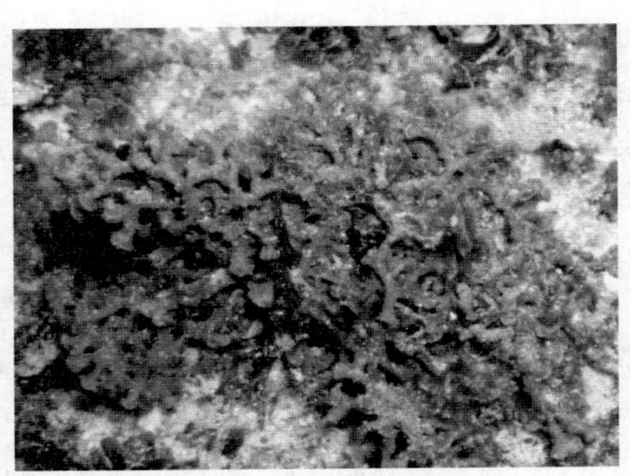
图9-39 宽珊藻

（5）似绵藻科

藻体壳状、疣状、块状或灌木状，不分节。精子囊生于雄性生殖窝的底部或侧壁，孢子囊带形分裂产生四分孢子。已知该科分3个属，54种，我国报道了2个属的种类。

①新角石藻属（*Neogoniolithon* Setchell & L. R. Mason, 1943），藻体呈壳状，有背腹之分，有时被有突起，壳面粗糙；附生或不附生，无固着器。细胞排列呈丝状，最下部方壳中的丝匍匐，细胞形成弓形层。每条营养丝包含晚期或近晚期分生细胞，从而向外分裂产生表皮层细胞，向内分裂产生营养细胞。无伸长的分层细胞。表皮细胞的最外壁圆形或扁平。相邻藻丝的细胞经常融合，无次生胞间孔状联系。有时见生长细胞。生殖细胞在单孔的生殖窝内形成，四分孢子囊和二分孢子囊有或无中轴，无顶盖。已知该属

有 44 种，我国报道了 7 种。

——三叉新角石藻［*N. trichotomum*（Heydrich）Setchell et Mason, 1943］，藻体浅红色至紫红色，一般枝的直径为 5～10 cm，以一薄层硬壳覆盖在潮间带死珊瑚的断体、圆锥形贝壳或石头上（图 9-40）。藻体直立、分枝并密集，甚至突起合生。突起起初亚圆柱形，后期扁压，多数大小（5～15）mm×（1.0～1.5）mm，1 至数次分叉，顶端圆形或截头形。直立部由髓部和皮层组成，髓部细胞多，中心细胞长方形，长 25～35 μm，宽 15 μm；皮层细胞相对少，由少数几层近圆形细胞和一层扁长方形细胞组成，前者细胞长 14～20 μm，宽 9～15 μm，后者长 6 μm，宽 9～12 μm。四分孢子囊窝生于突起顶端，内径 400～600 μm，老的生殖窝被过度生长的组织埋入深处。该种在我国西沙群岛和南沙群岛有分布。

②绵藻属（*Spongites* Kützing, 1841），藻体皮壳状，表面具突起。内部由相似细胞组成 1 个或 2 个组织性结构，相邻细胞间常发生融合。异形胞单生或串生。孢子囊、精子囊和果孢子囊皆形成于生殖窝内。雌窝底部中央具融合胞。已知该属有 9 种，我国报道了 1 种。

——远藤似绵藻［*S. yendoi*（Foslie）Y. M. Chamberlain, 1993］，藻体壳状，常重叠，厚 200～500 μm，表面光滑或具小瘤状突起（图 9-41）。切面观下表皮层由多层细胞组成，相邻细胞间常融合；上表皮层细胞 1 层。异形胞单个散生或串生。该种一般生长在潮间带岩石上，在我国广东有分布。

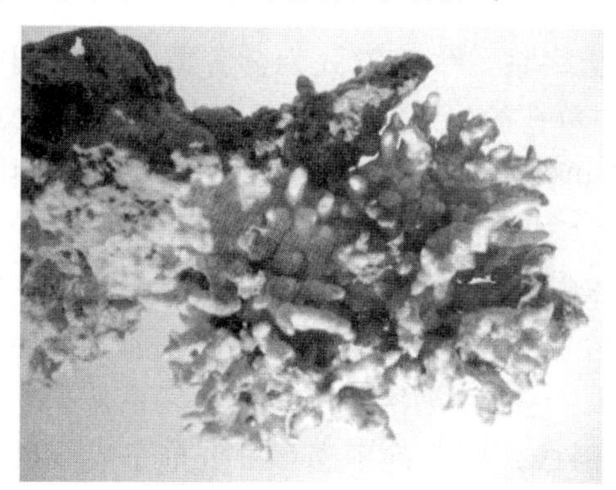

图 9-40　三叉新角石藻

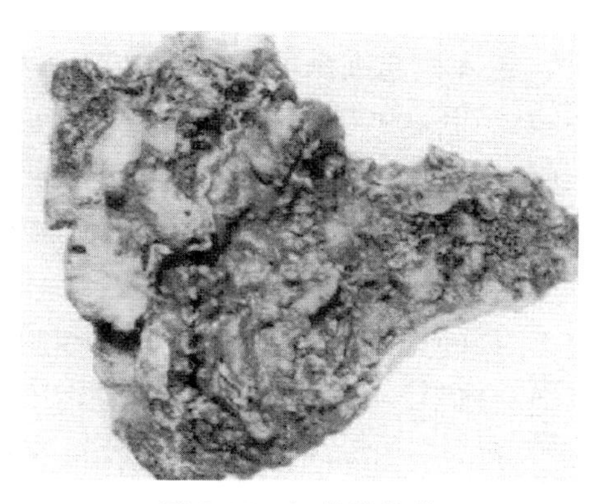

图 9-41　远藤似绵藻

2. Hapalidiales

已知该目分 2 个科，200 种。

（1）Hapalidiaceae

藻体四分孢子囊带形分裂产生四分孢子，四分孢子囊或二分孢子囊在生殖窝内产生，有顶塞，不单独产生于钙化的孢子囊窝中。已知该科有 162 种，分 3 个亚科、20 个属，我国报道了 2 个属的种类：石枝藻属（*Lithothamnion* Heydrich）和膨石藻属（*Phymatolithon* Foslie）。

（2）中叶藻科

藻体囊果有 1 个中央融合胞，果孢子囊周位，精子囊呈树状排列。顶细胞一般扁平至亚圆形。已知该科有 38 种，分 7 个属，我国报道了 1 个属的种类。

中叶藻属（*Mesophyllum* Me. Lemoine, 1928），藻体钙化，不分节，拟薄壁组织结构。疣状、块状、灌木状、饼状，成层或多叶。附生在各种基质（如海藻、软体动物或岩石）上，或不附生而自由生活。一般壳有背腹面，分枝辐射状，或多或少。藻体内部由髓部和皮层组成，相邻藻丝的细胞发生融合。配子囊和果孢子囊在单孔的窝内发育。精子囊和果胞在单独的窝中产生，同体或异体。精子囊由窝顶或窝底的不分枝藻丝上形成，果胞由窝底产生的 2～4 个细胞的不分枝藻丝上产生。果胞受精后形成融合胞，再产生产孢丝，发育成囊果。四分孢子囊或二分孢子囊由孢子体上产生，带状分裂产生孢子。已知该属有 23 种，我国报道了 3 种 2 变型，分种检索表如下：

1　藻体叶片状，无枝状突起 ························ 2
1　藻体表面多枝状突起 ························ 红色中叶藻 *M. erubescens*
　2　藻体较薄，厚度＜200 μm ························ 中叶藻 *M. mesomorphum*
　2　藻体较厚，厚度＞200 μm ························ 拟中叶藻 *M. simulans*

3. 孢石藻目

已知该目仅分 1 科，58 种。

孢石藻科，藻体壳状、瘤状、块状或灌木状，钙化，不分节。营固着、附着或自由生活。藻体相邻细胞间存在细胞融合及次生孔状联系。生殖方式为营养繁殖（断裂生殖）、无性生殖和有性生殖。无性生殖时孢子囊在单孔的生殖窝内产生，孢子囊十字形或带形分裂产生四分孢子。有性生殖时配子囊也由单孔的生殖窝内产生。目前已知该科除 1 个化石属外有 4 属，58 种，我国报道了 1 属。

孢石藻属（*Sporolithon* Heydrich, 1897），藻体由具背腹的壳部和大量的突起组成，固着或不固着，匍匐部无藻丝，髓部细胞弓形排列，而分枝的细胞弯向藻体表面。皮层最外面细胞扁平，外展。相邻的藻丝细胞通常融合；有时可见次生胞间孔状联系，无毛状（异形）细胞。生殖细胞由藻体表面下的藻丝中形成，四分孢子囊和二分孢子囊分散分布，孢子囊中形成钙化的藻丝群。四分孢子囊多十字形分裂，有时带形分裂。二分孢子囊少见。配子囊不甚清楚。目前已知该属有 43 种，我国报道了 1 种。

——孢石藻［*S. erythraeum*（Rothpletz）Kylin, 1956］，藻体皮壳状，表面多疣状突起或圆的突枝。新鲜藻体在背光处深紫色或红褐色，干后绿黄色或灰紫红色，直径可达 12 cm 以上（图 9-42）。纵切面观藻体下表面细胞亚矩形，10 层左右；上表面细胞排列紧密，细胞亚正方形或长方形，相邻细胞间有融合现象。产生四分孢子时，孢子囊多数十字形分裂，少数带形分裂。该种一般生长在中、低潮带风浪较小、有大型藻或其他遮阴物的岩石或珊瑚礁上，在我国海南有分布。

（七）胭脂藻亚纲

已知该亚纲分 1 个目，即胭脂藻目。

胭脂藻目，藻体壳状，表面光滑或具瘤状突起。无性生殖时，孢子囊在具孔的生殖窝内形成，带形或不规则分裂产生孢子，有性生殖不详。已知该目有 19 种，仅分 1 个科。

胭脂藻科，藻体壳状，匍匐，无假根，依靠直立丝侧面紧密连接而成。孢子囊在有孔的生殖窝内形成，带形或不规则分裂产生孢子。有性生殖不详。已知该科有 19 种，分 2 个属，我国报道了 1 属。

胭脂藻属（*Hildenbrandia* Nardo, 1834），藻体扁平皮壳状，薄而硬，厚可达 1 mm，表面光滑或有不规则突起。孢子囊在有孔的生殖窝内形成，带形或不规则分裂产生孢子。有性生殖不详。已知该属有 17 种，我国报道了 1 种。

——胭脂藻［*H. rubra*（Sommerfelt）Meneghini, 1841］，藻体为紫红色的皮壳状，薄，厚 85.8～132 μm，表面光滑（图 9-43）。生殖窝散生于藻体上，亚球形或短烧瓶形，具孔。孢子囊不规则分裂产生孢子。该种生长在潮间带岩石上，在我国辽宁、山东和福建有分布。

图 9-42 孢石藻

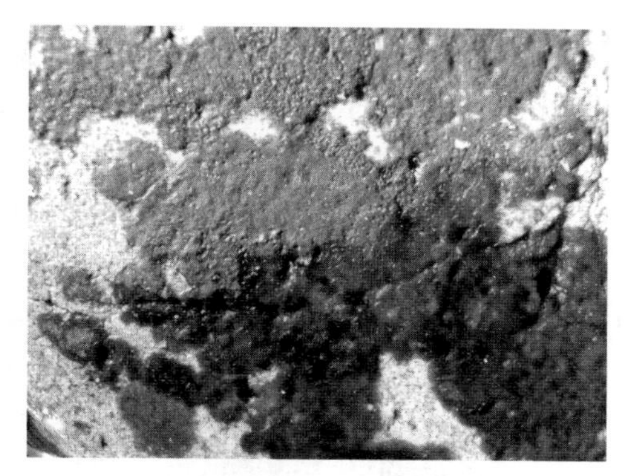

图 9-43 胭脂藻

（八）红皮藻亚纲

该亚纲目前分 15 个目，5 242 种，主要报道了 11 个目的种类。

1. 耳壳藻目

藻体匍匐或由直立与匍匐两部分组成，通常有背腹之分，外形扇状、壳状或分枝状，牢固附着或边缘游离，钙化。结构通常明显分为下层和上层。生活史为 3 世代型。未成熟配子体与孢子体外形相同。有性生殖时雌雄同体或异体，具有生殖瘤，由不育丝分隔。果胞枝 2～4 个细胞，具辅助细胞。孢子囊十字形分裂产生四分孢子。已知该目仅分 1 科，149 种。

耳壳藻科，藻体匍匐或由直立与匍匐两部分组成，通常有背腹之分，外形壳状或分枝状，牢固附着或边缘游离，钙化。结构通常明显分为下层和上层。生活史为 3 世代型。未成熟配子体与孢子体外形相同。有性生殖时雌雄同体或异体，具有生殖瘤，由不育丝分隔。果胞枝 2～4 个细胞，具辅助细胞。孢子囊十字形分裂产生四分孢子。已知该科分 13 个属，149 种，我国报道了 2 个属，分属检索表如下：

1 藻体皮壳状，具密集、不规则分枝的突起，钙化严重 ……………………………… 枝壳藻属 *Ramicrusta*
1 藻体壳状，圆形，表面常有同心圆的生长带，边缘有裂片，基部常钙化 ……… 耳壳藻属 *Peyssonnelia*

①耳壳藻属（*Peyssonnelia* Decaisne, 1841），藻体深红色、紫色或黄绿色，壳状或直立，完全或大部分匍匐，固着器假根状；藻体外观圆形，边缘常有裂片，通常有同心圆的生长线，基部常钙化。有性生殖时雌雄同体或异体。果胞枝 2～4 个细胞，有辅助细胞；精子囊群生；孢子囊形成生殖瘤，十字形分裂产生四分孢子。已知该属有 84 种，我国报道了 5 种。

——充满耳壳藻［*P. distenta*（Harvey）Yamada, 1930］，藻体由匍匐和直立两部分组成，匍匐部扁平，腹面钙化，向下伸出假根状固着器；直立部中空筒状，稍扁压，具数回叉状分枝（图 9-44）。未成熟孢子体与配子体外形相同。孢子囊球状，十字形分裂产生四分孢子。该种生长在低潮线附近或潮下带礁石上，在我国台湾有分布。

——东方耳壳藻［*P. orientalis*（Weber Bosse）Cormaci & G. Furnari, 1987］，藻体壳状，腹面具有较多单细胞的假根，背面光滑并具有纵向条纹，边缘全缘并具有裂片，高 3 cm 以上（图 9-45）。脱钙后切面观，藻体厚 56.1～99 μm，假根长 16.5～33 μm，宽 6.6～8 μm；腹面表面观细胞长柱形，平行排列；背面表面观细胞近圆形或卵圆形。孢子囊生殖瘤突出，散生于藻体表面，孢子囊卵圆形或长卵形，十字形分裂产生四分孢子。精子囊及囊果未发现。该种生长于中潮带或潮下带礁石上，在我国福建、广东、海南岛和西沙群岛有分布。

图 9-44 充满耳壳藻

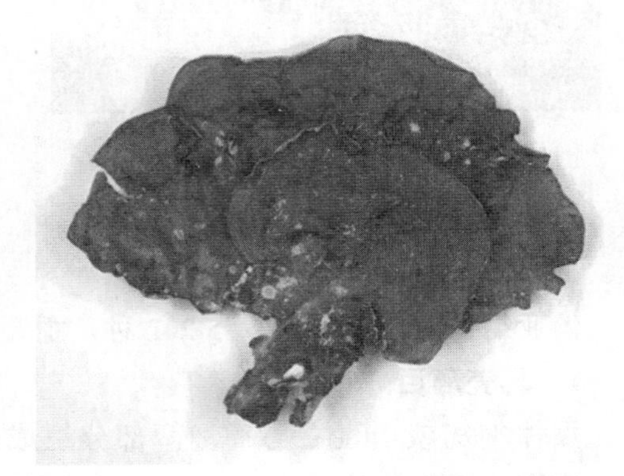

图 9-45 东方耳壳藻

②枝壳藻属（*Ramicrusta* Zhang Derui & Zhou Jinghua, 1981），藻体重度钙化，皮壳状，具不规则分枝，枝呈突起状，基部具单细胞假根。切面观可见髓部和皮层细胞间有次生孔状联系。孢子囊生殖瘤突出于藻体表面，十字形分裂产生四分孢子。已知该属有 15 种，我国报道了 1 种。

——枝壳藻（*R. nanhaiensis* Zhang Derui & Zhou Jinghua, 1981），藻体皮壳状，重度钙化，具大量不规则分枝的突起，直径 8～20 cm，厚 1～1.5 mm。突起长达 2 cm，宽 2～6 mm，表面具环状或半环状的缢缩或斑纹，相邻突起有时连接在一起。切面观相邻髓部细胞间存在相互融合的现象，并具有次生孔状联系；表皮层细胞间有异形胞。无性生殖时形成生殖瘤，并突出于藻体表面，孢子囊十字形分裂产生四分孢子。该种生长于珊瑚礁上，在我国西沙群岛有分布。

2. 仙菜目

藻体为丝状体、异丝体、假膜体或枝叶状体，直立或匍匐，内部为单轴型结构。无性生殖时由孢子囊十字形或四面锥形分裂产生四分孢子。有性生殖时，精子囊集生或呈伞状；果胞枝 4 个细胞，1 个支持细胞产生 1～2 个果胞枝。果胞受精后，由辅助细胞产生产孢丝，产孢丝全部或仅顶端细胞发育为果孢子囊，囊果有或无果被。已知该目分 5 个科，2 704 种。

（1）绢丝藻科

藻体为丝状体，单轴型，分枝二叉状、辐射状或轮生。果胞枝 4 个细胞。已知该科分 3 个亚科，28 个属，207 种，我国报道了 3 个亚科 4 个属的种类。

绢丝藻亚科（Callithamnioideae De Toni, 1903），已知该亚科 21 个属，151 种，我国报道了 2 个属：丽丝藻属（*Aglaothamnion* Feldmann-Mazoyer, 1941）和绢丝藻属（*Callithamnion* Lyngbye, 1819）。丽丝藻属有 29 种，我国报道了 1 种，即小丽丝藻［*A. callophyllidicola*（Yamada）Boo, I. K. Lee, Rueness & Yoshida, 1991］；绢丝藻属有 75 种，我国报道了 1 种，即绢丝藻［*C. corymbosum*（Smith）Lyngbye, 1819］（郑柏林等，2001）。

短丝藻亚科（Crouanioideae De Toni, 1903），已知该亚科分 6 属 39 种；主要为 2 个属的种类，我国报道了 1 个属的种类，即短丝藻属（*Crouania* J. Agardh, 1842）。已知该属有 19 种，我国报道了 1 种，即短丝藻［*C. attenuata*（C. Agardh）J. Agardh, 1842］。

篮子藻亚科（Spyridioideae De Toni, 1903），已知该亚科仅 1 属，17 种。

篮子藻属（*Spyridia* Harvey, 1833），藻体基部具假根状固着器，直立部圆柱形，具节与节间。具互生分枝，主枝具皮层，小枝无皮层，呈透明状。孢子囊由藻体上部小枝产生，四面锥形分裂产生四分孢子。精子囊由小枝节上皮层细胞形成，集生；囊果位于小枝顶端。已知该属有 16 种，我国报道了 1 种。

——篮子藻［*S. filamentosa*（Wulfen）Harvey in W. J. Hooker, 1833］，藻体直立、丛生，多互生分枝，高 5～15 cm，基部具假根状固着器（图 9-46a）。枝由节与节间组成，上部分枝较细；小分枝的节间无皮层，呈透明状（图 9-46b）。孢子囊圆形，单生于小分枝的节部，四面锥形分裂产生四分孢子。该种生长于低潮带岩石上，或潮下带 0.5～1 m 的礁石上，在我国山东、台湾、香港和西沙群岛有分布。

（2）仙菜科

藻体为枝叶状体或丝状体，直立或匍匐。单轴型结构，极少数为多轴型结构，有或无皮层。无性生殖产生四分孢子或多分孢子。四分孢子囊十字形或四面锥形分裂，有或无柄；精子囊集生；果胞枝4个细胞，果胞受精后由支持细胞分裂产生辅助细胞，产孢丝全部或大部分或仅顶端细胞形成果孢子囊；囊果裸露或有囊果被。已知该科分50个属，461种，我国报道了6个属的种类，分属检索表如下：

图 9-46 篮子藻

a. 藻体外形；b. 显微观（分枝）

1 藻体所有枝或节部都有皮层，并且皮层厚度相近 ······ 2
1 藻体无皮层或有假皮层，主枝明显，分枝对生，并且等长 ······ 对丝藻属 *Antithamnion*
  2 藻体所有枝都有皮层，细胞规则地纵向排列 ······ 3
  2 皮层不完全或极不规则，节部无轮生刺 ······ 4
3 每个围轴细胞有2条向顶的短丝和2条向基的长丝 ······ 珊形藻属 *Corallophila*
3 每个围轴细胞有2条向顶的短丝和1条向基的长丝 ······ 纵胞藻属 *Centroceras*
  4 藻体扁平 ······ 爬软藻属 *Herpochondria*
  4 藻体圆柱状 ······ 5
5 藻体固着器由皮层细胞延伸而成 ······ 仙菜属 *Ceramium*
5 藻体固着器由假根细胞组成 ······ 凝菜属 *Campylaephora*

①对丝藻属（*Antithamnion* Nägeli, 1847），藻体为丝状体，主枝单列细胞，侧枝有或无对生小枝。对生小枝的基部细胞近方形，无羽枝，其余细胞有羽状小枝。细胞单核，多个色素体。孢子囊圆形，生于小枝内侧，无柄或有短柄，十字形或四面锥形分裂产生四分孢子。精子囊丛生，果胞枝4个细胞。已知该属有41种，我国报道了5种。

——对丝藻［*A. cruciatum*（C. Agardh）Nägeli, 1847］，藻体为纤细的分枝丝状体，丛生，高0.5～1.5 cm，基部具假根状固着器。藻丝细胞单列，主枝与侧枝的上部具交错对生小枝，枝顶较尖细（图9-47）。孢子囊具短柄，单生，十字形分裂产生四分孢子。该种生长于低潮线附近岩石或其他海藻藻体上，在我国河北、山东和浙江有分布。

②凝菜属（*Campylaephora* J. Agardh, 1851），藻体基部具一明显的圆锥形固着器，多二叉分枝，具皮层。已知该属有5种，我国报道了2种，分种检索表如下：

1 藻体的分枝末端无钩 ······ 凝菜 *C. crassa*
1 藻体的分枝末端有钩 ······ 钩凝菜 *C. hypnaeoides*

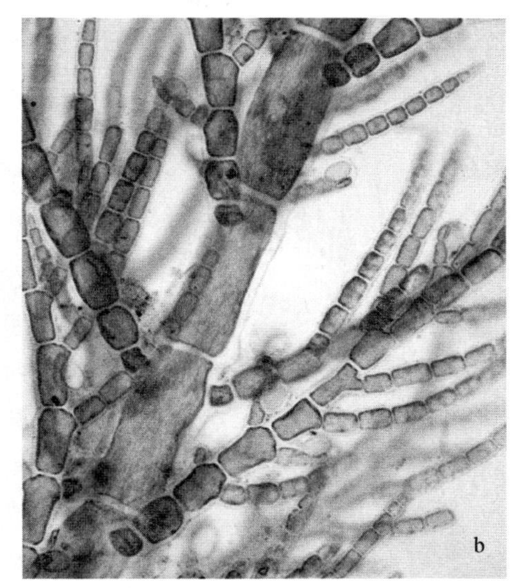

图 9-47　对丝藻

a. 外形；b. 显微观（分枝）

——凝菜［*C. crassa*（Okamura）Nakamura, 1950］，藻体为枝叶状体，高 3～25 cm，具圆锥形固着器，多二叉状分枝，分枝圆柱形，具节与节间，枝顶端直或稍内弯（图 9-48）。孢子囊球状，埋在皮层里，四面锥形或十字形分裂产生四分孢子。精子囊散生于上部分枝，无柄；囊果球形。生长在低潮线附近，附生于其他海藻上，在我国山东、广东和香港有分布。

图 9-48　凝菜

③纵胞藻属（*Centroceras* Kützing, 1841），藻体直立或匍匐，为枝叶状体，枝圆柱形，分枝叉状，末端内弯呈钩状。一般主枝及分枝皆由节与节间组成，并且上部节间短，下部节间长，节上有或无轮生刺。藻体有皮层。四分孢子囊四面锥形分裂，环生于节部，或生于特殊的枝上。精子囊由上部节处形成的不定枝顶端产生，密集簇生。成熟的囊果被一些不育枝包围。该属为暖海性海藻，生长在热带及亚热带海洋。已知该属有 18 种，我国报道了 3 种，分种检索表如下：

1　藻体具有不规则或二叉状分枝……………………………………………………2
1　藻体具规则叉状分枝，每节轮生 12～14 个锐刺……………………纵胞藻 *C. clavulatum*
　2　藻体的节部有 8 个锐刺……………………………………………小纵胞藻 *C. miniatum*
　2　藻体的节部无刺……………………………………………………日本纵胞藻 *C. japonicum*

④仙菜属（*Ceramium* Roth, 1797），藻体鲜红色，直立或匍匐，为枝叶状体；枝圆柱形，分枝互生、对生或不规则，越向上分枝越细，末端钳形或直。单轴型结构，有皮层。孢子囊无柄，四面锥形分裂产生四分孢子或多分孢子。精子囊由枝的节部产生，果

胞枝 4 个细胞；果胞受精后，支持细胞分裂产生一个辅助细胞，由其产生产孢丝，产孢丝的全部或部分细胞形成果孢子囊。已知该属种类较多，有 212 种，我国报道了 19 种。

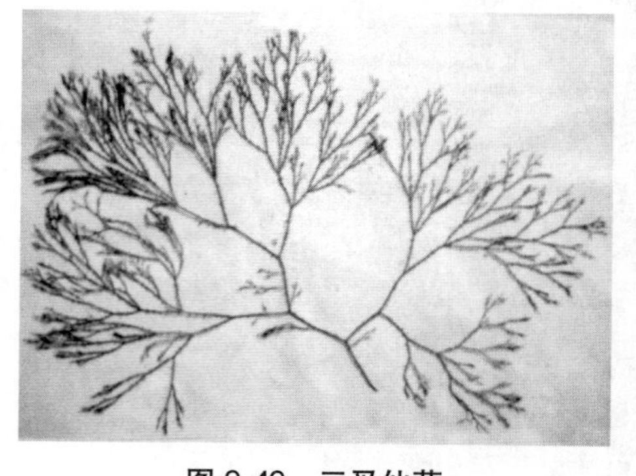

图 9-49 三叉仙菜

——三叉仙菜（*C. kondoi* Yendo, 1920），藻体红色，高 5～30 cm，固着器小圆锥状，具明显的节与节间，由节间生出许多小分枝，分枝多 3 叉，也有 2 叉和 4 叉状（图 9-49）。藻体的横切面直径 750～850 μm，近藻体表面为 1～2 层排列紧密的小细胞，内含颗粒状色素体。四分孢子囊由节细胞形成，无柄，在节部排列成一圈，四面锥形分裂产生四分孢子。精子囊产生于藻体分枝的上部节处，也排列成一圈。成熟囊果侧生于藻体枝的近末端，单个或成列，无柄。该种多生长于低潮带岩石上或石沼中，分布广，在我国南北各沿海均有分布。

（3）红叶藻科

已知该科有 127 个属，644 种，我国报道了 15 属的种类：顶群藻属（*Acrosorium* Zanardini ex Kützing）、鹧鸪菜属［*Caloglossa*（Harvey）G. Martens］、绒线藻属（*Dasya* C. Agardh）、拟绒线藻属［*Dasyopsis*（Montagne）Montagne］、棱藻属（*Dictyurus* Bory）、红舌藻属（*Erythroglossum* J. Agardh）、异管藻属（*Heterosiphonia* Montagne）、下舌藻属（*Hypoglossum* Kützing）、红网藻属（*Martensia* K. Hering）、橡叶藻属（*Phycodrys* Kützing）、华管藻属（*Sinosiphonia* C. K. Tseng & B. L. Zheng）、顶枝藻属（*Sorella* Hollenberg）、绶带藻属（*Taenioma* J. Agardh）、刺边藻属（*Tsengiella* J. F. Zhang & B. M. Xia）和雀冠藻属（*Zellera* G. Martens）。

①顶群藻属（*Acrosorium* Zanardini ex Kützing, 1869），藻体为枝叶状体，具有较多不规则分枝，枝扁平。显微可见枝上有细脉。已知该属有 17 种。我国报道了 4 种：细脉顶群藻（*A. polyneurum* Okamura）、扇形顶群藻（*A. flabellatum* Yamada）、顶群藻（*A. yendoi* Yamada）和具钩顶群藻［*A. venulosum*（Zanardini）Kylin］。

图 9-50 细脉顶群藻

——细脉顶群藻（*A. polyneurum* Okamura, 1936），藻体为深红色枝叶状体，高达 5 cm 以上。枝扁平，不规则的叉状或掌状分枝，边缘全缘或有缺刻（图 9-50）。显微细脉网状。切面观藻体厚 48～88 μm，细脉处细胞 3 层。

②鹧鸪菜属［*Caloglossa*（Harvey）G. Martens, 1869］藻体外观似枝叶状体，枝扁平，微观显示为单轴假膜体，匍匐，具中肋，分枝叉状，顶端生长。单轴型结构。四分孢子囊在中轴两侧形成，十字形或四面锥形分裂；囊果生在分枝基部

中肋上。该属是红叶藻科分布最广的种类，从温带到热带均有分布。目前已知该属有21种，我国报道了3种。分种检索表如下：

1 藻体的假根散生在腹面 …… 匍匐鹧鸪菜 *C. adharens*

1 藻体的假根生在腹面的分枝基部 …… 2

2 藻体分枝叉状，侧枝由中肋生出 …… 鹧鸪菜 *C. leprieurii*

2 藻体分枝叉状，侧枝由两侧边缘生出 …… 侧枝鹧鸪菜 *C. ogasawaraensis*

——鹧鸪菜［*C. leprieurii*（Montagne）J. Agardh, 1976］，新鲜藻体暗褐色，为单轴假膜体，干燥后呈黑色，匍匐、丛生，高1.2～3 cm，有背腹面，分枝叉状，互生，具中肋，中肋分叉处的腹面常生出假根状固着器（图9-51）。单轴型结构，通常1列中轴藻丝细胞，向两侧产生围轴细胞、皮层细胞和表皮细胞。四分孢子囊集生于藻体末端或近末端的中肋两侧，球形，十字形或四面锥形分裂产生四分孢子；囊果球形，生于分枝基部。该种多见于中、高潮带岩石上或红树皮上，为泛亚热带性海藻，在我国浙江、福建、广东和香港均有分布；为药用海藻，含甘露醇、乳酸盐、海人草酸和海人草素等，常用以驱除蛔虫。

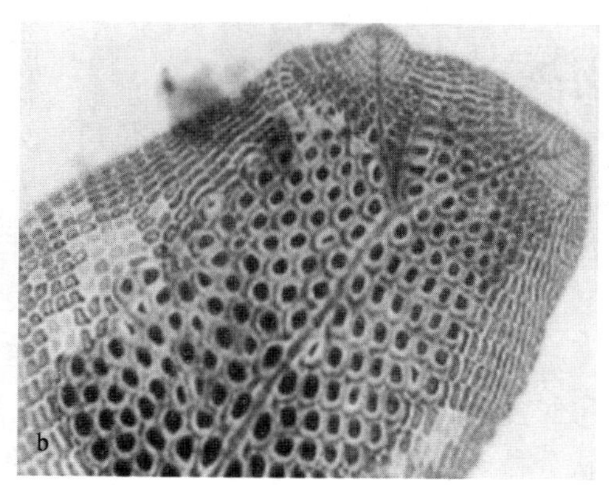

图9-51 鹧鸪菜

a. 外形；b. 表面观四分孢子囊及细胞排列

——侧枝鹧鸪菜（*C. ogasawaraensis* Okamura, 1897），藻体黄褐色，假膜体，具中肋，高0.5～3 cm，分枝二叉、三叉或四叉状，分枝长度不等，分枝基部常缢缩，使藻体形成类似节与节间的特征，节间长披针形，近顶端的枝变短（图9-52）。四分孢子囊集生于藻体末端或近末端，球形。与鹧鸪菜的区别主要是该种有长披针形的叶片和不规则的三叉或四叉分枝。该种常生长在中、高潮带岩石上，在我国浙江、福建和广东均有分布。

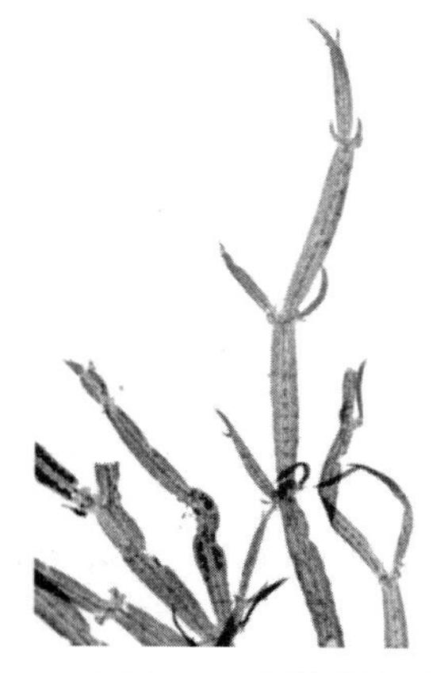

图9-52 侧枝鹧鸪菜

③绒线藻属（*Dasya* C. Agardh, 1824），藻体为枝叶状体，直立或匍匐，藻体分枝少或多，主枝单轴型结构。枝圆

柱形，分枝辐射状，主枝及侧枝上密被毛状小枝，小分枝多单列细胞，或基部多列。四分孢子囊生于特殊的枝上，孢子囊枝长柱形，顶端细，具柄，孢子囊四面锥形分裂产生四分孢子。精子囊集生于侧枝上形成精子囊枝，呈披针形或圆柱形；果胞枝 4 个细胞，由侧枝基部形成；成熟囊果具短柄，卵形，有果被。目前已知该属有 91 种。我国报道了 5 种，即网结绒线藻［*D. anastomosans*（Weber Bosse）Wynne］、柔毛绒线藻（*D. mollis* Harvey）、帚状绒线藻（*D. scoparia* Harvey）、无柄绒线藻（*D. sessilis* Yamada）和绒线藻（*D. villosa* Harvey）。其中 3 种的分种检索表如下：

1 藻体有明显主枝，并有毛状枝 ………………………………………………………… 2
1 藻体主枝不明显，枝上密被毛状枝 ……………………………… 柔毛绒线藻 *D. mollis*
  2 藻体的毛状枝柔软；孢子囊具短柄 ………………………………… 绒线藻 *D. villosa*
  2 藻体的毛状枝稍硬，内弯；孢子囊柄由一列细胞组成 …………… 帚状绒线藻 *D. scoparia*

图 9-53 帚状绒线藻

——帚状绒线藻（*D. scoparia* Harvey in J. Agardh, 1841），藻体为枝叶状体，高 10～15 cm，基部具固着器，直立部有明显的圆柱形主枝，主枝产生圆柱形主侧枝；主枝及主侧枝上密布辐射状、长度相近的短侧枝。短侧枝外观毛状，细胞单列，稍硬，并稍向内弯曲，2～3 回分枝（图 9-53）。孢子囊枝椭圆形至披针形，具短柄，顶端尖细，四面锥形分裂；囊果卵形，具短柄。该种生长在潮间带岩石上，在我国福建和广东有分布。

④红舌藻属（*Erythroglossum* J. Agardh, 1898），藻体为枝叶状体，直立部扁平叶状，具羽状分枝。枝纵切面观为单轴型，中央髓部 1 列细胞，粗细不均；横切面观藻体中央较厚，为多层细胞组成；边缘有的由 1 层细胞组成。孢子囊群排列在表皮层细胞间；囊果散生在叶片上。目前已知该属有 13 种，我国报道了 2 种，分种检索表如下：

1 藻体羽状分枝 2～3 回 ……………………………………………… 羽状红舌藻 *E. pinnatum*
1 藻体羽状分枝 1 回 …………………………………………………… 小红舌藻 *E. minimum*

羽状红舌藻（*E. pinnatum* Okamura, 1932），藻体深红色，直立、丛生，高 1.5～3.5 cm，直立部扁平叶片状，具 2～3 回羽状分枝，枝的边缘常有锯齿或小枝。藻体下部枝长，上部枝短，整个轮廓呈伞状（图 9-54）。老藻体有明显中肋。孢子囊群生于枝的上、下表面。孢子囊椭圆形或卵形；囊果球形。该种生长在低潮带附近岩石上，在我国浙江有分布。

⑤异管藻属（*Heterosiphonia* Montagne, 1842），藻体直立或匍匐，单轴型结构。固着器盘状，主枝圆柱形或扁压，通常多列细胞组成，分枝叉状或亚叉状，一般单列细胞。四分孢子囊由小枝上形成，长圆柱形，顶端尖，多数有多列细胞组成的柄；精子囊也由

小枝上形成，精子囊枝长而尖；囊果一般有柄，卵形或壶状。目前已知该属有32种，我国报道了2种，分种检索表如下：

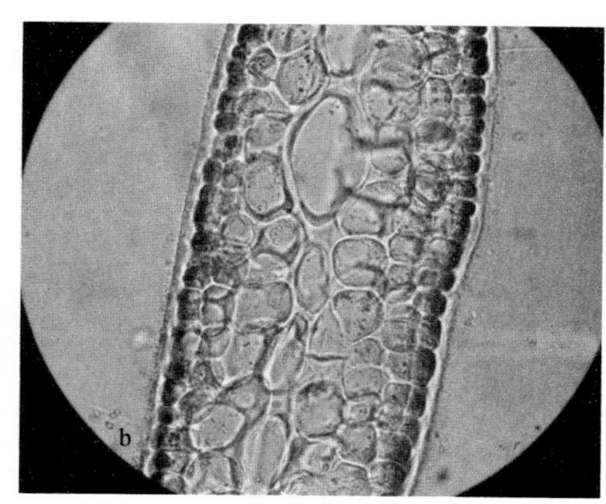

图9-54　羽状红舌藻

a. 外形；b. 切面观

1　藻体主枝及分枝细胞5列以上 ………………………………………… 日本异管藻 *H. japonica*

1　藻体主枝及分枝细胞5列以下 ………………………………………… 美丽异管藻 *H. pulchra*

⑥下舌藻属（*Hypoglossum* Kützing, 1843），藻体为分枝的假膜体，具中肋，分枝由中肋产生，披针形或长椭圆形，顶端尖细。切面观中肋处多层细胞，有或无皮层，单轴型结构；其余部位为单层细胞。孢子囊由皮层细胞或围轴细胞形成，四面锥形分裂产生四分孢子。囊果一般生于分枝顶端。目前已知该属有33种，我国报道了6种：渐狭下舌藻（*H. attenuatum* Gardner）、髯毛下舌藻（*H. barbatum* Okamura）、福建下舌藻（*H. fujianense* Zheng Yi）、双分下舌藻（*H. geminatum* Okamura）、小下舌藻（*H. minimum* Yamada）和日本下舌藻（*H. nipponicum* Yamada）。

——渐狭下舌藻（*H. attenuatum* N. L. Gardner, 1927），藻体为分枝的假膜体，具中肋，高1～1.5 cm，由中肋产生分枝。分枝基部细小，顶端尖细（图9-55）。切面观中肋处多层细胞，单轴型；其余部位为单层细胞。孢子囊生于叶状部的中央，由围轴细胞形成，四面锥形分裂产生四分孢子。囊果和精子囊未见。

⑦橡叶藻属（*Phycodrys* Kützing, 1843），藻体为枝叶状体，多分枝。枝扁平叶状，叶片具明显的中肋，其两侧还有对生的侧肋，椭圆形或长披针形，边缘全缘或有齿；固着器盘状。除中肋和侧肋外，藻体只有1层细胞。四分孢子囊散生在侧肋之间；囊果球形，散生在藻体上。已知该属有26种，主要分布于太平洋、大西洋和北冰洋海区，我国报道了1种。

——橡叶藻［*P. radicosa*（Okamura）Yamada & Inagaki, 1933］，藻体为粉红色的枝叶状体，高1.2～4.5 cm，固着器盘状，枝扁平叶状，具中肋，边缘有锯齿，有时在叶片边缘产生附着器，依此叶片彼此附着。分枝对生或偏生，具短柄，枝椭圆形、披针形或线形（图9-56）。藻体除边缘、顶端及肋间为1层细胞外，其余为多层细胞。四分孢子囊集生在叶片边缘，球形，十字形分裂产生四分孢子；囊果球形，散生在藻体上。该种多生长在低潮带附近岩石上或珊瑚藻上，在我国广东、浙江、山东和辽宁有分布。

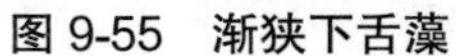

图 9-55 渐狭下舌藻

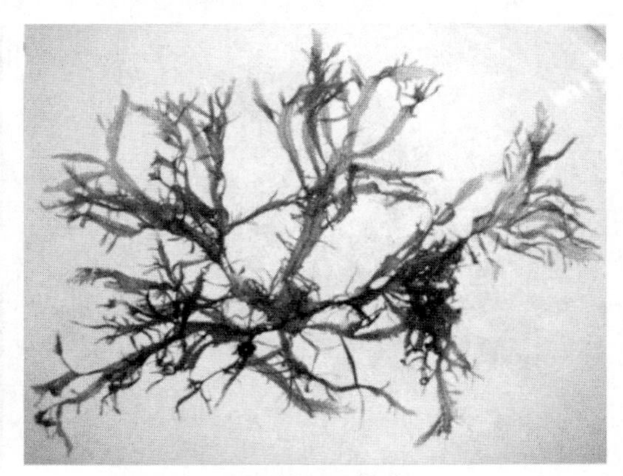

图 9-56 橡叶藻

（4）松节藻科

藻体为枝叶状体，直立或匍匐。分枝圆柱形、扁压或扁平，顶端常有无色毛状丝。内部为单轴型结构，全部或部分有皮层。四分孢子囊生于小分枝上，四面锥形分裂产生四分孢子。精子囊枝长椭圆形，由末端的毛状丝形成。果胞枝 4 个细胞，由毛状丝基部形成，果胞受精后，支持细胞分裂产生辅助细胞，囊果壶状。多数营固着生活或附生，少数寄生。已知该科分 160 个属，1 104 种，我国报道了其中 24 个属的种类，分属检索表如下：

1 藻体寄生……………………………………………………………………………2
1 藻体非寄生…………………………………………………………………………3
　2 藻体寄生在软骨藻 *Chondria* sp.藻体上……………………软骨生藻属 *Benzaitenia*
　2 藻体寄生在凹顶藻 *Laurencia* sp.藻体上………………………菜花藻属 *Janczewskia*
3 藻体附生在大型海藻藻体上，有的匍匐……………………………………………4
3 藻体固着在礁石上生长………………………………………………………………9
　4 藻体枝端直…………………………………………………………………………5
　4 藻体枝端常弯曲……………………………………………………………………8
5 藻体枝端有毛…………………………………………………………………………6
5 藻体枝端无毛……………………………………………………翼管藻属 *Pterosiphonia*
　6 藻体枝端的毛二叉状分枝…………………………………………………………7
　6 藻体枝端的毛不分枝……………………………………………球枝藻属 *Tolypiocladia*
7 藻体有限侧枝圆柱形……………………………………………冠管藻属 *Lophosiphonia*
7 藻体有限侧枝扁平，互生…………………………………………海藓藻属 *Leveillea*
　8 藻体节处有枝，枝圆柱形………………………………………爬管藻属 *Herposiphonia*
　8 藻体枝圆柱形或扁压，分枝不规则……………………………卷枝藻属 *Bostrychia*
9 藻体圆柱形……………………………………………………………………………10

9　藻体扁平 …… 20
　10　藻体有刺或刺状小枝 ………………………………………………………………………………… 11
　10　藻体无刺或刺状小枝 ………………………………………………………………………………… 12
11　围轴细胞 5 列，孢子囊枝无柄，孢子囊集生、非螺旋排列 …………………… 鱼栖苔属 *Acanthophora*
11　围轴细胞 4 列，孢子囊枝有柄，孢子囊螺旋排列 ……………………………… 内管藻属 *Endosiphonia*
　12　藻体枝的顶端下凹 ……………………………………………………………………………………… 13
　12　藻体枝的顶端不下凹 …………………………………………………………………………………… 14
13　围轴细胞 2 列，小枝横切面观皮层细胞不放射延长，不排列成栅状 ………… 软凹藻属 *Chondrophycus*
13　围轴细胞 4 列 ………………………………………………………………………………… 凹顶藻属 *Laurencia*
13　围轴细胞 2 列，小枝横切面观皮层细胞呈放射延长，并排列成栅状 ……………… 栅凹藻属 *Palisada*
　14　藻体有皮层 ……………………………………………………………………………………………… 15
　14　藻体无皮层，果胞枝 4 个细胞，精子囊枝源自普通侧枝，孢子囊直线排列 … 多管藻属 *Polysiphonia*
15　藻体下部无柄，枝顶端无中空囊 ……………………………………………………………………… 16
15　藻体下部具短柄，枝顶端具有中空囊 …………………………………………………… 顶囊藻属 *Acrocystis*
　16　藻体小枝少 ……………………………………………………………………………………………… 17
　16　藻体密被小枝 …………………………………………………………………………………………… 19
17　藻体由匍匐和直立两部分组成，分枝叉状，孢子囊 4 个轮生 ………………………… 轮孢藻属 *Murrayella*
17　藻体直立，分枝放射状 ………………………………………………………………………………… 18
　18　精子囊群扁平 …………………………………………………………………………… 软骨藻属 *Chondria*
　18　精子囊群长柱状 ……………………………………………………………………… 螺旋枝藻属 *Spirocladia*
19　藻体密被毛状枝，围轴细胞 8～10 列 ……………………………………………………… 海人草属 *Digenea*
19　藻体密被不定枝，围轴细胞 6 列 …………………………………………………… 新松节藻属 *Neorhodomela*
　20　藻体下部无圆柱形柄 …………………………………………………………………………………… 21
　20　藻体下部有圆柱形柄 …………………………………………………………………………………… 22
21　藻体大多匍匐，或由匍匐和直立两部分组成，叶片顶端不内卷 …………………… 鸭毛藻属 *Symphyocladia*
21　藻体大多直立，叶顶端明显内卷 ………………………………………………………… 旋叶藻属 *Osmundaria*
　22　藻体叶顶端凹陷成心脏形 ……………………………………………………………… 派膜藻属 *Neurymenia*
　22　藻体叶顶端内卷，常聚成玫瑰花状 ……………………………………………………… 旋花藻属 *Amansia*

①鱼栖苔属（*Acanthophora* J. V. Lamouroux, 1813），藻体浅绿色或暗紫红色，高 5～20 cm，固着器指状，并有分枝；枝圆柱形，主枝和分枝表面或仅在分枝上有螺旋形排列短刺状小枝，枝为多列细胞结构；分枝顶端圆锥形或浅坑状，并且有分枝的毛状丝。皮层为拟薄壁组织，围轴细胞 5 个，老藻体上中轴及其附近细胞经常围绕一些小细胞，外皮层细胞矩形，纵向排列，围轴细胞和内皮层细胞的细胞壁透镜形增厚。生殖结构在短刺状小枝上产生。精子囊集生；果胞系在刺状小枝的中轴侧生，囊果球形至壶形；孢子囊枝也生于刺状小枝，孢子囊在孢子囊枝上成行成列。该属种类广泛分布于热带海区，已知该属有 7 种，我国报道了 3 种（夏邦美，2011），分种检索表如下：

1 藻体高 5 cm 以上 ………………………………………………………………………………………… 2
1 藻体高 2.5 cm 以下 ……………………………………………………………… 台湾鱼栖苔 *A. aokii*
 2 藻体纤细，密集分枝，枝径<1 mm ……………………………………… 藓状鱼栖苔 *A. muscoides*
 2 藻体粗，稀疏分枝，枝径 2～3 mm. ………………………………………… 刺枝鱼栖苔 *A. spicifera*

——藓状鱼栖苔［*A. muscoides*（Linnaeus）Bory de Saint-Vincent, 1828］，藻体暗紫红色，干燥后呈黑色，直立枝圆柱形，高 15～18 cm。分枝不规则排列，直径约 2 mm；主枝及有限枝上产生螺旋状排列的长约 1 mm 的短刺（图 9-57a）。四分孢子囊由刺状小枝产生。该种稠密生长在潮间带岩石上，在我国福建和广东有分布。

——刺枝鱼栖苔［*A. spicifera*（Vahl）Børgesen, 1910］，藻体紫褐色，质脆，新鲜藻体易碎，干燥时软骨质，直立，丛生，高 5～20 cm，由圆柱形主枝及分枝组成。主枝明显，基部宽 3～5 mm，中、上部长而呈弓形；多刺状有限小枝（图 9-57b）。四分孢子囊由刺状小枝产生，四面锥形分裂产生四分孢子。该种生长在潮下带死珊瑚或岩石上，在我国海南和香港有分布。

图 9-57 鱼栖苔属

a. 藓状鱼栖苔；b. 刺枝鱼栖苔

②卷枝藻属（*Bostrychia* Montagne, 1842），藻体匍匐，扁压，分枝羽状，两侧羽枝常反面卷曲，小枝互生或稍叉状。内部结构为单轴型，围轴细胞 5～6 个。四分孢子囊集生于顶端小枝上，四面锥形分裂产生四分孢子；囊果卵形，也生于小枝上。目前该属有 40 种，我国报道了 4 种，分种检索表如下：

1 藻体无皮层 ……………………………………………………………………………………………… 2
1 藻体具皮层 ………………………………………………………………………… 柔弱卷枝藻 *B. tenella*
 2 藻体具单列细胞小枝 ………………………………………………………………………………… 3
 2 藻体无单列细胞枝 …………………………………………………………… 多管卷枝藻 *B. radicans*
3 藻体多分枝，单列细胞小枝排列规则 ……………………………………… 香港卷枝藻 *B. hongkongensis*
3 藻体单列细胞小枝短，且在顶部 …………………………………………… 简单卷枝藻 *B. simpliciuscula*

——多管卷枝藻［*B. radicans*（Montagne）Montagne, 1842］，藻体一般呈紫罗兰色或

褐紫色，直径 2～3 cm，有背腹面，二叉形或羽状分枝，丛生（图 9-58）。末端小枝短刺状，多列细胞，有时产生仅由几个细胞组成的、短或长的单列细胞丝。藻体细胞小，直径 15～18 μm。该种生长在隐蔽而积泥的潮间带岩石上，在我国广东和香港有分布。

——柔弱卷枝藻［*B. tenella*（Vahl.）J. Agardh, 1863］，藻体一般褐紫色，相当软，长 2～3 cm，2～3 回羽状分枝，分枝无限伸长或有限短（图 9-59）。末端小枝为单列细胞丝状，细胞稍呈筒形。四分孢子囊枝喙状或披针状。该种生长在隐蔽而积泥的潮间带岩石上，在我国广东和香港有分布。

图 9-58 多管卷枝藻

图 9-59 柔弱卷枝藻

③软骨藻属（*Chondria* C. Agardh, 1817），该属种类个体小至几毫米，大至 1 m 以上；固着器硬，匍匐枝状，有时直立部附生在其他物体上；多分枝，枝圆柱形至扁平；主枝粗，直径可达约 5 mm；分枝放射状或二叉状；小枝基部通常略收缩，顶端尖、稍尖或有凹；枝为多列细胞结构，5 个围轴细胞，由围轴细胞分裂产生皮层和表皮层；皮层细胞大而壁薄，表皮层细胞小；围轴细胞和内皮层细胞间常形成假根丝。毛状丝螺旋形，多分枝。四分孢子囊在枝顶端形成，由每个中轴细胞的 1～3 个围轴细胞形成，四面锥形分裂产生四分孢子；精子囊在枝顶端毛状丝基部集生，盘状，旁边有 1 至数列不育细胞和由中轴细胞二叉状分裂形成的丝；囊果卵形至壶状，自毛状丝形成的短柄上产生。已知该属有 79 种，我国报道了 9 种：匍匐软骨藻（*C. repens* Børgesen）、丛枝软骨藻［*C. dasyphylla*（Woodward）C. Agardh］、细枝软骨藻［*C. tenuissima*（Withering）C. Agardh］、树枝软骨藻［*C. armata*（Kützing）Okamura］、吸附枝软骨藻（*C. hapteroclada* C. K. Tseng）、西沙软骨藻（*C. xishaensis* J. F. Zhang & B. M. Xia）、粗枝软骨藻（*C. crassicaulis* Harvey）、披针软骨藻（*C. lancifolia* Okamura）、扩展软骨藻（*C. expansa* Okamura）。

——树枝软骨藻［*C. armata*（Kützing）Okamura, 1907］，藻体树枝状，高达 4 cm，基部具假根状固着器，直立部有 1 至数条主枝，侧枝多密集于藻体上部；主枝亚圆柱形，直径 2～3 mm；小枝基部细，顶端尖（图 9-60a）。内部为单轴型结构，由髓部、皮层和表皮层组成，围轴细胞 5 个。该种生长在低潮带岩石上，在我国台湾、广东和海南有分布。

——粗枝软骨藻（*C. crassicaulis* Harvey, 1859），藻体绿色、紫红色或黄色，肉质，圆柱形或扁压，下部细，中部粗，高 6 cm 以上，宽 1～2 mm；分枝不规则，枝顶端钝圆，基部细；小枝单生或集生，顶端下凹，丛生毛状丝（图 9-60b）。内部 1 个中轴细胞和 5 个围轴细胞，毛状丝由中轴细胞产生，其脱落后留下连接中轴的细长细胞，即毛基细胞；围轴细胞向外分裂产生皮层。四分孢子囊生在小枝顶端，孢子囊枝与其他小枝无明显差别。该种生长在潮间带或低潮带岩石上，在我国辽宁、山东有分布。

——细枝软骨藻［*C. tenuissima*（Withering）C. Agardh, 1817］，藻体紫红色或黄色，软骨质，直立圆柱状，高 7～25 cm；固着器盘状，有匍匐枝；主枝粗糙且硬，下部直径 1.3 mm，上生几条侧枝，其上又生纺锤形小羽枝；上部枝较短细，顶端丛生无色毛（图 9-60c）。内部单轴型，5 个围轴细胞，皮层细胞大而疏松，表皮层细胞 1～2 层。四分孢子囊由小羽枝的皮层形成，散生，直径 35～40 μm；囊果壶状，生在小羽枝侧面，有或无柄。该种生长在潮间带岩石上或石沼中，在我国辽宁、河北和山东有分布。

图 9-60 软骨藻属

a. 树枝软骨藻；b. 粗枝软骨藻；c. 细枝软骨藻

④海人草属（*Digenea* C. Agardh, 1822），藻体直立，高可达 25 cm，枝圆柱形，为多列细胞结构；主枝上有少数无限枝，短有限枝密或疏；主枝皮层较厚，而有限小枝有或无皮层；小枝硬，有或无再分枝，长 3～10 mm，螺旋形排列在主枝的各个方向；有限小枝上有毛状丝。围轴细胞 5～12 个。生殖结构由有限小枝产生。四分孢子囊在小枝末端形成；精子囊集生，扁平，在小枝末端的毛状丝上形成，毛状丝便成为精子囊枝；囊果卵形，在小枝顶端或侧面产生。已知该属有 6 种，我国报道了 1 种。

——海人草［*D. simplex*（Wulfen）C. Agardh, 1822］，藻体暗紫红色，干燥后呈绿灰色，丛生，高 5～25 cm；固着器盘状，主枝圆柱形，分枝不规则互生或叉状，整个藻体密被毛状小枝，后期藻体的基部毛脱落后裸露（图 9-61）。内部单轴型，围轴细胞 6～10 个，皮层细胞小。四分孢子囊生于小枝上端，螺旋形排列；囊果卵圆形，无柄，生于小枝上部或中部侧面。该种生长在低潮线以下 2～8 m 深珊瑚礁或岩石上，在我国台湾兰屿和东沙群岛有分布。

⑤凹顶藻属（*Laurencia* J. V. Lamouroux, 1813），藻体新鲜时紫红色或紫黄色，有光泽，单生或丛生，直立或匍匐，高可达 40 cm；固着器圆盘状或假根状；枝圆柱形至扁平，分枝多方向生或互生；末端小枝多棍棒状，顶端钝形或截形，通常有下陷腔。藻体细胞多列，或形成拟薄壁组织的多层结构；表皮层细胞间有或无孔状联系常为分种依

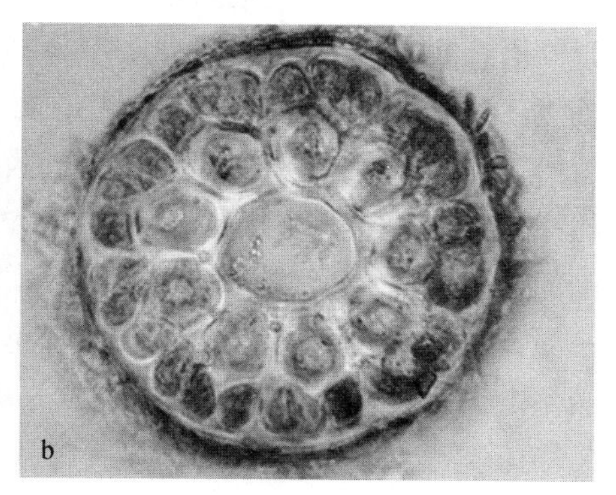

图 9-61 海人草

a. 外形；b. 枝的横切面观

据。生殖结构通常在小枝上产生，有时在主枝上。果胞系在顶端凹处形成，囊果突出于藻体表面；精子囊集生在枝顶端，形成杯状生殖窝；四分孢子囊由皮层细胞形成，集生于分枝上部。已知该属有 137 种，我国报道了 31 种 2 变种。该属种类分布在温带至热带海区，在我国南部沿海皆有分布。

——凹顶藻（*L. chinensis* Tseng, 1943），藻体红紫色，直立，纤细，高达 8 cm，宽 0.2～0.3 mm，基部有匍匐枝，向下伸出假根；主枝及顶，初生分枝二分状，后期多列分枝（图 9-62）。髓部细胞有透镜形增厚的壁，表皮细胞不呈放射状伸长，不呈木栅状排列。四分孢子囊分散在末端小枝顶端。该种生长在低潮带积沙岩石上，在我国香港有分布。

——钝形凹顶藻［*L. obtusa*（Hudson）Lamouroux, 1813］，藻体亚圆柱形，直立，高 10～16 cm，基部固着器盘状；主枝多条，分枝互生、对生或近轮生；末端小枝棍棒状或钝形，稍突出（图 9-63）。髓部细胞无透镜形增厚；皮层细胞不放射延长，不排列呈栅状。四分孢子囊生于末端小枝顶部，并与主枝平行。该种丛生于潮间带岩石上，在我国各海域均有分布。

图 9-62 凹顶藻

图 9-63 钝形凹顶藻

⑥多管藻属［*Polysiphonia* Greville, 1823］，藻体由匍匐和直立两部分组成，匍匐枝向下形成假根状固着器，直立枝圆柱形，有 4～25 个围轴细胞。藻体散生长。分枝辐射

状，顶端有 1 回或多回小分枝，或不分枝的无色毛状丝；通常毛状丝为单列细胞，而枝为多列细胞。雌雄异体。精子囊集生在毛状丝上，圆柱形或锥形枝；果胞枝 4 个细胞，在毛状丝基部或短的多列细胞小枝上形成；果胞受精后，支持细胞分裂产生辅助细胞，受精的果胞与辅助细胞相连，合子核移入辅助细胞中，然后辅助细胞、支持细胞和果胞枝旁侧的不育丝融合形成融合胞（胎座），融合胞分裂产生产孢丝，其顶端细胞形成果孢子囊；囊果卵形或球形，有果被。四分孢子囊通常由分枝上部连续形成，在枝上螺旋形或直线形排列，四面锥形分裂产生四分孢子。少数种类以藻体断裂的营养繁殖方式生殖。已知该属有 190 种，我国报道了 22 种 1 变种。

——多管藻（*P. senticulosa* Harvey, 1862），藻体暗红色，干燥后呈茶褐色，质硬，直立丛生，高 10～20 cm；藻体下部疏松缠结，匍匐枝错综生长，固着器为单细胞的短假根状；分枝羽状或互生，枝有时弯曲，枝端尖。内部有 1 个中轴细胞和 4 个围轴细胞，无皮层，无毛状丝（图 9-64）。四分孢子囊生在末端小枝中部，直径 30～65（80）μm，每个孢子囊枝上直线排列几个至十几个孢子囊，成熟时呈圆球形，四面锥形分裂产生四分孢子；精子囊枝圆柱形，有短柄，顶端延长为无色毛；囊果生于小枝中部，有短柄，长 525 μm，宽 450 μm，成熟时具大孔。该种生于低潮带岩石或其他基质上，在我国辽宁、山东和河北秦皇岛有分布。

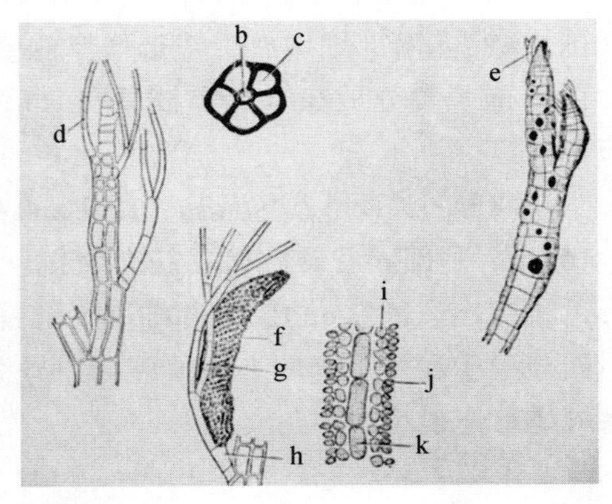

图 9-64　多管藻

a. 外形；b. 横切面观（中轴细胞）；c. 围轴细胞；d～e. 毛状丝；f. 生殖枝；g. 毛丝；h. 柄；i. 围轴细胞；j. 精子囊；k. 中轴细胞

⑦翼管藻属（*Pterosiphonia* Falkenberg in Engler & Prantl, 1897），藻体由匍匐枝和直立枝组成，固着器假根状；匍匐枝有背腹之分，圆柱形；直立枝扁平，及顶主枝上多羽状分枝；分枝对生或互生，有时辐射状；主枝或分枝的相邻部分融合，匍匐枝的融合少于直立枝。幼时从最初的直立枝上长出匍匐枝，然后从该匍匐枝上再长出直立枝。枝为多列细胞结构，围轴细胞 4～20 个。通常无毛状丝，但是某些种类及在特定环境条件下有毛状丝。孢子囊生于有限枝末端，通常线形排列；精子囊头状集生在有限枝末端的刺状小枝上，每个精子囊群由毛状丝基部产生；囊果卵形至球形，生于有限枝末端。具断裂生殖方式。已知该属有 10 种，我国报道了 1 种。

——翼管藻［*P. pennata*（C. Agardh）Sauvageau, 1897］，藻体为异丝体，丛生，由匍匐丝向下生出许多假根丝状固着器；直立丝互生，2 回分枝（图 9-65）。该种生长在潮间带岩石上，在我国浙江和福建有分布。

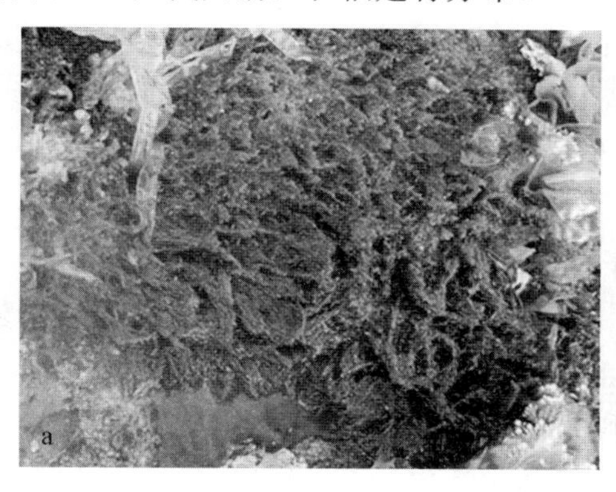

图 9-65　翼管藻

a. 外形；b. 显微观分枝及细胞

（5）软毛藻科

藻体通常直立，多分枝，主枝明显，其上轮生小枝；枝为单列细胞，细胞多核，很少单核。通常雌雄异体。精子囊生于轮生枝的小羽枝上，头状簇生；果胞枝 4 个细胞。已知该科有 61 属 288 种，我国报道了 6 个属的种类，分属检索表如下：

1　藻体主枝不明显 ………………………………………………………………… 2
1　藻体有明显主枝，有限枝末端密集羽状小枝 ……………………… 软毛藻属 *Wrangelia*
　2　藻体分枝互生、对生或轮生 ……………………………………………………… 3
　2　藻体分枝结合成网状 ……………………………………………… 毡藻属 *Haloplegma*
3　藻体细胞较大，肉眼可见，在细胞末端常生有分枝毛状丝 ……………………… 4
3　藻体无分枝毛状丝 ………………………………………………………………… 5
　4　藻体细胞长筒形，孢子囊生于藻体上部，具柄，1～12 个轮生，精子囊枝具柄 … 冠毛藻属 *Anotrichium*
　4　藻体胞间缢缩，孢子囊和精子囊环生于胞间缢缩处，或生于细胞顶端，均无柄 …. 凋毛藻属 *Griffithsia*
5　藻体分枝互生，无性生殖产生多分孢子 ……………………… 多孢藻属 *Pleonosporium*
5　藻体分枝稀少，通常由匍匐枝向上产生直立主枝 ……………… 小柯达藻属 *Gordoniella*

冠毛藻属（*Anotrichium* Nägeli, 1862），藻体为异丝体，匍匐部向下产生单细胞根状丝，向上产生直立丝；直立部具不规则二叉或三叉分枝，在枝顶端有明显的毛母细胞。细胞核多个。精子囊簇生于短侧枝上，有柄。已知该属有 14 种，我国报道了 1 种。

——纤细冠毛藻［*A. tenue*（C. Agardh）Nägeli, 1862］，藻体基部具单细胞、分枝稀少的假根；向上产生纤细、单细胞直立丝；高 2.5～4 cm，幼藻的次顶端细胞周围轮生 8～12 条、2～3 回叉状分枝的无色毛（图 9-66）。细胞长筒形，多核，具盘状色素体。孢子囊球形，生于藻体顶端细胞上缘，8～12 个环状排列，四面锥形分裂产生四分孢子；精子囊和囊果枝都由上部枝侧面产生。精子囊集生，呈球状。该种生长于低潮线下珊瑚或其他海藻体上，在我国福建和西沙群岛有分布。

3. 滑线藻目

配子体多轴型结构，髓部和皮层细胞排列呈丝状。精子囊由表皮层细胞形成；果胞枝 3～5 个细胞，果胞受精后直接或分裂后产生连接丝与辅助细胞连接，由辅助细胞或邻近融合胞的连接丝产生产孢丝；孢子体壳状或丝状，孢子囊带状分裂产生四分孢子。生活史为 3 世代型，未成熟配子体和孢子体异形。已知该目分 2 科，65 种，我国报道了 1 科。

裂膜藻科，藻体生活史为 3 世代型，配子体与孢子体异形。配子体为枝叶状体，单条或有分枝，枝叶片状；内部为多轴型结构，髓部和皮层细胞均排列呈丝状。精子囊由表皮层细胞形成，对生；果胞枝 3～4 个细胞，有辅助细胞；囊果内陷。孢子体壳状，孢子囊十字形或带形分裂产生四分孢子。已知该科下分 5 属 33 种，我国报道了 1 属。

裂膜藻属（*Schizymenia* J. Agardh, 1842），藻体生活史为 3 世代型，配子体与孢子体异形。配子体为枝叶状体，枝叶片状。内部为多轴型结构，髓部和皮层细胞均排列呈丝状。精子囊由表皮层细胞形成，对生；果胞枝 4 个细胞，有辅助细胞，几乎所有的产孢丝细胞都能变成果孢子囊；囊果球形，内陷。孢子体壳状，孢子囊十字形分裂产生四分孢子。已知该属有 11 种，我国报道了 1 种。

——裂膜藻［*N. dubyi*（Chauvin ex Duby）J. Agardh, 1851］，配子体为枝叶状体，由固着器、柄和扁平叶片组成，常单生，高 10～20 m；固着器小盘状，叶片表面有皱褶，边缘波状（图 9-67）。内部为多轴型结构，髓部和皮层细胞均排列呈丝状。果胞枝 4 个细胞，囊果球形，内陷。孢子囊十字形分裂产生四分孢子。精子囊未见。该种生长在潮下带数米深处，在我国台湾和香港有分布。

图 9-66 纤细冠毛藻

图 9-67 裂膜藻

4. 红皮藻目

藻体为枝叶状体，直立部扁平、扁压或圆柱形，中实或中空。内部为多轴型结构。果胞枝 3～4 个细胞，具辅助细胞枝丛，囊果具果被；精子囊和孢子囊由皮层细胞产生；孢子囊顶生或间生，十字形或四面锥形分裂产生四分孢子。已知该目分 7 科 406 种，我国报道了 4 科，分科检索表如下：

1　藻体不分节……………………………………………………………………………………………… 2
1　藻体具节和节间…………………………………………………………………………………………… 3
　2　藻体分枝呈放射状；孢子囊十字形分裂产生四分孢子；果胞枝 2～3 个细胞 … 网囊藻科 Faucheaceae
　2　藻体分枝二叉状；孢子囊十字形或四面锥形分裂；果胞枝 3 个细胞 …… 红皮藻科 Rhodymeniaceae
3　藻体分枝放射状、二叉状或不规则；孢子囊四面锥形、十字形或不规则分裂，果胞枝 3 个细胞 ………
……………………………………………………………………………………… 节荚藻科 Lomentariaceae
3　藻体分枝二叉状或互生，孢子囊四面锥形分裂，果胞枝 3～4 个细胞，囊果中有大融合胞……………
………………………………………………………………………………………… 环节藻科 Champiaceae

（1）环节藻科

藻体为枝叶状体或膜状体，通常中空，具节和等距节间。孢子囊四面锥形分裂产生四分孢子，有时形成多孢子囊；精子囊无色，生于表皮层；果胞枝多 4 个细胞，果胞受精后多与其他细胞融合；产孢丝的大多数细胞或近顶端的部分细胞形成果孢子囊。已知该科分 7 属 72 种，我国报道了 3 个属的种类，分属检索表如下：

1　藻体具中实的短柄，上部枝中空，具节与节间 ……………………………… 腹枝藻属 *Gastroclonium*
1　藻体中空…………………………………………………………………………………………………… 2
　2　藻体具节与节间，节间距规则 ………………………………………………………… 环节藻属 *Champia*
　2　藻体无节与节间，分枝圆柱形或稍扁压 ……………………………………………… 腔腺藻属 *Coelothrix*

①环节藻属（*Champia* Desveaux, 1809），藻体为枝叶状体，枝圆柱形或稍扁压，中空，节与节间较规则。四分孢子囊生于皮层，四面锥形分裂产生四分孢子；精子囊生于表皮层；囊果明显突出于藻体表面，产孢丝的顶端形成果孢子囊。已知该属有 45 种，我国报道了 2 种，分种检索表如下：

1　藻体枝圆柱形 ………………………………………………………………………… 环节藻 *C. parvula*
1　藻体枝亚圆柱形或扁压 ……………………………………………………………… 日本环节藻 *C. japonica*

——环节藻［*C. parvula*（C. Agardh）Harvey, 1853］，藻体紫红色或微绿色，为枝叶状体，丛生，柔软，黏滑，多分枝，高 2～10 cm（图 9-68）。枝圆柱状，直径 1～2.5 cm，基部略细，近顶端渐细，顶端钝形，有节与节间；分枝互生或对生。内部结构中空，髓部充满无色透明黏液；皮层细胞 1～2 层；表面观细胞为规则圆形或卵圆形，直径 22～38 μm；间生直径 6.4～13 μm 的小细胞；切面观细胞为不规则角圆长方形，长 29～58 μm，宽 19～32 μm，体壁厚 38～61 μm。四分孢子囊表面观近圆形，直径 29～35 μm；切面观卵形，大小 74～86 μm × 54～70 μm，四面锥形分裂产生四分孢子；囊果近球形，散生在枝上，突出于藻体表面，基部略缢缩，喙不明显；胎座细胞长柱形，果孢子囊长棒状，大小 70～96 μm × 32～45 μm。该种生长在潮间带岩石上或低潮线下 0.5～1 m 处珊瑚礁上，广泛分布于我国沿海地区。

②腔腺藻属（*Coelothrix* Børgesen, 1920），藻体为枝叶状体，硬而细，形成坚实垫状，直立部圆柱形或稍扁压，不规则分枝；内部为多轴型结构，由髓部和皮层组成；髓

部中空，皮层细胞中有腺细胞。孢子囊生于枝端，四面锥形分裂产生四分孢子，偶有十字形分裂。已知该属有 2 种，我国报道了 1 种。

——不规则腔腺藻［*C. irregularis*（Harvey）Børgesen, 1920］，藻体为枝叶状体，匍匐缠结成紧密垫状，固着器盘状，直立枝圆柱形，高 3～7 cm；分枝圆柱状，偏生或不规则，枝端渐细（图 9-69）。内部为多轴型结构，髓部中空，细胞丝状排列；皮层细胞多层。孢子囊圆形或卵圆形，生于小枝上部皮层细胞中，四面锥形分裂产生四分孢子，偶有十字形分裂；囊果和精子囊未见。该种生长于潮下带 1 m 深的珊瑚礁上，生活时在水中发出荧光，在我国海南有分布。

图 9-68　环节藻

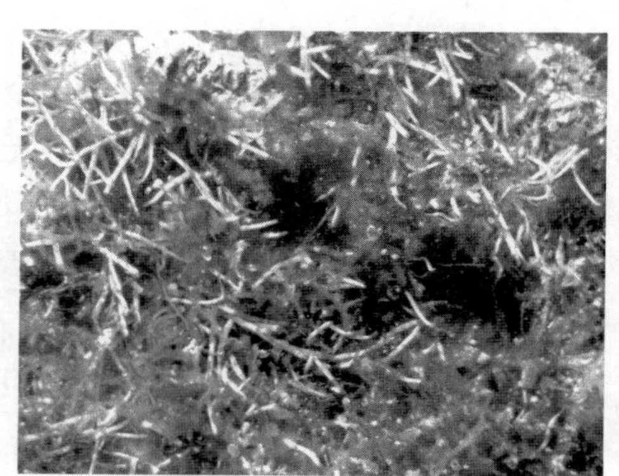

图 9-69　不规则腔腺藻

（2）网囊藻科

藻体直立或匍匐，具放射状排列分枝，枝圆柱形或扁压。髓部中空或呈假薄壁组织，有大透明细胞；皮层细胞丝状排列或呈网状。精子囊由外皮层细胞产生；果胞枝 2～3 个细胞，受精后形成融合胞；孢子囊分散分布在枝端，十字形分裂产生四分孢子。已知该科分 9 属，60 种，我国仅报道了 1 个属的种类。

网囊藻属（*Fauchea* Montagne & Bory, 1846），藻体扁压或扁平，多分枝，分枝叉状或不规则。内部结构为多轴型，髓部细胞大，皮层细胞较小。孢子囊散生在藻体表面的生殖瘤内，十字形分裂产生四分孢子；囊果球形或半球形，突出于藻体表面；精子囊散生在表皮层细胞中。已知目前该属只有 1 种，我国报道了 1 种。

——西沙网囊藻（*F. xishaensis* B. M. Xia & Y. Q. Zhang, 2000），目前被认为是黏枝藻属（*Gloiocladia* J. Agardh）西沙黏枝藻［*G. xishaensis*（B. M. Xia & Y. Q. Wang）N. Sánchez & Rodríguez-Prieto, 2007］的同物异名种。

（3）节荚藻科

藻体直立或匍匐，具放射状、二叉状或不规则分枝，枝圆柱形或扁压。髓部中空。生殖结构产生于藻体表面或形成专门结构。精子囊群生。果胞枝 3 个细胞。囊果具有融合胞，大多数产孢丝细胞形成果孢子囊，囊果突出于藻体表面或内陷。孢子囊四面锥形、十字形或不规则分裂产生四分孢子。已知该科分 9 属，54 种，我国报道了其中 4 个属的种类：蛙掌藻属（*Binghamia* J. Agardh）、伴绵藻属（*Ceratodictyon* Zanardini）、拟石花属（*Gelidiopsis* F. Schmitz）和节荚藻属（*Lomentaria* Lyngbye）。

节荚藻属（*Lomentaria* Lyngbye, 1819），藻体通常直立，有时部分匍匐，多分枝，枝圆柱形或扁压，具节与节间。内部结构为多轴型，髓部细胞呈网状排列；皮层管状，细胞 3～6 层。雌雄异体。精子囊群位于体表，由皮层细胞产生；果胞枝 3 个细胞，具有 1～2 个由 2 个细胞组成的辅助细胞枝；融合胞产生产孢丝，大部分产孢丝细胞形成果孢子囊，囊果突出于藻体表面；孢子囊由皮层细胞顶生，四面锥形分裂产生四分孢子。已知该属有 36 种，我国报道了其中 2 种，分种检索表如下：

1 藻体较大，分枝较稀疏，节间长 ……………………………………………………链状节荚藻 *L. catenata*
1 藻体较小，分枝较密集，节间短 …………………………………………………… 节荚藻 *L. hakodatensis*

——链状节荚藻（*L. catenata* Harvey, 1857），该种目前被认为是 *Fushitsunagia catenata*（Harvey）Filloramo & G. W. Saunders, 2016 的同物异名种。藻体紫红色或暗红色，直立、丛生，基部具盘状或假根状固着器，直立部主枝明显；分枝不规则互生、轮生或羽状，多集中在藻体中上部，基部略细，顶端钝圆；枝上具明显的节与节间，节部明显缢缩，上部节间长 2～4 mm，下部节间长 5～8 mm（图 9-70a）。藻体内部多轴型，中空，髓部具横隔，将空腔隔开；皮层细胞排列呈栅状。孢子囊窝位于藻体上部小枝上，呈圆形或椭圆形略凹的腔，四面锥形分裂产生四分孢子；精子囊窝生于特化小枝上，精子囊群散生在表皮细胞间；囊果明显突出于枝表面，单生或集生。该种生长于低潮带浪大的岩石上，在我国浙江有分布。

——节荚藻（*L. hakodatensis* Yendo, 1920），藻体基部具盘状固着器，向上产生直立枝，枝圆柱形，密集分枝；枝基部稍收缩，顶端尖细，具明显的节与节间，节部明显缢缩；分枝对生或轮生（图 9-70b）。内部为多轴型，由髓部和皮层组成。髓部中空，多层细胞组成的横隔膜将空腔隔开；皮层细胞排列呈栅状。孢子囊集生在分枝的皮层中，表面观呈黑色斑点，四面锥形分裂产生四分孢子；囊果多生于上部小分枝上，单生或集生，近球形，基部略缢缩，顶端具喙，突出于藻体表面，具融合胞；精子囊集生于分枝表面，半球形或长椭圆形。该种生长在低潮带浪大处岩石上，在我国辽宁有分布。

图 9-70 节荚藻属

a. 链状节荚藻；b. 节荚藻

（4）红皮藻科

藻体为枝叶状体或膜状体，大多数种类有分枝。髓部中实或中空。四分孢子囊十字形分裂产生四分孢子；果胞枝 3 个细胞，产孢丝的大部分细胞变为果孢子囊，成熟囊果突出于藻体表面。已知该科有 21 属，195 种，我国报道了 6 个属的种类，分属检索表如下：

1　藻体中空 …………………………………………………………………………… 2
1　藻体中实，非共生 ………………………………………………… 红皮藻属 *Rhodymenia*
　2　藻体基部具中实的柄，其上有 1 至数个囊状枝 ……………… 葡萄藻属 *Botryocladia*
　2　藻体基部无柄，固着器盘状 …………………………………………………………… 3
3　藻体直立，枝线形、圆柱形或扁压，分枝互生 ……………………… 金膜藻属 *Chrysymenia*
3　藻体匍匐，枝非线形或圆柱形 ……………………………………………………………… 4
　4　藻体扁压或为扁平膜状体，无节与节间 ……………………… 隐蜘藻属 *Cryptarachne*
　4　藻体有许多囊状的节与节间 ……………………………………………………………… 5
5　节间球形或卵形 ……………………………………………………… 腔节藻属 *Coelarthrum*
5　节间多为长柱形 ……………………………………………………… 红肠藻属 *Erythrocolon*

①葡萄藻属［*Botryocladia*（J. Agardh）Pfeiffer, 1873］，藻体具有盘状或假根状固着器，直立部有或无分枝，枝由圆柱形主干和中空结构组成；主干中实，两侧及顶端连接中空囊结构；囊结构膨胀，球形、卵形或梨形，放射状排列，具长或短的中实柄。内部结构为多轴型，皮层细胞小，2～3（6）层，髓部中空。雌雄异体。精子囊群散生在藻体表面；囊果散生，突出于藻体表面；孢子囊散生在皮层细胞间，十字形分裂产生四分孢子。已知该属有 48 种，我国报道了 3 种，分种检索表如下：

1　藻体高 1～2 cm ……………………………………………………………………… 2
1　藻体高可达 17 cm，柄上生有许多小囊状枝 ………………………… 葡萄藻 *B. leptopoda*
　2　藻体囊状枝具厚壁，由 3～4 层细胞组成，厚 108～122 μm ……… 厚壁葡萄藻 *B. skottsbergii*
　2　藻体囊状枝壁薄，由 2～3 层细胞组成，厚 76～96 μm ………… 梨形葡萄藻 *B. pyriformis*

——葡萄藻［*B. leptopoda*（J. Agardh）Kylin, 1931］，藻体基部具盘状固着器和匍匐茎，向上长出直立部，高 14～17 cm；直立部具有一个及顶的中实主干，有或无分枝，其周围放射状生出中空囊；囊膨胀，球形、卵形或梨形，具一中实短柄（图 9-71）。切面观囊壁厚 30～36 μm。该种生长在潮下带礁石上，在我国台湾和海南有分布。

——厚壁葡萄藻［*B. skottsbergii*（Børgesen）Levring, 1941］，藻体基部具一盘状固着器，向上生出圆柱形中实主干，具不规则分枝，枝端为球形、卵形或梨形的中空囊状结构（图 9-72）。切面观囊壁厚 108～122 μm。该种生长在潮下带背光面礁石上，在我国台湾、西沙群岛和南沙群岛有分布。

②金膜藻属（*Chrysymenia* J. Agardh, 1842），藻体中空，为枝叶状体，枝圆柱形或稍扁压，分枝互生。内部为多轴型结构，内皮层细胞大，外皮层细胞小，1～3 层。四分孢子囊散生在皮层细胞间，十字形分裂产生四分孢子；囊果散生，半球形。已知该属有 21 种，我国报道了 2 种，分种检索如下：

1　藻体枝线形、圆柱形或扁压，分枝羽状，长，基部缢缩，末端渐尖 ……………… 金膜藻 *C. wrightii*
1　藻体枝扁压囊状或枕状，分枝不规则，囊间通常粘连 ………………… 仰卧金膜藻 *C. procumbens*

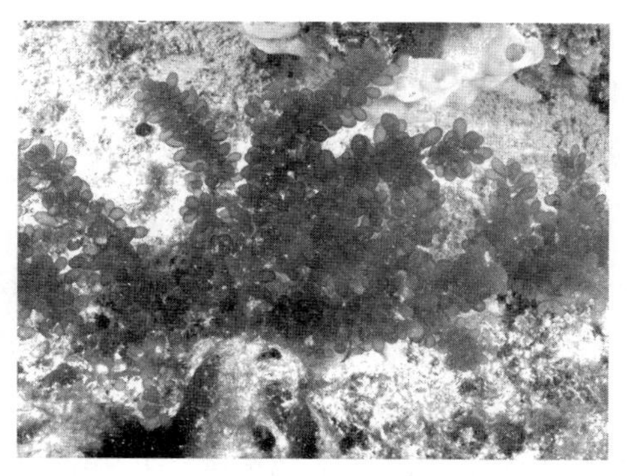

图 9-71　葡萄藻

图 9-72　厚壁葡萄藻

③腔节藻属（*Coelarthrum* Børgesen, 1910），藻体直立或匍匐，分枝中空管状，规则缢缩并具节，二叉状或放射状排列。内部结构为多轴型。表皮层细胞小，含有色素，1 至多层；髓部由空腔组成，隔膜处排列有大而无色的细胞，具腺细胞，无纵向丝或假根丝。精子囊生于表皮层细胞；果胞枝 4 个细胞，具 2 个细胞组成的辅助细胞枝，囊果突出于藻体表面；孢子囊生于表皮层细胞间，十字形分裂产生四分孢子。已知该属有 3 种，我国报道了 1 种。

——聚集腔节藻（*C. boergesenii* Weber Bosse, 1928），目前被认为是布氏低串藻［*Chamaebotrys boergesenii*（Weber Bosse）Huisman, 1996］的同物异名种。藻体直立或匍匐，高 2～3 cm，枝具节，圆柱形囊状；分枝叉状或不规则排列，互相联结呈网状。横切面观，腺细胞生长于星状细胞或普通细胞上，2～5 个群生；隔膜细胞 2～3 层。孢子囊集生于皮层细胞中，十字形分裂产生四分孢子；囊果半球形，突出于藻体表面，具果被和囊果孔；精子囊未见。该种生长于低潮带和潮下带珊瑚礁上，在我国台湾、西沙群岛和南沙群岛有分布。

④隐蜘藻属［*Cryptarachne*（Harvey）Kylin, 1931］，藻体扁压或扁平，具分枝。常局部中空，但不形成囊状或管状。髓部细胞排列呈丝状；皮层细胞大，偶见腺细胞。目前已知该属有 2 种，我国报道了 3 种（其中 1 种已更名），分种检索表如下：

1　藻体分枝叉状，枝圆柱形或扁压，互相联结较少，边缘全缘……………………………………………………2

1　藻体分枝不规则，枝扁平，互相联结较多，边缘具粗齿……………………………齿叶隐蜘藻 *C. kaernbachii*

　2　藻体团块状，枝扁压，不规则复叉状分枝，枝径 0.5～1 cm………………………全缘隐蜘藻 *C. okamurae*

　2　藻体灌木丛状，枝下部扁压、上部圆柱形，规则复叉状分枝，互相联结呈网状，枝径 1.5～2 mm
　…………………………………………………………………………………………………网状隐蜘藻 *C. reticulata*

——全缘隐蜘藻［*C. okamurae*（Yamada & Segawa）Zhang & B. M. Xia, 1983］，目前被认为是金膜藻属全缘金膜藻（*Chrysymenia okamurae* Yamada & Segawa, 1953）的同物异名种。

⑤红皮藻属（*Rhodymenia* Greville, 1830），藻体紫红色，高 5～10 cm。固着器盘状、有柄，有或无圆柱形匍匐枝，向上为扁平膜状直立部，分枝叉状或不规则。内部由髓部和皮层组成，髓部细胞大，向外细胞渐小，皮层细胞 2～3 层。四分孢子囊散生或形成囊

窝，十字形分裂产生四分孢子。雌雄异体。精子囊生于藻体外皮层；果胞枝 3～4 个细胞，其侧面具 2 个细胞组成的辅助细胞枝，果胞枝与辅助细胞均由同一个支持细胞形成；果胞受精后，与辅助细胞融合，形成多核的融合胞；囊果突出，散生或仅在枝顶形成，有囊果被。已知该属有 71 种，我国报道了 2 种，分种检索表如下：

1 藻体扁平，分枝叉状或掌状，顶端钝圆 ……………………………………………… 错综红皮藻 *R. intricata*

1 藻体扁平，分枝复二叉状，顶端渐细或钝圆 ……………………………………… 海南红皮藻 *R. hainanensis*

——错综红皮藻（*R. intricata* Okamura, 1930），藻体紫红色，高 4～8 cm，基部固着器呈匍匐枝状，向上有圆柱形柄，分枝膜状、叉状或亚掌状；枝基部缢缩，末端圆钝，边缘全缘（图 9-73）。内部由髓部和皮层组成，髓部细胞大，向外细胞渐小。四分孢子囊生于末枝近顶端，散生或集生在生殖窝内，十字形分裂产生四分孢子；囊果半球形，无柄，无喙，基部不缢缩，产孢丝顶端细胞形成果孢子囊。该种生长在低潮带或潮下带岩石上，在我国山东、浙江、福建和香港有分布。

5. 黏滑藻目

藻体柔软或坚硬，直立，具有垫状固着器，或具有背腹面，在腹面伸出次生固着器；具有亚圆柱形或叶状主干，分枝或不分枝。内部结构多轴型，髓部细胞丝状疏松排列，皮层细胞数层。精子囊群生于表皮层；果胞和辅助细胞分别位于不同枝上，果胞枝 3 个或 4 个细胞，几乎所有的产孢丝细胞都能形成果孢子囊；囊果内陷，具果被；四分孢子囊散生在表皮层，十字形或不规则分裂产生四分孢子。生活史 3 世代型，未成熟配子体与孢子体同形。已知该目仅分 1 科，19 种。

黏滑藻科的特征与目的相同。已知该科分 4 属，我国仅报道了其中 1 个属的种类。

黏滑藻属［*Sebdenia*（J. Agardh）Berthold, 1882］，藻体内部为多轴型结构，髓部细胞丝状排列，皮层细胞大，假薄壁状排列；表皮层细胞小，细胞间存在次生孔状联系。内部细胞多核。果胞枝 3 个或 4 个细胞，具辅助细胞；囊果深陷，具融合胞；四分孢子囊十字形分裂产生四分孢子。未成熟配子体与孢子体同形。已知该属有 12 种，我国报道了 1 种。

——叉分黏滑藻［*S. flabellata*（J. Agardh）P. G. Parkinson, 1980］，藻体高 5～10 cm，固着器小盘状，直立部具一短柄，具 5～10 回叉状分枝，枝扁压（图 9-74）。内部为多轴型结构，髓部细胞排列呈丝状，皮层细胞 2～3 层，排列紧密。四分孢子囊十字形分裂产生四分孢子。该种生长在潮下带岩石上，在我国台湾、香港和海南有分布。

图 9-73 错综红皮藻

图 9-74 叉分黏滑藻

6. 海膜目

藻体直立或匍匐，分枝少或多，枝叶片状或圆柱形。内部结构为多轴型，髓部丝状，具次生孔状联系。果胞枝细胞2～4个，产孢丝的大部分细胞转变为果孢子囊，有果被；四分孢子囊十字形分裂产生四分孢子。生活史为3世代型。已知该目下分3科，361种，我国报道了2科：海膜科和曾氏藻科（Tsengiaceae G. W. Saunders & Kraft, 2002）。

海膜科，藻体为枝叶状体，直立或匍匐，有或无柄，分枝少或多，枝叶片状或圆柱形。内部为多轴型结构，髓部丝状，具次生孔状联系。生活史为3世代型，未成熟配子体与孢子体同形。雌雄同体或异体，果胞枝2～4个细胞，具生殖枝丛，辅助细胞位于枝丛基部或其附近；果胞受精后，合子核通过连络丝进入辅助细胞，产生产孢丝，产孢丝的大部分细胞转变为果孢子囊；具果被，有或无囊果孔；四分孢子囊十字形分裂产生四分孢子。已知该科分37属344种，我国报道了6个属：蜈蚣藻属（*Grateloupia* C. Agardh）、隐丝藻属（*Cryptonemia* J. Agardh）、海膜属（*Halymenia* C. Agardh）、锯齿藻属（*Prionitis* C. Agardh）、海柏属（*Polyopes* C. Agardh）、盾果藻属（*Carpopeltis* F. Schmitz）。

①蜈蚣藻属（*Grateloupia* C. Agardh, 1822），藻体为枝叶状体或膜状体，淡黄红色或紫红色，黏滑，单生或丛生，高5 cm以上；固着器盘状，基部有或无柄，呈掌状或叉状分裂；枝圆柱形、亚圆柱形或扁压，分枝互生、对生或偏生。内部为多轴型结构。生活史为3世代型。雌雄同体或异体。精子囊群由外皮层细胞形成，圆柱状；果胞枝和辅助细胞分别由皮层细胞产生的果胞枝丛和辅助细胞枝丛形成，果胞枝2个细胞；成熟的囊果突出于藻体表面，呈颗粒状；四分孢子囊由孢子体的外皮层细胞形成，十字形分裂产生四分孢子。已知该属94种，我国报道了31种：对枝蜈蚣藻（*G. didymecladia* W. X. Li & Z. F. Ding）、赛氏蜈蚣藻（*G. setchellia* Kylin）、长枝蜈蚣藻（*G. prolongata* J. Agardh）、岗村蜈蚣藻（*G. okamurae* Y. Yamada）、顶状蜈蚣藻（*G. acuminata* Holmes）、海南蜈蚣藻（*G. hainanensis* W. X. Li & Z. F. Ding）、缢基蜈蚣藻（*G. constricata* W. X. Li & Z. F. Ding）、帚状蜈蚣藻（*G. fastigiata* W. X. Li & Z. F. Ding）、聚果蜈蚣藻（*G. sorocarpus* Li et Ding）、伞形蜈蚣藻（*G. corymbcladia* W. X. Li & Z. F. Ding）、东海蜈蚣藻（*G. donghaiensis* W. X. Li & Z. F. Ding）、蜈蚣藻［*G. filicina*（J. V. Lamouroux）C. Agardh］、海门蜈蚣藻（*G. haimenensis* W. X. Li & Z. F. Ding）、阳江蜈蚣藻（*G. yangjiangensis* W. X. Li & Z. F. Ding）、青岛蜈蚣藻（*G. qingdaoensis* W. X. Li & Z. F. Ding）、叉枝蜈蚣藻（*G. divaricata* Okamura）、两叉蜈蚣藻（*G. dichodoma* J. Agardh）、变色蜈蚣藻（*G. versicolor* J. Agardh）、鲂生蜈蚣藻［*G. doryphora*（Montagne）M. Howe］、黑木蜈蚣藻（*G. kurogii* Kawaguchi）、肉质蜈蚣藻（*G. carnosa* Yamada & Segawa）、带形蜈蚣藻（*G. turuturu* Y. Yamada）、舌状蜈蚣藻［*G. livida*（Harvey）Yamada］、裂叶蜈蚣藻（*G. latissima* Okamura）、椭圆蜈蚣藻（*G. elliptica* Holmes）、稀疏蜈蚣藻［*G. sparsa*（Okamura）Chiang］、披针形蜈蚣藻［*G. Lanceolata*（Okamura）Kawaguchi］、复瓦蜈蚣藻（*G. imbricata* Holmes）、角质蜈蚣藻（*G. cornea* Okamura）、繁枝蜈蚣藻（*G. ramosissima* Okamura）、江氏蜈蚣藻（*G. chiangii* S. Kawaguchi & H. W. Wang）。

图 9-75　蜈蚣藻

——蜈蚣藻［*G. filicina*（J. V. Lamouroux）C. Agardh, 1822］，藻体紫红色，黏滑，单生或丛生，高 7～75 cm，基部具小盘状固着器；主枝明显，亚圆柱形或扁压，直径 2～5 mm，厚 350～450 μm；分枝互生、对生或偏生，2～3 回，下部分枝较长，上部的较短，基部缢缩，顶端尖（图 9-75）。内部由髓部、皮层和表皮层组成，皮层细胞3～4层，表皮层细胞 1～2 层；横切面观表皮层细胞长椭圆形，皮层细胞多角形。雌雄同体，精子囊圆形，由外皮层细胞形成；果胞枝丛主枝明显，分枝 1～3 个，每个分枝 4～9 个细胞，果胞枝 2 个细胞，一般每个果胞枝丛只有 1 个果胞枝，偶尔 2 个。辅助细胞枝丛也有明显的主枝，主枝常 4～17 个细胞；分枝 1～4 个，每个分枝 3～14 个细胞，一般每个辅助细胞枝丛只有 1 个辅助细胞，偶见 2 个；果胞受精后产生 1 个以上的连络丝与辅助细胞相接，由后者产生产孢丝，其顶端细胞形成果孢子囊；成熟的囊果均匀散布于藻体表面，外观呈斑点状。四分孢子囊由孢子体的皮层细胞形成，散布于藻体表面，十字形分裂产生四分孢子。该种一般生长在高、中潮带岩石、沙砾上或石沼中，为世界性暖温带种，在我国南北沿海皆有分布。可食用，广东惠东的当地人将它煮成膏状物食用，日本将它漂白晒干后制成酸菜食用；可药用，与中药调配有驱虫或治疗肠炎和风热喉炎等功效；还可用作浆料。

图 9-76　舌状蜈蚣藻

——舌状蜈蚣藻［*G. livida*（Harvey）Yamada, 1931］，藻体深紫红色，单生或丛生，高 10～25 cm，幼时质软，成体厚而稍硬；下部具细柄，中、上部带状，单条或有叉状或羽状分枝，边缘全缘或有小枝，枝端尖细（图 9-76）。藻体横切面观不中空，厚 150～200 μm，由髓部、皮层和表皮层组成，皮层细胞 6～8 层，表皮层细胞 1～2 层。表皮层细胞长椭圆形或椭圆形，大小（5～7）μm ×（4～5）μm；皮层细胞椭圆形或不规则形，大小（7～15）μm ×（7～10）μm；髓部细胞细长，大小（20～48）μm ×（2～3）μm。果胞枝丛束状，由主枝和分枝组成，一般常见 7～10 个细胞；分枝 2～3 个，每个分枝细胞 5 个以上；果胞枝 2 个细胞，一般每个果胞枝丛只有 1 个果胞枝，偶见 2 个；辅助细胞枝丛切面观也呈束状，主枝细胞 7 个以上；分枝 2～4 个，每个分枝细胞 4 个以上；一般每个辅助细胞枝丛中只有 1 个辅助细胞，偶见 2 个；有的果胞与辅助细胞出现在同一枝丛；果胞受精后与下位细胞形成融合胞，融合胞伸出连络丝与辅助细胞相接，由后者产生产孢丝，其顶端细胞形成果孢子囊；成熟囊果埋在皮层下部，均匀散布在藻体表面；四分孢子囊由皮层细胞形成，十字形分裂产生四分孢子；未见到雄配子体。一般生长在高潮带附近岩礁上或低潮带石沼中。广东沿岸 11 月出现幼苗，翌年 3 月藻体长达 10 cm 以上，2 月底至 5 月成熟。该种在我国辽宁、浙江、福建、台湾、广东和海南均有分布，是一种良好的染料，藻体中含有牛磺酸，因此有清热解毒和驱虫的作用，可与其他中药调配，用于治疗风热喉炎和肠炎。

——带形蜈蚣藻（*G. turuturu* Y. Yamada, 1941），藻体单生或丛生，高 1 m 以上，宽 4～15 cm；基部固着器圆盘状，向上有一短柄；藻体一般单条，带状，有的分裂为多条小裂片，边缘波浪状或生出小羽枝（图 9-77）。藻体内部由髓部、皮层和表皮层组成，皮层细胞 4～6 层，表皮层细胞 2～3 层；纵切面观髓部细胞长丝状，交织稠密，细胞长 40～55 μm，宽 2～3 μm。果胞枝 2 个细胞；果胞枝密集成丛，枝丛的主枝由 4 个以上圆形或椭圆形细胞组成，并有 1～2 条分枝；辅助细胞椭圆形或圆形，也密集成枝丛，枝丛的主枝由 5～10 个圆形或卵圆形细胞组成，并有 2～3 条分枝；辅助细胞成熟后由一端伸出连络管与受精的果胞相连，合子通过此管进入辅助细胞，此后，辅助细胞分裂产生产孢丝细胞，形成囊果，成熟囊果直径＞120 μm；四分孢子囊椭圆形，散生于孢子体的皮层细胞间。该种一般生长在低潮带岩石上或石沼中，在我国黄海、渤海沿岸，浙江和广东有分布。

——繁枝蜈蚣藻（*G. ramosissima* Okamura, 1913），藻体直立线形，基部固着器大盘状；下部圆柱形，上部略扁压；分枝不规则叉状或互生，简单或繁多，基部略细，顶端尖；枝上常见许多长短不一的小枝，枝基缢缩，顶端尖细（图 9-78）。藻体内部由髓部、皮层和表皮层组成，皮层细胞 8～9 层；表皮层细胞小，长椭圆形，直径（3.3～6.6）μm × 3.3 μm；髓部细胞丝状，直径 5～9.9 μm。四分孢子囊散生于最末小枝的皮层细胞中，表面观卵圆形或近圆形，大小（13.2～16.5）μm ×（9.9～13.2）μm；切面观长椭圆形，大小（33～43）μm ×（9.9～13.2）μm，成熟后十字形分裂产生四分孢子。该种生长在低潮带至潮下带 5 m 深岩石上，在我国福建、台湾和海南有分布。

图 9-77　带形蜈蚣藻

图 9-78　繁枝蜈蚣藻

②海膜属（*Halymenia* C. Agardh, 1817），藻体为膜状体，柔软且黏滑，基部具盘状固着器和短柄，向上具扁平膜状枝。横切面观藻体由髓部和皮层组成，皮层细胞 3～6 层。生殖时形成果胞枝丛和辅助细胞枝丛，囊果有囊果被；精子囊由外皮层细胞形成；四分孢子囊散生在外皮层，十字形分裂产生四分孢子。已知该属有 73 种，多数为热带和亚热

带性种类，我国报道了4种：扩大海膜（*H. dilatata*）、具斑海膜（*H. maculata*）、海膜（*H. floresia*）和小果海膜（*H. microcarpa*）。

——海膜［*H. floresia*（Clemente）C. Agardh, 1817］，藻体鲜红色或黄红色，柔软黏滑，膜状体，边缘及表面具齿状突起，表面形成不规则斑纹，高10～40 cm；基部具盘状固着器；主枝明显，直径1～3 cm；分枝不规则羽状，4～5回，直径2～10 mm，末端尖细（图9-79）。内部由髓部和皮层组成，髓部由许多与表面垂直、错综交织的髓丝组成；皮层细胞5～6层。雌雄同体，果胞枝2个细胞；精子囊由外皮层细胞形成，外观呈小斑点状；四分孢子囊散生在皮层中，十字形分裂产生四分孢子。可食用，也可用于观赏。该种生长于低潮线附近至潮下带20 m深的礁石上，全年可见，在我国台湾有分布。

——具斑海膜（*H. maculata* J. Agardh, 1885），藻体紫红色，为具裂片的膜状体，高8～12 cm；基部具一圆柱形柄，其上具楔形或宽圆形裂片，边缘密集不规则、流苏状小枝（图9-80）。横切面观内部由髓部和皮层组成，髓部由向各方向伸展的丝组成，皮层细胞3～4层。四分孢子囊散生在外皮层中，表面观近圆形或卵形，横切面观卵形或长圆形，十字形分裂产生四分孢子；囊果小，散生在藻体表面，突出但不明显；精子囊未发现。该种多生长在潮下带珊瑚礁上，常被风浪打到岸边，在我国海南有分布。

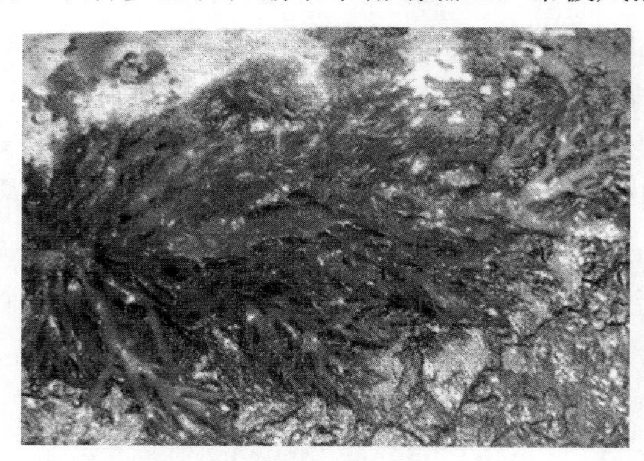

图9-79　海膜

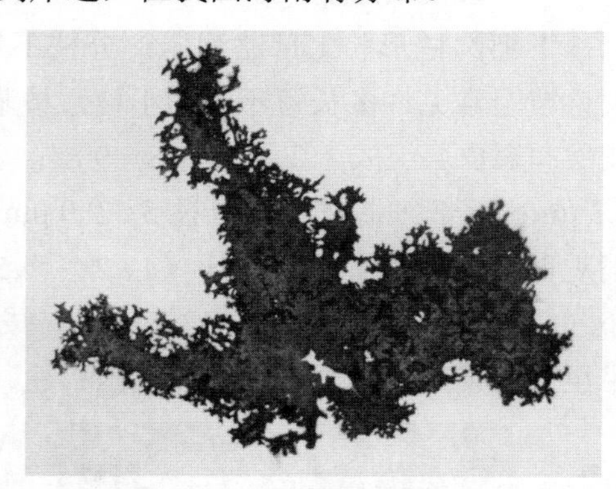

图9-80　具斑海膜

7. 杉藻目

藻体外形变化大，细胞中色素体小盘状，无蛋白核；生活史为3世代型，大多数种类的未成熟配子体与孢子体外形相同。四分孢子囊带形或十字形分裂产生四分孢子，散生或集生于窝中，偶有特殊的生殖枝；大多数科具果胞系，由辅助细胞产生产孢丝，其部分或全部细胞形成果孢子囊，有或无果被。已知该目分37科，952种。我国报道了11科的种类，除楷膜藻科（Kallymeniaceae Kylin, 1928）和根叶藻科（Rhizophyllidaceae Ardissone, 1869）外，其他9科的分科检索表如下：

1　孢子体与配子体异形，四分孢子囊十字形分裂……7

1　孢子体与配子体同形……2

　2　四分孢子囊十字形分裂……3

　2　四分孢子囊带形分裂……5

　　2　四分孢子囊十字形或带形分裂 ……………………………………………………… 胶黏藻科 Dumontiaceae
3　藻体钙化 ………………………………………………………………………………………… 多叉藻科 Polyidaceae
3　藻体不钙化 …… 4
　　4　藻体具有微小的刺状小枝，囊果非常突出 ………………………………………… 内枝藻科 Endocladiaceae
　　4　藻体质地较坚硬，髓部细胞排列呈丝状 …………………………………………………… 杉藻科 Gigartinaceae
5　藻体髓部无中轴细胞，四分孢子囊散生在藻体表皮层中 …………………………… 红翎菜科 Solieriaceae
5　藻体单轴型结构 ……………………………………………………………………………………………………… 6
　　6　枝多圆柱形或扁压，分枝辐射状，不密被刺状小枝 ………………………… 茎刺藻科 Caulacanthaceae
　　6　枝圆柱形、稍扁压或扁平；具短刺状小枝，分枝偏生或叉状 …………………………… Cystocloniaceae
7　藻体为单轴型结构 …………………………………………………………………… 黏管藻科 Gloiosiphoniaceae
7　藻体为多轴型结构 ……………………………………………………………………… 育叶藻科 Phyllophoraceae

（1）茎刺藻科

藻体为枝叶状体，枝圆柱形或扁平，分枝放射状或互生，单轴型结构。四分孢子囊带形分裂产生四分孢子，果胞枝由2～5个细胞组成，有辅助细胞，囊果埋在藻体内。已知该科分8属16种，我国报道了2个属的种类，分属检索表如下：

1　藻体匍匐，具规则的节与节间，分枝羽状、二叉或多叉状 …………………………………… 链藻属 *Catenella*
1　藻体直立丛生，无节与节间，分枝不规则偏生 ……………………………………………… 茎刺藻属 *Caulacanthus*

①链藻属（*Catenella* Greville, 1830），藻体匍匐，向下生有盘状固着器，枝圆柱形，或亚圆柱形或扁平；分枝为规则的羽状、二叉状或多叉状。单轴型结构。囊果通常单生，无柄，生于顶端缩小的节上，四分孢子囊长圆形，聚生于顶端的节内，带形分裂产生四分孢子。已知该属有5种，我国报道了3种：节附链藻［*C. impudica*（Montagne）J. Agardh］、粗壮链藻（*C. nipae* Zanardini）和亚伞形链藻（*C. subumbellata* C. K. Tseng）。

——节附链藻［*C. impudica*（Montagne）J. Agardh, 1852］，藻体具有明显的节与节间，匍匐，高可达1 cm以上，节处明显缢缩，节处向下伸出固着器，节间椭圆形或倒披针形；分枝由节处产生，幼时亚圆柱形，老时扁压，叉状排列（图9-81）。该种生长在潮间带隐蔽盐沼的红树干上，在我国广东、香港有分布。

②茎刺藻属（*Caulacanthus* Kützing, 1843），藻体为枝叶状体，直立丛生，枝圆柱形或扁压，分枝不规则偏生，具刺状小枝。单轴型结构。四分孢子囊带形分裂产生四分孢子；囊果小，球形或卵形。已知该属有3种，我国报道了1种。

——茎刺藻［*C. usutulatus*（Turner）Küetzing, 1843］，藻体暗紫褐色，矮小，常丛生形成团块，固着器假根状，高1～2 cm，多分枝；枝圆柱形或稍扁压，分枝极不规则，互生、对生、偏生或叉状，其上生有长短不一、向下弯曲的刺状小枝；枝端尖细，枝间常粘连（图9-82）。单轴型结构，横切面观，中轴直径约53 μm，内皮层细胞直径26.4～36 μm，外皮层细胞直径9.9～16.5 μm；表皮层细胞长圆形或长卵形，大小（6.6～9.9）μm×（5～6.6）μm；枝径112～231 μm。四分孢子囊散生在小枝中部表皮层细胞中，成熟时表面观近圆形或长圆形，大小（29.7～33）μm×（23.1～33）μm；切面观长圆形或长柱形，大小（46～49.5）μm×（19.7～26.4）μm，带形分裂产生四分孢子。该种生长于高潮带岩石上，广泛分布于我国沿海。

图 9-81 节附链藻

图 9-82 茎刺藻

（2）Cystocloniaceae Kützing, 1843

藻体小型至中型，多分枝，大多数直立，常缠结并形成次级连接。枝圆柱形、稍扁压或扁平；通常粗枝上具短刺状小枝，或短枝与长枝混合；分枝偏生或叉状。内部为单轴型结构，具有突出的顶细胞；围轴细胞大而透明，表皮层细胞含有色素。精子囊链状排列，生于小枝基部微膨大的生殖瘤内，或散生在表皮层细胞中；果胞枝 3～4 个细胞，具辅助细胞；囊果具 1 个融合胞或几个中心细胞，突出于藻体表面或内陷；孢子囊由生殖瘤中产生，部分或全部环绕在短小枝基部，带形分裂产生四分孢子。未成熟的配子体与孢子体同形。已知该科分 14 属，112 种，我国报道了 1 属。

沙菜属（*Hypnea* J. V. Lamouroux, 1813），藻体为枝叶状体，丛生，分枝多圆柱形，放射状分布，枝上被有疏密不等的刺状小枝。四分孢子囊生于最末小枝的表皮层；囊果球形，突出于藻体表面；精子囊散生在末枝的表皮层。已知该属有 64 种，我国报道了 8 种，分种检索表如下：

1 藻体丛生，有及顶主枝，密被刺状小枝 ……………… 2
1 藻体错综缠结或基部缠结，无及顶主枝 ……………… 3
　2 藻体主枝的中下部常裸露，上部多小枝 ……………… 裸干沙菜 *H. chordacea*
　2 藻体密被刺状小枝 ……………… 密毛沙菜 *H. boergesenii*
3 枝端常弯曲成膨大的钩状 ……………… 冻沙菜 *H. japonica*
3 枝端直 ……………… 4
　4 藻体具星状小枝 ……………… 星刺沙菜 *H. cornuta*
　4 藻体具刺状小枝 ……………… 5
5 藻体细小 ……………… 小沙菜 *H. spinella*
5 藻体粗大 ……………… 6
　6 分枝不规则叉状，密被刺状小枝，枝端鹿角状 ……………… 鹿角沙菜 *H. cervicornis*
　6 分枝互生或不规则叉状 ……………… 7

7 藻体末枝细长 ·· 长枝沙菜 *H. charoides*
7 藻体末枝粗短 ·· 巢沙菜 *H. pannosa*

——星刺沙菜［*H. cornuta*（Kützing）J. Agardh, 1851］，藻体丛生，高 6～20 cm，有时疏松缠结于其他藻体上；枝亚圆柱形，枝径 1～1.5 mm；分枝互生，其上有长 1～2 mm 的刺状小枝，以及长 913～1 162 μm 的星形刺状小枝（图 9-83）。内部为单轴型结构，横切面观中轴细胞近圆形，大小 83 μm × 66 μm；皮层细胞较大，不规则圆形或卵形，大小（298～498）μm ×（216～415）μm；外皮层细胞近圆形，大小（26～40）μm ×（20～33）μm；表皮层细胞为不规则卵形或长方形，大小（7～10）μm ×（5～10）μm。四分孢子囊生于顶端枝的表皮层细胞中，长柱形，带形分裂产生四分孢子；未发现囊果和精子囊。一般生长在中潮带有积水处的贝壳上，在我国海南及台湾有分布。

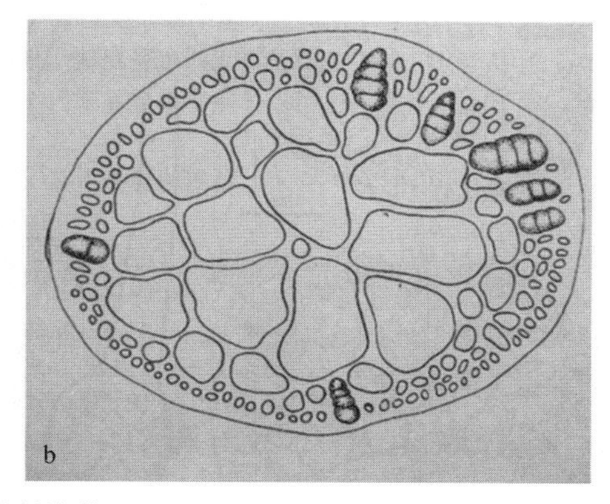

图 9-83 星刺沙菜

a. 外形；b. 四分孢子囊枝横切面

——冻沙菜（*H. japonica* Tanaka, 1941），藻体鲜红色或暗紫红色，常疏松缠结，高 10～20 cm；无主枝，分枝互生，3～4 回羽状排列；侧枝的基部稍缢缩，顶端常呈粗大、弯曲、有或无小刺的钩状，借以缠结于马尾藻类等海藻藻体上（图 9-84）。单轴型结构。

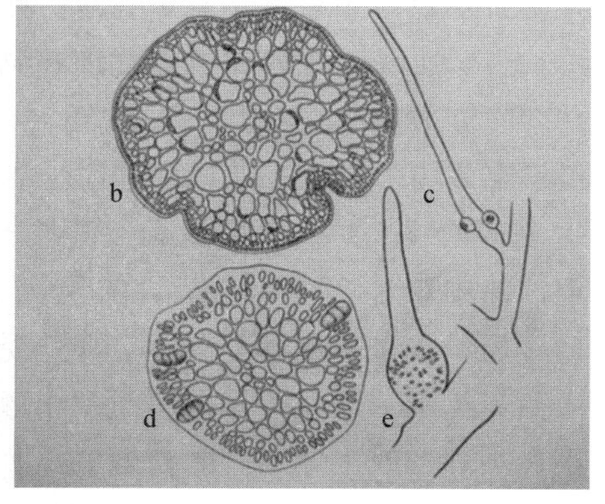

图 9-84 冻沙菜

a. 外形；b. 主枝横切面观；c. 囊果枝；d. 四分孢子囊枝横切面观；e. 四分孢子囊枝

横切面观中央有 1 个中轴细胞，大小约 30 μm × 13 μm，但在老枝内不明显；皮层细胞较大，呈长圆形或卵圆形，大小（73～861）μm ×（33～59）μm；外皮层细胞近圆形或长圆形，大小（28～36）μm ×（13～20）μm；表皮层细胞长卵形，大小（13～17）μm ×（5～6.6）μm。四分孢子囊生于小枝基部，长卵圆形，带形分裂产生四分孢子；囊果球形，无柄，生于顶端枝的基部、中部或顶端；未见精子囊。该种在潮下带数米深处的珊瑚或沙砾上生长，在风浪较大的岩石上，常错综缠结形成团块状；在我国福建、广东、海南、台湾和香港有分布；可食用，也可用作提取卡拉胶的原料。

（3）内枝藻科

藻体为枝叶状体，枝圆柱形或扁压，分枝叉状排列；单轴型结构。顶生。四分孢子囊散生在表皮层细胞间或生于生殖瘤内，十字形分裂产生四分孢子；果胞枝与辅助细胞生在同一个生殖枝丛上，果胞枝 2 个细胞，果胞受精后合子核通过连接管移入辅助细胞，后者几乎所有产孢丝细胞都形成果孢子囊，囊果有果被。已知该科分 2 属 8 种，我国报道了 1 属。

海萝属（*Gloiopeltis* J. Agardh, 1842），藻体丛生，为枝叶状体，枝圆柱形或扁压，分枝叉状或不规则。单轴型结构，皮层细胞间有假根丝。顶生。四分孢子囊散生在表皮层中，十字形分裂产生四分孢子；精子囊由顶端小枝的表皮层形成；果胞枝与辅助细胞生在同一个生殖枝丛上，果胞枝具 2 个细胞，果胞有群生现象；果胞受精后合子核通过连接管移入辅助细胞，后者产生产孢丝，几乎所有的产孢丝细胞都形成果孢子囊，囊果有果被。已知该属有 6 种，我国报道了 3 种，分种检索表如下：

1 藻体小，高＜3 cm，末端小枝呈齿状 ………………………… 小海萝 *G. complanata*
1 藻体大，高＞4 cm ………………………………………………………… 2
  2 藻体成体中空，髓丝不易见到 ………………………………… 海萝 *G. furcata*
  2 藻体成体中实，髓丝明显 …………………………………… 鹿角海萝 *G. tenax*

——小海萝［*G. complanata*（Harvey）Yamada, 1932］，藻体小型，一般高 3 cm 以下，基部具小盘状固着器，密生分枝；枝圆柱形至扁压，分枝叉状排列，顶端小枝齿状（图 9-85）。内部单轴型结构，横切面观髓部具根状丝。孢子囊集生于上部枝上，十字形分裂产生四分孢子。该种生长在高、中潮带礁石上，在我国福建、台湾有分布。

——海萝（*G. furcata* J. Agardh, 1851），藻体紫红色，高 4～15 cm，丛生；固着器盘状，主干基部较细，向上膨大为亚圆柱形，宽可达 4 mm；分枝不规则叉状，基部常缢缩，顶端钝或渐细（图 9-86）。内部为单轴型结构，髓部细胞长圆柱形，并向四周产生放射状分枝丝，较老的藻体髓部中空，外观藻体扁塌。四分孢子囊散生在藻体表皮层细胞间，表面观近圆形或卵圆形，切面观卵形或椭圆形，十字形分裂产生四分孢子；成熟囊果较小，圆球形或半球形，明显外突。海萝为暖温带性海藻，只分布在北太平洋沿岸。因体内含胶量高，藻体耐干力很强，多生长在高、中潮带的岩石上。我国南北沿海盛产海萝，北起辽东半岛、南至雷州半岛都有分布。可食用，山东当地多以海萝和面蒸食，福建平潭当地将海萝蒸后加入油、盐，煮成黏糊状食品，或将海萝与鲷共煮。海萝可作浆料，广东名产黑色的雄云纱即用海萝胶浆制成。海萝胶还可用于棉制品的印染工业，成为配制印花浆料的良好胶质。

图 9-85　小海萝

图 9-86　海萝

——鹿角海萝［*G. tenax*（Turner）Decaisne, 1842］，藻体紫红色，高 5～12 cm，丛生，固着器盘状，主干基部较细；枝幼期圆柱形，后期扁压，宽 1～4 mm；分枝二叉式或不规则，分枝腋角处圆，顶端渐细，末枝常弯曲似鹿角（图 9-87）。藻体中实，内部为单轴型结构。髓部细胞近圆柱形或卵圆形；皮层细胞长柱形，7～9 层。四分孢子囊散生在藻体表皮层细胞间，表面观长卵形或卵圆形，切面观椭圆形、长卵形或卵圆形，十字形分裂产生四分孢子；有性生殖时形成生殖枝丛，每个枝丛产生 5～13 个果胞枝，果胞枝 2～3 个细胞；果胞受精后，合子核通过连接管移入辅助细胞，邻近枝丛的细胞也与辅助细胞融合，形成 1 个大融合胞；成熟囊果无囊果被和吸收丝，突出于藻体表面；没有受精的果胞枝逐渐退化。该种多生长在中、低潮带岩石上，在我国浙江、福建、广东和台湾有分布。东海产种类的幼体见于 10 月前后，四分孢子囊和囊果则多见于 4—6 月；南海产种类的生殖期略早，多为 1—4 月。鹿角海萝的用途与海萝相同。

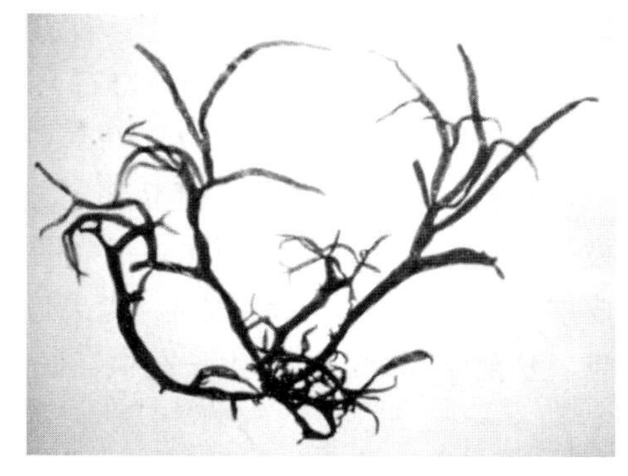

图 9-87　鹿角海萝

（4）杉藻科

藻体分枝或不分枝，枝圆柱形、扁压或扁平。内部为多轴型结构。四分孢子囊十字形分裂产生四分孢子；果胞枝 3 个细胞，支持细胞较大，果胞受精后与支持细胞融合，由融合胞产生产孢丝，几乎所有产孢丝细胞形成果孢子囊；囊果有或无果被。精子囊由表皮层细胞或生殖瘤产生，每个精子囊母细胞分裂产生 1～2 个精子囊。生活史类型为 3 世代型。已知该科分 10 属 144 种，我国报道了 2 个属的种类，分属检索表如下：

1　产孢丝分散，由次生孔状联系连接，囊果具果被 ………………………………… 角叉菜属 *Chondrus*

1 产孢丝由异形胞连接，囊果具果被 ………………………………………………… 软刺藻属 *Chondracanthus*

①软刺藻属（*Chondracanthus* Kützing, 1843），藻体基部具盘状或壳状固着器，直立部多分枝；主枝1至多条，圆柱形、扁压或扁平；主枝上产生羽状、互生或偏生分枝；通常产生许多生殖小枝。雌雄同体或雌雄异体。果胞枝与精子囊产生于小枝顶端，支持细胞由内皮层细胞产生，果胞枝3个细胞。已知该属有22种，我国报道了2种，分种检索表如下：

1 藻体匍匐，丛生，枝扁压至扁平，分枝不规则羽状，枝间愈合重叠 ……… 中间软刺藻 *C. intermedius*
1 藻体直立，丛生，枝圆柱形至扁压，分枝羽状或互生 …………………………… 线形软刺藻 *C. tenellus*

——中间软刺藻［*C. intermedius*（Suringar）Hommersand in Hommersand, Guiry, Fredericq & Leister, 1993］，藻体匍匐，丛生，呈团块状，高1～2（4.5）cm；直立枝扁压至扁平，上部通常反曲，末端尖（图9-88）。藻体内部为多轴型结构，由髓部、皮层和表皮层组成，表皮层细胞多层。孢子囊卵圆形或长卵形，生于皮层与髓部之间，十字形分裂产生四分孢子；囊果近球形，明显突出于藻体表面，单生或集生，无柄和喙，基部略缢缩。该种生长在中、低潮带岩石上，在我国各海区沿岸均有分布。

——线形软刺藻［*C. tenellus*（Harvey）Hommersand, 1993］，藻体高3～7 cm，丛生，基部具瘤状固着器，直立部多分枝；枝圆柱形、扁压或扁平，不规则互生或对生分枝；分枝基部略收缩，顶端尖锐（图9-89）。藻体内部为多轴型结构，由髓部、皮层和表皮层组成，表皮层细胞多层。囊果近球形，明显突出于藻体表面，单生或集生，无柄和喙，基部略缢缩。该种生长在中、低潮带石沼中，在我国黄海及东海沿岸有分布。

图9-88 中间软刺藻

图9-89 线形软刺藻

②角叉菜属（*Chondrus* Stackhouse, 1797），藻体为枝叶状体，丛生，枝扁圆、扁压或扁平，数回叉状分枝，腋角宽圆，顶端钝形、浅凹或两裂状。内部为多轴型结构，皮层细胞6～8层。四分孢子囊十字形分裂产生四分孢子；雌雄异体；果胞枝3个细胞，囊果突出于藻体表面。该属目前已知有29种，我国报道了8种2变种：扩大角叉菜［*C. armatus*（Harvey）Okamura］、沟状角叉菜［*C. canaliculatus*（C. Agardh）Greville］、皱叶角叉菜（*C. crispus* Stackhouse）、皱叶角叉菜纤细变种［*C. crispus* var. *filiformis*

（Hudson）Lyngbye］、*C. crispus* var. *lonchophorus* Montagne（丁兰平等，2015b）、日本角叉菜（*C. nipponicus* Yendo）、角叉菜（*C. ocellatus* Holmes）、羽状角叉菜［*C. pinnulatus*（Harvey）Okamura］、宽叶角叉菜［*C. platynus*（C. Agardh）Ruprecht］和异色角叉菜（*C. verrucosus* Mikami），常见 3 个种的检索表如下：

1　藻体窄线形……扩大角叉菜 *C. armatus*
1　藻体扁平……2
　2　生殖结构散生在藻体上……角叉菜 *C. ocellatus*
　2　生殖结构生于末枝……日本角叉菜 *C. nipponicus*

——角叉菜（*C. ocellatus* Holmes, 1896），藻体紫红色，扁平，直立，单生或丛生，高 3～8 cm，厚 432～465 μm；固着器呈不规则盘状，藻体近基部楔形，向上逐渐扩展，分枝叉状；枝腋角圆，枝宽 3～7 μm，边缘全缘或有小育枝，末枝顶端钝形、二裂或微尖（图 9-90）。内部为多轴型结构，髓部厚 498～664 μm，细胞直径 3.3～9.9 μm；皮层细胞小，长圆形，5～6 层。四分孢子囊卵圆形或方圆形，十字形分裂产生四分孢子；成熟囊果突出于藻体表面，呈不规则圆形或长圆形，散生在藻体中、上部；精子囊小粒状，生于表皮层。该种生长在中、低潮带岩石上或背阴、风浪较小的堤坝上，在我国山东、福建和台湾有分布，可食用。

——日本角叉菜（*C. nipponicus* Yendo, 1920），藻体紫红色，有时略带绿，扁平，直立，单生或丛生，高 5～9 cm，宽 0.5～1（2）cm，厚 264～290 μm；固着器盘状，藻体近基部具扁压的柄，向上呈楔形，然后逐渐扩展；分枝不规则叉状，枝基部较纤细，边缘生有许多小育枝，顶端钝圆或略尖（图 9-91）。内部为多轴型结构，髓部丝状，错综交织，细胞长，厚 198～231 μm；皮层厚 40.5～66 μm，由内、外皮层组成；外皮层细胞 3～4 层，内皮层细胞 5～6 层。四分孢子囊群散生在藻体上部边缘小育枝上，表面观呈近圆形、长圆形或不规则形斑点，稍突出于藻体表面；切面观呈卵形或长柱形，十字形分裂产生四分孢子。成熟囊果明显突出于藻体表面，呈卵圆形或长圆形，生在小育枝或最末小枝上。精子囊未见报道。该种生长在中潮带下部、低潮带石沼中或岩石上，在我国辽宁和山东有分布，可食用。

图 9-90　角叉菜

图 9-91　日本角叉菜

（5）育叶藻科

配子体为枝叶状体，直立，多分枝；枝圆柱状至扁平，多二叉状排列。内部为多轴型结构，由髓部、皮层和表皮层组成，细胞由内向外变小。精子囊棍棒状，群生；果胞枝 3 个细胞。孢子体小，孢子囊十字形分裂产生四分孢子。已知该科分 17 属 127 种，我国仅报道了 1 属。

拟伊藻属（*Ahnfeltiopsis* P. C. Silva & DeCew, 1992），配子体为枝叶状体，多或少分枝。枝扁压至圆柱状，分枝叉状或不规则。内部为多轴型结构，由髓部、皮层和表皮层组成，表皮层细胞多层。孢子体皮壳状，孢子囊间生，链状排列，十字形分裂产生四分孢子。精子囊群生，果胞枝由 3 个细胞组成。囊果内生，囊果孔 1 至多个。已知该属有 21 种，我国报道了 6 种：扇形拟伊藻［*A. flabelliformis*（Harvey）Masuda］、广东拟伊藻（*A. guangdongensis* B. M. Xia & Y. Q. Zhang）、海南拟伊藻（*A. hainanensis* B. M. Xia & Y. Q. Zhang）、瑟氏拟伊藻［*A. serenei*（E. Y. Dawson）Masuda］、矮小拟伊藻［*A. pygmaea*（J. Agardh）P. C. Silva & DeCew］、马氏拟伊藻（*A. masudae*. M. Xia & Y. Q. Zhang）。

——扇形拟伊藻［*A. flabelliformis*（Harvey）Masuda, 1993］，藻体为枝叶状体，高 4～10 cm，基部固着器小盘状，直立部多分枝；分枝多集中于上部，整个藻体呈扇形轮廓；下部枝亚圆柱形，上部扁压或扁平，6～12 回二叉状分枝，枝端尖或钝圆（图 9-92）。内部为多轴型结构，由髓部、皮层和表皮层组成。囊果生于末枝及次末枝上，具果被；精子囊群生于枝的表皮层；孢子囊未见。该种生长在潮间带岩石上，在我国从辽东半岛至海南岛均有分布。

——矮小拟伊藻［*A. pygmaea*（J. Agardh）P. C. Silva & DeCew, 1992］，藻体为矮小的枝叶状体，高 2～4 cm，基部具盘状固着器，直立部多分枝；枝圆柱形或亚圆柱形，10～12 回二叉状分枝，枝顶钝形（图 9-93）。内部为多轴型结构，由髓部、皮层和表皮层组成。囊果小，位于上部枝的髓部，2 个囊果孔；精子囊和孢子囊未见。该种生长在中潮带石沼中，在我国海南、台湾有分布。

图 9-92　扇形拟伊藻

图 9-93　矮小拟伊藻

（6）红翎菜科

藻体为枝叶状体，枝圆柱形、扁压或扁平。内部为多轴型结构，由表皮层、皮层和髓部细胞组成；髓部为大薄壁细胞，皮层细胞较小，具厚壁，表皮细胞最小，含色素体。四分孢子囊带形分裂产生四分孢子；囊果埋入藻体内或外突，成熟时具1个囊果孔（夏邦美等，1999）。已知该科分18属94种，我国报道了7个属的种类，分属检索表如下：

1　藻体圆柱形或扁压 ………………………………………………………… 2
1　藻体扁平膜状，无背腹面 ………………………………… 鸡冠菜属 *Meristotheca*
　2　藻体无突起 ……………………………………………………………… 3
　2　藻体有多或少的突起 …………………………………………………… 5
3　藻体分枝基部不缢缩 ……………………………………………………… 4
3　藻体分枝基部明显缢缩 ………………………………………… 红翎菜属 *Solieria*
　4　藻体高10 cm以上 ………………………………………… 厚线藻属 *Sarconema*
　4　藻体高1 cm以下 …………………………………………… 层孢藻属 *Meristiella*
5　突起刺状或疣状，囊果位于突起处 ……………………………………… 6
5　突起疣状，囊果位于枝上，产生κ-卡拉胶 ……………………… 卡帕藻属 *Kappaphycus*
　6　藻体一般高达十几厘米，扁压，有背腹面，产生β-卡拉胶 ………… 琼枝藻属 *Betaphycus*
　6　藻体高可达几十厘米，圆柱形、扁压或扁平，有或无背腹面，产生ι-卡拉胶 …… 麒麟菜属 *Eucheuma*

①琼枝藻属（*Betaphycus* Doty, 1995），藻体直立或下弯，基部固着器壳状，多分枝；枝圆柱形、扁压或扁平，枝上有刺状或疣状突起。内部结构多轴型。细胞壁含β-卡拉胶。具断裂生殖、无性生殖和有性生殖方式；孢子囊带形分裂产生四分孢子。已知该属有2种，我国报道了1种。

——琼枝（*B. gelatinae* Doty, 1999），藻体平卧，扁压至扁平，有背腹面之分；背面黄绿色或绿色，夏季还出现黄色，通常光滑；腹面大多为紫红色，常具有刺状或疣状突起；藻体肥厚多肉，直径10～20 cm，分枝不规则对生、互生或叉状，偶有羽状；分枝基部稍缢缩，分枝或小枝上常具有圆盘状固着器，用以固着于碎珊瑚或其他海藻藻体上（图9-94）。横切面观，髓部细胞小、壁薄；皮层细胞较大，壁厚，不规则卵形或卵圆形，大小（66～100）μm×（33～66）μm；表皮层细胞卵圆形，3～4层，具色素体、较

图9-94　琼枝

a. 新鲜藻体；b. 干燥藻体

小，大小 7～10 μm。营断裂生殖；孢子体的突起稀少，四分孢子囊散生在藻体表皮层细胞中，切面观幼时卵圆形，成熟时长柱形，带形分裂；成熟囊果为不太规则的球形，通常具柄，单生或 2 个、3 个合生于 1 个柄的突起中，外被囊果被。精子囊散生在藻体表面，精子囊母细胞大小 13 μm × 3 μm，每个精子囊母细胞顶生 1～2 个精子囊，直径＜3 μm。藻体通常生长于低潮带附近或低潮线下 2～4 m 深的碎珊瑚上，低潮线下 1 m 处生长旺盛。

②麒麟菜属（*Eucheuma* J. Agardh, 1847），该属种类具有多种体色，常见红色、红褐色、绿褐色和绿色品系；藻体为多分枝的枝叶状体，枝通常呈圆柱形或亚圆柱形，枝上密生刺状突起；主枝上对生、偏生或互生分枝，枝基一般不收缩，枝顶尖细。细胞壁含 *ι*-卡拉胶。具断裂生殖、无性生殖和有性生殖方式。一般生长在潮下带数米深的珊瑚礁上，为热带性藻。已知该属有 31 种，我国报道了 5 种：珊瑚状麒麟菜（*E. arnoldii* Weber Bosse）、麒麟菜［*E. denticulatum*（Burman）Collins et Hervey］、错综麒麟菜（*E. perplexum* Doty）、齿状麒麟菜［*E. serra*（J. Agardh）J. Agardh］和西沙麒麟菜（*Eucheuma xishaensis* Kuang Mei & Xia）。

——麒麟菜［*E. denticulatum*（Burman）Collins et Hervey, 1917］，藻体圆柱形，常见褐色、红色或绿色品系；软骨质，肥厚多汁，多分枝；分枝对生、偏生或互生，叉状或不规则；分枝顶端尖细，枝上轮生刺状突起，突起在分枝的上部较密，下部较疏（图 9-95）。内部为多轴型结构，藻体横切面观由髓部、皮层和表皮层组成，髓部细胞壁薄，直径约 33 μm；皮层细胞壁稍厚，呈不规则圆形、卵形或长卵形，大小（133～166）μm ×（83～149）μm；表皮层细胞 1～2 层，直径约 7 μm（图 9-96）。产生 *ι*-型胶。生殖方式包括断裂生殖、无性生殖和卵配生殖。无性生殖产生四分孢子，四分孢子囊带形分裂。生活史为 3 世代型。该种一般生长在潮下带数米深的珊瑚礁上，为热带性藻。

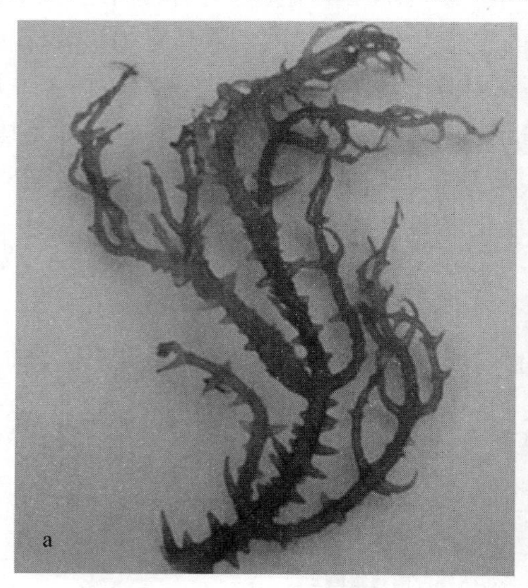

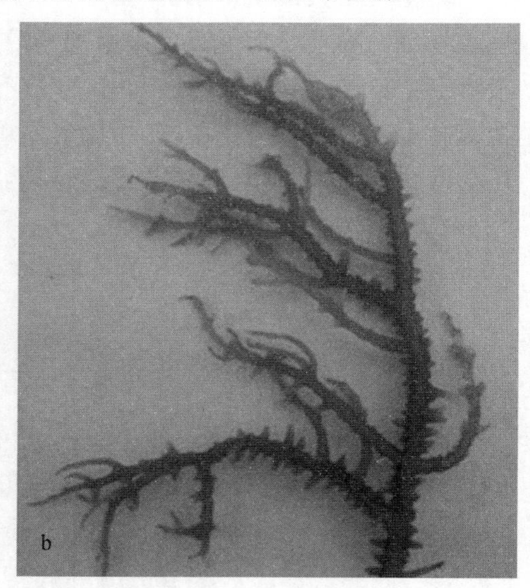

图 9-95 麒麟菜

a. 绿色品系；b. 红色品系

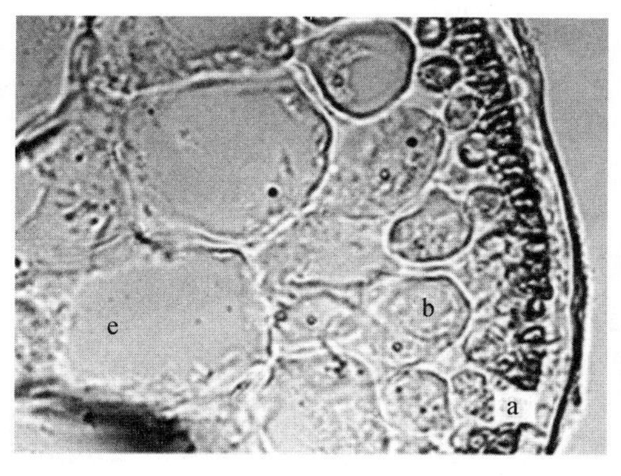

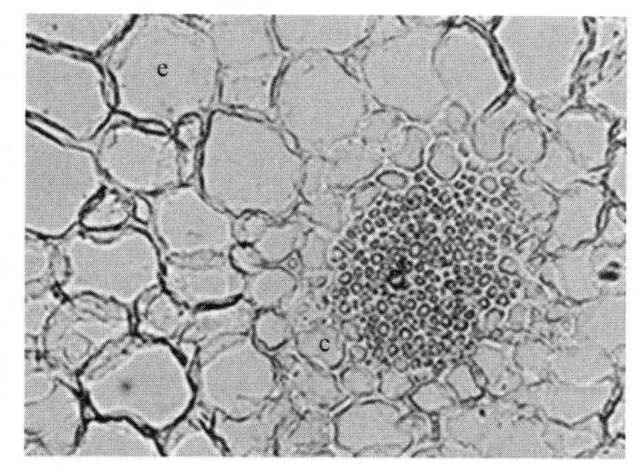

图 9-96　麒麟菜枝的切面观

a. 表皮细胞；b. 外皮层细胞；c. 内皮层细胞；d. 髓部细胞；e. 中皮层细胞

——错综麒麟菜（*E. perplexum* Doty, 1988），藻体高约 5 cm，直立，多分枝；主枝明显，基部圆柱形，向上扁压；侧枝多羽状，枝侧多刺状突起（图 9-97）。藻体内部为多轴型结构，由髓部、皮层和表皮层组成。孢子囊长圆柱形，生于表皮层细胞间，带形分裂产生四分孢子；囊果生于突起的顶端，具果被；精子囊未见。该种生于潮下带礁石上，在我国台湾有分布。

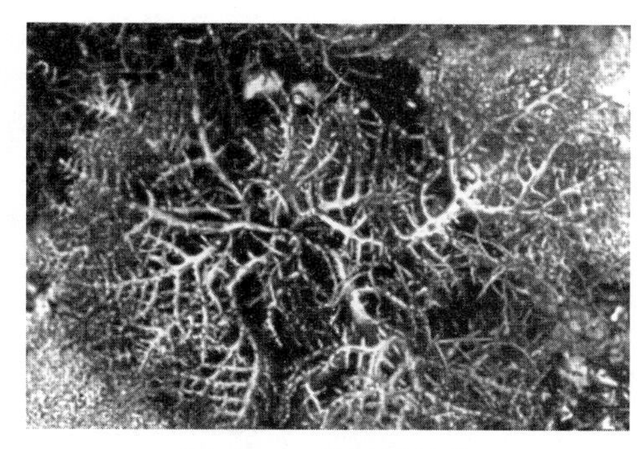

图 9-97　错综麒麟菜

③卡帕藻属（*Kappaphycus* Doty, 1988），该属种类具有多种体色，常见有紫红色、褐绿色和黄绿色品系，多分枝，枝上具疣状突起。细胞壁含 κ-卡拉胶。具断裂生殖、无性生殖和有性生殖方式。该种一般生长在低潮带下数米深的珊瑚礁上，为热带性藻。已知该属有 6 种，我国报道了 3 种，分种检索表如下：

1　藻体有背腹面，分枝扁圆至扁压 ………………………… 耳突卡帕藻 *K. cottonii*
1　藻体无背腹面，分枝圆柱形 ………………………………………… 2
　2　藻体主枝及分枝直径约相等 ………………………… 长心卡帕藻 *K. alvarezii*
　2　藻体主枝与分枝直径明显不同 ……………………… 异枝卡帕藻 *K. striatum*

——长心卡帕藻［*K. alvarezii*（Doty）Doty, 1988］，藻体大型，一般紫红色，但是由于水质、光照、盐度和营养等因素的影响可显棕黄、黄绿或绿色等（图 9-98）；分枝圆柱形，分枝直径较一致。藻体长可达 1 m 以上，宽 2.5 cm，基部具有简单的盘状固着器。内部为多轴型结构，由表皮层、皮层和髓部组成，表皮层细胞小，1～2 层，长椭圆形，含色素；皮层细胞大，壁厚；髓部由直径不等的大小细胞组成（图 9-99）。产生 κ-型胶。一般来说，κ-卡拉胶结构中的硫酸基含量约为 25%，3,6-内醚－半乳糖的含量为 34%。生殖方式包括断裂生殖、无性生殖和有性生殖。生活史为 3 世代型，囊果突出于藻体表面。该种一般生长在潮下带数米深处珊瑚礁上，为热带性藻。

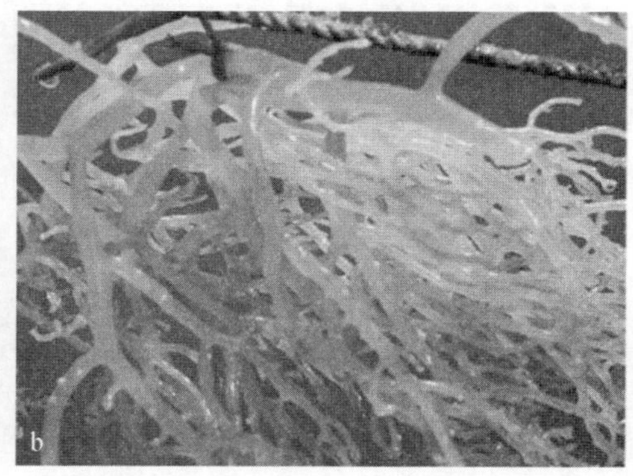

图 9-98 长心卡帕藻

a. 紫红色品系；b. 黄绿色品系

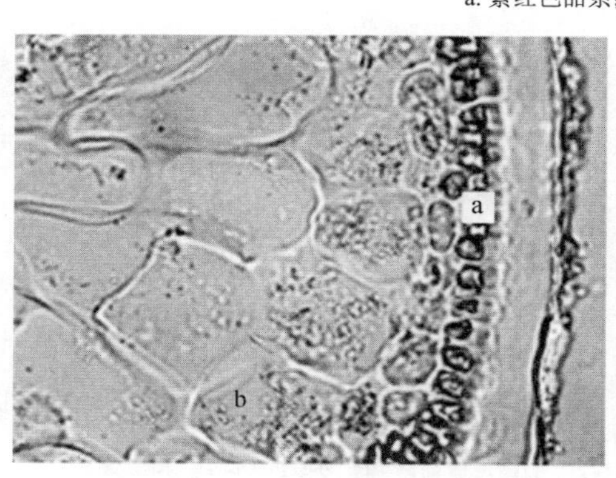

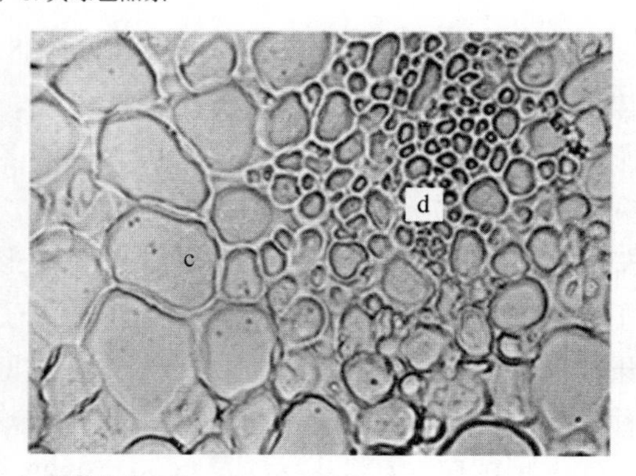

图 9-99 长心卡帕藻切面观

a. 表皮细胞；b. 外皮层细胞；c. 内皮层细胞；d. 髓部细胞

④鸡冠菜属（*Meristotheca* J. Agardh, 1872），藻体扁平叶状，多分枝，枝呈不规则叉状或羽状排列；藻体表面或边缘具疣状突起。内部为多轴型结构，由髓部、皮层和表皮层组成。囊果球形，突出于藻体表面；孢子囊带形分裂产生四分孢子。已知该属有 15 种，我国报道了 1 种。

——鸡冠菜［*M. papulosa*（Montagne）J. Agardh, 1872］，藻体扁平叶状，基部具盘状固着器，向上具 1 短柄，直立部多叉状分枝，高 20～30 cm（图 9-100）。内部为多轴型结构，由髓部、皮层和表皮层组成。孢子囊带形分裂产生四分孢子。有性生殖未见报道。该种生长于潮间带或潮下带礁石上，在我国台湾和西沙群岛有分布。

⑤红翎菜属（*Solieria* J. Agardh, 1842），藻体为枝叶状体，多分枝，单生或丛生；枝圆柱形或稍扁压，不规则放射状排列，基部细。内部为多轴型结构，由髓部、皮层和表皮层组成；髓部细胞呈松散丝状排列，皮层细胞紧密排列呈假膜状。果胞枝 3～4 个细胞，果胞受精后产生连接管连至辅助细胞，形成 1 个融合胞，再产生放射状分布的产孢丝，产孢丝的末端细胞形成果孢子囊；囊果内陷，具果被。生活史为 3 世代型，未成熟的配子体和孢子体同形。已知该属有 10 种，我国报道了 3 种，分种检索表如下：

1　藻体肥厚，髓部细胞列近网状排列 ………………………………………………………… 2
1　藻体纤细，枝径 0.5～1 mm，髓部细胞列纵向近平行排列 ………………… 细弱红翎菜 *S. tenuis*
　2　藻体高 14～30（40）cm，囊果半球形，突出于藻体表面 ……………… 太平洋红翎菜 *S. pacifica*
　2　藻体高 15～20 cm，囊果凹陷于藻体内 ………………………………… 粗壮红翎菜 *S. robusta*

——粗壮红翎菜［*S. robusta*（Greville）Kylin, 1932］，藻体肥厚多肉，基部固着器分枝假根状，直立部多分枝，高 15～20 cm；枝圆柱形或略扁压，枝宽 2～4 mm；侧枝互生、偏生、近轮生或不规则排列，分枝基部缢缩，向上渐细，顶端急尖（图 9-101）。切面观髓部丝交织成网状。孢子囊带形分裂产生四分孢子；囊果内生于所有枝上，藻体表面隆起状。该种生长于中潮带至潮下带上部礁石上，在我国台湾有分布。

图 9-100　鸡冠菜

图 9-101　粗壮红翎菜

8. 柏桉藻目

藻体为枝叶状体，内部为单轴型结构。色素体盘状，数量多，无蛋白核。雌雄同体或雌雄异体。果胞受精后、发育时无辅助细胞。囊果突出于藻体表面，具厚果被。已知该目分 2 科，33 种，我国报道了 1 个科的种类。

柏桉藻科，藻体为枝叶状体，枝圆柱形或扁平，分枝呈放射状或互生。孢子囊十字形分裂或四面体分裂产生四分孢子。已知该科分 6 属 25 种，我国报道了 3 个属，分属检索表如下：

1　藻体枝扁平 ……………………………………………………………… 栉齿藻属 *Delisea*
1　藻体枝圆柱状或部分扁压 …………………………………………………………… 2
　2　藻体的分枝辐射状排列 ………………………………………… 海门冬属 *Asparagopsis*
　2　藻体的分枝对生或互生 ………………………………………… 柏桉藻属 *Bonnemaisonia*

①海门冬属（*Asparagopsis* Montagne, 1840），藻体的生活史为 3 世代型，配子体大，孢子体小。配子体有匍匐枝和直立枝，匍匐枝向下生出假根状固着器；直立部下部不分枝，上部密集辐射状分枝，枝圆柱形或稍扁。孢子体枝圆柱形，内部为单轴型结构。四分孢子囊十字形分裂；囊果突出于藻体表面，球形或倒卵形，具柄和果被。已知该属有 3 种，我国仅报道了 1 种。

——紫杉状海门冬［*A. taxiformis*（Delile）Trevisan, 1845］，藻体的配子体丛生，暗红褐色或紫红色，高 6～12 cm（图 9-102）。基部为分枝的匍匐枝，向上长出直立枝；直立部下方无或少分枝，上部则密被 1～3 cm 长的分枝，其上再生 1～2 回细密小枝。内部为单轴型结构，表皮层细胞 1 层，皮层细胞 3～5 层，中轴细胞 1 列。雌雄异体，囊果生于小枝上，倒卵形或瓮形，有柄，柄长 410～540 μm，径 98～114 μm；囊果长 570～620 μm，宽 473～554 μm；精子囊也生于小枝上，棍棒形、倒卵形或圆球形，长 410～650 μm，宽 280～300 μm。孢子体高达 1 cm 左右，淡红色，不规则分枝，四分孢子囊十字形分裂产生四分孢子。该种广布于世界暖温带和热带海域，生长于低潮线以下 1～2 m 处的礁石或碎珊瑚上，在我国福建、台湾、广东和海南沿海有分布。

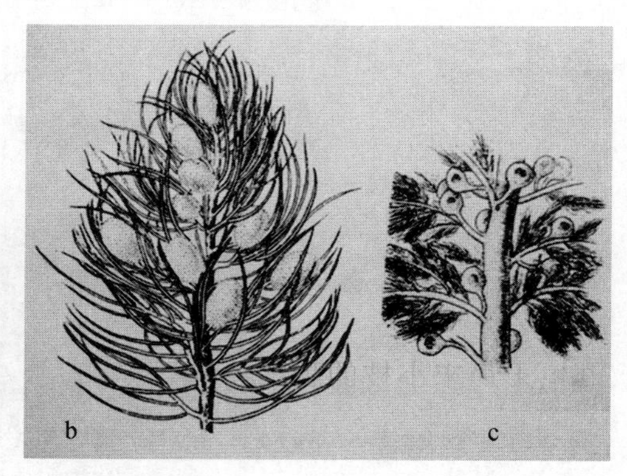

图 9-102　紫杉状海门冬

a. 外形；b. 雄配子体；c. 雌配子体

②柏桉藻属（*Bonnemaisonia* C. Agardh, 1822），配子体大，为枝叶状体，孢子体小。配子体固着器小盘状，具有明显主枝，侧枝对生，一长一短，分枝 3～5 回；短枝单条，刺状，与长枝规则交互排列；枝末端尖细，或顶端膨大成钩状。精子囊群生于短枝表面，长椭圆形；果胞枝位于短枝顶端，产孢丝的顶端细胞发育为果孢子囊。成熟囊果突出于短枝表面。孢子体为单列细胞的分枝丝状体，分枝不规则。已知该属有 8 种，我国报道了 1 种。

——柏桉藻（*B. hamifera* Hariot, 1891），藻体配子体大，孢子体小，生活史为异形世代交替型。配子体为枝叶状体，高达 13 cm；分枝圆柱形，稠密，直径 1～2 mm，分枝长、短交互生长；下部枝较上部长（图 9-103a）。孢子体为单列细胞丝状体，分枝不规则互生；细胞长筒形，顶端细胞较短（图 9-103b）。孢子囊单生或 3～6 个串生。该种生长在低潮带和潮下带大型海藻藻体上，在我国山东有分布。

9．石花菜目

藻体为枝叶状体，基部具盘状或匍匐假根状固着器，直立部具分枝，枝圆柱形、扁压或扁平，分枝羽状或不规则排列，2 回以上。内部为单轴型或多轴型结构。配子体及孢子体外形相同。雌雄异体或同体。孢子囊由皮层细胞产生，十字形或四面锥形分裂产生四分孢子；囊果凸起，具有 1～4 个囊果孔；精子囊生于小枝或末枝上。已知该目分

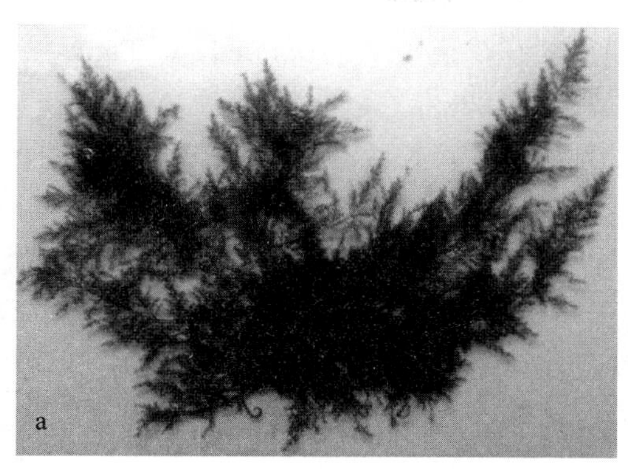

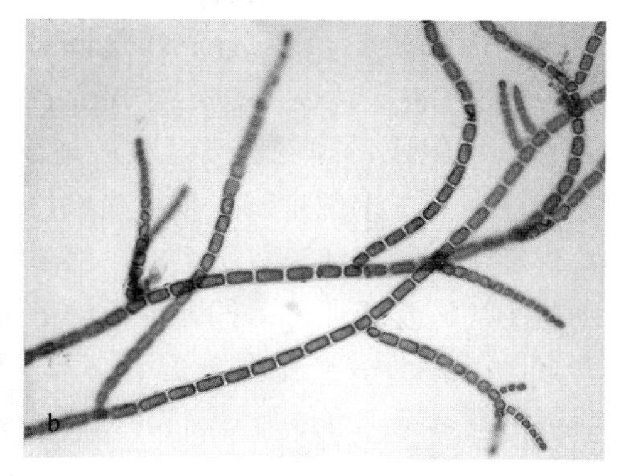

图 9-103 柏桉藻

a. 配子体；b. 孢子体

4 科，240 种，我国报道了 3 科的种类。

（1）石花菜科

新鲜藻体呈微绿色、鲜红色、紫红色或黑色，为枝叶状体，藻体直立或由直立与匍匐两部分组成；匍匐枝与直立枝圆柱形、扁压或扁平，内部为单轴型或多轴型结构，皮层细胞间一般有根状丝。生活史为 3 世代型。四分孢子囊十字形分裂产生四分孢子。精子囊群生于最末小枝的顶端；囊果多位于分枝顶端，明显突出于藻体表面，成熟时形成 1 个或 2 个囊果孔。已知该科分 4 属，173 种，我国仅报道了 1 属的种类。

石花菜属（*Gelidium* J. V. Lamouroux, 1813），藻体直立或由直立和匍匐两部分组成，基部固着器盘状，或由匍匐枝产生假根丛以固着在基质上，高可达 30 cm 以上；直立部分枝简单或繁多。内部为单轴型或多轴型结构。生殖方式包括无性生殖和卵式生殖，生活史为 3 世代型。雌雄异体，果胞和精子囊都是由枝近顶端的表皮层细胞形成，囊果有上、下 2 个相对的囊果孔，四分孢子囊由小枝或最末枝近顶端的表皮层细胞形成，十字形或不规则分裂产生四分孢子。已知该属有 143 种，我国报道了 18 种 4 变种 1 变型（丁兰平等，2015b；夏邦美，2004）：石花菜［*G. amansii*（Lamouroux）Lamouroux］、安曼司石花菜宽叶变型（*G. amansii* f. *latius* Okamura）、沙地石花菜（*G. arenarium* Kylin）、细毛石花菜［*G. crinale*（Turner）Gaillon］、角石花菜羽枝变种［*G. corneum* var. *pinnatum*（Hudson）Turner］、小石花菜（*G. divaricatum* Martens）、雅致石花菜（*G. elegans* Kützing）、叶状石花菜［*G. foliaceum*（Okamura）Tronchin］、中肋石花菜［*G. japonicum*（Harvey）Okamura］、*G. johnstonii* Setchell et Gardner（丁兰平等，2015b）、钝顶石花菜（*G. kintaroi* Yamada）、宽枝石花菜（*G. latiusculum* Okamura）、马氏石花菜（*G. masudae* B. M. Xia & C. K. Tseng）、大石花菜（*G. pacificum* Okamura）、扁枝石花菜（*G. planiusculum* Okamura）、匍匐石花菜［*G. pusillum*（Stackhouse）Le Jolis］、匍匐石花菜壳状变种（*G. pusillum* var. *conchicola* Ticcone et Grunow）、匍匐石花菜圆柱变种（*G. pusillum* var. *cylindricum* Taylor）、匍匐石花菜扁平变种（*G. pusillum* var. *pacificum* Taylor）、锯形石花菜［*G. serra*（Gmelin）Taskin et Wynne］、亚圆形石花菜（*G. tsengii* K.

C. Fan）、异形石花菜（*G. vagum* Okamura）和密集石花菜（*G. yamadae* K. C. Fan）。

——细毛石花菜［*G. crinale*（Turner）Gaillon, 1828］，藻体丛生，高 2～6 cm，由匍匐枝和直立枝组成，固着器小盘状；匍匐枝圆柱形，直径约 150 μm；直立枝互生或对生，下部圆柱形，上部扁圆，顶端尖细，直径 250～375 μm（图 9-104）。内部为多轴型结构，由髓部、皮层和表皮层组成，髓部细胞不规则卵形或圆形，具较多根丝状细胞；皮层细胞小，圆形或卵形。四分孢子囊多生于枝端膨大处，表面观近圆形或卵形，切面观卵形，十字形分裂产生四分孢子；未发现精子囊和囊果。该种多生长在中潮带沙石上，我国沿海习见，可作提取琼胶的原料。

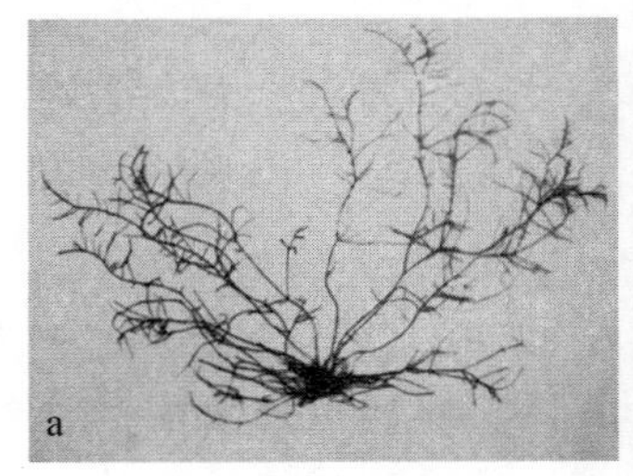
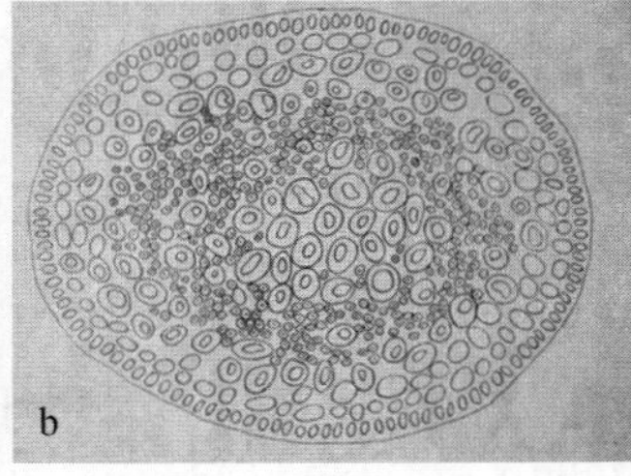
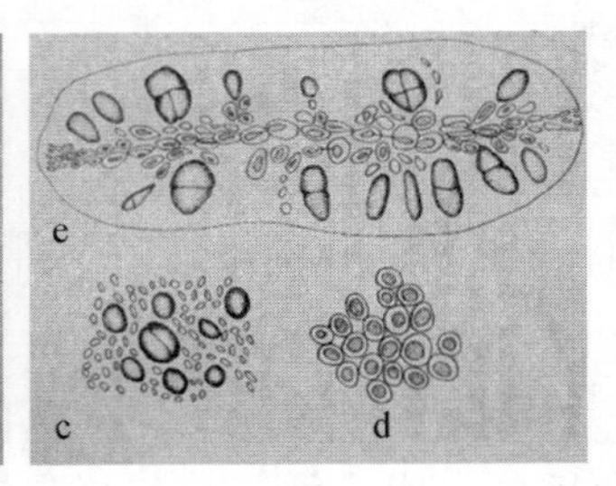

图 9-104　细毛石花菜

a. 藻体外形；b. 主枝中部横切面观；c. 四分孢子囊表面观；d. 表皮细胞表面观；e. 四分孢子囊切面观

——小石花菜［*G. divaricatum* Martens, 1868（1866）］，藻体矮小，常错综密集；匍匐枝线状、圆柱形或稍微扁压，直立枝圆柱形或椭圆形；分枝羽状，顶端尖细；生殖枝顶端圆钝（图 9-105）。内部为多轴型结构，由髓部、皮层和表皮层组成，髓部细胞不规则近圆形或卵形，皮层细胞圆形或卵圆形，表皮层细胞卵形。四分孢子囊多生于枝端膨大处，切面观卵形或长卵形，十字形分裂产生四分孢子；囊果也生于枝端膨大处，囊果被细胞 5～6 层，产孢丝与囊果被间有少量吸收丝，未发现精子囊。一般生长在中潮带岩石、贝壳和藤壶上。黄海、渤海产的四分孢子囊和囊果多出现在 7—10 月，东海产的多在 5—6 月成熟，而南海产的成熟期更早一些。该种是我国南北沿海习见种，可食用，作清凉食品，也可作制取琼胶的原料。

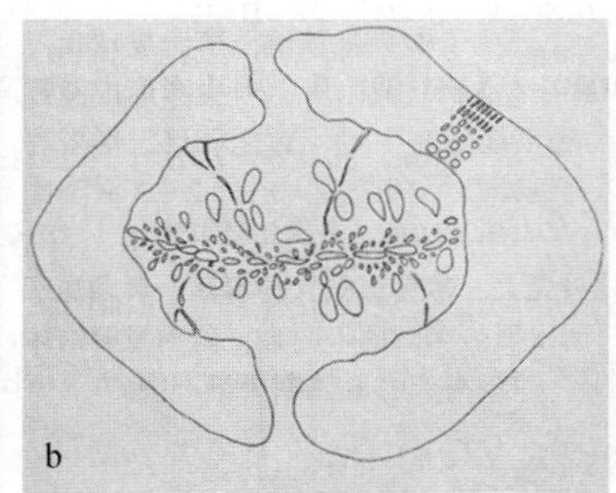
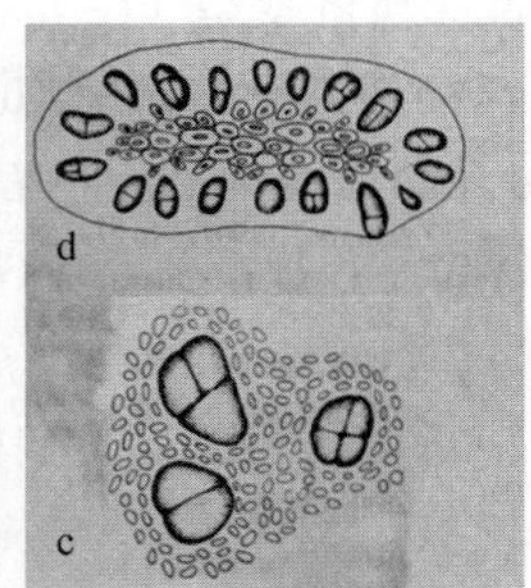

图 9-105　小石花菜

a. 藻体外形；b. 囊果切面观；c. 孢子囊表面观；d. 孢子囊切面观

——石花菜［*G. amansii*（Lamouroux）Lamouroux, 1813］，藻体紫红色，单生或丛生，高 10～30 cm，基部固着器假根状，直立部主枝明显，下部扁压，上部亚圆柱形或扁压，分枝互生或对生，4～5 回，分枝末端急尖（图 9-106）。内部为多轴型结构，由髓部、皮层和表皮层组成，髓部细胞无色素体，近圆形，直径可达 30 μm，皮层细胞近圆形。生殖方式为无性生殖和卵式生殖，生活史为 3 世代型。四分孢子囊产生于小枝顶端，表面观圆形或卵形，切面观呈卵形，十字形分裂产生四分孢子；囊果往往在最顶端的小枝上出现，成熟时膨大成近球形，直径可达 1 mm，上、下两面突起并各形成一个小孔，即囊果孔，囊果被由 6～8 层不规则圆形或椭圆形细胞组成；精子囊产生于最顶端小枝的顶端，表面观呈长椭圆形，色淡，显白色。该种多生长在低潮线附近至潮下带 6～10 m 水深处的岩石上，一般分布在受淡水影响小的海区。石花菜是多年生海藻，生长缓慢，其幼体多见于 9—12 月，四分孢子囊、精子囊和囊果多见于 7—10 月。该种是我国黄海、渤海沿岸的习见种，并且在浙江、福建和台湾北部都有分布，是提取琼胶的主要原料。

图 9-106 石花菜

（2）凝花菜科

藻体由匍匐和直立两部分组成，通常高 2 cm 以下；直立枝圆柱形至扁平，少羽状分枝。内部结构单轴型或多轴型。皮层细胞间一般无根状丝。精子囊由主枝或侧枝顶端形成，孢子囊由主枝或侧枝顶端形成，不规则或横向平行或呈“V”形排列。四面锥形或十字形分裂产生四分孢子。已知该科分 6 属，33 种，我国仅报道了 1 属。

凝花菜属（*Gelidiella* Feldmann et Hamel, 1934），藻体由直立和匍匐两部分组成，丛生，高可达 7～10 cm；直立部单条或不规则羽状分枝，枝圆柱形或扁压。内部为多轴型结构，髓部及皮层无或少见根丝细胞；孢子囊十字形或不规则分裂产生四分孢子；精子囊群在藻体亚顶端外皮层细胞形成；囊果成熟时只产生 1 个囊果孔。该属多生于暖温带和热带海域，少数生于冷温带海域。已知该属有 15 种，我国报道了 2 种，分种检索表如下：

1 藻体大，一般高 5～7 cm，枝径 1 mm ………… 凝花菜 *G. acerosa*
1 藻体小，一般高 4～9 mm，枝径 139～158 μm ………… 小凝花菜 *G. bornetii*

—— 凝花菜［*G. acerosa*（Forsskål）Feldmann & Hamel, 1934］，藻体为枝叶状体，较硬，基部固着器盘状；直立部主枝明显，圆柱形，下部稍弧形弯曲；分枝短小或长，羽状或偏生侧枝；侧枝上产生短小羽状分枝；小羽枝一般不分枝，有时顶端二叉状（图 9-107）。内部为单轴型结构，由髓部、皮层和表皮层组成，细胞由内向外依次变小。孢子囊群由小枝顶端形成，长卵形，十字形分裂产生四分孢子。该种生长在礁

图 9-107 凝花菜

石边缘处，在我国台湾、海南有分布。

（3）鸡毛菜科

藻体由匍匐和直立两部分组成，直立部扁压至扁平，分枝稀疏，不规则或羽状分枝。内部为单轴型结构，髓部和内皮层具根丝状细胞。孢子囊排列不规则或呈浅“V”形平行排列，十字形或不规则分裂产生四分孢子；囊果只有 1 个孔；精子囊在枝的亚顶端形成囊群。已知该科分 2 属 29 种，我国报道了 1 属的种类。

拟鸡毛菜属（*Pterocladiella* Santelices et Hommersand, 1997），新鲜藻体紫红色，直立扁平，高 5 cm 以上，多分枝；分枝对生或互生，分枝末端钝圆；上部分枝密而短，下部分枝疏而长，形成塔形轮廓。内部为多轴型结构。雌雄异体或同体。精子囊群生于生殖枝表面，呈不规则片状；囊果仅 1 孔；孢子囊十字形分裂产生四分孢子。生活史类型为等世代型。该种生长于中、低潮带的岩石裂缝或石沼中，可用作制取琼胶的辅助原料。已知该属有 24 种，我国报道了 3 种，分种检索表如下：

1　藻体大，高 5～15 cm，有 1 至数个及顶的主枝，呈塔形轮廓……………………拟鸡毛菜 *P. capillacea*

1　藻体小，高<4 cm，无及顶的主枝……………………………………………………………………2

　2　藻体高 1.5～2 cm，直立枝扁压，下部裸露，上部密集 3～5 回掌状分枝…………………………
　……………………………………………………………………莺歌海拟鸡毛菜 *P. yinggehaiensis*

　2　藻体高 2～3.6 cm，直立枝扁平，3～4 回不规则的分枝，分枝不密集…………………………
　……………………………………………………………………蓝色拟鸡毛菜 *P. caerulescens*

——拟鸡毛菜［*P. capillacea*（Gmelin）Santelices et Hommersand, 1997］，藻体紫红色，单生或丛生，高 5～15 cm，多分枝，基部固着器匍匐分枝状；枝扁平，直径 0.5～1.8 mm，基部缢缩，顶端圆钝；主枝明显，分枝对生或互生，多羽状，2～3 回；藻体下部分枝长而密，上部分枝短而疏，呈塔形轮廓（图 9-108）。内部由髓部、皮层和表皮层组成，横切面观髓部细胞不规则长圆形，大小（23～30）μm×（10～23）μm；皮层细胞 4～5 层，不规则圆形或方形，大小 3.3～5 μm；表皮层细胞 1～2 层。生殖包括无性生殖和卵式生殖方式。孢子囊通常生于藻体顶端，表面观呈圆形或卵形，切面观呈卵圆形或近圆形，十字形分裂产生四分孢子；囊果在藻体近顶端形成，突出于藻体表面，微圆，稍有喙，基部不缢缩，囊果被细胞 4～5 层；精子囊生于小枝上，小粒状，切面观长椭圆

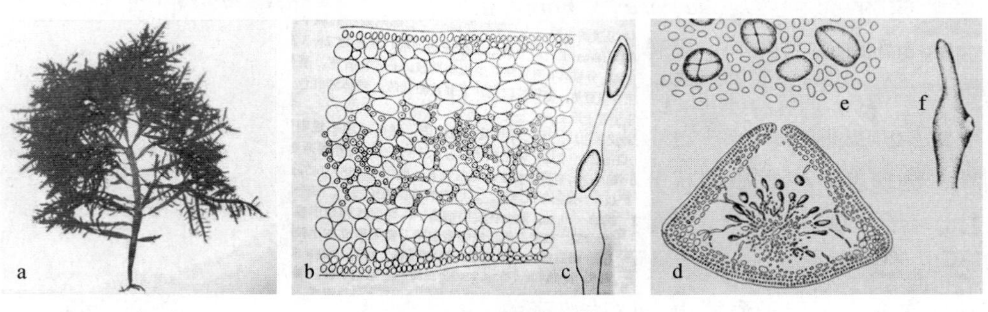

图 9-108　拟鸡毛菜

a. 藻体外形；b. 枝近顶端横切面观；c. 精子囊小枝；d. 囊果纵切面观；e. 四分孢子囊表面观；f. 囊果枝

形。一般生长在中潮带石沼中和低潮线附近岩礁上。黄海、渤海产的孢子囊和囊果多见于7—11月，幼体见于11月至翌年1月；福建产的孢子囊见于6月，而广东产的见于12月至翌年1月。在我国沿海常见。可食用，也可用作制取琼胶的原料。

——蓝色拟鸡毛菜［*P. caerulescens*（Kützing）Santelices & Hommersand, 1997］，藻体为枝叶状体，单生或丛生，高2～3.6 cm；藻体基部具盘状固着器，亚圆柱形或扁压的匍匐枝，向上具直立主枝；直立主枝基部亚圆柱形，向上扁平；侧枝羽状或偏生，基部细，顶端圆钝或渐尖（图9-109）。内部为多轴型结构，由髓部、皮层和表皮层组成。孢子囊群生于枝端，十字形或不规则分裂；囊果位于生殖枝近顶端的中央，单侧纵长隆起；切面观中央下部具1个大融合胞，产孢丝顶端产生果孢子囊；囊果具果被，成熟后形成1个囊果孔。该种生长在中潮带石沼中，在我国海南有分布。

图9-109　蓝色拟鸡毛菜

10. 海头红目

藻体未成熟的配子体与孢子体外形相同，内部结构为单轴型。果胞枝3个细胞，产孢丝几乎所有细胞都能形成果孢子囊；孢子囊带形分裂产生四分孢子。已知该目分3科，74种，主要报道了2科的种类。

（1）海头红科

藻体为枝叶状体，多分枝；主枝明显，枝扁平；分枝互生。内部为单轴型结构。雌雄异体，果胞枝3个细胞，支持细胞即为辅助细胞；囊果突出于藻体表面，生于顶端小枝上，无或有柄，无喙，有囊果被；精子囊和四分孢子囊都生长在顶端小枝上。已知该科分3属48种，我国报道了其中的1个属。

海头红属（*Plocamium* J. V. Lamouroux, 1813），藻体为枝叶状体，固着生长或寄生。基部具匍匐枝，直立部多分枝，枝扁平；分枝对生。内部为单轴型结构。生活史为3世代型，雌雄异体、同形。果胞枝3个细胞，囊果无或有柄，有囊果被；精子囊和四分孢子囊都生于顶端小枝上；四分孢子囊带形分裂产生四分孢子。已知该属有44种，我国报道了1种。

——海头红（*P. telfairiae* Harvey, 1849），藻体鲜紫红色，单生或丛生，高4～7 cm；基部具匍匐枝，向下生出固着器，向上生出扁平枝；枝径1～2 mm，分枝3～4回，篦齿状；下部分枝常单条且长，顶部常向上弯曲（图9-110）。内

图9-110　海头红

部为单轴型结构。横切面观中轴细胞近圆形，直径 13.2～39.6 μm；皮层细胞大小 59～106 μm；表皮层细胞 1～2 层，圆形、椭圆形或卵形，大小（9.9～19.8）μm×（6.6～13.2）μm。四分孢子囊圆形、卵形或长柱形，大小（40～66）μm×（26～46）μm。该种生长于低潮带或潮下带岩石上，或附生于其他物体上，在我国辽宁、山东、浙江、福建、台湾和香港有分布。

（2）海木耳科

藻体为枝叶状体或膜状体，枝圆柱形或扁压，分枝不规则叉状。四分孢子囊带形分裂产生四分孢子，囊果突出于藻体表面。已知该科分 3 属 25 种，我国报道了其中的 2 属 3 种：双裂海木耳（*S. ceylanica* Harvey ex Kuetzing）、锡兰海木耳［*S. ceylonensis*（J. Ag.）Kylin］和矮孔果藻（*T. pygmaeus* Yendo）。分属检索表如下：

1 藻体扁平膜状，分枝不规则叉状 ………………………………………… 海木耳属 *Sarcodia*
1 藻体小，枝圆柱形或略扁压，分枝规则二叉状 ………………………… 孔果藻属 *Trematocarpus*

11. 江蓠目

藻体直立或匍匐，一般多分枝，枝圆柱形、扁压至扁平。内部结构单轴型，中轴明显或不明显，髓部细胞单核或多核。果胞枝 2 个细胞，支持细胞通常也产生 2 条或更多条不育枝。果胞受精后，与不育枝细胞融合，融合胞产生产孢丝，产孢丝的顶端细胞形成果孢子囊；囊果近球形、半球形或圆锥形，具厚果被，突出于藻体表面。孢子囊十字形分裂产生四分孢子。生活史为 3 世代型，未成熟配子体与孢子体同形。已知该目仅分 1 科，237 种。

江蓠科，藻体为枝叶状体，大多数直立，少数匍匐或寄生，有分枝，枝圆柱形、扁压或扁平。内部为单轴型结构，横切面观由表皮层、皮层和髓部组成。髓部为大薄壁细胞，皮层细胞小，表皮细胞更小，有色素体。孢子囊十字形分裂产生四分孢子；精子囊产生于表皮或皮层细胞间，其分布方式常见3种：一种散生于表皮层细胞间，称为体表精子囊群式；另外两种形成生殖窝，精子囊位于生殖窝的侧壁及底部，一种生殖窝的口与底直径约相等，称为坑状精子囊窝，另一种生殖窝的口小底大，称为腔状精子囊窝。囊果近球形、半球形或圆锥形，突出于藻体表面，囊果被与产孢丝之间有或无丝状结构。已知该科分 6 属 237 种，我国报道了其中 4 个属的种类：江蓠属（*Gracilaria* Greville）、拟江蓠属（*Gracilariopsis* E. Y. Dawson）、蓠生藻属（*Gracilariophila* Setchell & H. L. Wilson）和凤尾菜属（*Hydropuntia* Montagne）。

①江蓠属（*Gracilaria* Greville, 1830），藻体浅红色、紫红色、暗红色或微显绿色的枝叶状体，大多数直立，少数匍匐，单生或丛生；基部具盘状固着器，枝圆柱形或扁平，分枝互生、偏生或二叉式。单轴型结构，由表皮层、皮层和髓部组成。髓部为大薄壁细胞；皮层细胞小；表皮细胞更小，有色素体。孢子囊十字形分裂产生四分孢子；精子囊产生于表皮或皮层细胞间，形成一定形状的精子囊窝（图 9-111）。囊果近球形或圆锥形，突出于藻体表面，囊果被与产孢丝之间有或无丝状结构。目前已知该属有 198 种，

我国报道了35种2变种2变型：弓江蓠（*G. arcuata* Zanardini）、节江蓠（*G. articulata* C. F. Chang & B. M. Xia）、繁枝江蓠（*G. bangmeiana* J. Zhang & I. A. Abbott）[目前被认为是江蓠属 *G. chondracantha*（Kützing）A. J. K. Millar 的同物异名种]、芋根江蓠（*G. blodgettii* Harvey）、*G. bursa-pastoris*（S. G. Gmelin）P. C. Silva、沟江蓠（*G. canaliculata* Sonder）、张氏江蓠[*G. changii*（B. M. Xia & I. A. Abbott）I. A. Abbott, J. Zhang & B. M. Xia]、脆江蓠（*G. chouae* Zhang et Xia）、散房江蓠（*G. coronopifolia* J. Agardh）、楔叶江蓠[*G. cuneifolia*（Okamura）I. K. Lee & Kurogi]、柱状江蓠（*G. cylindrica* Børgesen）、齿形江蓠（*G. denticulata* F. Schmitz ex Mazza）、樊氏江蓠（*G. fanii* B. M. Xia & Pan）、硬江蓠（*G. firma* C. F. Chang & B. M. Xia）、粗江蓠（*G. gigas* Harvey）、团集江蓠（*G. glomerata* Zhang & B. M. Xia）、细江蓠[*G. gracilis*（Stackhouse）Steentoft, L. M. Irvine & Farnham]、海南江蓠（*G. hainanensis* C. F. Chang & B. M. Xia）、内弯江蓠（*G. incurvata* Okamura）、长喙江蓠（*G. longirostris* Zhang & Wang）、巨孢江蓠[*G. megaspora*（E. Y. Dawson）Papenfuss]、微形江蓠[*G. minor*（Sonder）Durairatnam]、混合江蓠（*G. mixta* I. A. Abbott, J. Zhang & B. M. Xia）、斑江蓠[*G. punctata*（Okamura）Yamada]、红江蓠（*G. rubra* C. F. Chang & B. M. Xia）、缢江蓠[*G. salicornia*（C. Agardh）E. Y. Dawson]、刺边江蓠[*G. spinulosa*（Okamura）Chang & B. M. Xia]、锡兰江蓠[*G. srilankia*（C. F. Chang & B. M. Xia）A. F. Withell, A .J. K. Millar & Kraft]、台湾江蓠（*G. taiwanensis* S. M. Lin, L. C. Liu & Payri）、细基江蓠（*G. tenuistipitata* C. F. Chang & B. M. Xia）、扁江蓠[*G. textorii*（Suringar）Hariot]、真江蓠[*G. vermiculophylla*（Ohmi）Papenfuss]、齿叶江蓠（*G. vieillardii* P. C. Silva）、山本江蓠（*G. yamamotoi* Zhang & B. M. Xia）、莺歌海江蓠（*G. yinggehaiensis* Xia & Wang）、细基江蓠繁枝变种（*G. tenuistipitata* var. *liui* Zhang et Xia）、真江蓠简枝变种[*G. vermiculophylla* var. *zhengii*（J. F. Zhang & B. M. Xia）Yoshida]、弓江蓠异枝变种吸盘变型（*G. arcuata* var. *snackeyi* f. *rhizophora* Weber-van Bosse）和弓江蓠异枝变种原变型（*G. arcuata* var. *snackeyi* f. *snackeyi* Børgesen）。

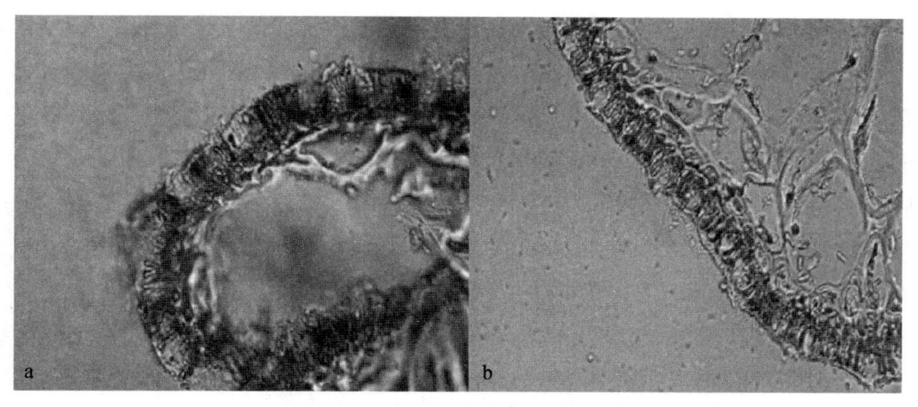

图 9-111　江蓠属精子囊窝

a. 坑状精子囊窝；b. 腔状精子囊窝

——真江蓠［*G. vermiculophylla*（Ohmi）Papenfuss, 1967］，现在被认为是*Agarophyton vermiculophylla*（Ohmi）Gurgel, J. N. Norris et Fredericq, 2018 的同物异名种。藻体紫褐色、微绿或黄色，单生或丛生，基部固着器小盘状，枝圆柱形，高 30～50 cm，可达 2 m 左右；主干明显，直径 1～3 mm；分枝互生或偏生，1～4 回，直径 0.5～2.5 mm，基部常稍微缢缩，顶端常逐渐尖细，裸露或被有长短不一的小枝。内部为单轴型结构，由髓部、皮层和表皮层组成；髓部细胞大，直径 165～365 μm；皮层细胞 3～5 层；表皮层细胞较小，卵形或长圆形，长径 7～10 μm，短径 5～7 μm（图 9-112）。体表胶质层厚约 10 μm。老时藻体常中空。生活史为 3 世代型。生殖方式包括无性生殖和卵式生殖。孢子囊散生在藻体表面，十字形分裂产生四分孢子，偶尔见四面锥形分裂；囊果近球形，明显突出于藻体表面，成熟时无或稍有喙，基部稍微或不缢缩；产孢丝顶端细胞形成卵形或圆形的果孢子囊，囊果被细胞 7～13 层，产孢丝与囊果被之间无或少丝状结构；精子囊窝呈腔状。该种多生长在水质肥沃、风平浪静的内湾潮间带至潮下带的岩礁、石砾、贝壳、木材或竹材上。在我国北起辽东半岛，南至广东南澳岛，西至广西防城港皆有分布。该种是我国养殖的一个品种，可食用，也可作提取琼胶的原料。

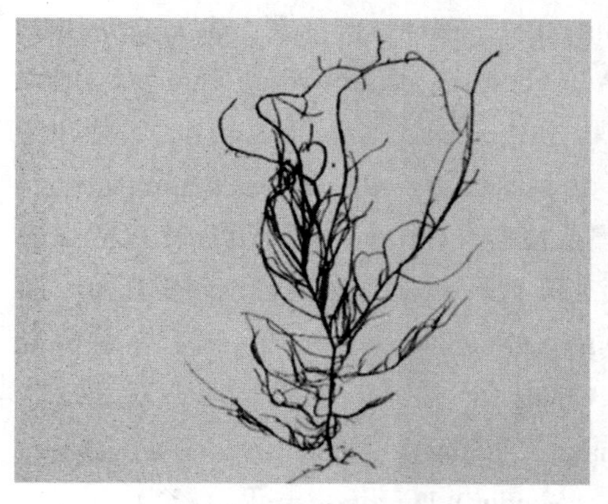

图 9-112　真江蓠

——细基江蓠（*G. tenuistipitata* C. F. Chang & B. M. Xia, 1976），目前被认为是 *Agarophyton tenuistipitatatum*（C. F. Chang et B. M. Xia）Gurgel, J. N. Norris & Fredericq, 2018 的同物异名种。藻体红褐色，单生或丛生，基部较纤细，高 20 cm 以上，可达 1.6m 以上；固着器小盘状，分枝互生或偏生，1～2 回，基部渐细但不缢缩，枝长可达 10～25 cm，直径 0.5～1.5 cm（图 9-113）。横切面观藻体由髓部、皮层和表皮层组成；髓部细胞大，直径 232～598 μm；皮层细胞 4～5 层；表皮层细胞较小，长 15～18 μm，宽 10.5～19.5 μm。体表胶质层厚约 10 μm。生活史为 3 世代型，生殖方式包括无性生殖和卵式生殖。孢子囊散生在藻体表面，十字形分裂产生四分孢子；囊果球形，显著突出于藻体表面，成熟时明显有喙；基部缢缩，产孢丝顶端产生圆形或长卵形的果孢子囊，囊果被细胞 8～11 层，产孢丝与囊果被之间少丝状结构，精子囊窝呈坑状。该种一般生长在有淡水流入的内湾沙石上，在我国的福建、广东、广西和海南沿海有分布；可食用，也可作提取琼胶的原料。

——细基江蓠繁枝变种（*G. tenuistipitata* var. *liui* Zhang et Xia），藻体呈绿褐色，多分枝；枝圆柱形，非常纤细，直径约 0.25 mm；分枝偏生或互生，分枝基部稍缢缩，顶端尖细；固着器小盘状或不明显（图 9-114）。多年生，在适宜的环境中不断生长，生殖方式以断裂生殖为主，也进行无性生殖和有性生殖。该种在咸淡水中生长迅速，最适宜盐度

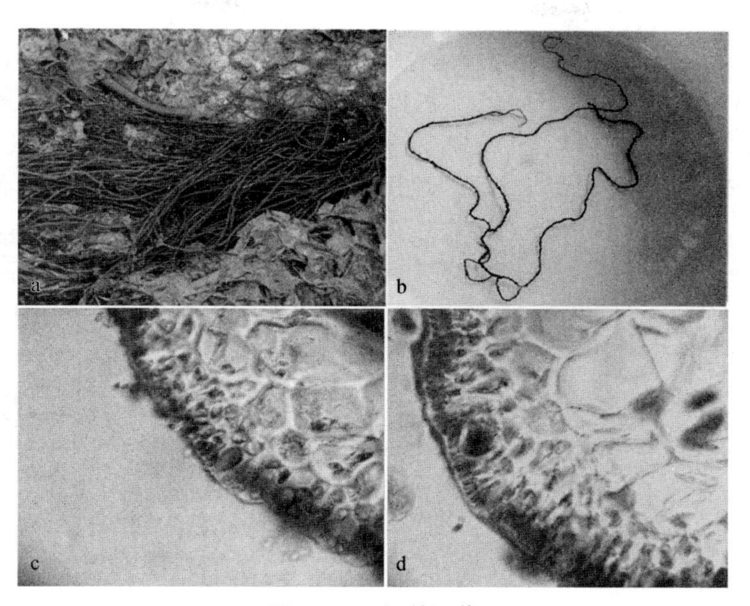

图 9-113　细基江蓠

a. 四分孢子体；b. 雌配子体及囊果；c. 1 细胞孢子囊；d. 4 细胞孢子囊

15‰左右。在我国广东、广西、海南和台湾有分布。该种是我国广东和海南人工养殖的品种；可食用，也可作提取琼胶的原料。

——脆江蓠（*G. chouae* Zhang et B. M. Xia, 1992），藻体浅红色，单生或丛生，基部固着器小盘状，高 15 cm 以上，主枝不明显；分枝互生或偏生，2～4 回，直径 2～3 mm，基部较宽，顶端逐渐尖细（图 9-115）。横切面观藻体由髓部、皮层和表皮层组成，髓部细胞大，直径 232～598 μm；皮层细胞 4～5 层；表皮层细胞较小，长 10～17 μm，宽 7～10 μm。生活史为 3 世代型，生殖方式包括无性生殖和卵式生殖。孢子囊散生在藻体表面，十字形分裂产生四分孢子；囊果圆锥形或半球形，明显突出于藻体表面，成熟时稍微有喙，基部不缢缩；切面观产孢丝顶端产生圆形或卵圆形的果孢子囊，囊果被细胞 7～12 层，产孢丝与囊果被之间多丝状结构，精子囊窝呈坑状。多生长在低潮带石沼中或潮下带沙石或贝壳上。该种为我国特有种，分布于浙江和福建沿海，是福建的一个养殖品种。

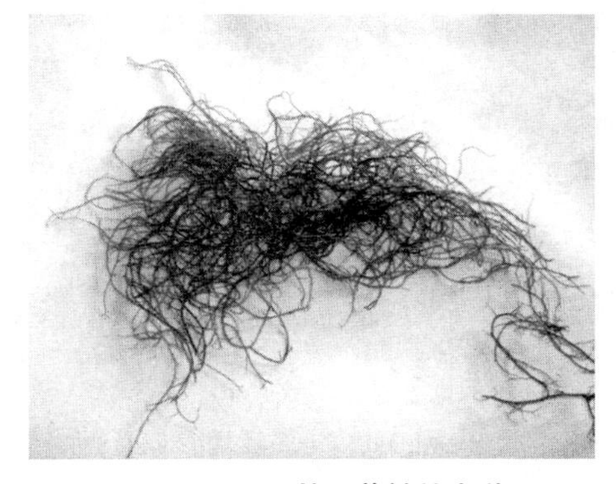

图 9-114　细基江蓠繁枝变种

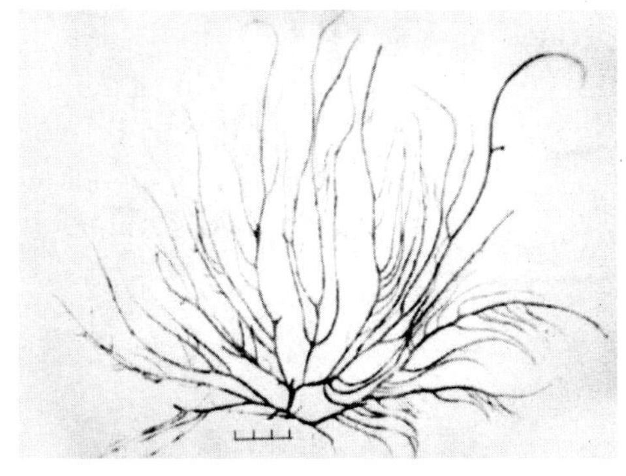

图 9-115　脆江蓠

——芋根江蓠（*G. blodgettii* Harvey, 1853），藻体直立圆柱状，丛生，高 10 cm 以上，直径 1～2 mm；固着器小盘状，主干不明显，分枝较多；分枝呈不规则互生或偏生，偶有叉状排列，分枝基部骤然缢缩，常形成极小的柄，分枝末端尖细（图 9-116）。内部由髓部、皮层和表皮层组成，髓部细胞大，多角形，壁薄；皮层细胞 2～4 层，次大，无色素体；表皮层细胞较小，卵圆形，含色素。体表胶质层厚 3.3～6.6 μm。孢子囊散生在表皮层细胞间，表面观圆形或卵圆形，直径 30～33 μm；横切面观呈卵圆形，长径 30～56 μm，短径 23～33 μm；十字形分裂产生四分孢子。囊果显著突出于藻体表面，球形，亚喙状，基部略缢缩；切面观中央有 1 个大融合胞，长 166 μm，宽 44 μm，产孢丝末端细胞形成果孢子囊；囊果被细胞 8～11 层，厚 100～132 μm，在囊果被与产孢丝之间有明显的丝状结构；囊果成熟时在顶端形成 1 孔。坑状精子囊窝散生在藻体的表皮层细胞间。该种生长在有淡水流入的平静内湾，多见于中潮带泥沙滩上的贝壳或石块上，在我国广东、海南、台湾和福建有分布。

——缢江蓠［*G. salicornia*（C. Agardh）E. Y. Dawson, 1954］，藻体直立圆柱状，丛生，肥厚多汁，高 5～18 cm，直径 2～4 mm；固着器盘状，藻体由许多节间组成，节间上粗下细；中下部节间较长，顶端节间较短，长可达 2～3 cm，长宽比可达 4～8；节间顶端中央略下陷，由此生出分枝；藻体自基部至顶端一般具节间 5～13 个，分枝 5～6 回（图 9-117）。藻体内部由髓部、皮层和表皮层组成；髓部细胞大，皮层细胞次大；表皮层细胞 2～3 层，较小，含色素体；体表胶质层厚约 7 μm。孢子囊表面观卵形，散生在表皮层细胞间，长径 23～26 μm，短径 13～17 μm；切面观呈卵形或长圆形，长径 26～30 μm，短径 13～20 μm；十字形分裂产生四分孢子。囊果表面观近球形，突出于体表面，亚喙状，基部不收缩；切面观中央有 1 个大融合胞，长 23 μm，宽 13 μm，产孢丝末端细胞形成果孢子囊，囊果被细胞 14～18 层，厚 180～265 μm，在囊果被与产孢丝之间有明显的丝状结构；囊果成熟时在顶端形成 1 孔。精子囊窝腔状。该种生长在风浪较小、有淡水流入的港口或内湾，多见于低潮带泥沙滩或潮下带 1～3 m 处贝壳和石砾上，在我国广东、海南和台湾有分布。

图 9-116 芋根江蓠

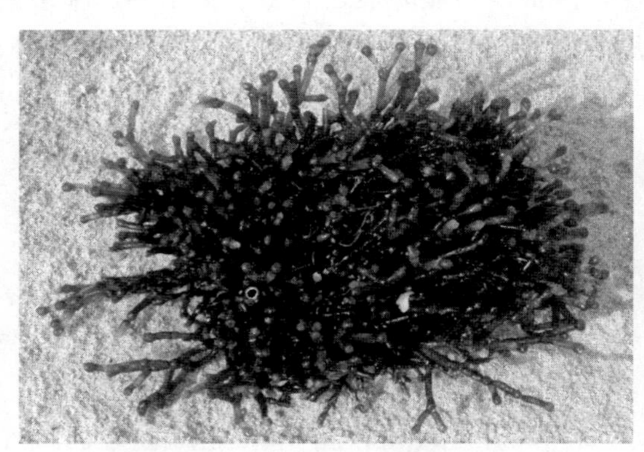

图 9-117 缢江蓠

②拟江蓠属（*Gracilariopsis* E. Y. Dawson, 1949），藻体为枝叶状体，直立，长达

40cm；基部具盘状固着器，枝圆柱形。内部为单轴型结构，由表皮层、皮层和髓部组成。髓部为大薄壁细胞；皮层细胞小；表皮细胞更小，有色素体。孢子囊十字形分裂产生四分孢子；精子囊母细胞由外皮层细胞形成，成对或成群（3 个）产生。果胞枝细胞可达 6 个，产孢丝由融合胞产生，果孢子囊呈链状分布。囊果被与产孢丝之间无丝状结构。目前已知该属有 24 种，我国报道了 5 种：江氏拟江蓠（*G. chiangii* Lin）、异枝拟江蓠（*G. heteroclada* J. F. Zhang & B. M. Xia）、龙须菜［*G. lemaneiformis*（Bory）E. Y. Dawson, Acleto & Foldvik］、绳拟江蓠［*G. chorda*（Holmes）Ohmi］和长拟江蓠［*G. longissima*（S. G. Gmelin）Steentoft, L. M. Irvine & Farnham］。

——龙须菜［*G. lemaneiformis*（Bory）E. Y. Dawson, Acleto & Foldvik, 1964］，藻体紫红色或带黄色或绿色，多丛生，高可达 1 m 以上；固着器盘状，直立部线形，多分枝；主枝明显，枝圆柱状，直径 0.5～4mm；分枝一般 1～3 回，分枝互生或偏生，侧枝与主枝夹角一般为锐角；分枝基部有时稍收缩，枝端尖细（图 9-118）。内部单轴型结构，横切面观由髓部、皮层和表皮层组成；髓部细胞大，呈不规则圆形；皮层细胞次大，2～4 层，近圆形；表皮层细胞 1 层，卵形或方圆形，有色素体，体表胶质层厚 6～7μm。生活史为 3 世代型。生殖方式包括断裂生殖、孢子生殖和卵式生殖。孢子囊散生在藻体表面，十字形分裂产生四分孢子；囊果半球形或球形，明显突出于藻体表面，成熟时具喙状突起，基部稍缢缩；产孢丝顶端产生卵形或球形的果孢子囊，囊果被细胞 11～13 层，产孢丝与囊果被之间无丝状结构；精子囊以体表精子囊群式分布。该种多生长在低潮带沙沼中至潮下带有沙的岩石上。四分孢子囊见于 6 月、8—9 月，囊果见于 3—4 月和 6—12 月，精子囊见于 5 月、8—9 月，该种在我国山东有分布。目前该种是我国的一个养殖品种，可食用，也可作提取琼胶的原料。

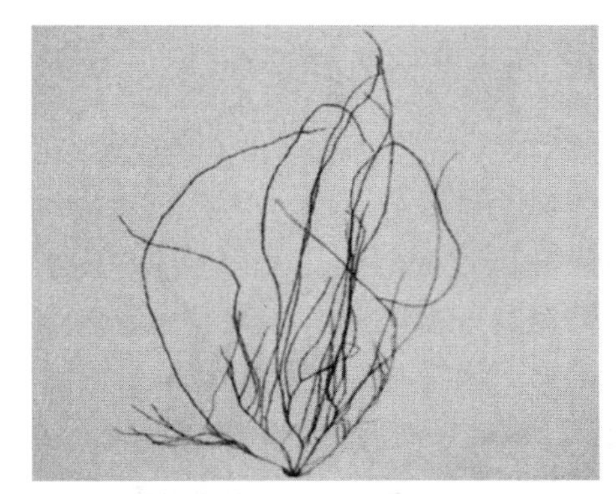

图 9-118 龙须菜

——绳拟江蓠［*G. chorda*（Holmes）Ohmi, 1958］，藻体直立圆柱状，近基部渐细，固着器盘状，无明显主枝；分枝互生或偏生，直径 1～3mm，枝端逐渐尖细或出现不缢缩的叉分现象，或常由于受损折断呈不规则截形，并在断面上再生分枝（图 9-119）。藻体内部由髓部、皮层和表皮层组成，髓部细胞大，直径 230～450μm；皮层细胞 3～5 层，直径 26～83μm；表皮层由 2～3 层含有色素体的小细胞组成，细胞长 6.6～13.2μm，宽 3.3～6.6μm；体表胶质层厚约 7μm。孢子囊表面观圆形，直径 33～37μm，散生在表皮层细胞间；切面观多呈卵形，长径 50～66μm，短径 26～43μm；十字形分裂产生四分孢子。囊果表面观圆锥形或半球形，突出于藻体表面，略呈喙状，基部不收缩；切面观产孢丝末端细胞形成果孢子囊，囊果被细胞 8～10 层，厚 83～95μm，在囊果被与产孢丝之间无丝状结构。囊果成熟时在顶端形成 1 个囊果孔。精子囊窝腔状。该种生长在风浪较小、有淡水流入的港口或内湾，多见于退潮后有积水的潮间带岩石上，在我国广东、广西有分布。

——长拟江蓠［*G. longissima*（S. G. Gmelin）Steentoft, L. M. Irvine & Farnham, 1995］，藻体绿褐色或红褐色，丛生或单生，高7～30cm；主枝直径约2mm，分枝互生或偏生，线形或细圆柱状，常在数回互生或偏生之后出现1回二叉式分枝；分枝基部缢缩，顶端长出几条丝状小枝，尖细而弯曲，通常老枝收缩，变黑、变硬，新枝肥厚多汁，质脆易断；固着器小盘状或不明显（图9-120）。生殖方式以断裂生殖为主，存在无性生殖与有性生殖方式。该种是我国福建和海南人工养殖的品种；可食用，也可作提取琼胶的原料。

图9-119 绳拟江蓠

图9-120 长拟江蓠

复习题

1. 名词解释

四分孢子、单轴型结构、多轴型结构、果胞、果胞枝、支持细胞、辅助细胞、囊果

2. 简答

（1）红藻有哪几种形态表现形式？

（2）红藻的果胞受精后产生果孢子的方式有哪几种？

（3）红藻的生活史有哪几种类型？

第十章　褐藻的生物学

第一节　褐藻的生物学概述

一、形态

褐藻无单细胞体和群体，都是多细胞体。多细胞褐藻的形态表现包括以下5种类型：

①丝状体。藻体丝状，由单列或多列细胞组成，多分枝。

②异丝体。藻体由直立部和匍匐部组成，其中直立部是由单列细胞组成的分枝状，匍匐部以假根固着于基质上。

③假膜体。藻体外形膜状，内部则是由许多藻丝组成的形态。根据藻丝的数目，假膜体又分为单轴假膜体和多轴假膜体，前者藻体内部是由单一中轴的分枝藻丝组成，如酸藻；后者藻体内部由多条中轴的分枝藻丝组成，如索藻目。

④膜状体。细胞向各方向分裂形成的、由数层细胞组成的分枝或不分枝的藻体形态，如海带目的种类。

⑤枝叶状体。一些褐藻外形多由固着器、主干（主枝）和侧枝组成，生殖时生殖细胞由藻体上形成的特殊结构产生，或在外形上已有类似根、茎、叶等的分化，内部细胞向多方向分裂形成的藻体形态。

二、结构

1. 细胞的结构

（1）细胞壁

除游动性生殖细胞如游孢子和雄配子外，一般褐藻细胞都有细胞壁。褐藻的细胞壁由内外两层组成，外层为果胶质，其成分因种类而异，主要是褐藻糖胶；内层为纤维素，紧贴于外层。有些褐藻的细胞壁含有大量的碳酸钙，如团扇藻。

（2）细胞质

绝大多数褐藻细胞内的原生质中有许多小液泡，液泡内容物可呈酸性、中性或碱性，用中性红或美蓝染色极易着色。酸藻属的液泡酸性很强，pH可达1左右，黑顶藻目和海带目的液泡则显微酸性。

（3）细胞核

褐藻的细胞中一般只有一个细胞核，核较大，它的体积通常和细胞的体积成一定的比例，同时也和细胞所在的位置有关，如顶细胞的细胞核一般特别大，尤其是黑顶藻目的海藻。在海带属的极少数种类中还发现有多核现象。细胞核外具核膜，核内有一个大而易被染色的核仁和染色质，但有些种类有2个核仁。

（4）色素和色素体

褐藻细胞中的色素有叶绿素a、叶绿素c、叶黄素、胡萝卜素和藻褐素。由于各种色素在不同藻体中的比例不同，褐藻的体色表现不一，呈橄榄绿色至深褐色。一般而言，因为藻褐素在褐藻体中含量丰富，所以褐藻多呈褐色。藻褐素能吸收绿光，因此大部分褐藻适于生活在深水层。

褐藻细胞中的色素体一或多个，多数是小盘状，原始、低级的褐藻细胞中的色素体一般为星状或带状。褐藻色素体内的类囊体带常由3个类囊体组成，外被2层色素体膜和2层色素体内质网膜，后者是核膜的延续。色素体内质网膜的有无因褐藻种类、生活史阶段和细胞发育阶段的不同而有差异。

（5）蛋白核

褐藻的蛋白核位于色素体外周，具有1个棍棒状柄，内含均匀颗粒状物质，无类囊体穿过。低级褐藻的色素体内常含一蛋白核，高级的无。褐藻细胞中的蛋白核多数呈梨形或圆形，以一个小柄或窄的一端连接于色素体表面，而不埋于色素体中。蛋白核外围有色素体内质网膜，与核膜相连。

（6）同化产物

褐藻的光合作用产物是一种多糖类，由一组葡萄糖单位相连而成，无色、无味，呈水溶性，即褐藻淀粉。在褐藻体中的含量因种而异，其中海带属的种类含量最多，而墨角藻目和囊叶藻属含量较少。此外，有许多褐藻的光合作用产物为甘露醇，还含有碘、维生素和油等。

（7）鞭毛

褐藻无性生殖产生的游孢子和有性生殖时产生的动配子通常具有2条侧生的不等长鞭毛，能游动。褐藻进行卵式生殖时产生具有游动能力的精子，其鞭毛通常一条向前，一条向后。具有双鞭毛精子的种类，除墨角藻目外，其他褐藻精子的鞭毛都是前长后短，而墨角藻目种类的前短后长。褐藻无性生殖时产生的不动孢子、异配生殖时产生的不动雌配子和卵式生殖时产生的卵都没有鞭毛，不能游动。褐藻中还有一些种类，如网地藻目的种类产生的精子只有一条鞭毛，并且位于前端。

2. 藻体的结构

多细胞体褐藻细胞间大都具有孔状联系，并且在藻体最外层是公共的体壁。相对低级的多细胞体褐藻细胞分化较少，一般常分化出形成固着器的基部细胞和其他细胞，形成固着器的细胞较其他细胞细长，并且不具有生殖功能，而其他细胞则功能相似，都具有形成生殖细胞的能力。相对高级的多细胞体褐藻的细胞分化较多，形成多种组织，除基部细胞外，还有表皮、皮层和髓部细胞，甚至形成黏液腺细胞，并在生殖时期形成特殊的生殖结构，如单室孢（配）子囊、多室孢（配）子囊、生殖托、生殖窝和繁殖枝等。

褐藻的结构按细胞的排列及分化常分为 3 种类型，即多轴型、单轴型和三层组织型。多轴型结构，即假膜体的藻体髓部由许多藻丝（又称中轴藻丝）组成（一般 2～100 条或列以上）的结构。单轴型结构，即假膜体的藻体中央由一条中轴藻丝组成的结构。绝大多数属于膜状体或枝叶状体的褐藻，其结构出现表皮层、皮层和髓部组织的分化，由表皮层分裂产生生殖结构。

三、生殖

褐藻的生殖方式包括营养生殖、无性生殖和有性生殖。

1. 营养生殖

①断裂生殖。褐藻中主要是枝叶状体可通过断裂的方式产生藻体小段或小枝，在适宜的环境条件下，这些小段或小枝继续生长成为与原来相同的新藻体，如铜藻。

②繁殖小枝。某些褐藻的藻体上长出一种特殊小枝，呈叉形、楔形或三角形等多种形状，在脱离母体后可附着在基质上长成一个新个体，这样的小枝称为繁殖小枝，如黑顶藻目的种类。

③假根再生。某些褐藻的枝叶腐烂流失后，假根仍然固着在基质上，在适宜条件下，由假根向上长出新的枝叶，形成新个体，这种生殖方式称为假根再生，如马尾藻科的种类。

④叶基再生。某些褐藻的叶片绝大部分腐烂流失后，残留叶片的基部，在适宜条件下，由叶基向上长出新的叶片，形成新个体，这种生殖方式称为叶基再生，如海带的孢子体。

2. 无性生殖

（1）游孢子

除网地藻目的褐藻外，其他褐藻都是以产生游孢子的方式进行无性生殖的。褐藻的游孢子一般梨形，有 2 条不等长的侧生鞭毛，往往前长后短，长的一条鞭毛为茸鞭型，有 2 列纤毛，短的 1 条为尾鞭型，无纤毛。游孢子有 1 个眼点，单核，1 个色素体。褐藻的游孢子通常由单室孢子囊或多室孢子囊产生。

①单室孢子囊（unicellular sporangium）。孢子体上产生由一个细胞组成的结构，有或无柄，称为单室孢子囊。该囊含单核，核的第一次分裂为减数分裂，然后又经多次分裂，产生 2～128 个子核，核分裂停止后原生质分裂为与核同数的原生质块，每块有一个细胞核，经过变态形成具有不等长侧生双鞭毛的游孢子。孢子囊成熟后，囊壁顶端产生囊孔，游孢子从中排出，萌发长成配子体。

②多室孢子囊（multicellular sporangia）。孢子体成熟后，其上形成孢子囊母细胞，该细胞经多次横、纵分裂，形成由许多细胞组成的多列细胞结构，称为多室孢子囊。其中，每个细胞可经变态产生 1～2 个游孢子，当孢子囊发育成熟后，各细胞间的胞壁逐渐溶解，孢子囊变成一个囊体，囊壁顶端或侧面产生囊孔，游孢子从中排出，由于孢子囊母细胞未发生减数分裂，所以形成的游孢子萌发长成孢子体。

（2）不动孢子

有些褐藻如网地藻目的种类，在进行无性生殖时，由单室孢子囊产生不动孢子，不动孢子不能自由游动，依靠海水的流动而改变所在位置。褐藻产生不动孢子的方式与绿藻和红藻不同，而是与褐藻的单室孢子囊产生游孢子的方式相同，即孢子囊母细胞第一次分裂为减数分裂，一般每个孢子囊形成 4 个单倍体的不动孢子，因此又称四分孢子，不动孢子在放散后萌发长成配子体。

3. 有性生殖

褐藻主要存在同配生殖、异配生殖和卵式生殖 3 种有性生殖方式。配子在配子体产生的配子囊中形成并释放出来，褐藻的配子囊有单室配子囊和多室配子囊之分，二者分别和孢子体上产生的单室孢子囊和多室孢子囊的结构相同，但是配子均是单倍体的，雌、雄配子结合后，萌发长成二倍体的孢子体。

①同配生殖。褐藻中水云目、黑顶藻目和网管藻科中的大多数种类，其配子体产生形态与大小都相同的雌、雄配子，二者结合成合子。雌雄同体或异体，两种配子都能在水中活泼运动，有的雌配子当雄配子游近时便失去运动能力，雌、雄配子结合变为不能运动的合子，合子大都不经过休眠立即萌发成孢子体。不经结合的配子，不久便分解死亡，但有些种类的雌、雄配子不经结合，直接萌发成配子体，这种由不经结合的雌、雄配子萌发长成配子体的生殖方式又称单性生殖。

②异配生殖。形态相似而大小不同的雌、雄配子称异配子，褐藻中少数种类藻体上形成能产生异配子的多室配子囊，配子囊成熟后放散异配子，往往雌、雄配子囊在形态上有显著不同，前者较大，而后者较小，2 种配子囊产生的配子形态相似，但是雌配子比雄配子大，常有数个色素体，运动迟钝或无运动能力，而雄配子一般只有一个色素体，能活泼运动，二者结合成合子萌发长成孢子体。褐藻中马鞭藻目的种类，其雌、雄配子结合大约需要几个小时，而合子在一天后才开始萌发，未经结合的雌配子，一般可通过单性生殖萌发长成配子体。

③卵式生殖。是形态、大小都不相同的雌、雄配子结合成合子的生殖方式。其中雌配子大而雄配子小，雌配子无鞭毛、不能运动，通常称为卵，雄配子有鞭毛、能运动，又称为精子。褐藻类的精子小，有两条侧生鞭毛，其中一条向前，一条向后，一般前长后短，而墨角藻目的种类则相反，网地藻目的种类只有一条生于前端的鞭毛。一般雌雄异体。网地藻目的种类，其精子囊是多细胞的，而酸藻目和海带目的种类则为单细胞的。褐藻类有些种类的卵排出后附在卵囊口处等待受精，如酸藻目和海带目的种类，而有些种类的卵排出后漂浮在水中完成受精作用，如网地藻目的种类。未受精的卵可通过单性生殖萌发长成配子体。

褐藻中墨角藻目的种类，其配子囊生长在孢子体上，不同于配子体上产生配子囊的种类；孢子体上形成精子和卵时发生减数分裂，一般每个精子囊形成 64 个精子，每个卵囊形成 1～8 个卵；卵排出后漂浮在海水中，受精后萌发长成孢子体，未受精的卵在数小时后分解消失，如果用化学药品刺激，可进行单性生殖，萌发长成配子体。

④孤性生殖。褐藻中一些种类的配子体也能进行孤性生殖；如海带的雌配子体有些能进行孤雌生殖，发育形成的孢子体大部分能够成熟，释放的游孢子萌发形成雌配子体（Dai et al., 1993）。

四、生活史

褐藻大多数种类的生活史中具有世代交替现象，少数种类（如墨角藻目）无世代交替（栾日孝，2013）。褐藻的生活史可归纳为两种类型。

1. 单世代型生活史

在生活史中只出现一种藻体，没有世代交替现象的类型。有些褐藻的生活史中只有孢子体（2n）而无配子体（n），但是没有无性生殖，而是在孢子体上形成配子，雌雄配子结合成合子，合子不再进行减数分裂，直接发育成新的二倍体藻体（2n），生活史中只有核相交替而无世代交替，这种类型称单世代型生活史，如马尾藻的生活史。

2. 2世代型生活史

在生活史中不仅有核相交替，而且有两种藻体世代交替出现。根据两种藻体的形态、大小、生活期长短以及能否独立生活，又分为以下两种类型。

①等世代型生活史。生活史中出现孢子体（2n）和配子体（n）两种独立生活的藻体，它们的形态相同，大小相近，二者交替出现，如水云目、黑顶藻目、网地藻目种类的生活史。

②不等世代型生活史。生活史中出现孢子体（2n）和配子体（n）两种独立生活的藻体，它们在外形和大小上有明显差别，二者交替出现。根据大小的不同，又分为配子体大于孢子体型和孢子体大于配子体型两种，属于前者的如马鞭藻目马鞭藻属种类和萱藻目的一些种类，属于后者的如海带。

五、习性与分布

1. 生长方式

褐藻的生长包括以下几种方式。

①散生长：如水云目有些属的种类，生长点分散在藻体的许多部位。

②间生长：如海带目的许多种类，生长点位于整株藻体的中间部位。

③毛基生长：生长点在藻体分枝尤其是顶端分枝的基部，如酸藻目种类等。

④顶端生长：生长点在藻体的顶端，如黑顶藻目种类等。

2. 生活方式

褐藻多数营固着生活，一般以固着器固着在岩石或其他基质上生活，少数附生在动植物体外部或寄生于动植物体内部生活，极少数漂浮于海面生活。

3. 分布

（1）水平分布

绝大部分褐藻分布在海洋，一般为冷水性种类，多数生长在寒带或南北极的海中，少数生活于热带海域，如马尾藻属和喇叭藻属种类等。褐藻多数为阴生植物，有些能在弱光低温下进行光合作用，甚至在北极冬季黑暗的海中仍然能够生长，其中的许多种类即使在冰点以下温度还能产生生殖器官。

（2）垂直分布

褐藻主要分布在潮间带和低潮线附近，少数能在深海中生活。在热带海中，如欧洲的地中海和美国佛罗里达州的海域，在 110 m 以下深处仍有褐藻生长。我国的黄海、渤海海区，海水浑浊、透明度较小，褐藻分布较浅，而南海的海水澄清，褐藻分布较深。在同一海区，各种褐藻分布的潮位往往也不同，如铁钉菜多生长在中、高潮带，鹿角菜主要生长在中潮带，而海带和裙带菜则一般生长在低潮线以下。

第二节　褐藻的主要类群

一、分类概况

目前，原褐藻门（Phaeophyta）的种类归入棕色藻门（Ochrophyta Cavalier-Smith, 1996）（刘涛，2017）。该门下分 17 个纲，海洋褐藻属于褐藻纲（Phaeophyceae Kjellman, 1891）。目前已知褐藻纲确定 2 107 种，几乎全部都是海水种，只有极少数为淡水种。根据藻体形态、细胞结构、色素体、蛋白核、生长方式和生活史类型等特征，并结合分子分析，褐藻纲下分 4 个亚纲，21 个目，但具体分类情况尚不统一。本章沿用我国早期分类方式。

（一）褐藻纲下的亚纲

褐藻纲分 4 个亚纲，我国报道了 3 个亚纲的种类。

①网地藻亚纲（Dictyotophycidae Silberfeld, F. Rousseau & Reviers, 2014），462 种。

②墨角藻亚纲（Fucophycidae Cavalier-Smith, 1986），1 607 种。

③铁钉菜亚纲（Ishigeophycidae Silberfeld, F. Rousseau & Reviers, 2014），8 种。

（二）褐藻纲分目

褐藻纲分 21 个目，4 个亚纲可分 19 个目，其中 3 个主要的亚纲分 18 个目，我国报道了 11 个目。

（1）网地藻亚纲

已知该亚纲有 462 种，分 4 个目，主要有 2 个目，我国报道了 2 个目的种类。

①网地藻目（Dictyotales Bory, 1828），351 种；

②黑顶藻目（Sphacelariales Migula, 1908），101 种。

（2）墨角藻亚纲

已知该亚纲有 1 607 种，分 13 个目，主要有 9 个目，我国报道了 8 个目的种类。

①绳藻目（Chordales Starko, H. Kawai, S. C. Lindstrom & Martone, 2019），10 种；

②酸藻目（Desmarestiales Setchell & Gardner, 1925），28 种；

③水云目（Ectocarpales Bessey, 1907），766 种；

④墨角藻目（Fucales Bory, 1827），563 种；

⑤海带目（Laminariales Migula, 1909），127 种；

⑥褐壳藻目（Ralfsiales Nakamura ex P.-E. Lim & H. Kawai in Lim et al., 2007），41 种；

⑦毛头藻目（Sporochnales Sauvageau, 1926），34 种；

⑧线翼藻目（Tilopteridales Bessey, 1907），22 种。

（3）铁钉菜亚纲

已知该亚纲有 8 种，分 1 个目。铁钉菜目（Ishigeales G. Y. Cho & S. M. Boo in Cho, Lee & Boo, 2004），8 种。

（三）褐藻纲11个目的分科

（1）网地藻目

已知该目有 351 种，分 1 个科。网地藻科（Dictyotaceae J. V. Lamouroux ex Dumortier, 1822），351 种，分 2 个族，26 个属。

①网地藻族（Dictyoteae Greville, 1833），已知该族 107 种，分 9 个属，我国仅报道了 4 个属的种类。

②圈扇藻族（Zonarieae O. C. Schmidt, 1938），已知该族 226 种，分 11 个属，我国报道了 6 个属的种类。

（2）黑顶藻目

已知该目有 101 种，分 6 个科。我国仅报道了其中的 1 个科，即黑顶藻科（Sphacelariaceae Decaisne, 1842），57 种，分 6 个属，我国仅报道了其中 1 个属的种类。

（3）绳藻目

已知该目有 10 种，分 3 个科。我国仅报道了 1 科，即绳藻科（Chordaceae Dumortier, 1822），6 种，1 属。

（4）酸藻目

已知该目有 28 种，分 2 个科，主要为 1 个科。我国报道了 1 个科的种类，即酸藻科［Desmarestiaceae（Thuret）Kjellman, 1880］，26 种，分 3 个属，我国报道了 1 个属。

（5）水云目

已知该目有 766 种，分 7 个科。我国报道了 6 科。

①定孢藻科（Acinetosporaceae G. Hamel ex Feldmann, 1937），89 种，分 8 个属；

②索藻科（Chordariaceae Greville, 1830），498 种，分 110 个属；

③水云科（Ectocarpaceae C. Agardh, 1828），104 种，分 7 个属；

④多丝藻科（Myrionemataceae Nägeli, 1847），2 种，分 1 个属，我国报道了 2 种；

⑤石绵藻科（Petrospongiaceae Racault et al., 2009），3 种，分 1 个属，我国报道了 1 属；

⑥萱藻科（Scytosiphonaceae Farlow, 1881），65 种，分 18 个属，我国报道了 8 个属的种类。

（6）墨角藻目

已知该目有 563 种，分 9 个科。我国报道了 2 个科的种类。

①墨角藻科（Fucaceae Adanson, 1763），18 种，分 5 个属，我国报道了 2 个属的种类；

②马尾藻科（Sargassaceae Kützing, 1843），518 种，分 35 个属，我国报道了 3 个属的种类（曾呈奎等，2000）。

（7）海带目

已知该目有 127 种，分 6 个科。我国报道了 4 个科的种类。

①孔叶藻科（Agaraceae Postels & Ruprecht, 1840），11 种；

②翅藻科（Alariaceae Setchell & N. L. Gardner, 1925），27 种；

③海带科（Laminariaceae Bory, 1827），56 种；

④巨藻科（Lessoniaceae Setchell & Gardner, 1925），29 种。

（8）褐壳藻目

已知该目有 41 种，分 5 个科。我国报道了 1 个科，即褐壳藻科（Ralfsiaceae W. G. Farlow, 1881），21 种，分 4 个属。

（9）毛头藻目

已知该目有 34 种，分 1 个科。毛头藻科（Sporochnaceae Greville, 1830），34 种。

（10）线翼藻目

已知该目有 22 种，分 4 个科。我国报道了 1 个科，即马鞭藻科（Cutleriaceae J. W. Griffith & A. Henfrey, 1856），13 种。

（11）铁钉菜目

已知该目有 8 种，分 3 个科。我国报道了 1 个科，即铁钉菜科（Ishigeaceae Okamura in Segawa, 1935），3 种。

二、海产大型褐藻的主要种类

我国海产大型褐藻隶属褐藻纲，有 11 个目的种类，分目检索表如下：

1　藻体生活史中只有一个世代……………………………………墨角藻目 Fucales

1　藻体生活史中有两个世代……………………………………………………2

　2　藻体为分枝丝状体或假膜体…………………………………………………3

　2　藻体为膜状体或枝叶状体，或至少有一个世代为膜状体……………………7

3　生活史大都为等世代型，少数为不等世代型…………………………………4

3　生活史为不等世代型，其中配子体小、孢子体大………………………………5

　4　藻体为分枝丝状体，色素体多个，有蛋白核……………………水云目 Ectocarpales

　4　藻体为假膜体，幼苗为盘状，色素体一个，无淀粉核……………褐壳藻目 Ralfsiales

5 有性生殖为同配 ………………………………………………………………………… 铁钉菜目 Ishigeales
5 有性生殖为卵配 ………………………………………………………………………………………… 6
6 藻体为单轴型假膜体，毛基生长，在髓丝的顶端有一条毛 …………………… 酸藻目 Desmarestiales
6 藻体为毛基生长，在每条髓丝的顶端有明显的毛丝 ………………………… 毛头藻目 Sporochnales
7 藻体为丝状体或膜状体 ……………………………………………………………………………… 8
7 藻体为枝叶状体，枝圆柱形 ……………………………………………………………… 绳藻目 Chordales
8 生活史为等世代型 ………………………………………………………………………………… 9
8 生活史为不等世代型，藻体为膜状体，居间生长，孢子体上形成单室孢子囊 … 海带目 Laminariales
9 藻体顶端生长 ……………………………………………………………………………………… 10
9 藻体毛基生长，为丝状体，上部细胞单列，下部多列；孢子体上形成具 4 个细胞核的单孢子 ………
……………………………………………………………………………………… 线翼藻目 Tilopteridales
10 藻体主枝扁平，孢子囊形成 4 个或 8 个孢子，卵配 ………………………… 网地藻目 Dictyotales
10 藻体主枝圆柱形，在单室孢子囊中形成许多游孢子，异配 ………………… 黑顶藻目 Sphacelariales

（一）网地藻亚纲

已知该亚纲分4个目，记录了462种，主要有2个目。我国报道了黑顶藻目和网地藻目2个目的种类，分目检索表如下：

1 藻体顶端生长，主枝圆柱形，单室孢子囊形成许多游孢子，异配 ……………… 黑顶藻目 Sphacelariales
1 藻体顶端生长，主枝扁平，孢子囊形成 4 个或 8 个孢子，卵配 ………………… 网地藻目 Dictyotales

1. 黑顶藻目

藻体为枝叶状体，呈丝状或皮壳状，丛生，多分枝；分枝互生、对生或轮生，枝由多列丝状排列的细胞组成；有或无由单列细胞组成的无色毛。藻体顶端生长，顶细胞极明显。色素体透镜形，无明显的淀粉核。生活史为等世代型或不等世代型。藻体存在以繁殖小枝方式进行的营养生殖。孢子体通常形成单室孢子囊，多室囊少见；单室囊单生，常有柄。有性生殖方式为同配、异配或卵配生殖。配子囊细胞多列，顶生，单生，有柄，为多室囊。已知该目分 6 科，101 种，我国仅报道了 1 科。

黑顶藻科，藻体直立或呈皮壳状，直立部多分枝，分枝不轮生。通常通过产生繁殖小枝进行营养繁殖。生活史为等世代型。孢子体通常形成单室孢子囊，多室囊少见。单室囊单生，常有柄。有性生殖方式为同配、异配或卵配生殖。配子囊细胞多列，为多室囊，顶生，单生，有柄。已知该科分 6 属 57 种，我国仅报道了 1 属。

黑顶藻属（*Sphacelaria* Lyngbye, 1818），藻体小，丛生呈束状，或分散呈席状；固着器盘状、假根丝状或疏松的团块状；直立部多分枝，分枝圆柱形，顶细胞明显，枝上常生单列细胞的毛状小枝。较老藻体有时有皮层，每个细胞中有多个色素体，色素体盘状。通常以繁殖小枝的方式进行营养生殖，繁枝小枝有单条、二叉状、三叉状甚至四叉状。无性生殖时在枝的顶端或侧面产生孢子囊。单室囊有柄，柄单条或分枝，细胞单列或多列；多室囊细胞多列。有性生殖时产生多室配子囊，多室囊单生，可进行同配或异配生殖。目前已知该属有37种，我国报道了11种。

——颇硬黑顶藻（*S. rigidula* Kützing, 1843），目前认为该种与叉状黑顶藻（*S. furcigera* Kützing, 1855）及叉开黑顶藻（*S. divaricata* Montagne, 1849）是同物异名种。藻体黄褐色，外观丝状，不规则分枝，丛生，高8～10 mm；直立枝由2～4列细胞组成，主枝直径33～36 μm，分枝直径30～35 μm；由藻体基部向下伸出假根，彼此紧密缠结（图10-1）；枝的上部有大量毛，直径18～20 μm，常脱落并留下痕迹。繁殖枝常生在枝的上部，二叉状、"Y"形，有一柄，上宽下窄。单室囊球形，有时对生，直径38～40 μm，有1个单细胞组成的柄。该种生长在低潮带基质上或其他海藻藻体上，在我国福建和广东有分布。

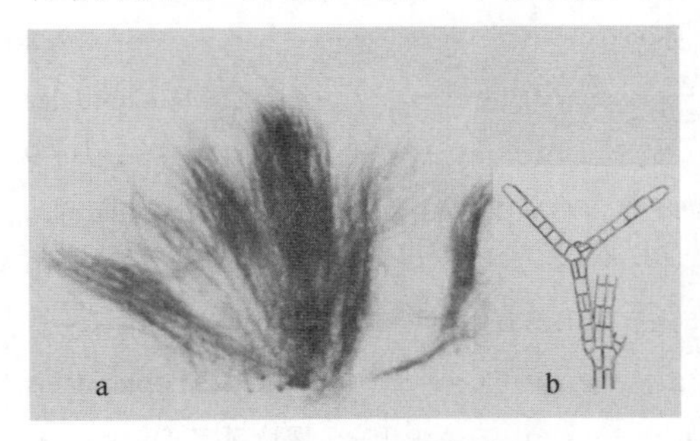

图10-1 颇硬黑顶藻

a. 外形；b. 显微结构

——肩裂黑顶藻（*S. novae-hollandiae* Sonder, 1845），藻体黄褐色，外观丝状，具匍匐部和直立部，直立部多不规则分枝；匍匐部的丝互相缠结；直立枝高8～15 mm，由4～5列细胞组成；主枝直径60～70 μm，近顶端直径约50 μm；分枝基部细，侧面多毛；毛的直径15～16 μm（图10-2）。繁殖枝长110～127 μm，宽90～105 μm，其角细胞横裂为2个，1个在其他细胞的上面。多室囊圆柱形，有时对生，直径40～45 μm，长55～65 μm，基部有1个单细胞的柄。单室囊球形，有1个单细胞短柄，直径65～75 μm，有时在1个短柄上生2个单室囊。该种生长在潮下带岩石上或大型海藻体上，在我国福建、广东、香港和西沙群岛有分布。

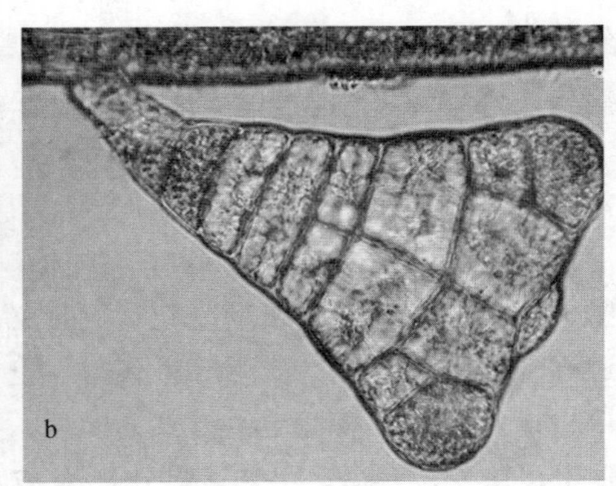

图10-2 肩裂黑顶藻

a. 藻体外形；b. 繁枝小枝

——三角黑顶藻（*S. tribuloides* Meneghini, 1840），藻体黄褐色，外观丝状，由3～5列细胞组成，通常高6～10 mm；基部具互相缠结的假根，向上不规则或对生分枝；主枝直径37～40 μm，枝的上部有毛，毛的直径16～18 μm（图10-3）。繁殖枝三角形，有柄，2个顶角常伸长，角细胞1～3个不等。单室囊球形，直径65～75 μm，有单细胞的柄。通常单室囊和繁殖枝生长在同一个藻体上。该种生长在潮间带的死珊瑚枝或大型海藻藻体上，在我国台湾和广东有分布。

——三叉黑顶藻［*S. fusca*（Hudson）Gray, 1821］，藻体黄褐色，丝状，丛生，高 5～10 mm，分枝不规则。直立枝直径 27～33 μm；分枝细，直径 22～25 μm（图 10-4）。藻体基部向下伸长形成假根丝，它们彼此缠结形成一坚实的小盘，附生在潮下带马尾藻类大型海藻藻体上。繁殖枝三叉形，其基部不收缩。枝的顶端和侧面有丰富毛，其直径 5～16 μm。单室囊球形，直径 31～33 μm，每个有单细胞的柄，通常集生在枝的中、下部。繁殖枝和单室囊有时生长在同一个枝上。该种在我国浙江、福建、广东和西沙群岛有分布。

图 10-3 三角黑顶藻

a. 外形；b. 显微结构

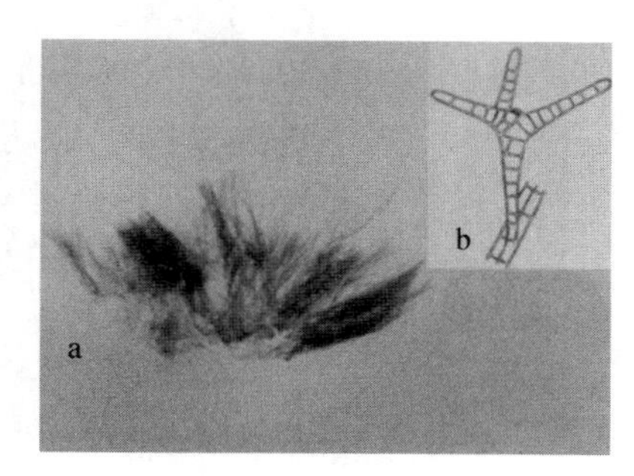

图 10-4 三叉黑顶藻

a. 外形；b. 显微结构

2. 网地藻目

藻体为膜状体，带形或扇形，有柄。有些种类有匍匐茎或有重圈状环纹。藻体顶端生长。藻体的内部构造简单，除个别属外，均由 2～8 层细胞组成，分化为髓部、皮层和表皮层 3 层；髓部由 1 至数层大细胞组成，皮层由 1 至数层小细胞组成，表皮层细胞含有大量的盘状色素体，很容易与无色的髓部区分开。生活史为等世代型。雌雄异体，卵配生殖，精子囊和卵囊都由表面细胞发育而来。精子囊多室，每室产 1 个精子；精子梨形，有 1 个侧生鞭毛，前端有眼点。卵囊单生或集生，每个卵囊产生 1 个卵。孢子体产生单室囊，常聚集成群，每囊产生 4 个或 8 个不动孢子。已知该目有 1 科，351 种。

网地藻科，其特征与网地藻目的相同。本科种类一般为温热带性藻类，尤其在热带的温水中产量极大。已知该科有 351 种，分 28 属，其中包括 2 个族的种类，我国报道了 2 个族中 10 个属、族外 2 个属的种类。

（1）网地藻族

107 种，下分 9 个属。我国报道了 4 个属。

①网地藻属（*Dictyota* J. V. Lamouroux, 1809），藻体褐色，扁平叶状，丛生，固着器盘状、假根状或不规则形状，多分枝，分枝为重复二叉形，有时羽状，无中肋。藻体顶端生长。内部由髓部和（表）皮层组成，各由 1 层细胞组成，髓部细胞大，（表）皮层细胞小。孢子体只形成单室孢子囊，孢子囊群生，每个孢子囊产生 4 个不动孢子。配子体异配或卵式生殖，卵囊单生或集生，每个卵囊产生 1 个卵细胞，精子囊集生，每个精子

囊为多室结构。目前已知该属有98种，我国报道了20种。

——网地藻［*D. dichotoma*（Hudson）Lamouroux, 1809］，藻体黄绿色或稍呈褐色，丛生，基部固着器盘状；分枝为规则的二叉式，内侧枝稍长，基部枝细，上部枝宽，枝顶端钝圆、二分裂。孢子囊群初期呈椭圆形，后期互相合并，形状变得不规则，散布于藻体两面（图10-5）。雌雄异体，卵式生殖。卵囊和精子囊分布于整个藻体，卵囊群小点状，表面观椭圆形，切面观扇形。该种生长在低潮带的石沼中或潮下带1 m以下的岩石上，在我国山东和福建有分布。

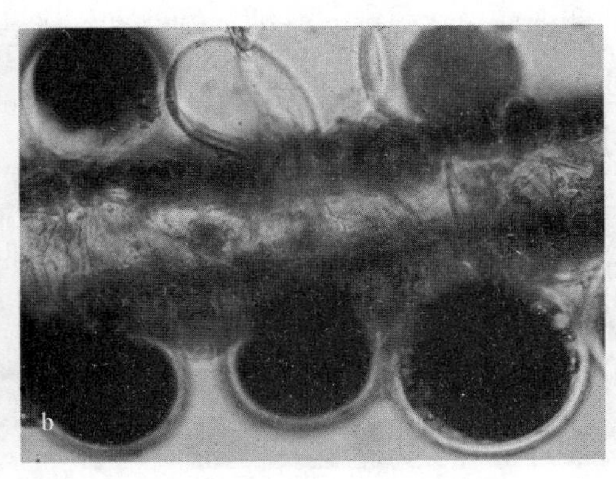

图10-5 网地藻

a. 藻体外形；b. 藻体切面观（示孢子囊）

②*Rugulopteryx* De Clerck & Coppejans, 2006（黄冰心等，2015），藻体基部具假根状固着器，具产生于藻体表面或变形顶端的匍匐固着器；藻体直立部多二叉状至不对称叉状分枝，枝扁平带状，边缘全缘，顶端圆；藻体表面波状或多皱。内部结构由髓部和（表）皮层组成。皮层细胞明显单层，藻体基部偶见2层；髓部除匍匐固着器或边缘处细胞多层外，其余部位细胞单层。生殖结构生于藻体表面凹陷处。孢子囊集生，呈斑块状，具2个细胞组成的柄；精子囊和卵囊都具1个细胞组成的柄，群生。已知该属有4种，我国报道了1种。

——*R. okamurae*（E. Y. Dawson）I. K. Hwang, W. J. Lee & H. S. Kim in I. K. Hwang, W. J. Lee, H. S. Kim & O. De Clerck, 2009，藻体基部具假根状固着器；藻体丛生，直立部多分枝；枝扁平，复二叉状分枝；枝腋角为锐角。近基部枝较细，上部渐宽，顶端圆或有小凹（图10-6）。切面观由髓部和（表）皮层组成。藻体枝中间的髓部细胞单层，边缘部位多层，横切面观细胞呈近长方形，无色；表皮层细胞含色素体，藻体上下表面各1层。孢子囊具2个细胞组成的短柄。该种在我国台湾有分布。

③厚网藻属（*Pachydictyon* Agardh, 1894），藻体直立，长可达40 cm；固着器为缠结的假根状，直立部扁平，多叉状分枝，枝宽0.5～13 mm。顶端生长。内部由髓部和表皮层组成。表皮层细胞小，在藻体上部为单层而在下部为多层；表皮层以内为1层大细胞组成的髓部，髓部细胞一般单层，有时在藻体边缘多层。孢子囊单生或小群集生，圆形或椭圆形，由藻体上部枝的两个表面形成。雌雄异体，卵囊和精子囊群分散在两个面。

已知该属有 7 种，我国报道了 1 种。

——厚网藻［*P. coriaceum*（Holmes）Okamura, 1899］，藻体暗褐色，大而粗糙，高 15～30 cm；固着器暗褐色，丛生毛状；直立部亚二叉状分枝，枝端为一个大的顶细胞，边缘全缘（图 10-7, 图 10-8）。横切面观内部由髓部和表皮层细胞组成。表皮层细胞小，近方形，细胞壁薄，富含色素体；髓部由纵向伸长的长方形细胞组成，细胞壁稍厚，在藻体边缘常为 2 层。生殖结构集生，孢子囊产生 4 个不动孢子；卵囊和精子囊集生在藻体表面。该种生长在低潮带至潮下带的岩石上，在我国浙江和福建有分布。

图 10-6 *R. okamurae*

图 10-7 厚网藻

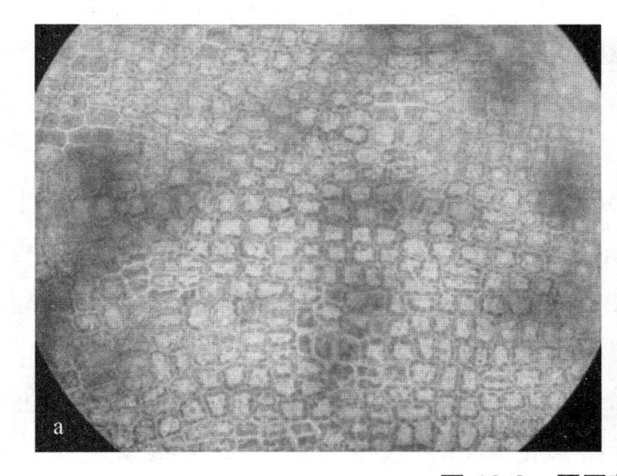

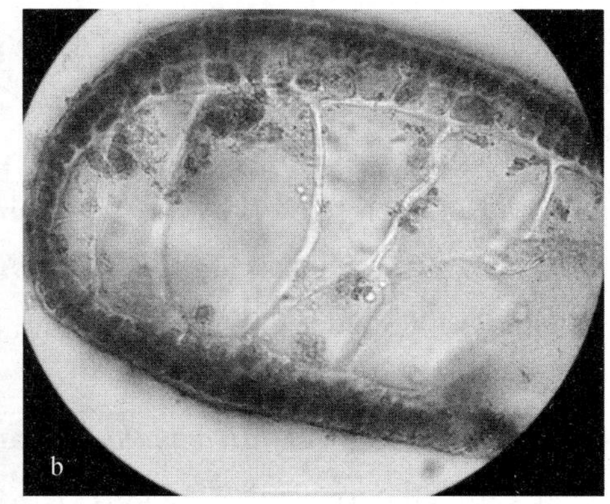

图 10-8 厚网藻显微结构

a. 表面观；b. 边缘横切（髓部 2 层细胞）

④厚缘藻属（*Dilophus* Agardh, 1882），藻体直立，以假根状固着器或圆柱形粗壮的匍匐枝固着生长，长可达 40 cm；直立部主枝不明显，二叉状或不规则侧生分枝；枝扁平，宽 1～28 mm，表面波状或皱状。顶端生长，分生细胞通常是每枝顶端的一个椭圆形细胞。横切面观藻体内部由髓部、皮层和表皮层细胞组成；每个髓部细胞上有 3～5 个皮层细胞，枝的中部髓部细胞 1～7 层，而边缘 2～8 层；表皮层细胞有许多盘状色素体。有分散分布的丛生毛。孢子囊单生或小群集生，分散分布于藻体两个表面，在每个枝的中心部位以下或在波状或皱状藻体的凹处，或在毛丛周围形成椭圆形囊群。孢子囊卵形至梨形，成熟时高 120～150 mm，有 1 个或 2 个细胞组成的柄。雌雄异体，卵囊和精子

囊一般集生，除不育的边缘外，分散在两个藻体表面，或在波状或皱状的凹处。卵囊常伸出藻体表面，并有 1 个细胞组成的柄；精子囊常汇合，呈白色，高高突出于藻体表面，以 3～5 列伸长的不育细胞为界，也有 1 个细胞组成的柄，并有许多排小室。已知该属有 34 种，我国报道了 1 种。

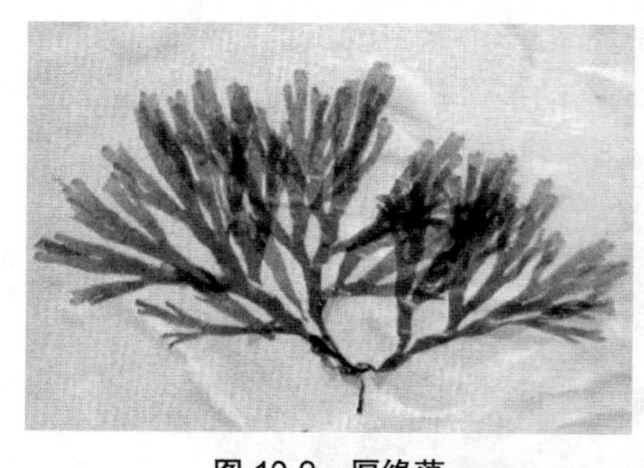

图 10-9 厚缘藻

——厚缘藻（*D. okamurai* Dawson, 1950），藻体黄褐色，直立丛生，膜质，呈扇状轮廓，高 10～15 cm；直立部具不规则二叉状分枝，枝的顶端钝形或微凹，越向上分枝越多，枝宽 4～8 mm，边缘不育（图 10-9）。髓部由 1 层大细胞组成，除边缘部位外，横向排列，边缘通常由 2～4 层多角形厚壁细胞组成。孢子囊密集分布在藻体表面。该种生长在低潮带岩石上，在我国台湾和福建有分布。

（2）圈扇藻族

已知该族有 11 属 226 种，我国报道了 6 个属的种类。

①网翼藻属（*Dictyopteris* J. V. Lamouroux, 1809），藻体扁平叶状，表面光滑，质地硬，有明显中肋，重复二叉状分枝。内部由髓部、皮层和表皮层组成，髓部由数层方形至多角形的细胞，中肋部层数较多，4～6 层，向边缘逐渐减少；表皮层为 1 层小而含色素体的略呈正方形的细胞。孢子囊群生，常位于中肋两侧。精子囊和卵囊也常群生，散布于藻体的两面。已知该属有 35 种，我国报道了 7 种：匍匐网翼藻［*D. repens*（Okamura）Børgesen］、育叶网翼藻［*D. prolifera*（Okamura）Okamura］、宽叶网翼藻［*D. latiuscula*（Okamura）Okamura］、柔弱网翼藻（*D. delicatula* J. V. Lamouroux）、米勒网翼藻［*D. muelleri*（Sonder）Reinbold］、叉开网翼藻［*D. divaricate*（Okamura）Okamura］、波状网翼藻（*D. undulata* Holmes）。

——叉开网翼藻［*D. divaricata*（Okamura）Okamura, 1932］，藻体绿褐色至褐色，丛生，高 10～20 cm，宽 1～2.5 cm；固着器圆锥形，分枝不规则、二叉状或羽状，分枝的腋角为锐角；枝端舌状或二分裂状，有中肋，但不隆起，埋卧于藻体表面以内，而体下部的中肋稍隆起，突出于藻体表面（图 10-10）。孢子囊群长卵形，生于藻体上部，排列于中肋两侧。生长在低潮带的石沼中和低潮线以下 1～4 m 处的岩石上，有些地方的叉开网翼藻与石花菜混生，冬夏季生长繁茂，该种在我国黄海、渤海沿岸常见。

——宽叶网翼藻［*D. latiuscula*（Okamura）Okamura, 1932］，藻体绿褐色，软骨质，扁平膜状，丛生；高 15～25 cm，叶状枝宽 1～2 cm，具长柄；固着器圆锥形，上有褐色毛；叶状枝宽披针形或长披针形，向基部逐渐变细，顶端钝形，边缘全缘，中肋及顶，由中肋不规则分裂增殖（图 10-11）。切面观藻体由髓部、皮层和表皮层组成。中肋处厚 350～700 μm，细胞 18～25 层。髓部与皮层细胞大，表皮层细胞小，具色素（图 10-12）。孢子囊沿藻体顶端的中肋直线分布。该种生长在低潮带岩石上，在我国福建和广东有分布。

图 10-10 叉开网翼藻

图 10-11 宽叶网翼藻

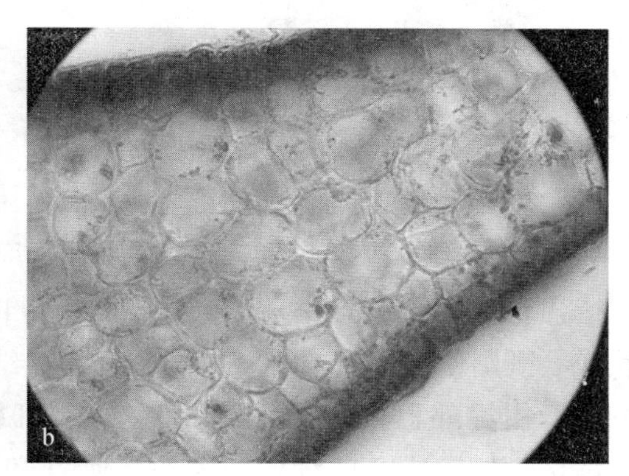

图 10-12 宽叶网翼藻显微结构

a. 藻体表面观；b. 藻体切面观

②等毛藻属（*Homoeostrichus* J. Agardh, 1894），藻体扁平扇状，具有多个小扇形裂片；内部由数层大小相似的细胞组成髓部、皮层和表皮层。髓部和皮层细胞无色，最外为 1 层含色素体的表皮层细胞。孢子囊群呈纵向放射状排列，隆起于藻体表面；孢子囊倒卵形，有棒状侧丝。已知该属有 3 种，我国报道了 2 种。

——等毛藻（*H. multifidus* J. Agardh, 1894），目前被认为是哈维圈扇藻［*Zonaria harveyana*（Pappe ex Kützing）Areschoug, 1851］的同物异名种。藻体高 6～10 cm，下部倾斜，基部多褐色绒毛，上部扇形，并具有多个小扇形裂片（图 10-13）。内部由髓部、皮层和表皮层组成，细胞数层。该种生长在潮下带，在我国台湾有分布。

图 10-13 等毛藻（哈维圈扇藻）

——台湾等毛藻（*H. formosanus* W. L.Wang, C. S. Lin, W. J. Lee & S. L. Liu, 2013），藻体高 5～23 cm，宽 3～10 cm，扁平扇状，分裂形成下部窄上部宽扇状的枝（图 10-14）。固着器假根状，基部匍匐。藻体细胞 2～4 层，

厚 88～100 μm。横切面观髓部细胞长 80～157 μm，宽 15～25 μm；皮层细胞单层，长 25～50 μm，宽 15～25 μm。纵切面观每个髓部细胞上有 2～3 个皮层和表皮层细胞。四分孢子囊球形，具 1 个细胞的柄，分散在藻体除边缘外的上下表面，长 80～100 μm，宽 85～95 μm。藻体周年可见，生长于深 2～5 m 处的珊瑚礁或礁石上（Wang et al., 2013）。

图 10-14 台湾等毛藻

a. 幼体外形；b. 成体外形

③匍扇藻属（*Lobophora* J. Agardh, 1894），藻体匍匐至直立，长达 20 cm，呈宽阔的扇状或不规则侧面分枝的膜状；固着器为缠结的假根状，顶端生长。藻体通常厚达 7～12 层细胞，由髓部和表皮层组成。横切面观细胞长方形，每个髓部细胞上排列 2 个皮层细胞；髓部细胞除中心的细胞较大外其他的较小，表皮层细胞有许多圆形色素体。毛排列在同心线上或分散丛生。孢子囊集生在藻体的两个表面，分散分布或在同心带里，无柄，每囊通常产生 8 个孢子。卵囊在藻体的两个表面呈不定群生，精子囊未知。分布在温带海中。目前已知该属有 57 种，我国报道了 5 种。

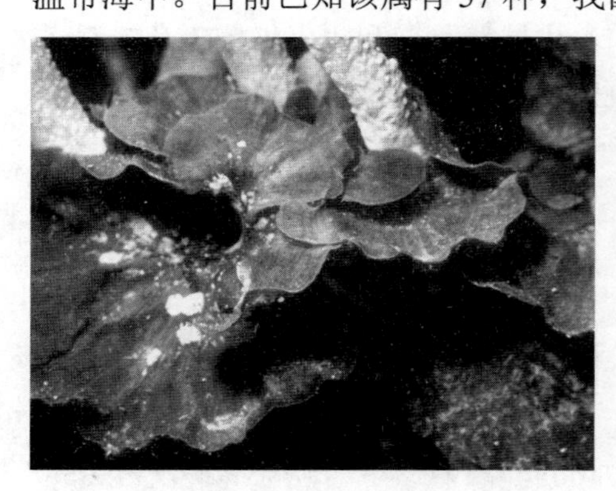

图 10-15 匍扇藻

——匍扇藻［*L. variegata*（J. V. Lamouroux）Womersley ex E. C. Oliveira, 1977］，藻体暗褐色，扇形或亚圆形，匍匐，重叠聚生；藻体下部表面有许多假根，藻体长 4～6 cm，厚 230～250 μm，端部全缘，近圆形，具有明显的多样化同心区域（图 10-15）。边缘生长。藻体内部由髓部、皮层和表皮层组成。髓部由 1 层大的薄壁细胞组成；表皮层由 1 层小的薄壁细胞组成；皮层由 2～4 层长方形细胞组成。孢子囊分散在藻体两面，倒卵形。该种生长在潮下带，依靠假根固着在死珊瑚上，在我国台湾、海南岛、西沙群岛和香港有分布。

④团扇藻属（*Padina* Adanson, 1763），藻体黄褐色，扁平扇状，无中肋，单片或呈扇状裂片；直立或匍匐，基部有假根状固着器和短柄，长达 20 cm，边缘生长；裂片宽 1～

5 cm，厚2～8层细胞；藻体上缘向体内卷曲，上部1个或2个表面生白色毛，排成若干行同心纹层；多数种类的下表面或上、下两表面含有石灰质。内部由髓部、皮层和表皮层组成。髓部细胞方形或长方形，数层，无色或微含色素体；表皮层细胞有许多圆形色素体，表面观细胞方形。生殖细胞均群生于藻体表面横同心纹层（又称线带）上或纹层间。无性生殖时形成四分孢子囊，有性生殖形成精子囊和卵囊。该属多生长在热带和温带海区。目前已知该属有53种，我国报道了14种。

——南方团扇藻（*P. australis* Hauck, 1887），藻体黄褐色，高10 cm以上，扇状，通常裂成几片，藻体基部至中部覆盖有褐色毛，下部硬、有石灰质，体上有明显的细纹（图10-16）。除顶端边缘外藻体整个裂片部分由2层细胞组成，基部厚80～110 μm，上部厚度只有40～50 μm。侧面观四分孢子囊倒卵形，长100～120 μm，宽80～125 μm，集生于藻体中部的线带间；侧面观卵囊呈倒卵形，长70～100 μm，宽70～80 μm；精子囊群常着生于卵囊周围，侧面观呈长方形，长25～35 μm，宽20～30 μm。该种生长于低潮带岩石上或死珊瑚体上，在我国福建、广东和香港有分布。

——小团扇藻（*P. minor* Yamada, 1925），藻体黄褐色，高6～7 cm，扇状，通常裂成几片，基部细、呈柄状，上有褐色毛，顶端边缘展开（图10-17）。藻体下部表面硬、有石灰质。除顶端边缘外藻体上均有明显的由2层细胞组成的细纹，但是2层细胞的大小不同，上部的小，下部的大。藻体上部厚65～70 μm，下部厚70～75 μm。四分孢子囊集生，分散在毛中间。生殖区和不育区等宽。该种生长在潮下带岩石上或死珊瑚体上，在我国台湾和广东有分布。

图10-16 南方团扇藻

图10-17 小团扇藻

⑤褐舌藻属（*Spatoglossum* Kützing, 1843），藻体直立，扁平膜状，固着器呈相互缠结的假根状，长可达80 cm；分枝亚叉状至亚掌状，宽0.5～5 cm，边缘波状至锯齿状，无中脉及纹理，藻体表面凹处产生毛丛。藻体顶端生长。叶状部厚2～10个细胞，最外层为小的表皮层细胞，髓部细胞多层，横切面观不排列成行。孢子囊分散分布于整个藻体表面，突出、部分或整个埋入藻体，产生四分孢子。卵囊单生或小群集生在整个藻体的上、下表面，精子囊群散生于藻体除边缘外的上、下两表面，突出、部分或整个埋入藻体。该种生长在低潮带岩石上，我国南海沿岸有分布。目前已知该属有24种，我国报道了8种。

——褐舌藻（*S. pacificum* Yendo, 1920），藻体黄褐色，基部有褐色毛，扁平膜状，不规则地重复叉状分裂为几个裂片，叶腋圆，常呈掌状，高可达 20 cm 以上，顶端生长（图 10-18）。叶片基部呈线性披针形、楔形，边缘全缘或有少量短刺，顶部叶片通常羽状分裂，紧密排列，边缘有不规则的短刺。藻体表面光滑，无带状纹和中肋。四分孢子囊椭圆形，不规则分散在藻体上表面。该种生长在低潮带岩石上，在我国福建、广东和香港有分布。

⑥圈扇藻属（*Zonaria* C. Agardh, 1817），藻体直立或斜立，固着器为缠结的假根状，高 25 cm，扇状或多分枝，下部枝被有短细毛，上部枝扁平至螺旋状扭曲，枝宽 0.1～6 cm，4～10 层细胞厚。横切面观每个髓部细胞上有 2 个表皮层细胞，表皮层细胞有许多色素体；毛丛生，分散分布或形成同心纹层。孢子囊集生，棍棒状至卵形，高 90～180 mm，宽 70～115 mm，无柄，分散在藻体上部的上、下表面，其上有许多白色的多细胞毛，每囊产生 8 个孢子。雌雄异体。卵囊棍棒形至长卵形，有 1 个细胞组成的柄；精子囊白色，大，卵形至不规则的同心状，有许多室和 1 个细胞组成的柄，长 1～2 mm，宽 0.2～1 mm，分散在藻体上部的上、下表面，旁边是稍长的不育细胞。该属分布在温带水域。目前已知该属有 18 种，我国报道了 5 种。

——圈扇藻（*Z. diesingiana* Agardh, 1841），藻体暗褐色，扁平扇状，高 6 cm 以上，通常呈重圈状，彼此重叠。藻体基部有长 1～2 cm 的柄，其上被有褐色毛，毛延伸至藻体中部（图 10-19）。藻体上部通常分裂为几片，顶端边缘全缘。纵切面观髓部由 4～6 层长方形无色细胞组成，其上下两边是 1 层皮层细胞、1 层表皮层细胞，表皮层细胞含有色素体。孢子囊分散在藻体的两个表面。该种生长在低潮带的岩石上，在我国福建、台湾和广东有分布。

图 10-18　褐舌藻

图 10-19　圈扇藻

——哈维圈扇藻［*Z. harveyana*（Pappe ex Kützing）Areschoug, 1851］，目前被认为是 *Exallosorus harveyanus*（Pappe ex Kützing）J. A. Phillips, 1997 的同物异名种。藻体高 3～10 cm，下部倾斜，基部多褐色绒毛，上部扇形，并具有多个小扇形裂片。裂片（枝）宽 2～25 mm。藻体厚 120～170 μm，由 6 层细胞组成。内部由髓部、皮层和表皮层组成。该种生长在潮下带，在我国台湾有分布。

（3）族外 8 属，18 种，我国报道 2 属

①*Exallosorus* J. A. Phillips, 1997，藻体高 5～20 cm，匍匐或直立，靠近固着器的部位

长有褐色毛。藻体扁平扇状或分裂为数个具有狭窄基部和扇形上部的分枝，枝宽 5～30 mm。顶端生长。藻体厚 4～6 层细胞，细胞纵横排列规则。横切面观髓部细胞单层，皮层细胞 1～2 层。孢子囊具有 1 个细胞组成的短柄，不规则紧密排列，无侧丝，1 个孢子囊分裂产生 3～4 个孢子。卵囊具有 1 个细胞的短柄，不规则紧密排列，集生；精子囊也具有柄，形状不规则，集生，突出于藻体表面。已知该属有 2 种，我国报道了 1 种。

——*E. harveyanus*（Pappe ex Kützing）J. A. Phillips, 1997，特征见哈维圈扇藻。

②棕叶藻属（*Stypopodium* Kützing, 1843），藻体膜状、扇形，直立、丛生。基部有假根状固着器，直立部由许多楔形或扇形的小裂片组成。裂片上缘光滑，表面具毛，并形成同心毛带。内部由髓部、皮层和表皮层组成。表皮层细胞 1 层，小，含色素体；髓部细胞大，多层，无色。已知该属有 8 种，我国报道了 1 种。

——棕叶藻［*S. zonale*（J. V. Lamouroux）Papenfuss, 1940］，藻体高 10～15 cm，基部具假根状固着器；直立部扇形，具许多楔形或扇形小裂片。小裂片顶端光滑，平展；表面具毛，并形成同心毛带（图 10-20）。内部由髓部和表皮层组成。表皮层细胞单层，小，有色素体；髓部细胞较大，无色，2～8 层。整个藻体下部较厚，向上渐薄。该种生长在低潮带以下珊瑚礁上，在我国西沙群岛有分布。

图 10-20　棕叶藻

（二）铁钉菜亚纲

已知该亚纲分 1 目，记录了 8 种。

铁钉菜目，藻体圆柱状、扁平叶状、异丝状或壳状，重复叉状分枝。内部由髓部、皮层和表皮层组成。髓部由致密而错综交织的丝状细胞组成；表皮层细胞与藻体表面成直角排列，细胞小，有几个盘状色素体，有一些小而明显的蛋白核；藻体表面有毛窝，毛集生或单生。藻体顶端生长。单室囊顶生，由圆柱形、膜状藻体的皮层细胞产生或由异丝状、壳状藻体的顶端产生；多室囊由同化丝形成，顶生，通常单列细胞。已知该目分 3 科 8 种，我国报道了 1 科。

铁钉菜科，已知该科有 1 属 3 种。

铁钉菜属（*Ishige* Yendo, 1907），藻体圆柱状或扁平叶状，有一短柄，高 20 cm，以圆盘状固着器固着在岩石上。不规则叉状分枝，直立部由髓丝、皮层和表皮层组成；髓丝浓密而缠结，细胞无色，细胞壁厚。表皮层细胞方形，含色素体。藻体有毛，从不育窝中伸出。单室孢子囊和多室孢子囊同体或异体形成，单室孢子囊在藻体上部产生，由皮层藻丝的顶细胞转化而来。多室孢子囊集生，也在藻体上部产生，单列细胞，由同化丝转化而成。游孢子双鞭毛，长鞭毛向前。有背光性，梨形，有一个色素体。该属种类分布在西太平洋的温带海域，通常生活在潮间带岩石上，在我国东南沿海习见。目前已知该属有 3 种，我国报道了 2 种，分种检索表如下：

1　藻体为枝叶状体，枝圆柱形或稍扁压 ………………………………………… 铁钉菜 *I. okamurai*
1　藻体为膜状体 …………………………………………………………………… 叶状铁钉菜 *I. sinicola*

（三）墨角藻亚纲

已知该亚纲记录了 1 607 种，有 13 个目，主要有 9 个目，我国报道了 8 个目的种类，分目检索表如下：

1　藻体生活史中只有一个世代 ……………………………………………… 墨角藻目 Fucales
1　藻体生活史中有两个世代 ……………………………………………………………… 2
　2　藻体为分枝丝状体或假膜体 ………………………………………………………… 3
　2　藻体为膜状体，或至少有一个世代为膜状体 ………………………………………… 6
3　生活史大都为等世代型，少数为不等世代型 ……………………………………………… 4
3　生活史为不等世代型，其中配子体小、孢子体大，有性生殖为卵配 …………………… 5
　4　藻体为分枝丝状体，色素体多个，有淀粉核 ……………………… 水云目 Ectocarpales
　4　藻体为假膜体，幼苗为盘状，色素体一个，无淀粉核 ……………… 褐壳藻目 Ralfsiales
5　藻体为单轴型假膜体，毛基生长，在髓丝的顶端有毛 ……………… 酸藻目 Desmarestiales
5　藻体为毛基生长，在每条髓丝的顶端有明显的毛丝 ………………… 毛头藻目 Sporochnales
　6　藻体为丝状体或膜状体 …………………………………………………………… 7
　6　藻体为枝叶状体，枝圆柱形 ………………………………………… 绳藻目 Chordales
7　生活史为等世代型，藻体为丝状体，上部细胞单列，下部多列；孢子体上形成具 4 个细胞核的单孢子 ……………………………………………………………… 线翼藻目 Tilopteridales
7　生活史为不等世代型，藻体为膜状体，居间生长，孢子体上形成单室孢子囊 …… 海带目 Laminariales

1. 水云目

藻体为单列细胞的异丝体，散生长，有或无分枝，附着、漂浮或内生。有或无毛；细胞中有 1 个或多个星状、带状或盘状色素体，有 1 至数个淀粉核；生殖结构间生或顶生，有性生殖为同配、异配或卵配，生活史为同形世代交替或异形世代交替。已知该目 766 种，下分 7 个科，我国报道了 6 个科，分科检索表如下：

1　藻体直立 ……………………………………………………………………………… 2
1　藻体匍匐 …………………………………………………… 石绵藻科 Petrospongiaceae
　2　藻体生活史为同形世代交替 ………………………………………………………… 3
　2　藻体生活史为异形世代交替 ………………………………………………………… 4
3　色素体盘状或带状 ………………………………………………… 水云科 Ectocarpaceae
3　色素体盘状，藻体末端不延伸成毛状，单室囊少见，不连续形成 ……… 定孢藻科 Acinetosporaceae
　4　藻体孢子体大，配子体小 …………………………………………………………… 5
　4　藻体孢子体小，配子体大 ………………………………………… 萱藻科 Scytosiphonaceae
5　藻体孢子体世代中型 ……………………………………………… 索藻科 Chordariaceae

5 藻体孢子体世代微小型 ……………………………………………………………多丝藻科 Myrionemataceae

（1）水云科

藻体为单列细胞的异丝体，多分枝，间生长、毛基生长或顶端生长。细胞内含单核，色素体盘状，彼此聚集相连或呈不规则带状。生殖结构偏生或顶生于藻丝上，有单室囊和多室囊，有性生殖同配或异配。生活史为等世代型。已知该科分 7 属 104 种，我国报道了 4 属，分属检索表如下：

1 藻体毛基部无鞘结构 ……………………………………………………………………………2
1 藻体毛基部有鞘结构 …………………………………………………………库氏藻属 *Kuckuckia*
 2 藻体细胞为长柱形 ……………………………………………………………………………3
 2 藻体细胞为短柱形，且胞间壁处间断轮生小枝 ……………………………粗轴藻属 *Rotiramulus*
3 小侧枝顶端不弯曲呈钩状 ……………………………………………………水云属 *Ectocarpus*
3 小侧枝顶端常弯曲呈钩状 …………………………………………………绵线藻属 *Spongonema*

水云属（*Ectocarpus* Lyngbye, 1819），藻体为单列细胞的异丝体，每个细胞中有 1 至多个盘状色素体。直立丝向下生出假根丝固着在基质上，少数种类的假根丝伸入其他藻体生长。多分枝，分枝互生、对生或不规则，有的末端延长为毛状。藻体间生长，生长点分散。多室孢子囊侧生或顶生，有或无柄；单室孢子囊侧生，有或无一小柄。本属分布广泛，外形多种多样。生活史为同形至稍异形世代交替型，也有无性繁殖系。已知该属有 96 种，我国报道了 16 种。

——水云（*E. confervoides* Le Jolis, 1863），藻体为黄褐色的异丝体，丛生，基部常密集缠结在一起，高 5～7 cm，多分枝，分枝互生或偏生，自下而上渐细，末端常延长呈毛状（图 10-21）。基部丝假根状，细胞长柱形，大小（40～70）μm×（10～15）μm。主枝粗，细胞长柱形，大小（25～100）μm×（25～45）μm，细胞中多盘状色素体。多室囊有或无短柄，侧生或顶生，圆锥形、长柱形或长卵形，单室囊卵形、长柱形或椭球形，侧生，有或无柄。该种生长于潮间带的石沼中或附生于其他物体上，在我国黄海和东海沿岸有分布。

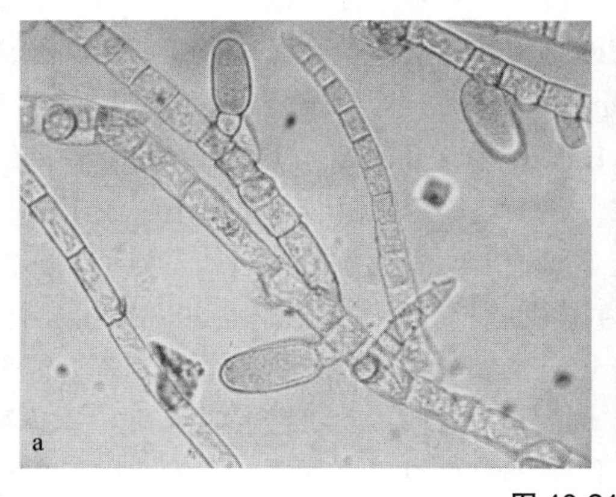

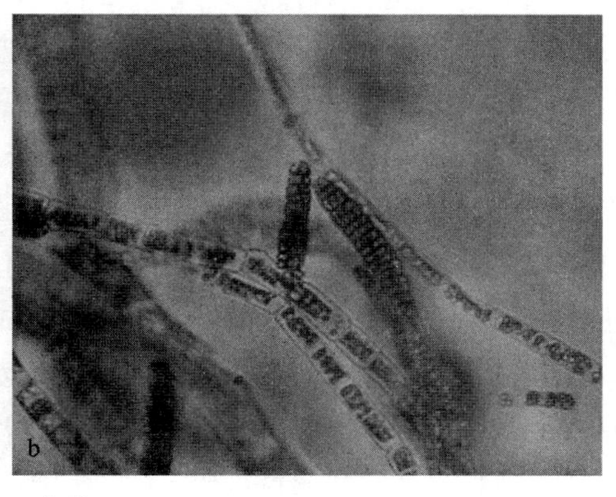

图 10-21 水云

a. 藻体细胞及单室结构；b. 藻体细胞及多室结构

图 10-22　长囊水云
（示藻体细胞及多室结构）

——长囊水云［*E. siliculosus*（Dillwyn）Lyngbye, 1819］，藻体黄褐色，柔软丝状如羽毛，丛生，基部常缠结在一起，多分枝；藻体下部分枝假二叉状，上部偏生，高 5 cm 以上（图 10-22）。主枝细胞长柱形，长 40～50 μm，宽 3～5 μm，上部细胞方形或稍短柱形；分枝夹角很小。细胞中色素体盘状，排列呈不规则带状。多室囊通常呈长纺锤形，大小（300～500）μm×（15～25）μm，末端较细，常呈短或长的毛状，无柄或有很短小的柄；单室囊无柄或有短柄，椭圆形，大小（35～50）μm×（20～25）μm。该种常附生在低潮间其他海藻藻体上，在我国黄海和东海沿岸有分布。

（2）定孢藻科

藻体为单列细胞的异丝体，分枝多或少，丛生；分枝偏生、互生或对生，小枝末端有或无真正毛；以匍匐丝或直立丝向下延伸形成的假根丝固着在基质上。细胞长柱形，每个细胞中有多个色素体，色素体盘状，有淀粉核。多室囊有或无柄，互生或偏生，单室囊多卵形，少见。已知该科有 8 属 89 种，我国报道了 4 个属的种类，分属检索表如下：

1　藻体的生长点明显 …………………………………… 2
1　藻体的生长点不甚明显 …………………………………… 褐茸藻属 *Hincksia*
　2　生长点位于藻体一定部位 …………………………………… 3
　2　生长点分散；小枝短，从与主枝呈直角方向伸出 …………………… 定孢藻属 *Acinetospora*
3　藻体的生长点居间 …………………………………… 间囊藻属 *Pylaiella*
3　生长点在分枝基部；小枝长短不一，从与主枝呈锐角方向伸出 …………… 费氏藻属 *Feldmannia*

①定孢藻属（*Acinetospora* Bornet, 1891），藻体为单列细胞的丝状体；分生区位于基部；多分枝，分枝上常有很多分散生长区；小枝短，着生于分枝细胞中部。每个细胞中有多个盘状色素体，有淀粉核。多室囊无柄或有稍长的柄；单室囊球形或卵形，无柄或有一个短柄，少见。已知该属有 2 种，我国报道了 1 种。

——定孢藻［*A. crinita*（Carmichael ex Harvey）Kornmann, 1953］，藻体为单列细胞的异丝体，黄褐色，丛生，常常互相缠结在一起，以匍匐丝固着于基质上（图 10-23）。分枝稀疏，常以近似直角的方向由主枝细胞中间生出，主枝与侧枝粗细差异不大；细胞长柱形，每个细胞中有多个圆盘状色素体。主枝细胞长 20～55 μm，宽 20～30 μm，长为宽的 0.5～3 倍；侧枝细胞长 12～50 μm，宽 13～20 μm，长为宽的 1～3 倍。藻体的分生区分散于藻体各部。多室囊圆锥形或卵形，侧生，有 1～2 个细胞组成的柄。单室囊少见，卵形或椭圆形，有柄。该种生长在中、低潮带的其他海藻藻体上，为我国习见种，在我国各海区均有分布。

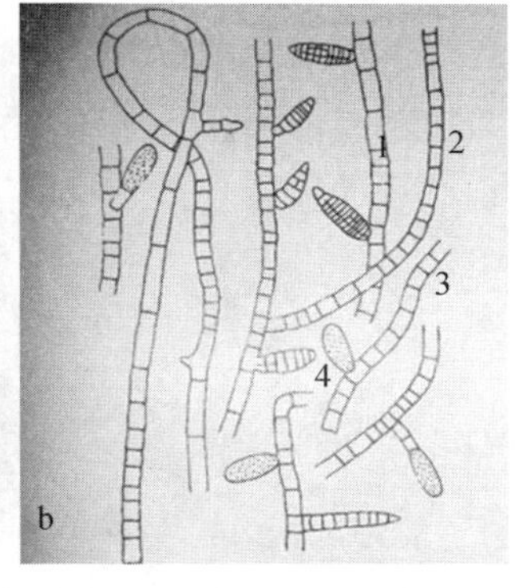

图 10-23　定孢藻

a. 外形；b. 显微结构

1. 假根；2. 多室囊；3. 生长区；4. 单室囊

②褐茸藻属（*Hincksia* Gray, 1864），藻体为单列细胞的分枝异丝体，丛生，间生长，分枝偏生、互生或对生，小枝末端有真正毛或不延伸成毛；直立枝基部向下延伸形成假根状固着器固着于基质上或以匍匐丝固着于基质上。每个细胞中有多个色素体，色素体周生盘状，有 1 个淀粉核。多室囊无柄，多不对称，偏生，常数个集生；单室囊有或无柄，少见。生殖方式为异配生殖。已知该属有 30 种，我国报道了 11 种。

——柱状褐茸藻［*H. mitchelliae*（Harvey）P. C. Silva, 1987］，目前被认为是柱状费氏藻［*Feldmannia mitchelliae*（Harvey）H. S. Kim, 2010］的同物异名种。藻体黄褐色，丛生，为单列细胞的分枝异丝体；分枝多，侧枝的枝腋角呈锐角，枝基不缩，枝顶尖细（图 10-24）。多室孢子囊柱状，无柄。

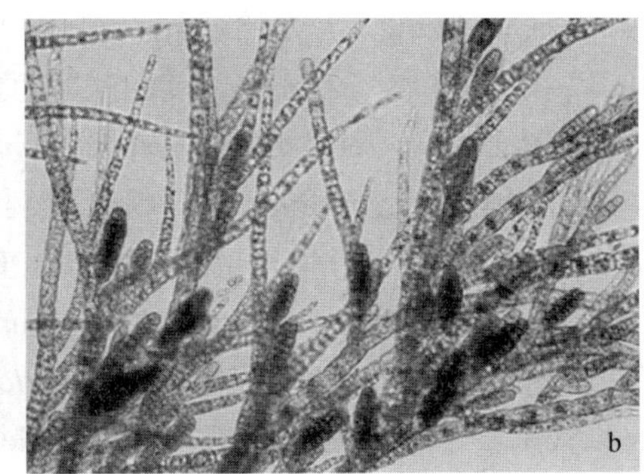

图 10-24　柱状费氏藻

a. 外形；b. 显微结构

③间囊藻属（*Pylaiella* Bory, 1823），藻体为单列细胞的异丝体，多分枝，分枝不规则排列，侧生、互生或对生；色素体盘状，或排列呈带状，具 1 个淀粉核；单室囊或多室囊常连续生长。同配生殖。已知该属有 11 种，我国报道了 2 种，分种检索表如下：

1　藻体高＞1.5 cm ······································ 间囊藻 *P. littoralis*

1　藻体高＜1.5 cm ······································ 幅叶间囊藻 *P. petaloniae*

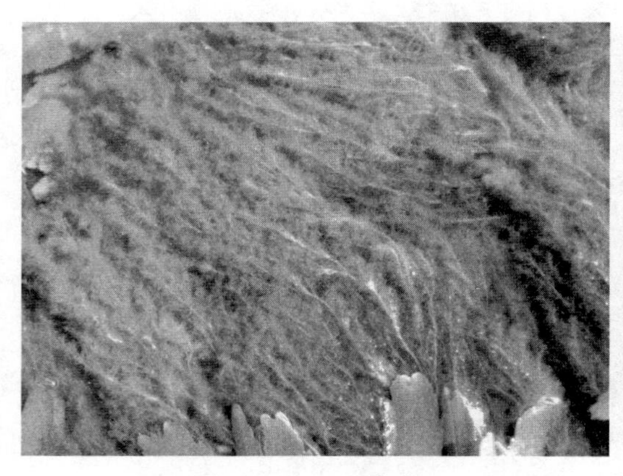
图 10-25 间囊藻

——间囊藻［*P. littoralis*（Linnaeus）Kjellman, 1872］，藻体为黄褐色的丝状体，丛生，高 2～5 cm；基部具假根丝，细胞长柱形；向上直立丝多分枝，侧枝对生或互生（图 10-25）。主枝细胞长柱形，细胞长为宽的 1～3 倍；色素体盘状，有淀粉核。单室囊圆球形，常 5～10 个呈链状排列，间生于枝上；多室囊多 2～30 个呈链状，也间生于枝上，或侧生、顶生。该种生长于中、低潮带的岩石或其他海藻藻体上，在我国辽宁有分布。

（3）索藻科

藻体的生活史为异形世代交替型。孢子体中型，直立部圆柱形，单条或分枝，有时中空；藻体实为假膜体，固着器盘状或扁平状，藻丝埋于胶质层内，形成假薄壁组织；无色毛生于同化丝的基部，居间生长。内部由无色藻丝组成的髓部和含多个色素体的细胞组成的表皮层，皮层细胞的排列与体表面垂直。孢子囊也由同化丝的基部产生，单室或多室，二者同体或异体着生；单室囊倒卵形或棍棒状。配子体微小丝状，配子囊直接或间接由同化丝细胞的侧面突起产生，为单列的多室囊。生殖方式为同配生殖。已知该科有 110 属 500 种，我国报道了 23 个属的种类：顶毛藻属（*Acrothrix* Kylin）、粗粒藻属（*Asperococcus* J. V. Lamouroux）、聚果藻属（*Botrytella* Bory）、枝管藻属（*Cladosiphon* Kützing）、美丝藻属（*Compsonema* Kuckuck）、网管藻属（*Dictyosiphon* Greville）、短毛藻属（*Elachista* Duby）、真丝藻属（*Eudesme* J. Agardh）、褐毛藻属（*Halothrix* Reinke）、百丝藻属（*Hecatonema* Sauvageau）、带绒藻属（*Laminariocolax* Kylin）、粘膜藻属（*Leathesia* S. F. Gray）、小孢藻属（*Microspongium* Reinke）、多毛藻属（*Myriactula* Kuntze）、海蕴属（*Nemacystus* Derbès et Solier）、异丝藻属（*Papenfussiella* Kylin）、原水云属（*Protectocarpus* Kornmann）、点叶藻属（*Punctaria* Greville）、球毛藻属（*Sphaerotrichia* Kylin）、柱柄藻属（*Stilophora* J. Agardh）、扭线藻属（*Streblonema* Derbès & Solier）、环囊藻属（*Striaria* Greville）和面条藻属（*Tinocladia* Kylin）。

①海蕴属（*Nemacystus* Derbès et Solier, 1850），藻体直立，不规则分枝圆柱状，枝黏滑，中实或中空，高达 30 cm，以一个小盘状的固着器固着在基质上。横切面呈放射形结构，纵切面观髓部有一条顶细胞为圆屋顶形的主丝，细胞长圆形或更延长，稍疏松排列。皮层有 5 个细胞厚，细胞越向外越小，同化丝单列细胞，细胞数量可达 20 个左右，直或弯曲。有毛。单室孢子囊卵形至梨形，由同化丝的基部产生，有 1 个细胞组成的柄或无柄。多室孢子囊单列细胞，由同化丝基部形成。已知该属有 8 种，我国报道了 1 种。

——海蕴［*N. decipiens*（Suringar）Kuckuck, 1929］，藻体褐色至浅褐色，成熟后常呈暗褐色。直立部不规则二叉式分枝，枝圆柱形，极黏滑，常中空，高 8～25 cm，以一个小盘状的固着器固着在基质上（图 10-26）。髓部有一条顶细胞为圆屋顶形的主丝，细胞长圆形或更延长，稍疏松排列。皮层有 5 个细胞厚，细胞越向外越小，同化丝单列细胞，由 9～21 个细胞组成，或略有分枝，上部略弯曲，顶部细胞略膨胀。有自同化丝基部长出的毛。单室孢子囊椭圆形或倒卵形，由同化丝基部产生，有 1 个细胞的柄或无柄。多室孢子囊单列细胞，丛生，由同化丝转化而来。该种多缠绕生长在潮下带的海蒿子体上，在我国辽宁和山东有分布。

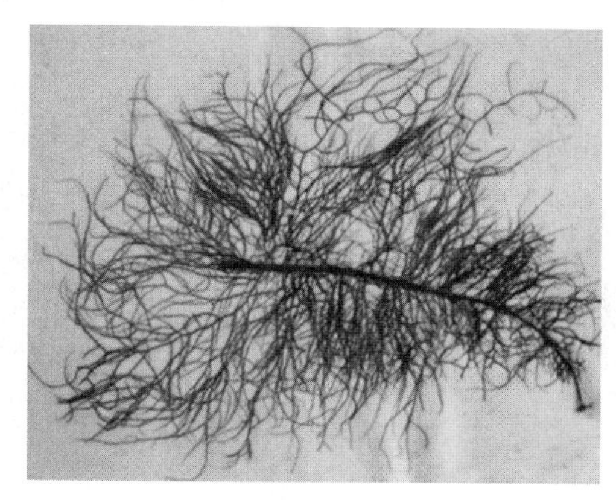

图 10-26　海蕴

②点叶藻属（*Punctaria* Greville, 1830），藻体带状或叶状，单条或略分枝；基部向下逐渐窄细，形成一个短柄，固着器盘状；多丛生，通常 1 个固着器上集生几个直立部。藻体表面有成束的多细胞毛。内部细胞厚 2～9 层，细胞方形，内部细胞比表面的稍大。单室孢子囊亚方形，埋入表面，相互间隔稍远。多室孢子囊与单室孢子囊同时产生或稍早，分布于叶片的两面，常集生成群；细胞亚方形，通常顶端略突出于藻体表面。已知该属有 16 种，我国报道了 4 种：拟西方点叶藻（*P. hesperia* Setchell & N. L. Gardner）、西方点叶藻（*P. occidentalis* Setchell & N. L. Gardner）、厚点叶藻［*P. plantaginea*（Roth）Greville］和点叶藻（*P. latifolia* Greville）。

——点叶藻（*P. latifolia* Greville, 1830），藻体浅黄褐色至茶褐色，干燥时常变暗绿色，单条叶状，窄细至宽披针形，柔软，薄膜质；基部楔形、卵形或心脏形，柄极短，顶端多钝形，有时尖细；丛生，长 10～30 cm，宽 2～8 cm，藻体表面散布着很多暗褐色的小点，边缘稍卷皱（图 10-27）。内部通常由 2～4 层长方形细胞组成，有时可达 5 层，厚 60～95 μm。外层细胞较内部的略小，藻体下部叶片较厚，细胞层数较多。在藻体表面的浅凹处丛生许多毛。单室孢子囊球形，单生，多室孢子囊椭圆形或倒卵形，集生，明显突出于藻体表面。该种生长在中、低潮带的岩石上或各种大型海藻藻体上，是海藻养殖业的敌害藻之一，在我国黄海、渤海沿岸常见。

——厚点叶藻［*P. plantaginea*（Roth）Greville, 1830］，藻体暗褐色，单条叶状，叶面上偶有不规则的孔；体质硬，长 15～45 cm，宽 3～10 cm；基部楔形、倒卵形至椭圆形，顶端圆钝，边缘略呈波状；固着器小盘状，柄短，内部由 4～8 层近长方形细胞组成，外层细胞略小，厚 100～270 μm（图 10-28）。藻体表皮细胞上聚生毛。该种生长在中、低潮带岩石上或石沼中，有时附生在其他海藻藻体上，在我国黄海、渤海沿岸常见。

图 10-27 点叶藻

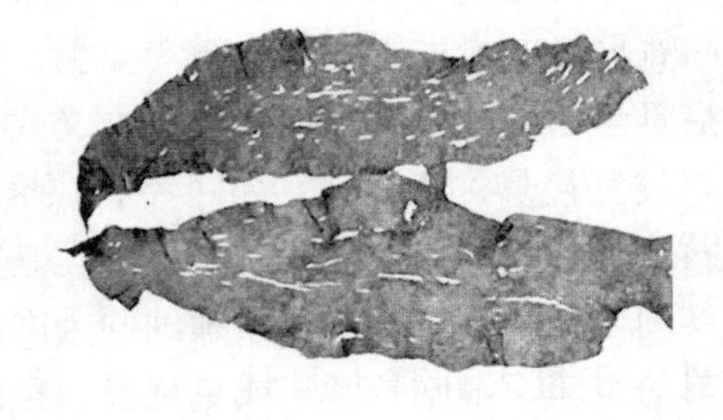

图 10-28 厚点叶藻

（4）多丝藻科

藻体生活史为异型世代交替型。孢子体大，为微小型的皮壳状或垫状，配子体为微小丝状体。孢子体基部由单层或双层细胞组成，除边缘细胞外，其他细胞都能产生直立的、有少数分枝的短藻丝；直立丝在侧面互相连接，中间常有空隙。单室孢子囊常由直立丝的顶部产生，或由直立丝的基部细胞侧面或基层产生。多室孢子囊由单列或多列细胞组成。有性生殖方式为同配生殖。已知该科分 1 属 2 种，我国报道 1 属 2 种。

——多丝藻属（*Myrionema* Greville, 1827），藻体匍匐，顶端生长，多附生在其他藻体表面，成熟期常在被附生的藻体表面形成一个坚实的盘状体，其中央产生许多长短不等的假根丝，以此固着在基质上。基层由许多水平走向、放射状分枝的藻丝于侧面互相连接而成，细胞单层；藻丝中有无色毛和同化丝。孢子囊由藻丝产生。一般先形成有长柄的、单列细胞的多室囊，其中每个细胞产生 1 个游孢子，萌发长成孢子体。在老的藻体上只产生单室囊，圆形或倒卵形，一般由同化丝的基部细胞侧面产生。单室囊形成的游孢子萌发为分枝丝体的配子体。已知该属有 2 种，我国报道了 2 种：考氏多丝藻（*M. corunnae* Sauvageau, 1897），在我国广东有分布；细小多丝藻（*M. tenue* Noda & Honda, 1970），在我国辽宁有分布。

（5）石绵藻科

已知该科只有 1 属 3 种。

石绵藻属（*Petrospongium* Nägeli ex Kützing, 1858），藻体石生或附生，匍匐，坚实，海绵状或多皱垫状，圆形。匍匐部向下产生假根丝。内部由髓部、皮层和表皮层组成。髓部细胞大，丝状排列，二叉状分枝，无色；表皮层细胞含有色素体，小，不分枝，丝状排列。单室孢子囊由同化丝的基部或下部形成，无柄或具由 1～3 个细胞组成的柄，椭圆形、肾形或不规则形状，成熟时侧面联结。多室囊由同化丝的末端形成，不常见。已知该属有 3 种，我国报道了 1 种。

——石绵藻［*P. rugosum*（Okamura）Setchell & N. L. Gardner, 1924］，藻体匍匐，圆形轮廓，垫状，一般表面多皱。藻体黄褐色或深褐色，干后常呈黑色（图 10-29）。内部由髓部、皮层和表皮层组成。髓部细胞大，无色，长圆柱形，丝状排列，具分枝；皮层细胞也呈丝状排列，细胞近圆形，无色；表皮层细胞较小，含色素，与表面垂直方向排列。该种生长在中、低潮带岩石上，在我国广东和香港有分布。

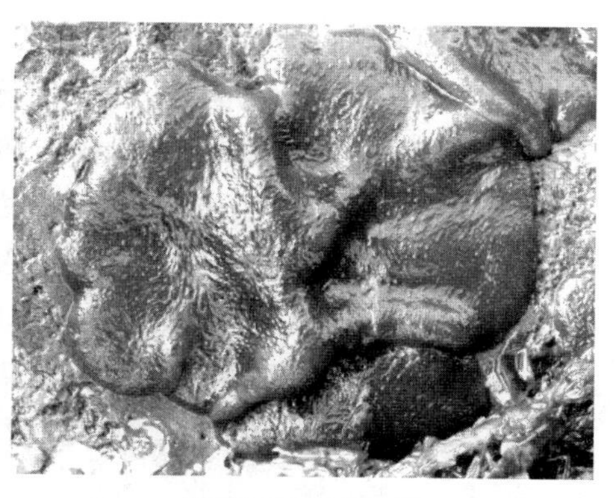

图 10-29 石绵藻

（6）萱藻科

藻体的生活史为不等世代型，大多数种类配子体大而孢子体小；配子体为膜状体、枝叶状体或不规则球状，枝圆柱状中空或中实；早期为毛基生长，后期居间生长；藻体无分枝，毛丛生。内部由髓部、皮层和表皮层构成。髓部细胞大而无色；皮层细胞也不含色素；表皮层细胞为方形小细胞，有色素和色素体，排列整齐。多室配子囊由表皮层细胞形成，分布于整个藻体的表面或局部，有或无侧丝。孢子体为丛生丝状体或壳状体。已知该科分 18 属 60 种，我国报道了 8 个属的种类，大多数是经济种或常见种，其中 6 个属的分属检索表如下：

1 藻体无分枝 ………………………………………………………………………… 2
1 藻体叉状分枝 ……………………………………………………… 毛孢藻属 *Chnoospora*
  2 藻体膜状或带状，中实 ……………………………………………………………… 3
  2 藻体圆柱状、扁压、球形或不规则的膨胀 ………………………………………… 4
3 内部丝状 ………………………………………………………………… 鹅肠菜属 *Endarachne*
3 内部为薄壁细胞 ………………………………………………………… 幅叶藻属 *Petalonia*
  4 藻体圆柱形，管状，单条有节 ……………………………………… 萱藻属 *Scytosiphon*
  4 藻体球状或不规则膨胀 ……………………………………………………………… 4
4 藻体表面无孔 ………………………………………………………… 囊藻属 *Colpomenia*
4 藻体表面有孔，呈网状 …………………………………………… 网胰藻属 *Hydroclathrus*

①囊藻属［*Colpomenia*（Endlicher）Derbès & Solier, 1851］，藻体的生活史为不等世代型，配子体大，块状、袋状或管状，基部固着器宽盘状，无柄；幼时中实，表面光滑，后期中空，藻体常略扁平或有角状缺刻；藻体表面分散分布着由多个细胞组成的毛。内部由髓部和表皮层构成，髓部由 2～5 层大而近圆形的细胞组成，细胞无色素。表皮层由 1～3 层方形或多角形的小细胞组成，表皮层细胞中含有色素体。多室配子囊棱柱形，集生，早期为斑状，后期遮蔽藻体，由表皮层细胞形成，配子囊间有单细胞的棒状侧丝。孢子体小型，生殖时形成单室孢子囊。已知该属有 10 种，我国报道了 2 种，分种检索表如下：

1 藻体球状、扁压，形状不规则 ………………………………………… 囊藻 *C. sinuosa*
1 藻体粗，手指套状 ………………………………………………… 长囊藻 *C. bullosa*

——囊藻［*C. sinuosa*（Mertens et Roth）Derbès et Solier in Castagne, 1851］，藻体褐

色至暗褐色，配子体幼时球状，中空，后期扁压而形成不规则形状，直径可达 20 cm 以上，厚 230～250 μm，无柄；基部固着器宽盘状，直径 3～10 cm（图 10-30）。内部由髓部、皮层和表皮层构成。髓部由 2～5 层大而近圆形的细胞组成；皮层细胞 2～3 层，壁厚；表皮层由 1～2 层方形或多角形的小细胞组成。多室配子囊常由 2 列细胞组成，长 18～40 μm，宽 5～12 μm。有圆柱状侧丝。该种生长在中、低潮带岩石上或附生在其他大型海藻藻体上，在我国广东沿海常见。

图 10-30　囊藻

a. 藻体外形；b. 藻体表面观（细胞及其排列）

——长囊藻［*C. bullosa*（Saunders）Yamada, 1948］，藻体黄褐色至暗褐色，丛生，膜质，高 10～25 cm，宽 1～3.5 mm，中空，手指套状；无柄，固着器盘状；基部宽阔，顶端钝圆，边缘波状（图 10-31）。幼时藻体表面平滑，老时则有不同程度的皱裂。内部由髓部和表皮层构成，髓部细胞无色，表皮层细胞方形或多角形，2～3 层，有色素。多室配子囊长棒形，顶端截头状，长 35～60 μm，宽 6～12 μm，有单细胞组成的侧丝，侧丝长 35～45 μm，宽 7～11 μm。该种生长在高、中潮带的石沼中，喜欢静水，在我国辽宁、山东有分布。

②鹅肠菜属（*Endarachne* Agardh, 1896），藻体的生活史为不等世代型，配子体扁平叶状，单条，无中肋。内部由髓部、皮层和表皮层构成，髓部细胞细长，纵向错综交织；皮层细胞圆形至多角形，1～2 层；表皮层细胞大小约为皮层细胞的 1/2。已知该属有 1 种，我国有报道。

——鹅肠菜（*E. binghamiae* Agardh, 1896），藻体暗褐色，丛生，固着器小盘状，直立部扁平膜状，长 10～50 cm，宽 2～4 cm；基部楔形，有一短小的柄，中、上部略宽，顶端钝圆（图 10-32）。内部由髓部、皮层和表皮层构成。髓部为分枝丝交织而成；皮层细胞壁较厚，细胞大；表皮层细胞圆形、近方形，含有色素。多室配子囊由表皮层细胞形成，排列成栅状，外观呈深褐色的斑片；配子囊间有毛窝，但无侧丝。该种生长在内湾中、低潮带岩石上，在我国东海和南海沿岸习见。鹅肠菜是一种食用海藻，有“土海带”之称。

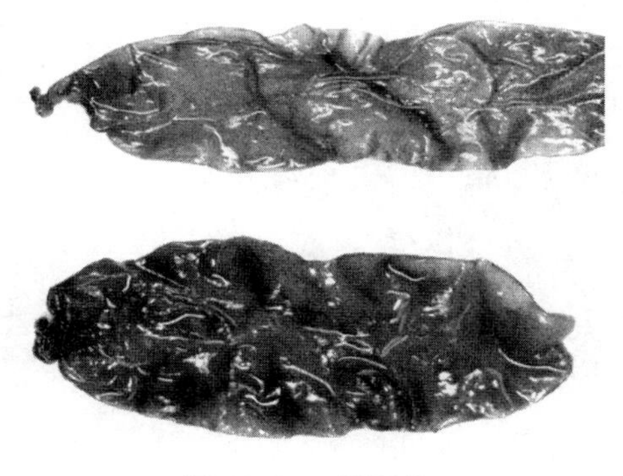

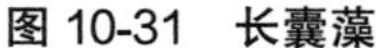
图 10-31 长囊藻

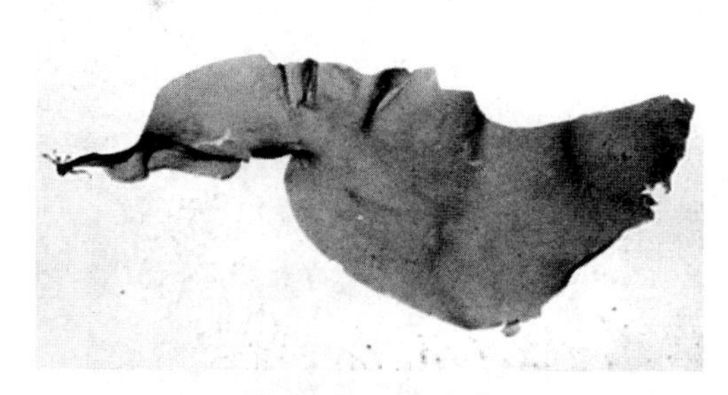

图 10-32 鹅肠菜

③网胰藻属（*Hydroclathrus* Bory, 1825），藻体早期为囊状，中空有粗孔，后期破裂为许多大小不一的裂片，它们彼此重叠，表面有大小不等的圆孔，孔径 0.5～2 cm，孔的边缘向内部卷曲，整个藻体呈网状。内部由髓部和表皮层构成，髓部为无色大细胞，而表皮层则由小细胞组成。多室配子囊互相密接，单室囊未见。已知该属有 6 种，我国报道了 2 种。

——细弱网胰藻（*H. tenuis* C. K. Tseng & Lu Baroen, 1983），在我国台湾和西沙群岛有分布。藻体幼时呈不规则囊状，老时网状、近球形，无柄，基部具固着器，厚 75～300 μm。孔径 10～15 mm，边缘卷曲（图 10-33）。内部由髓部和表皮层构成。表皮层细胞小方形，含色素，长 7～10 μm；髓部由数个大而无色的细胞组成，细胞长 62.5～80 μm，宽 25～50 μm。在藻体表面的浅凹处集生无色毛。多室囊分散分布在藻体表面，横切面观圆柱形（直径 10 μm）至长倒卵形（长 25 μm）。生长于低潮带或潮下带隐蔽处的死珊瑚碎段、岩石上，或附生于大型海藻藻体上（Tseng and Lu, 1983；Titlyanov et al., 2017）。

——网胰藻［*H. clathratus*（Agardh）Howe, 1920］，藻体黄褐色，表面光滑，形状不规则，直径 30 cm，可达 1 m，厚 600～900 μm；早期囊状或不规则卵形，后期中空，体上有许多小圆孔，之后破裂成网状，圆孔直径通常 0.5～2 cm（图 10-34）。内部由髓部和表皮层构成。髓部细胞大，直径 100～130 μm；表皮层细胞小，含色素。多室囊双列细胞，分散分布在藻体表面；在藻体表面的浅凹处集生毛。该种生长在低潮带或潮下带岩石上或死珊瑚体上，在我国台湾、香港、海南岛和西沙群岛有分布。该种可用作肥料。

④萱藻属（*Scytosiphon* Agardh, 1820），藻体的生活史为不等世代型。大型配子体丛生，直立线状，不分枝；幼时中实，其后中空，中空的藻体圆柱形，有或无节，而扁压的藻体无节。体厚，内部由数层细胞组成，细胞自内向体表逐渐变小，无细胞间隙。表皮层细胞有色素体，髓部细胞无色。毛群生。多室配子囊分布于整个藻体的表面或分散各处，常单列，有数个细胞。单室囊未见报道。孢子体小，盘状。已知该属有 4 种，我国报道了 1 种。

图 10-33　细弱网胰藻

图 10-34　网胰藻

图 10-35　萱藻

——萱藻［*S. lomentaria*（Lyngbye）Link, 1833］，藻体的生活史为不等世代型。配子体褐色至深褐色，圆柱状，有时扁压或扭曲；基部小盘状，直立丛生，高 20～50 cm，直径 2～5 mm；幼时中实，后中空；有或无明显的节，节处缢缩；藻体上有毛，毛由表皮层细胞产生，单生或集生（图 10-35）。内部由髓部和表皮层组成，髓部由 3～5 层细胞组成，细胞大，无色；表皮层由 2～3 层小细胞组成。横切面观圆形至椭圆形。雌雄异株，雌配子体比雄配子体大。多室配子囊由表皮层细胞形成，细胞 1～2 列，一般 10～15 个细胞。孢子体小型，盘状。该种生长在高潮带至低潮带的岩石上或石沼中，在低潮线以下 1 m 处的岩石上也有分布，在我国辽宁、山东有分布，是黄海、渤海沿岸的习见种。

⑤髋藻属（*Myelophycus* Kjellman, 1893），藻体直立、丛生，幼时中实，长成后中空；高达 15 cm，直径 1 mm，基部渐细；藻体上具毛。内部由髓部、皮层和表皮层组成。髓部细胞大而无色、壁厚；表皮层细胞小而有色素。同化丝由表皮层细胞发育而来，细胞单列；单室囊与多室囊分生于不同的藻体上。单室囊由表皮层产生，并具有侧丝；多室囊细胞单列或双列，由表皮层产生，顶端具一个不育细胞。细胞中具一个周位色素体，有明显的蛋白核。单室囊藻体通常占优势。该类海藻为西北太平洋温带水域特有。已知该属有 3 种，我国报道了 1 种。

图 10-36　简单髋藻

——简单髋藻［*M. simplex*（Harvey）Papenfuss, 1967］，藻体呈浅或深褐色，直立、丛生。直立部圆柱形，不分枝，外观丝状；枝基部渐细，顶端变细（图 10-36）。切面观内部由髓部、皮层和表皮层组成。髓部细胞大、无色，具厚细胞壁；皮层细胞十几层，细胞小；表皮层细胞最小，含色素，多层。该种生长在潮间带岩石上，在我国黄海有分布。

⑥罗氏藻属（*Rosenvingea* Børgesen, 1914），已知该属有 8 种。我国报道了 2 种。

——错综罗氏藻［*R. intricata*（J. Agardh）Børgesen, 1914］，该种目前被认为是罗氏藻属 *R. endiviifolia*（Martius）M. J. Wynne in Wynne & Nunes, 2021 的同物异名种。藻体金黄色至橄榄褐色，高达 40 cm，基部具盘状固着器，直立部通常多分枝，中空；枝通常扁平，有时扭曲，从主枝到顶端小侧枝急剧变细；枝端通常丝状，渐狭（图 10-37）。毛集生或分散在藻体表面；内部由髓部、皮层和表皮层组成。髓部常中空，皮层细胞大，数层排列，表皮层细胞小，含色素。配子囊集生于藻体表面。该种生长在高盐、暖水水体潮下带 35 m 深处以内岩石、贝壳和桩等坚硬的基质上，在我国香港和海南有分布。

——东方罗氏藻［*R. orientalis*（J. Agardh）Børgesen, 1914］，藻体金黄色到深褐色，高 10～40 cm，多分枝，枝直径可达 2 mm；枝中空，圆形或在分枝基部处扁平；分枝呈二叉状或不规则排列，通常基部和顶端渐细，枝的末端近毛状（图 10-38）。藻体细胞表面观形状不规则或近规则，纵向排列。多室囊小圆形或卵形，集生于藻体表面。该种生长在暖水域的浅水海草上，在我国台湾、广东和海南有分布。

图 10-37 错综罗氏藻

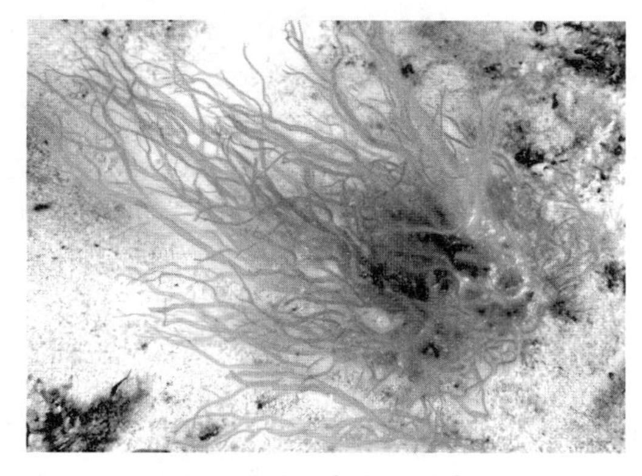

图 10-38 东方罗氏藻

2. 褐壳藻目

藻体至少在一个生活史阶段或在生长的初期阶段呈皮壳状，为假膜体，多丛生，毛基生长；藻丝分上下两部分，下部藻丝呈水平辐射状，并在侧面连接成扁平基层，从基部向上长出直立丝；在藻体表面的内凹处伸出单条或成束的无色毛。每个细胞中有 1 至多个色素体，无淀粉核。孢子体的表层细胞形成群生的单室或多室孢子囊，间生的多室孢子囊有不育的顶端细胞。配子体产生群生的配子囊，常呈串状，精子囊有或无侧丝。已知该目分 5 科，41 种，我国报道了 1 科。

褐壳藻科，该科的特征与目的特征相同。已知该科分 4 属 21 种，我国报道了 2 个属。

①异形褐壳藻属（*Heteroralfsia* Kawai, 1989），藻体由匍匐和直立两部分组成；匍匐

部壳状，直立部着生于壳状部上；丛生，直立部圆柱形，不分枝。内部由髓部、皮层和表皮层组成。匍匐部由纵向排列的多细胞藻丝组成；直立部下部藻丝密集，上部疏松呈网状，长成后常中空；皮层细胞呈丝状排列；表皮层细胞具色素，色素体 1 个，杯状。单室囊卵形，无柄，着生于皮层细胞丝的基部；多室囊间生于壳状部的纵向丝上。已知该属有 1 种，我国有报道。

——石生异形褐壳藻［*H. saxicola*（Okamura & Yamada）H. Kawai, 1989］，藻体黄褐色或褐色，高 5～15 cm，丛生；基部具匍匐的壳状部，向上产生圆柱形、不分枝的直立部；壳状部由许多纵向排列的藻丝组成；直立部下部具短柄，中部稍粗，上部渐细，顶端钝；直立部常中空，螺旋状扭转。内部由髓部、皮层和表皮层组成。髓部细胞较大，纵向、疏松排列；表皮层细胞一般 2～4 层排列，含色素体。单室囊着生于直立部皮层细胞列的基部，椭圆形或倒卵形；多室囊间生于壳状部的纵向藻丝上。该种冬季生长于潮间带岩石上，在我国辽宁大连、山东青岛沿海有分布。

②褐壳藻属（*Ralfsia* Berkeley in Smith et Sowerby, 1843），藻体黑褐色，皮壳状，固着器假根状。生长初期圆形，边缘光滑，常有同心圆纹，毛单生或束状丛生；成熟后呈枕状，松脆易碎，直径可达 15 cm，厚 1～2 mm；藻体紧附于基质上时，基层藻丝呈放射状，向下产生假根，向上产生同化丝。有时藻体的边缘与基质分离，则其两面都有同化丝。每个细胞有 1 个色素体。多室孢子囊常群生于同化丝的末端，无侧丝，但有无色毛。单室孢子囊集生于直立丝基部的侧面。目前已知该属有 16 种，我国报道了 3 种，分种检索表如下：

1　藻体不分枝 …………………………………………………………………… 2
1　藻体具分枝，枝呈二叉或三叉状，放射状分布 ……………… 黄海褐壳藻 *R. huanghaiensis*
　2　藻体匍匐部厚 700 μm 以上，弯曲，表面无放射状隆起 ………… 疣状褐壳藻 *R. verrucosa*
　2　藻体匍匐部厚 400～700 μm，弯曲，表面有放射状隆起 ………… 膨大褐壳藻 *R. expansa*

图 10-39　疣状褐壳藻

——疣状褐壳藻［*R. verrucosa*（Areschoug）Areschoug, 1847］，藻体黑褐色，皮壳状（图 10-39）。幼期圆形，有同心圆纹，边缘光滑，成熟后表面粗糙呈疣状，松脆易碎，直径可达 4～5 cm，厚 1～2 mm。藻体基部藻丝呈放射状，细胞宽 4～5 μm，向下生出假根，向上产生纵向排列的同化丝，细胞排列紧密，宽 5～9 μm。孢子囊在藻体上部形成。单室孢子囊梨形，长 60～80 μm，宽 25～30 μm；侧丝棒状，长 90～130 μm，宽 4～5 μm（图 10-40）；多室孢子囊圆柱形，宽 6～7 μm。该种生长在中、低潮带的岩石上，常见于石沼中，全年生长，在我国黄海和东海沿岸有分布。

图 10-40　疣状褐壳藻显微结构

a. 单室孢子囊；b. 藻体表面观细胞及其排列

3. 酸藻目

藻体的生活史为不等世代型，其中孢子体大，为假薄壁组织结构，固着器小盘状，直立部羽状分枝，有时分枝稠密，对生或互生，主干明显，圆柱形或明显扁压。毛基生长。孢子体生殖时只产生单室孢子囊，由表皮层细胞发育而来，孢子囊单生或集生。配子体为微小丝状。藻体细胞中无淀粉核。卵式生殖。已知该目分 2 科，28 种，我国报道了 1 个科的种类。

酸藻科，藻体孢子体圆柱状、扁压或扁平叶状，分枝互生或对生，毛基生长，主干明显；内部由髓部和表皮层组成，髓部细胞大，不含色素体；表皮层由 1～3 层小细胞组成，每个细胞中有色素体。单室孢子囊散生在叶片表面。配子体微小丝状，雌雄同体或异体，生殖方式为卵式生殖。已知该科分 3 属 26 种，我国报道了 1 个属的种类。

酸藻属（*Desmarestia* J. V. Lamouroux, 1813），藻体的生活史为不等世代型，其中孢子体大，高可达几米，基部有一个盘状固着器，其上着生 1 条直立圆柱形、扁压或舌状主干，单条或分枝，分枝对生或互生，多羽状分枝。主干或分枝略侧偏或十分侧偏。毛基生长。成熟藻体内部由髓部和表皮层构成，细胞由内向外逐渐缩小，中央有明显的单列细胞轴。髓部细胞不含色素体；表皮层细胞 1～2 层，有盘状色素体，无淀粉核。细胞中有液泡，一年生藻体的液泡液中含有硫磺酸，pH 可达 1。单室孢子囊由表皮层细胞转化而来，亚球状或长卵形，散生或集生，埋入表皮层细胞间。配子体微小丝状，雌雄同体或异体，异体时雄配子体为不规则的分枝丝体，直径 10 μm，细胞多而小，内含少量色素体，在分枝的顶部产生单个或成丛的精子囊；雌配子体分枝少，但是细胞大，直径 30 μm，卵囊顶生或间生，单细胞，圆柱形，比营养细胞长。已知该属有 24 种，我国报道了 2 种，分种检索表如下：

1　藻体的孢子体线状或圆柱状，分枝对生……………………………………酸藻 *D. viridis*
1　藻体的孢子体为扁平膜状，分枝数回对生………………………………舌状酸藻 *D. ligulata*

——酸藻［*D. viridis*（Müller）Lamouroux, 1813］，藻体黄褐色，高 30～100 cm，基部有圆盘状固着器，向上的直立部具明显及顶主枝；分枝稠密、圆柱状，数回羽状分枝；多柔软且分枝的细小毛状枝；早期枝的上中部有单列细胞组成的毛，后期毛脱落

（图 10-41）。生长在低潮线以下 1～3 m 处的岩石上，是我国黄海、渤海沿岸比较常见的海藻。酸藻常大面积产生，因其死后产生一种含硫酸根的化合物而使藻体变成蓝色，此时其他动植物接触到便容易死亡，渔网接触也容易褪色。因此渔民讨厌该藻，并且在收割海带或裙带菜等经济海藻时，须注意剔除酸藻，防止腐烂。

——舌状酸藻［*D. ligulata*（Stackhouse）Lamouroux, 1813］，藻体褐色，单生或丛生，固着器圆锥形或盘状，高 50～200 cm；主枝圆柱状或亚圆柱状，直径 3～4 mm，3～4 回对生分枝；分枝扁平，有中肋，中部较宽，向基部渐细，顶端小枝披针形；小枝两侧及顶端生有单列细胞的毛，毛脱落后，枝的边缘呈锯齿状（图 10-42）。内部构造分髓部和表皮层两部分，髓部细胞不含色素，横切面观长圆形或圆形，大小差异较大，长 25～170 μm，宽 25～150 μm。表皮层细胞小，1～2 层，有色素和盘状色素体，横切面观亚方形或长圆形，长 10～17 μm，宽 10～15 μm。毛长 1～1.3 mm，1 回对生分枝，中部稍粗，向两端渐细，顶端呈锥形。孢子囊由表皮层细胞形成。该种生长在低潮线以下数米深的岩石上，在我国辽宁和山东有分布。

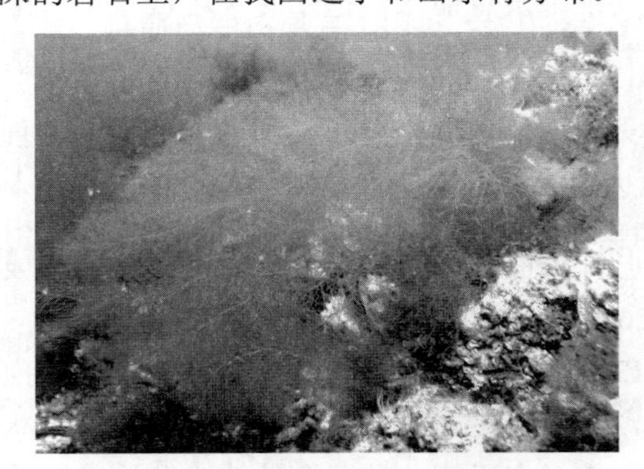
图 10-41 酸藻

图 10-42 舌状酸藻

4. 绳藻目

已知该目有 3 科，10 种，我国仅报道了 1 科的种类。

绳藻科，藻体的生活史为不等世代型。孢子体黄褐色至褐色，干燥后呈黑褐色；固着器小盘状；直立部圆柱状，不分枝，中空。居间生长，分生组织在藻体基部。内部由髓部、皮层和表皮层组成；切面观髓部中空，但是有疏松的细丝状细胞；表皮层细胞密集，纵切面观细胞纵长形。孢子体成熟时由表皮细胞形成孢子囊群，有侧丝。已知该科分 1 属 6 种。

绳藻属（*Chorda* Stackhouse, 1797），藻体的生活史为不等世代型，孢子体大；孢子体群生在小盘状固着器上，长可达几米；向上绳状，圆柱形，不分枝；幼时中实，以后变中空。内部由 3～8 层髓部细胞，4～6 层皮层和 1 层表皮层细胞构成。髓部有喇叭状丝，表皮细胞间有毛，皮层细胞间无黏液结构。表皮细胞中有许多盘状色素体，无淀粉核。有或无居间分生组织。单室孢子囊为细长倒卵形。配子体为分枝丝状，卵式生殖，雌雄异体、同形或雌雄同体。游孢子珠状，有双鞭毛，长的一条鞭毛向前，有一个眼点。精子囊和卵囊由生殖枝上形成，精子囊通常集生。精子几乎无色，无眼点，有向后的长鞭毛。受精卵通常附在卵囊口处发育。经过最初几次横分裂后成为多列细胞的圆柱状体。为一年生海藻，生长在小贝壳或石头上。已知该属有 4 种，我国报道了 1 种。

——绳藻［*C. filum*（Linnaeus）Stackhouse, 1797］，藻体生活史为不等世代型，孢子体大，丛生，由同一固着器上长出数条直立圆柱状的藻体，高 0.5～3 m，直径 2～5 mm；孢子体黏滑，有时扭曲呈螺旋形，两端较细；幼时体上密被无色毛或淡黄色的毛（图 10-43）。单室孢子囊长圆形至椭圆形，长 30～55 μm，宽 10～16 μm；具单细胞组成的侧丝，呈棍棒状，比单室孢子囊稍长，密集分布。该种生长于低潮带的深石沼中或低潮线以下 1～3 m 处的岩石上，在我国黄海、渤海沿岸常见；可食用。

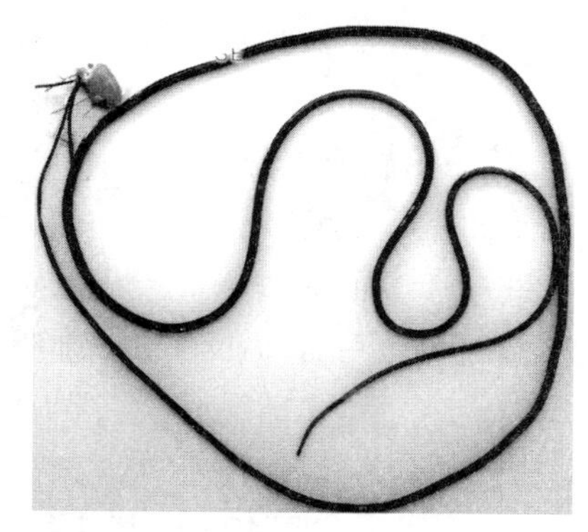

图 10-43　绳藻

5. 海带目

藻体的生活史为不等世代型，配子体小、丝状，顶端生长，而孢子体大、膜状，间生长。无淀粉核，有性生殖方式为卵配生殖。已知该目有 6 科，127 种，我国报道了 4 个科的种类：孔叶藻科、翅藻科、海带科和巨藻科。

（1）翅藻科

孢子体直立，单条或有不规则的分枝；固着器为圆柱形分枝的假根状；叶片扁平带状，边缘羽状分裂，其上有明显的中肋，表面常有散生的毛窝。内部由髓部、皮层和表皮层组成，髓部细胞丝状，皮层细胞大，其中有黏液腺细胞，而无黏液腔。已知该科分 8 属 27 种，我国报道了 1 属。

裙带菜属（*Undaria* Suringar, 1873），藻体的生活史为不等世代型。孢子体大，为一年生植物，由固着器、柄和叶片组成，分生组织位于柄和叶片的转变区；柄的基部扁压，而上部扁平。生殖期柄部形成折皱状的翅，称孢子叶；叶片线形至圆形或羽状分裂，有中肋或增厚的带，有不育窝和点状的黏液腺；成熟后产生单室孢子囊和侧丝。孢子囊群在孢子叶或中肋或厚带部的上、下两个表面发育，有时在孢子叶和叶片上同时形成，棍棒状，有细长侧丝。配子体小，雌雄异体、异形，生殖方式为卵式生殖。单倍体的染色体数为 30。已知该属有 4 种，我国报道了 1 种。

——裙带菜［*U. pinnatifida*（Harvey）Suringar, 1873］，藻体的生活史为不等世代型，孢子体大，披针形，长 1～1.5 m，甚至可达 2 m，宽 60～100 cm，明显由固着器、柄和叶片组成。固着器假根状，叉状分枝，尖端略粗大；柄部稍长，扁压，中间略隆起，成熟时在柄的两侧有木耳状的重叠折皱，肥厚且富有胶质，光滑，称为孢子叶；叶片羽状分裂，有中肋（图 10-44）。孢子囊群由孢子叶的两个表面形成。内部由髓部、皮层和表皮层构成，髓部为丝状细胞，皮层细胞间有黏液腺细胞，但是无黏液腔。配子体小，丝状，雌雄异体、异形。该种生长在低潮线附近或其下 1～5 m 处的岩石上，在我国辽宁、山东和浙江沿海有分布；可以食用或作工业原料。

裙带菜的外形因所在海区的纬度等条件不同而差异明显。在我国辽宁和山东沿海分布的裙带菜称北方型，而在浙江沿海生长的称南方型；北方型裙带菜个体大，一般长 1.5～3 m，宽 0.8～1 m；藻体较细长，羽状叶分裂程度大，深达近中肋；柄部较长，扁且平直；孢子叶位于近固着器的柄部，较多且大；南方型裙带菜个体较小，一般长约 1 m；藻体较粗短，羽状叶分裂程度小，远离中肋；柄部较短，孢子叶位于近叶片处的柄部，较少且小（图 10-44）。

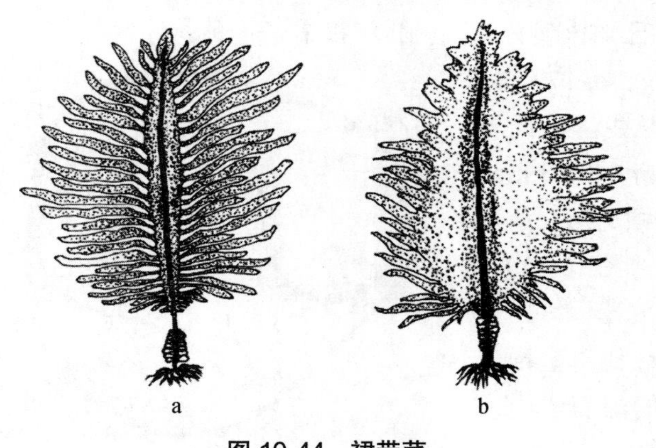

图 10-44 裙带菜

a. 北方型；b. 南方型

（2）海带科

藻体的生活史为不等世代型，孢子体大，由固着器、柄和叶片三部分组成；固着器假根状，柄部一般不分枝，叶片的形状多样，简单或复杂，全缘或有缺刻，无中肋，表面光滑或粗糙，有或无孔。内部由髓部、皮层和表皮层组成，皮层中靠近髓部的部分称内皮层，接近表皮的部分称外皮层。有些属种有黏液腺、黏液腔或毛窝。孢子囊生在叶片上，常扩展分布至较大的面积上。配子体微小，单细胞或丝状。已知该科有 15 属 56 种，我国报道了 1 个属的种类。

海带属（*Laminaria* J. V. Lamouroux, 1813），藻体的生活史为不等世代型，孢子体大，长达 1 m 以上，并分化出固着器、柄和叶片；固着器分枝假根状；柄圆柱状、亚圆柱状或扁压，中实或有时中空；通常叶片单条、不完全分裂或掌状分裂成几片，表面光滑，但有时皱或肿胀。孢子体内部由不同组织构成，由内向外为中央髓部、皮层和表皮层。髓部的喇叭丝是筛管成分，由筛板和孔组成。黏液通道在柄和（或）叶片的皮层中形成一个互连系统，这是本属的一个分种依据。孢子体成熟时，在藻体叶片的上、下表面集生单室孢子囊，孢子囊旁侧有单细胞侧丝（图 10-45g）；每个孢子囊可产生 32 个单倍体的游孢子。游孢子有一个色素体，无眼点和鞭毛膨大区，附着后发育成雌雄异体的配子体。配子体小，由 1 至数个细胞组成，丝状。雌雄异体、异形，卵式生殖。雄配子体分枝顶端产生单细胞的精子囊群，每个精子囊产生一个双鞭毛的精子；每个雌配子体细胞能发育成一个单细胞的卵原细胞，每个卵原细胞产生一个卵。精子和卵大多数在黑暗前 30 min 释放。在卵释放时分泌性别信息素，使精子排出，并吸引卵，进而发生受精。受精卵发育为小孢子体。该属种类的染色体数目 22～31。已知该属有 21 种，我国仅报道了 1 种。

——海带（*L. japonica* Areschoug, 1851），目前被认为是 *Saccharina japonica*（Areschoug）C. E. Lane, C. Mayes, Druehl & G. W. Saunders, 2006 的同物异名种。藻体茶

褐色，干燥时呈黑褐色。高 2～7 m，宽 20～50 cm。由固着器、柄和叶片三部分组成；固着器呈假根状，数回叉状分枝；柄粗短，基部圆柱状，向上则呈亚圆柱状或扁压，长 4～10 cm，宽 15～18 mm，厚 3～10 mm；叶片窄长形，全缘，在全长约 3/7 处最宽，向基部渐窄；幼体叶片的基部楔形，在中带部的两侧各有一列纵向的圆形凹凸，随着生长则叶片基部变宽阔，近圆形，而中带部的凹凸也消失；中带部扁而厚，厚约 3 mm，宽度是叶宽的 1/3～1/2，沿中带部两侧各有 1 条线形的纵沟；叶片边缘渐薄，并有波状的皱褶（图 10-45a）。叶片和柄部的内部结构大致相同，由髓部、皮层和表皮层组成。髓部有栅栏形的藻丝，丝的一端膨大为喇叭形，类似高等植物的筛管；皮层中有黏液腺细胞及黏液腔（图 10-45b～图 10-45f）。一年生海带通常在叶片的基部形成孢子囊，呈近圆形的斑疤状，二年生的藻体则除叶片的基部外，叶片的其他部位都能形成孢子囊，孢子囊棒状（图 10-45h）。海带生长于低潮线以下 1～3 m 或更深的岩石上，或生长于人工养殖用的浮桶或养殖筏上；在我国黄海、渤海沿岸有分布，并且由于浙江和福建海域的人工养殖海带，海带的分布区域已南移至浙江和福建等地。

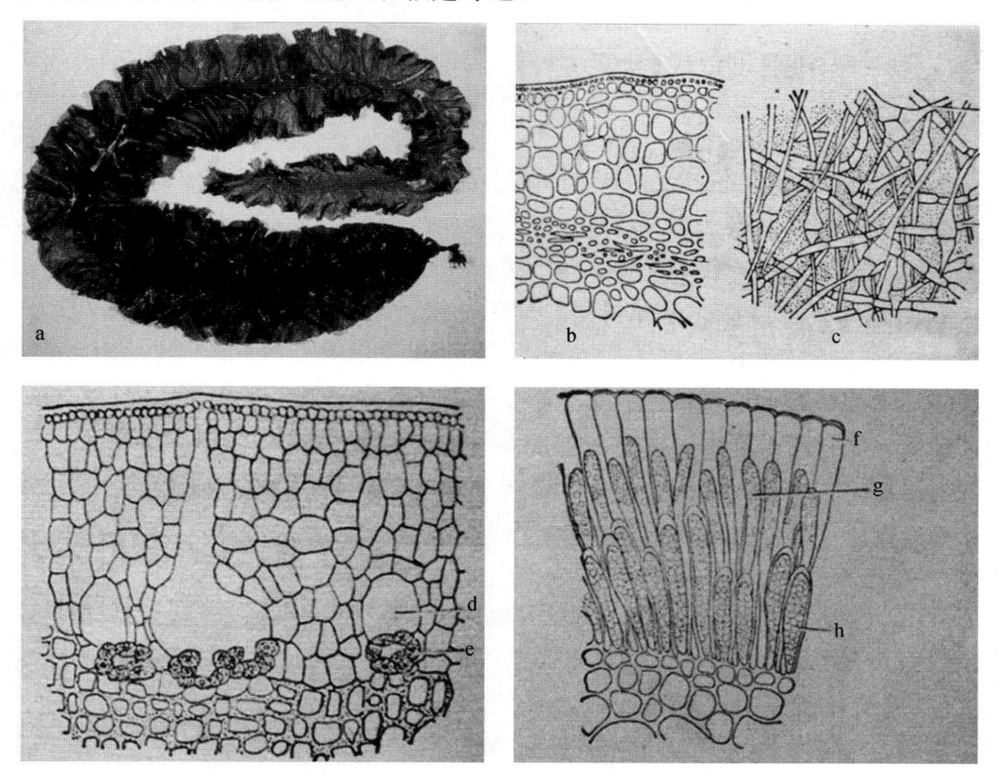

图 10-45　海带

a. 外形；b. 横切面观；c. 髓部的喇叭状藻丝；d. 黏液腔；e. 分泌细胞；f. 保护层；g. 侧丝；h. 单室孢子囊

（3）巨藻科

藻体的生活史为不等世代型。孢子体大型，由固着器、柄和叶片组成；固着器分枝假根状；柄分枝或不分枝，每个柄上生单条叶片或其上又生分裂叶片；叶片平滑或粗糙，边缘有或无小齿。内部结构似海带属，由髓部、皮层和表皮层组成。配子体小，雌雄异体、异形，生殖方式为卵式生殖。已知该科分 4 个属，我国报道了 1 属。分属检索表如下。

1 孢子体柄部分枝 ………………………………………………………………………………………… 2
1 孢子体柄部不分枝，叶片上有明显的次生叶片 ………………………………… 昆布属 *Ecklonia*
  2 孢子体上有明显的叶轴和叶片 …………………………………………………………………… 3
  2 孢子体上有明显的叶轴和叶片，叶轴两缘有大量的小叶片 ……………………… 优秀藻属 *Egregia*
3 孢子体的柄顶端分叉，向上扩展成 2 个扁平的裂片 ………………………………… 爱氏藻属 *Eisenia*
3 孢子体的柄基部或稍高处分枝，每枝上形成单个扁平叶片，边缘有小齿状突 ………… 巨藻属 *Lessonia*

昆布属（*Ecklonia* Hornemann, 1828），藻体的生活史为不等世代型，孢子体大型，长 1～15 m，由固着器、柄和叶片组成。固着器假根状，多分枝，自其上长出单条直立部；柄圆柱状，中实或中空，长 2 cm～12 m，单条；初生叶片自柄部向上产生，其齿状边缘处分裂产生次生叶片，次生叶片单条或羽状分枝或复羽状分枝；叶片光滑、纵向多皱或有刺，边缘光滑或齿状加厚。有或无营养繁殖。内部有或无黏液管。孢子囊群生于叶片的两面，侧丝楔形。已知该属有 9 种，我国仅报道了 1 种。

——昆布（*E. Kurome* Okamura, 1927），目前被认为是穴昆布［*E. cava* subsp. *kurome*（Okamura）S. Akita, K. Hashimoto, T. Hanyuda & H. Kawai, 2020］的同物异名种。藻体的生活史为不等世代型，孢子体大，别名鹅掌菜、五掌菜、昆布菜等；孢子体幼叶橄榄绿色，成体褐色，干燥后呈暗褐色；长 40～50 cm，由固着器、柄和叶片组成，为一年生海藻；固着器假根状，自柄的下部轮生；柄圆柱形，上部略扁压；叶片稍厚，革质，长 30～35 cm，宽 3～10 cm，叶面平滑或有粗皱，两缘生出大小不同的裂片，裂片边缘有尖或钝的齿。孢子体内部由髓部、皮层和表皮层组成，皮层具小黏液腔。孢子囊群生于藻体的上、下表面，呈不规则的斑状；孢子囊圆柱状，生于侧丝之间，侧丝比孢子囊长。该种多生长于水流稍急的海区，在低潮线下 1～5 m 深的岩石上固着生长，在我国辽宁有分布。

6. 墨角藻目

孢子体长度从几十厘米至 2 m 以上；藻体主枝圆柱形、亚圆柱形、多角形、扁压或扁平，分枝二叉状或辐射状；有或无气囊；藻体的每个表皮层细胞中有几个盘状色素体，无淀粉核；藻体为二倍体，减数分裂产生配子，大多数卵式生殖。生殖结构包括生殖托和生殖窝，生殖窝包埋在生殖托中，卵囊和精子囊位于生殖窝中；卵囊有 1～8 个单核，卵无鞭毛，不能自由运动；每个精子囊产生 64～128 个比较小、有 2 条鞭毛的精子，精子具运动能力；卵受精后形成合子，合子发育为新的二倍体孢子体。雌雄同体或异体。生活史为单世代型，只有二倍体的孢子体世代，没有单倍体的配子体世代。顶端生长。种类较多，多数为多年生。记录有 9 科，563 种，我国报道了 2 个科的种类，分科检索表如下：

1　次生分枝、气囊和生殖托从叶腋中产生 ………………………………………………… 马尾藻科 Sargassaceae

1　次生分枝、气囊和生殖托不从叶腋中产生，藻体无类似茎、叶的分化，有或无气囊…· 墨角藻科 Fucaceae

（1）墨角藻科

藻体多年生，只有二倍体孢子体；直立部主枝扁压，有或无扁平中肋，无茎、叶的分化，有或无气囊，分枝二叉状。藻体成熟时，经减数分裂直接产生精子和卵；精子囊和卵囊生于生殖窝内，生殖窝位于藻体顶端膨大的生殖托上。精子囊一般产生 64 个或 128 个精子，精子有两条侧生鞭毛，鞭毛前短后长；卵囊产生 1 个、2 个、4 个或 8 个卵，成熟时排出体外，球形，无鞭毛。受精作用在体外进行；合子萌发生长成孢子体。已知该科分 5 属 18 种，我国报道了 2 个属的种类。

①墨角藻属（*Fucus* Linnaeus, 1753），藻体多年生，基部有一个盘状固着器，其上为直立部；直立部呈扁平带形，二叉状分枝，有一条明显的及顶中肋，在中肋两侧常有成对的气囊。生殖时，分枝的顶端膨大形成生殖托，其内有生殖窝，卵囊和精子囊生于生殖窝内，每个卵囊内形成 8 个卵。已知该属有 9 种，我国报道了 1 种。

——耳突墨角藻（*F. cottonii* M. J. Wynne & Magne, 1991），藻体基部具盘状固着器，直立部扁平，具叉状分枝；枝的顶端圆钝或呈二叉状，基部不缩。藻体表面常被丛生毛（图 10-46）。

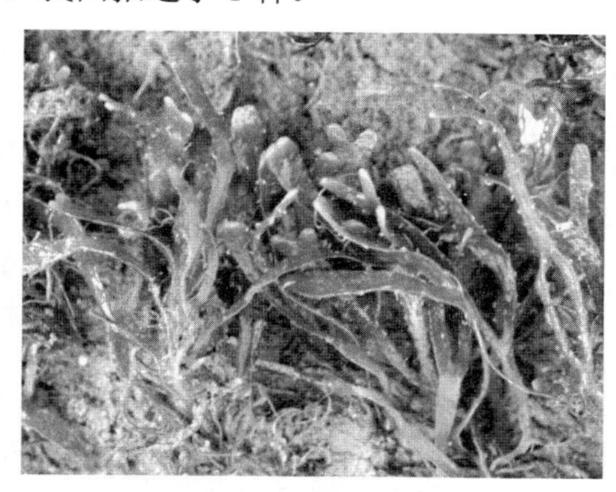

图 10-46　耳突墨角藻

②鹿角菜属（*Silvetia* E. Serrão, T. O. Cho, S. M. Boo & S. H. Brawley, 1999），藻体多年生，固着器圆锥形或柱状；直立部基部近圆柱形，上部圆至扁平，无中肋，数回二叉式分枝；有或无气囊；毛窝不显著。顶端生长。生活史中只有孢子体。成熟时在藻体顶端膨大处形成生殖托，生殖窝位于其中，窝内有卵囊和精子囊；每个卵囊内一般有 2 个卵，卵无鞭毛，精子有 2 根鞭毛。雌雄同体。已知该属有 3 种，我国报道了 1 种。

——鹿角菜［*S. siliquosa*（C. K. Tseng & C. F. Chang）E. A. Serrão, T. O. Cho, S. M. Boo & S. H. Brawley, 1999］，藻体新鲜时橄榄色，干燥后黑色，软骨质，高可达 14.5 cm，一般高 6～7 cm；固着器圆锥状，宽 5～7 mm；柄亚圆柱形，甚短，长一般仅 1 mm，偶见 3～4 mm，分枝叉状，2～8 回。生长在隐蔽、浪小处的藻体分枝多，而在暴露、浪大处的分枝稀少；藻体下部分枝较规则，角度较宽，而上部分枝不等长，角度较狭；上部枝间距比下部大，有时可达 2 cm；无气囊；生殖托大多具明显柄，长 2～5 mm，有时可达 2 cm；成熟的生殖托长角果形，表面有显著的结节状突起，一般长 2～3 cm，最长可达 4.5 cm，宽达 4～5 mm；托的横切面观呈卵圆形，托内生殖窝中形成卵囊和精子囊；卵囊内有 2～4 个卵；成熟的卵囊呈卵形，长达 200 μm，宽达 120 μm；卵脱落后呈圆球形，直径为 85 μm。精子囊生于生殖窝壁的分枝上，每枝 2～3 个精子囊，精子囊呈梨形或长圆柱形，长达 58 μm，宽达 14 μm。该种生长在中潮带岩石上，在我国辽宁、山东有分布；可食用。

（2）马尾藻科

藻体的生活史中无独立生活的配子体，只有二倍体孢子体。孢子体多年生，由固着器、主干和分枝三部分组成；初生分枝由主干上方长出，多数种类的初生分枝比主干长；次生分枝由初生分枝上伸出，互生或羽状，枝圆柱形至扁平，其上生有藻叶、气囊和生殖托；次生分枝和生殖托由叶腋中长出、气囊由叶腋中长出或否。藻体成熟后，分枝上形成生殖托，托内产生卵囊和精子囊；卵和精子释放后，枝逐渐腐烂；精子和卵结合为合子，合子萌发长成新藻体。已知该科分 35 属 518 种，我国报道了 5 个属的种类，分属检索表如下：

1 气囊不直接从叶腋中长出 …… 2
1 气囊直接从叶腋中长出 …… 马尾藻属 *Sargassum*
  2 气囊由枝转化而来 …… 3
  2 气囊由叶形成 …… 4
3 气囊由小枝顶端转化而来 …… *Myagropsis*
3 气囊由叶状枝中央膨大而成 …… 叶囊藻属 *Hormophysa*
  4 藻体的幼期气囊由藻叶顶端转化形成 …… 羊栖菜属 *Hizikia*
  4 气囊位于叶片中央 …… 喇叭藻属 *Turbinaria*

①叶囊藻属（*Hormophysa* Kützing, 1843），藻体丛生；固着器盘状，多次分叉；直立部有叶状翅；枝的基部楔形，顶端截形，有明显及顶的中肋。气囊由藻体上部的叶状翅膨大而成。雌雄同体。生殖窝位于上部气囊的翅中。已知该属只有 1 种。

——楔形叶囊藻［*H. cuneiformis*（J. F. Gmelin）P. C. Silva, 1987］，藻体黄褐色或绿褐色，高达 30 cm；固着器为不规则盘状，丛生；直立枝扁平叶状，有明显中肋，边缘有 2～3 个间断的翅，翅宽 10～12 mm，翅的基部楔形，顶端截形，边缘有锯齿；从翅间生出分枝，分枝数回；基部分枝互生，上部分枝辐射状；气囊由藻体末端小枝中央膨大而成，椭圆形或梭形，长 6～8 mm，直径 4～5 mm，几个翅的气囊常呈一条链。雌雄同体。生殖窝生于气囊边缘的翅中，卵囊和精子囊同窝（图 10-47）。该种生长在潮下带 1～2 m 深礁石上，在我国海南岛、东沙群岛、西沙群岛和南沙群岛有分布。

②喇叭藻属（*Turbinaria* Lamouroux, 1825），藻体黄褐色，初生分枝直立，单条或有分枝。基部的藻叶细长，叶柄呈亚圆柱形、圆柱形或三角形，光滑或有凸起的脊。上部的藻叶三角形，倒金字塔形、陀螺形或扁平盾形，边缘翼状或盾状，有刺或光滑。毛窝小。有或无气囊，气囊通常包埋在叶片中央。生殖托在叶柄基部的叶腋处产生，圆柱形或棍棒状，单生或不规则分叉，总状或聚伞状排列。已知该属有 22 种，我国报道了 7 种 1 变型，分种检索表如下：

1　叶片侧面有纵向脊，有刺 ………………………………………………………… 2

1　叶片侧面圆锥形，无纵向脊，无刺 …………………………………………… 3

2　藻叶顶面较小，直径＜10 mm，侧面略扁压，脊不尖………………… 紧缩喇叭藻 *T. condensata*

2　藻叶顶面较大，一般直径＞10 mm，脊尖……………………………… 下延喇叭藻 *T. decurrens*

3　藻叶顶端有水平或垂直方向的冠刺 …………………………………………… 4

3　藻叶顶端有水平方向而无垂直方向的冠刺 …………………………………… 5

4　垂直方向的冠刺排列比较规则 ………………………………………… 喇叭藻 *T. ornata*

4　垂直方向的冠刺排列很不规则 ……………………… 喇叭藻海南变型 *T. ornate* f. *hainanensis*

5　叶柄棱形，藻叶边缘翼状 ………………………………………… 棱翼喇叭藻 *T. trialata*

5　叶柄亚圆柱形，藻叶边缘非翼状 ……………………………………………… 6

6　藻叶较大，宽 10～15 mm……………………………………… 拟小叶喇叭藻 *T. conoides*

6　藻叶较小，宽＜7 mm ………………………………………………………… 7

7　生殖托比藻叶短，藻叶上部倒金字塔形或陀螺形，有气囊 ……………… 小叶喇叭藻 *T. parvifolia*

7　生殖托比藻叶长，藻叶有时盾形，无气囊 ………………………… 丝状喇叭藻 *T. filamentosa*

——喇叭藻［*T. ornate*（Turner）Agardh, 1848］，藻体黄褐色，粗糙、肉质，高达 30 cm。直立枝单条或有分枝，藻叶倒金字塔形，表面观圆形或三角形，有几个明显的、长 1～3 mm 的短刺；在不对称的藻叶上，直立刺常偏于一侧，单列，大小不等，长 10～30 mm，宽 8～20 mm；上部膨大、圆形，叶脊钝，叶柄圆柱形，长 5～10 mm。气囊位于叶片中央或不明显。生殖托成串、不规则分叉，总状排列，着生在叶柄基部 1/3 处，通常比藻叶短（图 10-48）。该种生长在低潮带的岩石上，在我国广东雷州、海南岛、广西涠洲岛、西沙群岛和南沙群岛有分布。

图 10-47　楔形叶囊藻

图 10-48　喇叭藻

③羊栖菜属（*Hizikia* Okamura, 1932），藻体的固着器假根状，主干直立圆柱形，分枝圆柱形或亚圆柱形，次生分枝较短，从初生分枝的叶腋中长出；叶片肉质，初生藻叶多数扁压，卵圆形，但很快脱落；次生藻叶多数棍棒状，顶端钝或尖，常膨大形成气囊，

边缘全缘或有浅锯齿。气囊纺锤形或卵圆形。雌雄异株。生殖托也从叶腋中长出，长圆形或圆柱形。已知该属只有 1 种。

——羊栖菜［*H. fusiforme*（Harvey）Okamura, 1932］，藻体肥厚多汁，高 40 cm 以上；由固着器、主干、初生分枝、次生分枝、叶、气囊和生殖托组成。固着器为圆柱形假根状，长短不一；主干直立圆柱状，从主干顶部长出数条初生分枝；初生分枝圆柱状，表面光滑，长达 2 m 以上，直径 3～4 mm；次生分枝互生，圆柱状，表面光滑，较短，长 5～10 cm。叶直接生于枝上，互生或轮生；初生叶扁平，有不明显中肋，生长过程中逐渐脱落；次生叶细匙形、线形或棒形，长 3～5 cm，宽 2～3 mm，表面有不明显毛窝，边缘具粗锯齿或波状缺刻。气囊生于叶腋间，纺锤形或梨形；幼时实心，后期中空；具长短不一的囊柄，一般柄长 15 mm，可达 2 cm，直径达 4 mm。

羊栖菜内部由表皮层、皮层和髓部组成。表皮层细胞较小，紧密排列，多色素体；皮层细胞数层至十几层，分外皮层和内皮层，细胞由外向内逐渐变大，而色素体逐渐减少；髓部细胞 3 层以上。雌雄异体。生活史为单世代型，只有孢子体世代。羊栖菜的生殖方式包括营养生殖和有性生殖两种（阮积惠等，2001）。孢子体成熟后在藻体上长出圆柱形、表面光滑、基部有柄、顶端钝的生殖托。生殖托单条或偶有分枝，一般雄生殖托长 4～10 mm，可达 3 cm，直径 1～1.2 mm；雌生殖托长 2～4 mm，可达 1 cm 以上，直径 1.5～2 mm（图 10-49）。生殖托发育到一定程度后分化出生殖窝，窝内产生精子囊或卵囊，进一步发育形成精子或卵，排出体外后受精，合子萌发长成孢子体。条件不适宜时，羊栖菜的枝、叶腐烂流失，只留下假根，度过炎热的夏季后，等秋季条件适宜时，由假根上再生出枝与叶，这种生殖方式为假根再生，属营养生殖方式。

羊栖菜属暖温带—亚热带性海藻，生长适宜温度范围 4～23.5℃，最适温度范围 14～21.6℃。一般生长在低潮带和低潮线以下常被波浪冲击的岩石上。我国北起辽东半岛，经庙岛群岛、山东半岛东南岸、浙江、福建至广东雷州半岛东岸的硇洲岛均有分布。羊栖菜富含褐藻酸、甘露醇和碘等物质，并且含有多种人体必需氨基酸，其提取物中含有多种具改善人体免疫力功能的活性成分，是一种优良的海洋蔬菜，是优良的海藻工业原料（何培民等，2018；张鑫等，2008）。

④马尾藻属（*Sargassum* Agardh, 1820），藻体的生活史为单世代型，无独立生活的配子体，只有孢子体。孢子体由固着器、主干、分枝、叶片、气囊和生殖托组成。固着器盘状、圆锥状、瘤状或假根状等；主干圆柱形、亚圆柱形、扁压或扁平，表面光滑或有叶子脱落后留下的痕迹，分叉或不分叉；分枝圆柱形、扁压、扁平或棱形等，初生分枝从主干上部向四周辐射或向两侧羽状分枝长出，次生分枝从初生分枝上长出。藻叶扁平，形状变异较大，呈圆形、椭圆形或披针形等，边缘全缘或有锯齿；有些种类在同一株藻体上叶的形状有差异，上、中、下部叶的形状不同。气囊为帮助藻体浮起，以接受阳光进行光合作用的结构，圆形、椭圆形或圆桶形等，顶端圆、有刺状突起或有冠叶。生殖托圆柱形、圆锥形、三角形、倒卵形、棱形或纺锤形等，表面光滑或有刺，有

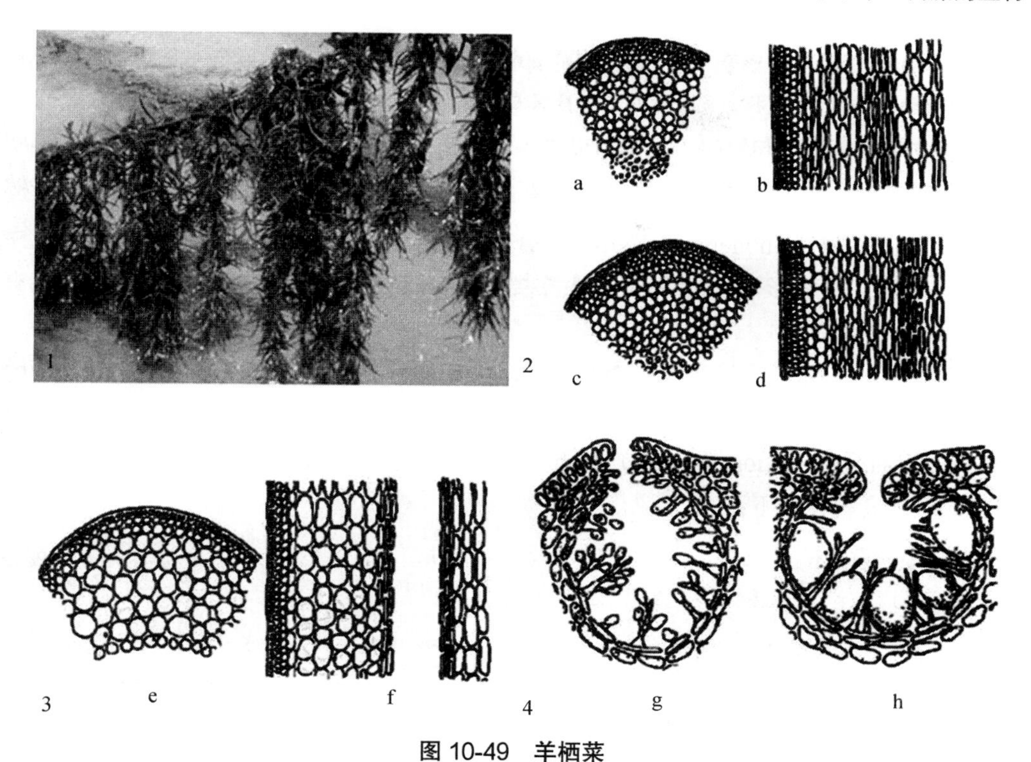

图 10-49　羊栖菜

a. 主干横切面；b. 主干纵切面；c. 叶片横切面；d. 叶片纵切面；e. 横切面；f. 纵切面；g. 精子囊窝；h. 卵囊窝

1. 藻体外形；2. 藻体切面观；3. 气囊的切面观；4. 生殖窝切面观

或无分枝。该属种类的次生分枝、气囊和生殖托都从叶腋处长出。已知该属有 360 种，我国报道了 130 种，分为 3 个亚属，分亚属检索表如下：

1　茎和叶扁平，无明显分化 ………………………………………… 叶枝亚属 *Phyllotrichia*
1　茎和叶明显分化 ………………………………………………………………………… 2
　2　基部藻叶或分枝反曲 ……………………………………… 反曲叶亚属 *Bactrophycus*
　2　基部藻叶和分枝不反曲 …………………………………… 真马尾藻亚属 *Sargassum*

A. 叶枝亚属（Subgenus *Phyllotrichia* Agardh, 1848），孢子体的初生分枝从主干的上部长出，扁平叶状伸展，次生分枝从初生分枝上长出，扁平羽状，末端小枝从次生分枝上长出，亚圆柱形或圆柱形，羽状。气囊、生殖托位于藻叶或叶状分枝的基部。叶枝亚属分种检索表如下：

1　气囊顶端圆形 …………………………………………… 球囊马尾藻 *S. piluliferum*
1　气囊顶端不光滑，有小枝或小藻叶 ………………………………………………… 2
　2　上部藻叶较薄，有中肋 ……………………………… 羽叶马尾藻 *S. pinnatifidum*
　2　上部藻叶较厚，无中肋 ……………………………………………………………… 3
3　藻叶分枝宽而长，分枝较复杂 ……………………………………………………… 4
3　藻叶分枝较窄，分枝简单 ……………………………………… 土佐马尾藻 *S. tosaense*

4 基部藻叶椭圆形或线形等，气囊顶端有单条或分叉小叶…………………………展枝马尾藻 *S. patens*

4 基部藻叶只有一种形状，气囊顶端有不分叉或多次分叉小叶………………………………………5

5 上下藻叶都比较窄，气囊顶端有不分裂的小叶………展枝马尾藻圆干变种 *S. patens* var. *rodgersianum*

5 基部藻叶宽叶状，而上部藻叶线形或丝状………………展枝马尾藻裂叶变种 *S. patens* var. *schizophylla*

B．反曲叶亚属（Subgenus *Bactrophycus* Agardh, 1848），孢子体有明显的主干，主干圆柱形、扁压或三角形，藻叶和气囊大多数单生，次生分枝反曲，生殖托单生或有分枝，总状排列。

该亚属分 5 个组（曾呈奎等，2000），即长干组［Section *Spongocarpus*（Kützing）Yoshida］、圆柱形组（Section *Teretia* Yoshida）、反曲叶组［Section *Halochloa*（Kützing）Yoshida］、匍匐组（Section *Repentia* Yoshida）和叶囊组（Section *Phyllocystae* Tseng）。反曲叶亚属分组检索表如下：

1 主干不直立，呈匍匐状……………………………………………………………匍匐组 Section *Repentia*

1 主干直立……………………………………………………………………………………………2

2 主干较长，气囊圆柱形，顶端有分裂小叶………………………………长干组 Section *Spongocarpus*

2 主干较短，气囊顶端无分裂小叶……………………………………………………………………3

3 初生分枝圆柱形，略棱角形，生殖托圆柱形，表面光滑……………………圆柱形组 Section *Teretia*

3 初生分枝非圆柱形…………………………………………………………………………………4

4 生殖托简单，气囊非叶囊……………………………………………………反曲叶组 Section *Halochloa*

4 生殖托复杂，有分枝，气囊为叶囊……………………………………叶囊组 Section *Phyllocystae*

a．反曲叶组［Section *Halochloa*（Kützing）Yoshida, 1983］，该组藻体的主干直立，较短，有或无分叉；初生分枝从主干的顶端长出，扁压、三角形或多角形，基部藻叶反曲。生殖托比较简单，扁压、扁平或三角形，单生，表面光滑，边缘全缘或有锯齿。分种检索表如下：

1 初生分枝有中肋……………………………………………………………古素姆马尾藻 *S. kushimotense*

1 初生分枝无中肋……………………………………………………………………………………2

2 雌雄同体……………………………………………………………………钩枝马尾藻 *S. rostratum*

2 雌雄异体……………………………………………………………………………………………3

3 雌生殖托扁平叶状、匙形或倒披针形……………………………………任氏马尾藻 *S. ringgoldianum*

3 生殖托非叶状………………………………………………………………………………………4

4 上部藻叶较宽，边缘一般全缘，少数有浅齿或呈波状…………………黑叶马尾藻 *S. nigrifolioides*

4 上部藻叶较窄，边缘深裂至中肋或否………………………………………………………………5

5 上部藻叶边缘深裂至中肋…………………………………………………裂叶马尾藻 *S. siliquastrum*

5 上部藻叶边缘不深裂至中肋………………………………………………锯齿马尾藻 *S. serratifolium*

b．长干组［Section *Spongocarpus*（Kützing）Yoshida, 1983］，该组的主要特征是藻体的主干直立，延长，无初生分枝；分枝始终从主干的叶腋中长出，比主干短；生殖托圆柱形或长角状。

——铜藻［*S. hornei*（Turner）Agardh, 1820］，藻体黄褐色，较为纤弱，高0.5～2 m。固着器裂瓣状；主干圆柱形，一般单生，直径1.5～3 mm，幼时具刺状突起，后期中、上部平滑无刺；藻体长大后，主干上有叶痕；叶长1.5～7 cm，宽0.3～1.2 cm，有不及顶的中肋；叶基部的边缘常向中肋处深裂，叶尖则逐渐浅裂；柄部细长，多为1～2 cm（图10-50）。气囊圆柱形，长0.5～1.5 cm，宽2～3 mm，两端尖细，基部具短柄，柄长1～3 mm；顶端有一个小裂叶，其基部甚细。生殖托圆柱状，两端较细，基部具短柄；一般雄托长4～8 cm，直径1.5～2 mm；雌托长1.5～3 cm，直径2～3 mm，雌托常分段成熟。该种生长在低潮带深石沼中或低潮线下深至4 m处岩石上，是北太平洋西部特有的暖温带性海藻，在我国辽宁、浙江、福建和广东有分布。铜藻所含褐藻胶的质量较好，是我国东南沿海褐藻胶工业的原料，当地居民多以铜藻作为肥料和药物。

图10-50 铜藻

a. 藻体外形；b. 藻体顶端放大

c. 叶囊组（Section *Phyllocystae* Tseng, 1985），该组藻体的主干较短，初生分枝基部藻叶向下反曲，没有一般正常的气囊，气囊是由叶的中间部位膨大形成的，称为叶囊（phyllocyst），其边缘和顶端保留藻叶形状。生殖托有分枝，较复杂，形成较短的总状托序。雌生殖托扁平，扁压或三角形，表面有刺。该组分种检索表如下：

1 初生分枝上的藻叶常重缘，叶囊顶端常凹入……凹顶马尾藻 *S. emarginatum*
1 初生分枝上的藻叶不重缘，叶囊顶端不凹入……2
　2 雌雄生殖托都有刺……叶囊马尾藻 *S. phyllocystum*
　2 雄生殖托多数光滑，偶有1～2个刺……3
3 雌生殖托扁平……郝氏马尾藻 *S. herklosii*
3 雌生殖托三棱形……莫氏马尾藻 *S. mcclurei*

d. 圆柱形组（Section *Teretia* Yoshida, 1983），该组的主要特征是主干直立、较短，分叉或不分叉；初生分枝扁压、三角形或多角形，从主干的顶部长出，生殖托圆柱形。分种检索表如下：

1 藻叶不对称，半叶形 ……………………………… 半叶马尾藻中国变种 *S. hemiphyllum* var. *chinense*

1 藻叶比较对称，非半叶形 …………………………………………………………………… 2

2 分枝表面通常有刺 ……………………………………………………… 海蒿子 *S. confusum*

2 分枝表面无刺 …………………………………………………………………………… 3

3 藻叶较大，无中肋 ………………………………………………… 无肋马尾藻 *S. fulyellum*

3 藻叶较小，有中肋 ……………………………………………………………………… 4

4 基部无鳞片叶，气囊球形 ……………………………………………… 海黍子 *S. muticum*

4 基部有鳞片叶，气囊纺锤形 …………………………………………… 鼠尾藻 *S. thunbergii*

——海蒿子（*S. confusum* Agardh, 1824），藻体褐色，多年生，高 30 cm 以上。固着器盘状。主干圆柱状，单生，偶有 2～3 个丛生，幼时表面有短小的刺状突起。初生分枝自主干钝角方向生出，羽状排列，一年生，生殖期过后凋落，在主干表面留下圆锥形突起，次年，又从其上部生出新枝。新枝最初形成时，部分旧枝仍然残留在主干上，主干自顶端逐年增长，而圆锥形突起也随之增多。因此，藻体生长几年后，主干一般长 20 cm 以上，个别甚至可达 35 cm，直径 2～7 mm。次生分枝的幼枝上有短小的刺。藻叶的形状变异较大，初生分枝上藻叶披针形、倒披针形或倒卵形，长 5～7 cm，宽 2～12 mm，全缘，生长不久便凋落；次生分枝上的藻叶线形、披针形、倒披针形、倒卵形、窄匙形或羽状分裂状；末端小枝上的藻叶为丝状。气囊多生在末端小枝上，幼期为纺锤形或倒卵形，顶端有针状突起，成熟时呈圆形或亚圆形，顶端圆滑或有尖细的突起，少数有大小不同的叶，气囊直径 2～8 mm，柄长 0.5～2 mm。雌雄同体。生殖托圆柱形，表面光滑，总状排列。该种生长在潮间带石沼中和低潮线下 1～4 m 处岩石上，是暖温带性海藻，为北太平洋西部的特有种类；在我国黄海、渤海沿岸习见；可作肥料和工业原料。

海蒿子常因生活环境不同，藻叶和气囊发生变化，故又可分为 7 个变型（表 10-1）。

表 10-1 海蒿子 7 个变型的特征

海蒿子类型	特征
海蒿子标准变型 *S. confusum* f. *confusum* Agardh	基叶窄匙形或倒卵形，边缘全缘或有稀疏齿，中肋不很明显，在叶片长度的 1/2 或 2/3 处消失，一般<7 cm
海蒿子线叶变型 *S. confusum* f. *linearifoliun*（Tseng et Chang）Tseng et Chang	基叶线形、窄披针形或窄匙形，有羽状分枝。边缘全缘，长达 9 cm，宽 3～5 mm，中肋不明显，毛窝甚少
海蒿子刚叶变型 *S. confusum* f. *validum*（Agardh）Yoshida	叶片披针形、倒卵形或倒披针形，较硬，边缘有不整齐的锯齿，中肋明显，及顶
海蒿子钝叶变型 *S. confusum* f. *obtusifolium*（Tseng et Chang）Tseng et Chang	基叶倒卵圆形或倒披针形，长 5～9 cm，宽达 2 cm，顶部钝，毛窝甚多，中肋及顶，边缘有显著的锯齿或双锯齿
海蒿子长叶变型 *S. confusum* f. *lanceolatum*（Tseng et Chang）Tseng et Chang	基叶长披针形，羽状，整齐排列；幼期边缘全缘，中肋不明显，成熟期叶片中肋明显，边缘有锯齿或双锯齿
海蒿子冠叶变型 *S. confusum* f. *coronatum*（Tseng et Chang）Tseng et Chang	基叶长披针形，边缘有锯齿或双锯齿；气囊球形、亚球形或卵形，多数有冠叶
海蒿子大叶变型 *S. confusum* f. *giganteifolium*（Tseng et Chang）Tseng et Chang	基叶长披针形，特别大，长 20 cm，宽达 2.5 cm，边缘有双锯齿，中肋及顶

——半叶马尾藻中国变种［*S. hemiphyllum*（Turner）var. *chinense* Agardh, 1889］，藻体黄褐色，高 1m 以上，固着器由圆柱形、多次重复分叉的假根组成，假根长 1～3.5 cm。主干极短。初生分枝数条，由主干上部产生，圆柱形，略扁压，表面光滑，长 1m 以上，宽约 2 mm。次生分枝互生。藻体下部叶子左右不对称，一侧向外弧形弯曲，常反曲，长达 5.4 cm，宽达 17 mm，无中肋，边缘有粗齿；上部藻叶长达 2.2 cm，宽达 7 mm。藻体下部的气囊倒卵形，顶端圆；上部气囊纺锤形或椭圆形，顶端尖，边缘和顶端有翼状结构。雌雄异体。生殖托圆柱形或纺锤形，向上稍细，下部有一短柄，总状排列。雌生殖托分叉 2～3 次，长 3～4 mm，直径 0.7 mm；雄生殖托圆柱形，长达 7～10 mm，直径 0.6 mm，单条或 2～3 次分叉（图 10-51）。该种生长在低潮线附近或低潮线以下 1 m 左右的岩石上，是我国东海和南海沿岸比较常见的种类，在我国浙江、福建和广东沿海有分布；可作褐藻胶工业的原料。

图 10-51　半叶马尾藻中国变种

a. 假根状固着器；b. 叶片与气囊、生殖托

——海黍子［*S. muticum*（Yendo）Fensholt, 1955］，藻体暗褐色，多年生，高 50 cm 以上。固着器盘状，直径 1 cm 左右。主干圆柱状，单生或 1 回分枝，高 2～3 cm。幼体有 1～3 片初生叶，初生叶倒披针形或倒卵圆形，边缘全缘或稍有粗齿，无中肋，一般在初生分枝长出不久后便脱落。初生分枝自主干顶端螺旋式生出，多条，亚圆柱形，表面光滑，无突起，有 3～5 条纵沟，轻度扭转，切面呈花朵状；初生分枝幼期芽状，有许多小而厚的鳞片叶，与鼠尾藻的幼体很相似。按照发生的程序，鳞片叶属于次生叶，呈披针形、倒卵圆形或亚楔形。次生分枝上有三生叶，楔形、亚楔形、亚匙形或倒披针形。气囊生于次生分枝和末端小枝上，越靠近枝的末端越多，幼期为纺锤形或长椭圆形，成熟时呈亚球形或倒梨形，顶端圆滑。雌雄同体。生殖托圆柱形，表面光滑，顶端稍细，单条，偶有分枝，总状排列。雌窝在生殖托的下部，圆柱形，基部有短柄，长达 12 mm，直径达 1 mm（图 10-52）。该种多生长在背浪的地方，分布在低潮带的石沼中和低潮线下 4 m 处的岩石上，属温带性海藻，为北太平洋西部的特有种类；在我国黄海、渤海沿岸习见，东南沿海产量小，浙江、福建和广东均有分布。该种含有约 30%的褐藻胶，可作肥料和工业原料。

图 10-52 海黍子

a. 营养生长期；b. 成熟期

海黍子常因生活环境不同，藻叶和气囊发生变化，分为 2 个变型（表 10-2）。

表 10-2 海黍子 2 个变型的特征

海黍子类型	特征
海黍子标准变型 *S. muticum* f. *muticum*（Yendo）Yoshida	下部叶倒卵形，顶端钝，长 1.5～2.5 cm，宽 3～6 mm，上部叶亚匙形、披针形或斜楔形，边缘有齿，齿长 5～7 mm，宽 1.5～2 mm
海黍子长叶变型 *S. muticum* f. *longifolium*（Tseng et Chang）Yoshida	下部叶幼期线形，长大后呈长披针形，长 5～6 cm，宽 3～6 mm，叶身常弯曲成弧形；上部叶多楔形，长 1 cm，宽约 2 mm

图 10-53 鼠尾藻

——鼠尾藻［*S. thunbergii*（Mertens ex Roth）Kuntze, 1898］，藻体暗褐色，高 1 m 以上。固着器为扁平的圆盘状，边缘常有裂缝。主干单条，圆柱形，甚短，高 3～7 mm，其上有叶痕。幼期主干上有密排的鳞片状小叶，呈小松球状。初生分枝数条，由主干顶端长出，幼期的初生分枝上也覆盖螺旋状重叠的鳞片叶；次生分枝较短，枝上有纵沟，沟常自叶的基部下行。藻叶丝状、披针形、斜楔形或匙形，长 4～10 mm，宽 1～3 mm，边缘全缘或有粗锯齿。气囊窄纺锤形或倒卵圆形，顶端尖，有长短不等的囊柄。雌雄异体。生殖托长椭圆形或圆柱形，表面光滑，顶端钝，单生或集生。雌生殖托长达 3 mm，直径达 1.2 mm；雄生殖托长达 10 mm，直径约 1 mm（图 10-53）。该种生长在中、低潮带的岩石上，我国沿海习见，北起辽东半岛，南至雷州半岛沿海均有分布。一般生长在黄海、渤海的个体较小，长约 40 cm，而生长在东海和南海的个体较大，长 110 cm 以上。福建平潭岛的鼠尾藻在 7 月、8 月为繁殖盛期（郑怡和陈灼华，1993）。我国渤海湾的鼠尾藻一年中进行一次有性生殖，生长在风浪较小的内湾（许博，2009）。该种是北太平洋西部特有的暖温带性海藻。鼠尾藻的蛋白质含量比海带和裙带菜高，总糖含量达65.6%（吴海歌等，2008），是制造氯化钾和褐藻胶的原料。

C．真马尾藻亚属（Subgenus *Sargassum* Agardh, 1848），藻体的初生分枝扁平、扁压或圆柱形，次生分枝不反曲。藻叶通常单生。气囊从叶腋处产生，其形态多种多样。生殖托较复杂，形态变化较大，有分枝，表面光滑或有刺，呈聚伞状（cymose）、总状（racemose）或复总状（paniculate）排列。根据生殖托的特征，该亚属又分为3组，分组检索表如下：

1　生殖托上直接或间接长出小藻叶或气囊……………………叶托混生组 Section *Zygocarpicae*
1　生殖托上无小藻叶或气囊……………………………………………………2
　2　雌雄生殖托表面光滑……………………………………滑托组 Section *Malacocarpicae*
　2　雌生殖托表面有刺，雄生殖托光滑或有刺………………刺托组 Section *Acanthocarpicae*

a．叶托混生组（Section *Zygocarpicae* Setchell），此组分为2个亚组。分亚组检索表如下：

1　生殖托上直接长出小藻叶或气囊……………真叶托混生亚组 Subsection *Holozygocarpicae*
1　生殖托的基部长出小藻叶或气囊……………拟叶托混生亚组 Subsection *Pseudozygocarpicae*

（a）真叶托混生亚组（Subsection *Holozygocarpicae* Setchell, 1935），下设果叶系（*Carpophylleae* J. Agardh, 1889），根据生殖托的特征，该系划分为5个种群（曾呈奎等，2000），它们的主要特征如表10-3所示。

表10-3　真叶托混生亚组5个种群及其主要特征

种群	主要特征
果叶种群 Species Group *Carpophylleae* J. Agardh	雌雄同体，生殖托纺锤形或圆柱形，表面光滑
软叶种群 Species Group *Tenerrime* Setchell	雌雄同体，生殖托扁压至三棱形，表面特别是顶端有刺
张氏种群 Species Group *Zhangia* Tseng et Lu	雌雄异体，雌雄托圆柱形，表面光滑，无刺
匍枝种群 Species Group *Polycysta* Tseng et Lu	雌雄异体，雄托圆柱形，光滑；雌托扁压或三棱形，有刺
越南种群 Species Group *Vietnamensa* Ajisaka	雌雄异体，雄托圆柱形，有少量刺；雌托扁压或三棱形，有刺

真叶托混生亚组有22种，分种检索表如下：

1　固着器假根状或基部有匍匐枝……………………………………………2
1　固着器盘状，无匍匐枝……………………………………………………3
　2　固着器假根状，分枝表面光滑……………………………南沙马尾藻 *S. nanshaense*
　2　藻体基部有延长的匍匐枝，分枝表面有瘤状突起…………匍枝马尾藻 *S. polycystum*
3　雌雄同体……………………………………………………………………4
3　雌雄异体……………………………………………………………………12
　4　生殖托圆锥形，表面光滑…………………………………………………5
　4　生殖托圆柱形、椭圆形、扁压或三角形，表面有刺………………………6

5 藻叶线形……………………………………………………………………………狭叶马尾藻 *S. angustifolium*

5 藻叶略宽，披针形……………………………………………………………………果叶马尾藻 *S. carpophyllum*

6 分枝表面有刺…………………………………………………………………………涠洲马尾藻 *S. weizhouense*

6 分枝表面光滑………………………………………………………………………………………………7

7 生殖托圆锥形……………………………………………………………………………皇路马尾藻 *S. huangluense*

7 生殖托非圆锥形……………………………………………………………………………………………8

8 生殖托椭圆形、长椭圆形或扁压………………………………………………………………………9

8 生殖托扁压，局部三角形…………………………………………………………………………………10

9 生殖托椭圆形或长椭圆形，藻叶披针形，气囊顶端尖…………………………角托马尾藻 *S. aemulum*

9 生殖托扁压，疣状，有叶状刺，藻叶小，形状不规则，气囊顶端圆形……细囊马尾藻 *S. parvivesiculosum*

10 藻叶长圆形，上部藻叶无中肋……………………………………………………斜基马尾藻 *S. assimile*

10 藻叶披针或窄披针形，上部藻叶有中肋……………………………………………………………11

11 藻叶较小（10 mm×2 mm），气囊顶端光滑，生殖托多三棱形，边缘有刺………………………………
……………………………………………………………………………………………纤细马尾藻 *S. subtilissimum*

11 藻叶较大［（60～70）mm×（12～15）mm］，气囊顶端有细尖，生殖托多扁压，边缘无刺…………
……………………………………………………………………………………………软叶马尾藻 *S. tenerrimum*

12 雌雄生殖托表面光滑………………………………………………………………硇洲马尾藻 *S. naozhouense*

12 雌生殖托表面有刺，雄生殖托表面光滑或有刺…………………………………………………………13

13 雄生殖托表面有刺…………………………………………………………………………………………14

13 雄生殖托表面光滑…………………………………………………………………………………………15

14 雌生殖托圆柱形，顶端略扁……………………………………………………密囊马尾藻 *S. densicystum*

14 雌生殖托三角形………………………………………………………………………细枝马尾藻 *S. capillare*

15 雌生殖托圆柱形或亚圆柱形…………………………………………半月礁马尾藻 *S. banyuejiaoense*

15 雌生殖托扁压或三角形……………………………………………………………………………………16

16 雌生殖托扁压………………………………………………………………………………………………17

16 雌生殖托三角形……………………………………………………………………………………………19

17 初生分枝扁平，有中肋…………………………………………………………………中肋马尾藻 *S. costatum*

17 初生分枝圆柱形，无中肋，表面有瘤状突起……………………………………………………………18

18 次生和小分枝上的藻叶披针形或线形，无中肋…………………………………谷粒马尾藻 *S. granuliferum*

18 次生和小分枝上的藻叶匙形或卵圆形，无明显中肋……………………………微囊马尾藻 *S. myriocystum*

19 分枝上的藻叶长椭圆形…………………………………………………………………松弛马尾藻 *S. laxifolium*

19 分枝上的藻叶披针形、倒披针形或线形……………………………………………………………………20

20 生殖托非常长，雄生殖托长达 3～4 cm……………………………………………张氏马尾藻 *S. zhangii*

20 生殖托较短，雄生殖托长度<1 cm……………………………………………………………………21

21 藻叶线形、倒披针形，较小，顶端钝圆，边缘波状或顶部有几个微齿……细弱马尾藻 *S. gracillimum*

21 藻叶略大，窄披针形，顶端尖，边缘有尖锯齿…………………………巴林加萨马尾藻 *S. balingassaense*

——硇洲马尾藻（*S. naozhouense* Tseng et Lu, 1987），藻体灰褐色，高 1.7 m 以上，

固着器盘状；主干圆柱形，较短，高约 5 mm，直径 2 mm；初生分枝圆柱形，数条，从主干顶端长出，表面光滑，长可达 1.7 m，直径 1～1.5 mm，上有黑色腺点；次生分枝与初生分枝的形状相似，较短，长 10～20 cm；末端小枝上密生藻叶、气囊和生殖托，上面有黑色腺点。藻体下部叶子较厚，长披针形或线形，基部长楔形，有 1 个圆柱形短柄，顶端钝，边缘全缘，有不及顶中肋，少量毛窝；次生分枝和末端小枝上的藻叶线形或丝状，基部长楔形，柄丝状，无中肋，有少量毛窝，边缘全缘（图 10-54）。气囊球形或卵形，直径 1～2 mm，表面光滑，顶端圆，多数无细尖，无毛窝，囊柄丝状。雌雄异体。生殖托圆柱形，表面光滑，无锯齿，基部有圆柱形柄，单条或有分枝，托上常长出气囊或小叶。雄生殖托比雌生殖托长，前端钝圆；雌生殖托圆锥状，前端尖细。该种生长在低潮带和低潮线以下岩石上，为我国特有种，在广东有分布。

——匍枝马尾藻（*S. polycystum* Agardh, 1824），藻体黄褐色，高 60～100 cm；主干圆柱形，高 5～11 mm，直径 2 mm，有叶痕，有直立的初生分枝和匍匐枝；初生分枝圆柱形，长 40 cm 以上，直径 1.5～2 mm；次生分枝上又长出小枝，所有枝上都有许多黑色小突起。初生叶卵形或长椭圆形，有及顶中肋，长 2～4 cm，宽 8～12 mm，边缘有锯齿；末端小枝上的藻叶较小，窄披针形，顶端圆，长 1 cm 以上，宽 2～3 mm，中肋不及顶，边缘有锯齿（图 10-55）。气囊卵形，较小，直径 1.5～2 mm。雌雄异体。生殖托单生或呈伞房花序状，其上常长出气囊或小叶。雄生殖托圆柱形，1～2 次分叉，长 3～5 mm，直径 0.5～0.6 mm；雌生殖托纺锤形，扁压，常分叉，顶端有锯齿，长 1～2.5 mm，直径 0.2～0.4 mm。该种生长在低潮带和潮下带岩石上，在我国广东、广西、海南岛和西沙群岛有分布。

图 10-54 硇洲马尾藻

图 10-55 匍枝马尾藻

（b）拟叶托混生亚组（Subsection *Pseudozygocarpicae* Setchell, 1935），下设灰叶系（*Cinerea* Tseng et Lu, 1935），该系分 4 个种群，它们的主要特征如表 10-4 所示。

表 10-4 拟叶托混生亚组灰叶系 4 个种群及其主要特征

种群	主要特征
粉灰种群 Species Group *Incana* Ajisaka	雌雄同体，生殖托圆柱形或纺锤形，表面光滑或有少量刺

续表

种群	主要特征
刺托种群 Species Group *Denticarpa* Ajisaka	雌雄同体，生殖托扁压至三棱形，表面和顶端有刺；中国至今未见
瓦氏种群 Species Group *Vachelliana* Setchell	雌雄异体，雌雄生殖托圆柱形或纺锤形，表面光滑或有少量刺
灰叶种群 Species Group *Cinerea* Setchell	雌雄异体，雄生殖托圆柱形，光滑或有刺；雌生殖托扁压或三棱形，有刺

拟叶托混生亚组，有9种，分种检索表如下：

1 藻体雌雄同体 ······ 2
1 藻体雌雄异体 ······ 4
  2 基部有鳞茎 ······ 鳞茎马尾藻 *S. bulbiforum*
  2 基部无鳞茎 ······ 3
3 主干常分叉，藻叶较厚，并且常分叉 ······ 头状马尾藻 *S. capitatum*
3 主干不分叉，藻叶较薄，并且不分叉 ······ 粉灰马尾藻 *S. incanum*
  4 生殖托表面光滑 ······ 5
  4 雌雄生殖托表面有刺或雄生殖托无刺 ······ 6
5 藻叶较厚，表面有毛窝 ······ 瓦氏马尾藻 *S. vachellianum*
5 藻叶较薄，表面无毛窝 ······ 草叶马尾藻 *S. graminifolium*
  6 雌雄生殖托表面有刺，藻叶较皱 ······ 皱叶马尾藻 *S. crispifolium*
  6 雄生殖托表面光滑，藻叶不皱 ······ 7
7 藻叶长圆形或长倒卵形 ······ 宽叶马尾藻 *S. euryphyllum*
7 藻叶披针形 ······ 8
  8 下部藻叶的中肋消失在中部，上部藻叶无中肋 ······ 灰叶马尾藻 *S. cinereum*
  8 所有藻叶有及顶的中肋 ······ 粉叶马尾藻 *S. glaucescens*

——瓦氏马尾藻（*S. vachellianum* Greville, 1848），藻体深褐色，表面粗糙，高达80 cm，固着器盾状或锥盘状；主干圆柱形，较短，表面疣状，长1.5～2 cm；初生分枝扁平，表面光滑，长50～80 cm，宽1.5～2 mm；次生分枝圆柱形，表面光滑，长达10 cm，直径达1.3 mm，分枝间距2.5～3 mm；末端小枝纤细，长达1 cm，直径<1 mm，其上着生藻叶、气囊和生殖托。下部藻叶长披针形，长6～8 cm，宽6～8 mm，边缘有深锯齿；次生分枝上的藻叶渐尖，基部略斜，长4～6 cm，宽3～6 mm，边缘有锯齿，有明显及顶中肋，多毛窝（图10-56）。气囊球形，直径5 mm，囊柄圆柱形，有时叶状。雌雄异体。生殖托圆柱形，二叉分枝，密集分布，直径0.5～1 mm，基部常长有藻叶或气囊，雄生殖托比雌生殖托长。该种生长在低潮带和潮下带岩石上，为我国特有种，在我国浙江、福建、广东和香港海域有分布。

——灰叶马尾藻（*S. cinereum* J. Agardh, 1848），藻体浅灰绿色，主干较短；初生分枝圆柱形，表面光滑，次生分枝形态与初生分枝相似；基部藻叶长圆形，基部楔形，顶端圆钝，边缘有锯齿，长约 3 cm，宽 7～8 mm，中肋消失在藻叶中上部；顶部藻叶披针形，长 2～2.5 cm，宽 3～4 mm，边缘平滑或呈波状，偶见粗糙锯齿。叶柄下部亚圆柱形，上部扁压（图 10-57）。气囊球形或倒卵形，直径约 4 mm，表面光滑，顶端急尖。雌雄异体。雌托较短，三棱形，边缘有粗锯齿；雄托圆柱形，边缘有小刺，长 8～10 mm，直径约 1 mm。该种生长在低潮带下部和潮下带岩石上，在广东硇洲岛和香港有分布。

图 10-56　瓦氏马尾藻

图 10-57　灰叶马尾藻

b. 滑托组［Section *Malacocarpicae*（J. Agardh）Abbott, Tseng et Lu, 1889］，藻体的雌雄生殖托光滑无刺，聚伞状、亚总状或总状排列。该组分 3 个亚组，我国只发现了其中的 2 个亚组，分亚组检索表如下：

1　生殖托光滑，聚伞状排列，托柄部位也有生殖窝 ……………… 丛伞托序亚组 Subsection *Fruticuliferae*
1　生殖托光滑，总状排列，托柄部位无生殖窝 ……………………… 总状托序亚组 Subsection *Racemosae*

（a）丛伞托序亚组［Subsection *Fruticuliferae*（J. Agardh）Tseng et Lu, 1889］，我国报道 2 种，分种检索表如下：

1　次生分枝和小枝表面粗糙，有小刺 ……………………………………………… 多孢马尾藻 *S. polyporum*
1　次生分枝和小枝表面光滑 ……………………………………………………………… 长干马尾藻 *S. longicoulis*

（b）总状托序亚组［Subsection *Racemosae*（J. Agardh）Tseng et Lu, 1889］，该亚组划分成 3 个系，我国目前只发现 2 个系，分系检索表如下：

1　生殖托比较短，表面无缢缩，分枝表面有腺点 ……………………………… 具腺系 Series *Glandulariae*
1　生殖托比较长，长角形或窄长角形，表面有缢缩，分枝表面多数无腺点 …… 荚托系 Series *Siliquosae*

a）具腺系［Series *Glandulariae*（J. Agardh）Tseng et Lu, 1889］，我国报道的该系有 3 种，分种检索表如下：

1 藻叶针形 …… 线形马尾藻 *S. capilliforme*

1 藻叶披针形 …… 2

2 藻叶长度<2 cm，气囊直径<2 mm …… 棒托马尾藻 *S. baccularia*

2 藻叶长度>2.5 cm，气囊直径>6 mm …… 钦州马尾藻 *S. qinzhouense*

b）荚托系［Series *Siliquosae*（J. Agardh）Tseng et Lu, 1889］，我国报道的该系有15种，分种检索表如下：

1 初生分枝下部扁平，藻叶小，边缘光滑波状 …… 灌木马尾藻 *S. fruticulosum*

1 初生分枝圆柱形，藻叶大，边缘有锯齿 …… 2

2 藻叶较大，椭圆形或长披针形，基部明显不对称 …… 3

2 藻叶较小，披针形，基部较对称 …… 4

3 藻叶长椭圆形或宽披针形，顶端钝圆 …… 荚托马尾藻 *S. siliquosum*

3 藻叶长披针形，顶端尖，边缘波状或有不规则锯齿 …… 青岛马尾藻 *S. qingdaoense*

4 藻叶的基部和其他部位常分裂 …… 5

4 藻叶不分裂 …… 11

5 藻体龙舌兰状，基部藻叶较长 …… 龙舌兰马尾藻 *S. agaviforme*

5 藻体非龙舌兰状 …… 6

6 固着器盘状 …… 7

6 固着器假根状或圆锥状 …… 9

7 藻叶较厚，边缘全缘 …… 拟乌黑马尾藻 *S. fuliginosoides*

7 藻叶较薄，边缘有锯齿 …… 8

8 生殖托较简单，总状排列，叶的边缘有少量锯齿 …… 山东马尾藻 *S. shandongense*

8 生殖托较复杂，复总状排列，叶的边缘有尖锯齿 …… 雷州马尾藻 *S. leizhouense*

9 固着器假根状愈合 …… 拟全缘叶马尾藻 *S. integrifolioides*

9 固着器圆锥形 …… 10

10 初生分枝基部有球芽 …… 球芽马尾藻 *S. gemmiphorum*

10 初生分枝基部无球芽 …… 灌丛马尾藻 *S. frutescens*

11 初生分枝粗壮，下部扁平，雌生殖托扁压 …… 上川马尾藻 *S. shangchuanii*

11 初生分枝扁压至圆柱形，生殖托圆柱状 …… 12

12 藻体纤细，柔软，气囊常有很长的柄（长度可达直径的10倍） …… 软枝马尾藻 *S. kuetzingii*

12 藻体粗糙，气囊的柄部较短 …… 13

13 生殖托总状排列 …… 14

13 生殖托圆锥状排列 …… 圆锥马尾藻 *S. paniculatum*

14 初生分枝下部扁压，生殖枝上无成熟和幼生殖托之分 …… 广东马尾藻 *S. guangdongii*

14 初生分枝下部圆柱状，生殖枝上有成熟和幼生殖托之分 …… 亨氏马尾藻 *S. henslowianum*

——亨氏马尾藻（*S. henslowianum* Agardh, 1848），藻体黑褐色，较粗糙，高约1m；固着器盘状，直径1～1.5 cm；同一固着器上有主干1～2个，主干较短，圆柱形，长1～

1.5 cm，直径 2～3 mm，表面瘤状；初生分枝数条，亚圆柱形或圆柱形，表面光滑，长达 1m，直径达 2 mm；次生分枝较短，圆柱形，长 30～40 cm，直径 0.5～1 mm，表面光滑；末端小枝丝状。初生分枝的下部藻叶较大而厚，披针形，长达 8 cm，宽达 10 mm，边缘有浅锯齿，顶端尖细，基部斜楔形，有明显及顶中肋，毛窝分散在中肋两侧；初生分枝的上部藻叶窄披针形，长 5～7 cm，宽 4～5 mm；次生分枝上藻叶窄披针形或线形，顶端尖或钝，基部斜楔形，边缘有尖锯齿，长 5～6 cm，宽 2～3 mm（图 10-58）。气囊圆形或亚圆形，表面无毛窝，直径 5～7 mm，顶端圆形，幼期顶端有细尖；囊柄细小圆柱形，有时叶状；长 6～10 mm。雌雄异体。雌生殖托纺锤形，表面光滑，单生或有时上部分枝，长 4～8 mm，直径 1～1.5 mm，顶端钝，基部有 1 个小柄；雄生殖托较长，圆柱形，表面光滑，大多数单生，有时在上部分枝，长达 15 mm，直径 1 mm，基部有 1 个圆柱形短柄。该种生长在低潮带岩石上，在我国福建、香港和广东有分布。

——雷州马尾藻（*S. leizhouense* Tseng et Lu, 1994），藻体深褐色，较粗壮，高 50 cm 以上；固着器盘状，直径 1～1.5 cm；同一固着器上有主干 2～3 个，主干圆柱形，长达 2 cm，直径 1～2 mm，表面疣状；从主干上部长出初生分枝和一些芽，芽较短，长约 1 cm，直径 3～5 mm；初生分枝数条，下部扁压，上部圆柱形，表面光滑，长 50 cm 以上，直径达 1.5～2 mm；次生分枝较短，圆柱形，互生，长 5～10 cm，表面光滑，枝间距 2～4 cm。藻叶的基部楔形，顶端钝圆，边缘齿状，中肋及顶，毛窝分散在中肋两侧；基部藻叶大而厚，披针形，常羽状分裂，长 5～7 cm，宽 9～10 mm；上部藻叶披针形，长 4～5 cm，宽 4～5 mm，一般不分裂（图 10-59）。气囊圆形，表面光滑，少毛窝，直径 3～4 mm，顶端圆形；囊柄细小圆柱形，长 2～3 mm，通常短于气囊囊体。雌雄异体。生殖托圆柱形，光滑。雌生殖托顶端常二叉分枝，偶有 3～4 回分叉，长 4～5 mm，直径 0.8～1 mm，顶端钝，基部有 1 个小柄；雄生殖托较长，有时分叉，顶端常二叉状，长 7～15 mm，直径 0.7～0.8 mm。该种生长在低潮带和潮下带岩石上，在我国广东有分布。

图 10-58　亨氏马尾藻

图 10-59　雷州马尾藻

c. 刺托组［Section *Acanthocarpicae*（J. Agardh）Abbott, Tseng et Lu, 1889］，其主要特征包括雌雄同体或异体，生殖托的形态多种多样；雌生殖托的表面或顶端有刺，而雄生殖托光滑或有少量刺。根据生殖托在生殖枝上的排列特征，分为2个亚组，分亚组检索表如下：

1 生殖托聚伞状或亚总状排列，呈团伞托序 ························ 团伞托序亚组 Subsection *Glomerulatae*
1 生殖托总状排列，呈总状托序 ························ 双锯叶亚组 Subsection *Biserrulae*

（a）团伞托序亚组［Subsection *Glomerulatae*（J. Agardh）Tseng et Lu, 1889］，该亚组的主要特征包括生殖托圆柱形、扁压或扁平，分叉，基部无单独的柄，顶端或边缘有刺或锯齿。根据初生分枝的形态分成2个系，分系检索表如下：

1 初生分枝扁压或扁平 ························ 宾德系 Series *Binderiana*
1 初生分枝圆柱形或亚圆柱形 ························ 扁托系 Series *Platycarpae*

a）宾德系［Series *Binderiana*（Grunow）Tseng et Lu, 1916］，根据气囊的形态，该系又分2个种群，它们的主要特征如表10-5所示。

表10-5 团伞托序亚组宾德系2个种群及其主要特征

种群	主要特征
斯氏种群 Species Group *Swartzia*	气囊椭圆形或亚椭圆形，囊柄常常比气囊囊体长
宾德种群 Species Group *Binderia*	气囊球形，大多数的囊柄长度通常和气囊囊体的直径相等

Ⅰ. 斯氏种群（Species Group *Swartzia*），我国报道的该种群有9种，分种检索表如下：

1 生殖托圆柱形，顶端有或无短刺 ························ 2
1 生殖托扁平或扁压，顶端和边缘有刺 ························ 3
　2 藻叶披针形 ························ 原始马尾藻 *S. primitivum*
　2 藻叶丝状或倒披针形 ························ 硬叶马尾藻 *S. aquifolium*
3 生殖托的顶端有刺，有时上部边缘有少量刺 ························ 4
3 生殖托的顶端和边缘都有刺 ························ 5
　4 藻体有2种藻叶，上部的为线形或圆柱形 ························ 斯氏马尾藻 *S. swartzii*
　4 藻体只有1种藻叶，为薄的披针形 ························ 围氏马尾藻 *S. wightii*
5 成熟藻体的生殖托上部膨胀呈扇形 ························ 6
5 成熟藻体的生殖托上部不膨胀呈扇形 ························ 8
　6 气囊柄圆柱形 ························ 文昌马尾藻 *S. wenchangense*
　6 气囊柄扁平叶状 ························ 7
7 藻体矮小，上部藻叶不规则，倒披针形 ························ 矮小马尾藻 *S. pumilum*
7 藻体较大，长60 cm以上，藻叶披针形 ························ 鹿角马尾藻 *S. cervicorne*
　8 藻叶顶端略尖 ························ 尖叶马尾藻 *S. acutifolium*
　8 藻叶顶端一般钝圆 ························ 海南马尾藻 *S. hainanense*

Ⅱ. 宾德种群（Species Group *Binderia*），我国报道的该种群有6种，分种检索表如下：

1 生殖托圆柱形，气囊为叶囊 ……………………………………………… 费氏马尾藻 *S. feldmannii*
1 生殖托扁平或扁压，气囊非叶囊 ………………………………………………………………… 2
  2 藻叶线形 ……………………………………………………………… 中间马尾藻 *S. intermedium*
  2 藻叶披针形或长圆形 ………………………………………………………………………… 3
3 藻叶披针形，顶端尖 ……………………………………………………… 宾德马尾藻 *S. binderi*
3 藻叶宽披针形或长圆形，顶端钝圆形 ………………………………………………………… 4
  4 藻体的小枝上有突起的腺点 ……………………………………… 裂开马尾藻 *S. erumpens*
  4 藻体的小枝光滑，无突起的腺点 ……………………………………………………………… 5
5 藻叶宽披针形 ………………………………………………………… 琼海马尾藻 *S. qionghaiense*
5 藻叶披针形或长圆形 …………………………………………………… 孤囊马尾藻 *S. oligocystum*

b）扁托系［Series *Platycarpae*（Grunow）Tseng et Lu, 1916］，我国报道的该系有9种，分种检索表如下：

1 藻叶丝状或窄披针形 …………………………… 剑形马尾藻厚叶变种 *S. acinarium* var. *crassiuscula*
1 藻叶非丝状或披针形 …………………………………………………………………………… 2
  2 藻叶匙形，顶端重缘，呈杯状 ………………………………………………………………… 3
  2 藻叶长圆形或椭圆形，顶端有锯齿 …………………………………………………………… 4
3 藻体小枝上有明显突起的腺 …………………………………………… 永兴马尾藻 *S. yongxingense*
3 藻体小枝上无突起的腺 ……………………………………………… 重缘叶马尾藻 *S. duplicatum*
  4 藻体小枝上有明显突起的腺 ……………………………………… 三亚马尾藻 *S. sanyaense*
  4 藻体小枝上无明显突起的腺 …………………………………………………………………… 5
5 气囊球形，顶端圆或略尖 ……………………………………………………………………… 6
5 气囊长圆形或椭圆形，顶端钝或略尖 ………………………………………………………… 8
  6 气囊顶端尖，边缘被薄叶包被 …………………………………… 大洲马尾藻 *S. dazhouense*
  6 气囊顶端圆形，两侧光滑或有耳状翅 ………………………………………………………… 7
7 气囊两侧光滑 …………………………………………………… 景天叶马尾藻 *S. telephifolium*
7 气囊两侧有耳状翅 ……………………………………………………… 冠叶马尾藻 *S. cristaefolium*
  8 气囊椭圆形，顶端常有细小的藻叶 ………………………………… 厚叶马尾藻 *S. crassifolium*
  8 气囊很大，长圆形，顶端尖 ……………………………………… 巨囊马尾藻 *S. megalocystum*

——厚叶马尾藻（*S. crassifolium* Agardh, 1848），藻体高40～50 cm；固着器圆盘状，直径＜1 cm；主干圆柱形，短，表面光滑，长5～10 mm，直径约2 mm；初生分枝3～4条，扁压，表面光滑，长30～50 cm，宽2～3 mm；次生分枝互生，扁压，长6～7 cm，宽约1 mm，枝间距一般为2～2.5 cm；藻叶肉质，厚而硬，椭圆形至长椭圆形，长2～3 cm，宽1～1.5 cm，顶端圆形，有时重缘，边缘有锯齿，基部基本对称，有短柄，中肋不明显，消失在藻叶中部，毛窝明显、不规则分布（图10-60）。气囊椭圆形，顶端有小叶或突起，边缘齿状，有分散毛窝，长1～1.6 cm，直径0.5～1 cm；囊柄多扁平叶状，边缘有锯齿，长6 mm，宽2～3 mm。雌雄同体、同托但不同窝。生殖托扁压，分叉，表面有少量刺，长2～3 mm，宽1 mm，有柄。该种生长在潮下带珊瑚礁上，在我国台湾、海南岛和西沙群岛有分布。

——重缘叶马尾藻（*S. duplicatum* Bory, 1828），藻体黄褐色，高40～45 cm；固着器盘状，直径约1 cm；主干圆柱形，光滑，长7～8 mm，直径3～4 mm；初生分枝数条，圆柱形或亚圆柱形，表面光滑，长39～44 cm，直径2 mm；次生分枝圆柱形，较短，长5～10 cm，直径1.5 mm，表面光滑。末端小枝圆柱形，较短，长1～2 cm，直径＜1 mm，密生藻叶、气囊和生殖托。藻叶匙形或长圆形，长1.5～1.8 cm，宽1～1.2 cm，顶端重缘，呈杯状；边缘有不规则锯齿，基部楔形，较对称；中肋明显，通常消失在顶端之下；毛窝明显，不规则地分散在中肋两侧（图10-61）。气囊球形或亚球形，通常直径7～8 mm，顶端圆，两侧有耳状翅；囊柄圆柱形，长4～5 mm；气囊和囊柄表面有毛窝。雌雄同体。生殖托扁压或亚圆柱形，有不规则分叉，长4～5 mm，直径0.5～1 mm，表面和顶端有刺，基部有不育的短柄。该种生长在低潮带和潮下带岩石上，广泛分布于印度—西太平洋热带海区，在我国海南鸟和西沙群岛有分布。

图10-60 厚叶马尾藻

图10-61 重缘叶马尾藻

（b）双锯叶亚组［Subsection *Biserrulae*（J. Agardh）Tseng et Lu, 1889］，该亚组的主要特征是生殖托总状排列。雌雄同体、同托，表面有刺，或雌雄异体，雌生殖托有刺，而雄生殖托光滑或有刺。分枝扁平、扁压、亚圆柱形或圆柱形，藻叶线形、椭圆形或披针形，顶端圆形，有细尖或小藻叶。根据生殖托和藻叶的特征分为3个系，分系检索表如下：

1 雌雄同体，生殖托有刺 ………………………… 革叶系 Series *Odontocarpae*

1 雌雄异体，雌生殖托有刺，雄生殖托光滑或有刺 ………………………… 2

2 雄生殖托光滑，分枝上的藻叶较小，并且基部基本对称 ………………………… 斜叶系 Series *Plagiophyllae*

2 雄生殖托有刺，藻叶略大，并且基部不对称 ………………………… 冬青叶系 Series *Ilicifoliae*

a）革叶系（Series *Odontocarpae* Tseng et Lu, 1997），该系的主要特征是雌雄同体、同托。藻叶较大，呈披针形。毛窝较小。气囊球形、长圆形、椭圆形或倒卵形。我国报道的该系有10种，分种检索表如下：

1 生殖托有非常少的刺 ………………………………………… 北海马尾藻 *S. beihaiense*
1 生殖托有很多刺 ………………………………………………………………… 2
　2 初生分枝扁平 ……………………………………………………………… 3
　2 初生分枝亚圆柱形或圆柱形 ………………………………………………… 4
3 生殖托扁平，固着器圆柱形，藻叶顶端尖，边缘有双锯齿，气囊球形 ……… 西沙马尾藻 *S. xishaense*
3 生殖托扁压至三棱形，固着器盾形，藻叶顶端钝，边缘波状或有浅锯齿，气囊卵圆形 ……………… ………………………………………………………………… 王氏马尾藻 *S. wangii*
　4 藻叶顶端通常呈杯形 ………………………………………………………… 5
　4 藻叶顶端不呈杯形 …………………………………………………………… 6
5 藻叶陀螺形 ………………………………………… 陀螺叶马尾藻 *S. turbinatifolium*
5 藻叶椭圆形 ………………………………………………… 台湾马尾藻 *S. taiwanicum*
　6 藻叶倒卵形或长卵形 ………………………………………………………… 7
　6 藻叶长披针形 ………………………………………………………………… 9
7 藻叶有双锯齿 ………………………………………………………………… 8
7 藻叶无双锯齿 ……………………………………… 拟冬青叶马尾藻 *S. ilicifolioides*
　8 藻叶倒卵形，顶端通常重缘 ………………………………… 薛氏马尾藻 *S. silvae*
　8 藻叶长卵形 ……………………………………………………… 刺叶马尾藻 *S. spinifex*
9 藻叶长披针形，顶端钝 ………………………………………… 刺托马尾藻 *S. odontocarpum*
9 藻叶披针形，顶端尖 …………………………………………… 娇美马尾藻 *S. amabile*

b）斜叶系（Series *Plagiophyllae* Tseng et Lu, 2000），主要特征是雌雄异体。雌生殖托表面有刺，雄生殖托表面光滑。藻叶较小或略大，较窄，基部略斜或不明显弯曲。根据固着器的形态和藻叶大小，该系又分为2个种群，它们的主要特征如表10-6所示。

表 10-6 双锯叶亚组斜叶系 2 个种群及其主要特征

种群	主要特征
假根种群 Species Group *Rhizophora*	固着器假根状
斜叶种群 Species Group *Plagiophylla*	固着器盘状或圆锥状

我国报道的该系有10种，分种检索表如下：

1 藻体有固着器 ………………………………………………………………… 2
1 藻体常见无固着器的漂来断枝 ………………………………………………… 9
　2 固着器假根状或假根状愈合 ………………………………………………… 3
　2 固着器盘状、盾状或圆锥状 ………………………………………………… 6
3 藻叶较薄，披针形，边缘有较深锯齿 ……………………………… 假根马尾藻 *S. rhizophorum*

3 藻叶较厚，长椭圆形或披针形，边缘全缘或上部有浅齿 …… 4
4 藻叶长椭圆形，下部边缘波状，上部边缘偶有不规则浅锯齿 …… 莺歌海马尾藻 *S. yingehaiense*
4 藻叶披针形，边缘全缘或上半部有几个浅锯齿 …… 5
5 藻叶边缘全缘，中肋及顶，气囊两侧无耳状翅 …… 全缘马尾藻 *S. integerrimum*
5 藻叶上部边缘有浅锯齿，中肋不及顶，气囊两侧有耳状翅 …… 合根式马尾藻 *S. symphyorhizoideum*
6 固着器圆锥形或盾形，分枝表面有稀疏的刺 …… 火烧岛马尾藻 *S. kasyotense*
6 固着器盘状 …… 7
7 藻叶较小，椭圆形，气囊纺锤形 …… 异囊马尾藻 *S. heterocystum*
7 藻叶较大，非椭圆形，气囊非纺锤形 …… 8
8 基部的藻叶宽披针形，上部的窄披针形 …… 拟小叶马尾藻 *S. parvifolioides*
8 藻叶长椭圆形 …… 斜叶马尾藻 *S. plagiophyllum*
9 气囊小，长 2 mm，直径 1.5 mm …… 褐叶马尾藻 *S. fuscifolium*
9 气囊大，长达 1.2～1.3 cm，直径达 7～9 mm …… 长囊马尾藻 *S. longivesiculosum*

图 10-62 全缘马尾藻

——全缘马尾藻（*S. integerrimum* Tseng et Lu, 2000），藻体黄褐色，高达 112 cm；固着器假根状愈合，中央略突起，直径 1.3 cm；主干圆柱形或略扁压，表面疣状，长 1 cm，直径 2.5 mm；初生分枝数条，亚圆柱形或略扁压，长 111 cm，直径 2 mm，越向上越细，表面光滑；次生分枝互生，表面光滑，圆柱形，较短，长 20 cm，直径 1 mm，枝间距 3～4 cm；末端小枝更短，圆柱形，表面光滑，长 5 cm，直径＜1 mm。藻叶较厚，披针形，基部斜楔形，顶端尖，中肋明显及顶，毛窝明显或不明显，分散在中肋两侧，边缘全缘并呈波状；初生分枝上的藻叶长 5～6 cm，宽 7～10 mm；次生分枝上的藻叶长 3～4.5 cm，宽 2～3 mm；末端小枝上的藻叶更短而细，长 1.5～2 cm，宽 1.5～2 mm（图 10-62）。气囊卵圆形或球形，直径约 4 mm，顶端圆形或有细尖，表面有几个毛窝；囊柄圆柱形，表面光滑，长 2～3 mm，直径＜1 mm。雌雄异体。雌生殖托三棱形，顶端和边缘有刺，长 5 mm，直径 1.5 mm；雄生殖托圆柱形，无刺，长 6 mm，直径 1 mm。该种生长在低潮带的石沼中，是我国的特有种，产于我国广东硇洲岛。

c）冬青叶系［Series *Ilicifoliae*（J. Agardh）Tseng et Lu, 1997］，该系的主要特征是雌雄异体。雌雄的表面都有刺。藻叶基部明显不对称，并向内弯曲，内侧边缘全缘或有少量锯齿，外侧边缘有粗锯齿。我国报道的该系有 14 种 2 变种，分种检索表如下：

1 次生分枝上的藻叶披针形或线形，顶端尖 …… 2
1 次生分枝上的藻叶卵圆形、倒卵形、长倒卵形或椭圆形，顶端钝圆 …… 10
2 次生分枝上的藻叶线形，有时反曲，末端小枝上的藻叶多数反曲 …… 细叶马尾藻 *S. tenuifolioides*
2 次生分枝和末端小枝上的藻叶不反曲 …… 3

3 次生分枝上的藻叶较窄小，宽<3 mm ………………………………………… 4
3 次生分枝上的藻叶宽大，宽>4 mm ………………………………………… 5
4 藻叶较窄长，长 2 cm，宽 2 mm，雌生殖托三棱形 …………………… 小叶马尾藻 *S. parvifolium*
4 藻叶较宽短，长 1.2 cm，宽 3 mm，雌生殖托扁压 ……………… 亚匙形马尾藻 *S. subspathulatum*
5 藻叶比较薄 ………………………………………………………………… 6
5 藻叶比较厚 ………………………………………………………………… 9
6 雌生殖托扁压或扁平 ……………………………………………………… 7
6 雌生殖托三棱形 …………………………………………………………… 8
7 藻体基部有鳞茎，气囊球形 …………………………………… 拟短角马尾藻 *S. siliculosoides*
7 藻体基部无鳞茎，气囊卵形或倒卵形 ……………………… 拟披针叶马尾藻 *S. pseudolanceolatum*
8 初生分枝上的藻叶较大，长 4 cm，宽 7 mm，气囊卵圆形或倒卵圆形 ……… 围绕马尾藻 *S. cinctum*
8 初生分枝上的藻叶较小，长 2.5 cm，宽 4 mm，气囊球形 ……… 拟双锯叶马尾藻 *S. biserrulioides*
9 基部藻叶较大，长 9 cm，宽 27 mm，边缘波状 ……………… 茅膏马尾藻 *S. subdroserifolium*
9 基部藻叶较小，长 6 cm，宽 8 mm，边缘有不规则的锯齿 ……………… 福建马尾藻 *S. fujianense*
10 藻叶长椭圆形，边缘有锯齿 ……………………………………………… 11
10 藻叶卵形、倒卵形、长倒卵形或匙形 …………………………………… 13
11 气囊球形，两侧有耳状翅，雌生殖托扁压 ……………………………… 12
11 气囊倒卵形或纺锤形，顶端有细尖，两侧无耳状翅，雌生殖托三棱形 …………… 都氏马尾藻 *S. dotyi*
12 藻叶顶端不重缘 ……………………………………………… 冬青叶马尾藻 *S. ilicifolium*
12 藻叶顶端通常重缘 ……………………… 冬青叶马尾藻重缘变种 *S. ilicifolium* var. *conduplicatum*
13 藻叶匙形，顶端通常重缘 ………………………………………… 山得马尾藻 *S. sandi*
13 藻叶非匙形，顶端不重缘 ………………………………………………… 14
14 气囊两侧常有耳状翅 ……………………… 囊叶马尾藻少刺变种 *S. cystophyllum* var. *pavcespinosa*
14 气囊两侧无耳状翅 ………………………………………………………… 15
15 雌生殖托扁压 …………………………………………………… 粗糙马尾藻 *S. squarrosum*
15 雌生殖托三棱形 ………………………………………………… 双锯叶马尾藻 *S. biservula*

复习题

1. 名词解释

繁殖小枝、气囊、生殖托、单室囊、多室囊

2. 简答

（1）褐藻有哪几种形态类型?

（2）褐藻的生活史类型有哪几种?

（3）褐藻的生殖方式有哪几种?

（4）海带的生活史过程是怎样的?

（5）羊栖菜的生活史过程是怎样的?

参考文献

丁兰平, 黄冰心, 栾日孝. 2015a. 中国海洋绿藻门新分类系统. 广西科学, 22(2): 201-210.

丁兰平, 黄冰心, 王宏伟. 2015b. 中国海洋红藻门新分类系统. 广西科学, 22(2): 164-188.

段德麟, 付晓婷, 张全斌, 等. 2016. 现代海藻资源综合利用. 北京: 科学出版社.

冈村金太郎. 1936 . 日本海藻志. 东京: 内田老鹤圃.

杭金欣, 孙建璋. 1983. 浙江海藻原色图谱. 杭州: 杭州科学技术出版社.

何培民, 张泽宇, 张学成, 等. 2018. 海藻栽培学. 北京: 科学出版社.

黄冰心, 丁兰平. 2014. 中国海洋蓝藻门新分类系统. 广西科学, 21(6): 580-586.

黄冰心, 丁兰平, 栾日孝, 等. 2015. 中国海洋褐藻门新分类系统. 广西科学, 22(2): 189-200.

黄淑芳. 2000. 台湾东北角海藻图录. 台北: 台湾博物馆.

匡梅, 曾呈奎, 夏邦美. 1999. 中国麒麟菜族的分类研究. 海洋科学集刊: 168-236.

李锋, 唐风翔, 林海英, 等. 2003. 耳突麒麟菜多糖的提取分离及表征. 福州大学学报(自然科学版), 31(1): 106-110.

李德远, 徐现波, 熊亮, 等. 2002. 海带的保健功效及海带生理活性多糖研究现状. 食品科学, 23(7): 151.

李科, 潘耀茹, 吴嘉平, 等. 2017. 不同光照周期下 LED 光源对铜藻生长的影响. 浙江农业学报, 29(4): 631-636.

李林, 罗琼, 张声华. 2001. 海带中褐藻糖胶的组成分析. 中国食品学报, 1(1): 46-49.

李伟新, 朱仲嘉, 刘凤贤. 1982. 海藻学概论. 上海: 上海科学技术出版社.

刘承初. 2006. 海洋生物资源综合利用. 北京: 化学工业出版社.

刘正一. 2014. 黄渤海典型海域海藻的生物地理分布研究. 南京农业大学, 1-80.

栾日孝. 2013. 中国海藻志. 第三卷, 第一册. 北京: 科学出版社.

茅云翔, 吴菲菲, 杜国英. 2014. 红藻 DNA 条形码分析技术研究进展. 中国海洋大学学报, 44(8): 48-53.

潘国英, 王永川. 1982 . 我国紫菜一新种——多枝紫菜. 海洋与湖沼, 13(2): 544-547 .

戚勃, 李来好, 章超桦. 2005. 麒麟菜的营养成分分析及评价. 现代食品科技, (1): 110, 115-117.

钱树本, 刘东艳, 孙军. 2005. 海藻学. 青岛: 中国海洋大学出版社.

阮积惠, 徐礼根. 2001. 羊栖菜 *Sargassum fusiforme* 繁殖与发育生物学的初步研究. 浙江大学学报(理学版), 8(3): 315-320.

隋战鹰, 傅杰. 1995. 渤海北部底栖海藻的初步研究. 植物学报, 37(5):394-400.

孙圆圆, 孙庆海, 孙建璋. 2009. 温度对羊栖菜生长的影响. 浙江海洋学院学报(自然科学版), 28(3): 342-347.

王利群, 董英. 1999. 海带的营养保健功能及其开发前景. 包装与食品机械, 17(1): 28-31.

王素娟. 1991. 中国经济海藻超微结构研究. 杭州: 浙江科学技术出版社.

王素娟. 1994. 海藻生物技术. 上海: 上海科学技术出版社.

王素娟, 章景荣. 1980. 紫菜一新种——单胞紫菜的研究. 海洋与湖沼, 11(2): 141-149.

魏印心. 2003. 中国淡水藻志. 第七卷, 第 1 册. 北京: 科学出版社.

吴海歌, 于超, 姚子昂, 等. 2008. 鼠尾藻营养成分分析. 大连大学学报, 29(3): 84-85, 93.

吴海一, 詹冬梅, 刘洪军, 等. 2010. 鼠尾藻对重金属锌、镉富集及排放作用的研究. 海洋科学, 34(1): 69-74.

夏邦美. 2004. 中国海藻志. 第二卷, 第三册. 北京: 科学出版社.

夏邦美. 2011. 中国海藻志. 第二卷, 第七册. 北京: 科学出版社.

夏邦美. 2013. 中国海藻志. 第二卷, 第四册. 北京: 科学出版社.

夏邦美. 2017. 中国海藻志. 第一卷. 北京: 科学出版社.

夏邦美, 张峻甫. 1999. 中国海藻志. 第二卷, 第五册. 北京: 科学出版社.

许博. 2009. 鼠尾藻（*Sargassum thunbergii*）繁殖生态学研究. 青岛: 中国海洋大学.

许加超. 2014. 海藻化学与工艺学. 青岛: 中国海洋大学出版社.

许璞, 张学成, 王素娟, 等. 2013. 中国主要经济海藻繁殖与发育. 北京: 中国农业出版社.

杨世杰. 2002. 植物生物学. 北京: 科学出版社.

尹秀玲, 龙茹, 李顺才, 等. 2004. 秦皇岛海藻资源的调查. 河北科技师范学院学报, 18(4): 22-26.

有贺宪三. 1919. 支那厦门附近の海藻. 台湾水产杂志, 45: 12-16.

于永强, 张全胜, 唐永政, 等. 2012. 马尾藻种群生活史性状时空变化的研究进展. 水产科学, 31(7): 437-443.

曾呈奎. 1963. 关于海藻区系分析研究的一些问题. 海洋与湖沼, 5(4): 298-305.

曾呈奎. 2005. 中国海藻志. 第二卷, 第二册. 北京: 科学出版社.

曾呈奎. 2009. 中国黄渤海海藻. 北京: 科学出版社.

曾呈奎, 毕列爵. 2005. 藻类名词及名称. 第二版. 北京: 科学出版社.

曾呈奎, 陆保仁. 2000. 中国海藻志. 第三卷, 第二册. 北京: 科学出版社.

曾呈奎, 张德瑞. 1958. 边紫菜及其系统学地位. 植物学报, 7(1): 15-25.

曾呈奎, 张德瑞. 1978. 中国两种新紫菜. 海洋与湖沼, 9(1): 76-83.

曾呈奎, 张峻甫. 1959. 北太平洋西部海藻区系的区划问题. 海洋与湖沼, 2(4): 244-265.

曾呈奎, 张峻甫. 1960. 关于海藻区系性质的分析. 海洋与湖沼, 3(3): 177-187.

曾呈奎, 张峻甫, 张德瑞. 1962. 中国经济海藻志. 北京: 科学出版社.

张德瑞, 郑宝福. 1960. 福建紫菜一新种. 植物学报, 9(1): 32-36.

张德瑞, 郑宝福. 1962. 中国的紫菜及其地理分布. 海洋与湖沼, 4(3-4): 183-188.

张水浸. 1996. 中国沿海海藻的种类与分布. 生物多样性, 4 (3): 139-144.

张鑫, 邹定辉, 徐智广, 等. 2008. 不同光照周期对羊栖菜有性繁殖过程的影响. 水产科学, 27(9): 452-454.

赵淑江. 2014. 海洋藻类生态学. 北京: 海洋出版社.

赵素芬. 2012. 海藻与海藻栽培学. 北京: 国防工业出版社.

赵素芬, 刘丽丝, 孙会强, 等. 2013. 湛江海域浒苔属 *Enteromorpha* 种类的形态与显微结构. 广东海洋大学学报, 33(6): 1-8.

赵文, 王丽卿, 王高学. 2005. 水生生物学. 北京: 中国农业出版社.

张景荣, 王素娟. 1993. 紫菜一新种——福建紫菜的研究. 海洋与湖沼, 24(4): 356-359.

张淑梅, 栾日孝. 1998. 大连地区底栖海藻分类研究概况. 大连水产学院学报, 13(1): 17-27.

张学成, 秦松, 马家海, 等. 2005. 海藻遗传学. 北京: 中国农业出版社.

张义浩, 王志铮, 吴常文, 等. 2002. 舟山群岛定生海藻种类组成、生态分布及区系特征研究. 浙江海洋学院学报(自然科学版), 21(2): 98-105, 111.

郑宝福. 1981. 紫菜一新种——少精紫菜. 海洋与湖沼, 12(5): 447-451.

郑宝福. 1988. 新种紫菜——青岛紫菜的描述. 海洋与湖沼, 19(5): 419-423.

郑宝福, 李钧. 2009. 中国海藻志. 第二卷, 第一册. 北京: 科学出版社.

郑柏林, 刘剑华, 陈灼华. 2001. 中国海藻志. 第二卷, 第六册. 北京: 科学出版社.

郑怡, 陈灼华. 1993. 鼠尾藻生长和生殖季节的研究. 福建师范大学学报(自然科学版), 9(1): 81-85.

郑重, 李少菁, 许振祖. 1984. 海洋浮游生物学. 北京: 海洋出版社.

殖田三郎. 1932. 日本产安 Nori 属的分类学的研究. 水产讲习所研究报告, 28(1): 1-45.

朱家彦, 王素娟. 1960. 刺边紫菜的研究. 植物学报, 9(1): 41-57.

朱建一, 严兴洪, 丁兰平, 等. 2016. 中国紫菜原色图集. 北京: 中国农业出版社.

Agardh J G. 1882. Till Algernes Systematic, Afd. 3. Ⅵ. Ulvaceae. Nya bidrag: Lunds Universitets Arsskrift.

Alves A M, De Souza Gestinari L M, Do Nascimento Moura C W. 2011. Morphology and taxonomy of *Anadyomene* species (Cladophorales, Chlorophyta) from Bahia, Brazil. Botanica Marina, 54(2): 135-145.

Andersson M, Schubert H, Pedersén M, et al. 2006. Different patterns of carotenoid composition and photosynthesis acclimation in two tropical red algae. Marine Biology, 149: 653-665.

Berger S, Fettweiss U, Gleissberg S, et al. 2003. 18S rDNA phylogeny and evaluation of cap development in Polyphysaceae (formerly Acetabulariaceae; Dasyladales, Chlorophyta). Phycologia, 42: 506-561.

Bhattacharya D, Elwood H J, Goff L J, et al. 1990. Phylogeny of *Gracilaria lemaneiformis* (Rhodophyta) based on sequence analysis of its small subunit ribosomal RNA coding region. Journal of Phycology, 26: 181-186.

Bird C J, Rice E L, Murphy C A, et al. 1992. Phylogenetic relationships in the Gracilariales (Rhodophyta) as determined by 18S rDNA sequences. Phycologia, 31: 510-522.

Bixler H J. 1996. Recent developments in manufacturing and marketing carrageenan. Hydrobiologia, 326/327: 35-57.

Boedeker C, Hansen G I. 2010. Nuclear rDNA sequences of *Wittrockiella amphibia* (Collins) comb. nov. (Cladophorales, Chlorophyta) and morphological characterization of the mat-like growth form. Botanica Marina, 53(4): 351-356.

Broom J E S, Jones W A, Hill D F, et al. 1999. Species recognition in New Zealand Porphyra using 18S r DNA sequencing. Journal of Applied Phycology, 11(5): 421-428.

Brodie J, Mortensen A M, Ramirez M E, et al. 2008. Making the links: towards a global taxonomy for the red algal genus Porphyra (Bangiales, Rhodophyta). Journal of Applied Phycology, 20(5): 939-949.

Chapman A R O. 1979. Biology of Seaweeds. University Park Press.

Chiao C Y. 1933. Marine algae of Amoy. Marine Biology Association China, 2nd Ann Rept, 121-168.

Cocquyt E, Verbruggen H, Leliaert F, et al. 2010. Evolution and cytological diversification of the green seaweeds (Ulvophyceae). Molecular Biology and Evolution, 27: 2052.

Curtis N E, Dawes C J, Pierce S K. 2008. Phylogenetic analysis of the large subunit rubisco gene supports the exclusion of *Arainvillea* and *Cladocephalus* from the Udoteaceae (Bryopsidales, Chlorophyta). Journal of Phycology, 44: 761-767.

Dai J X, Cui J J, Ou Y L, et al. 1993. Genetical study on the parthenogenesis in *Laminaria japonica*. Acta Oceanologia Sinica, 12 (2): 295-298.

Dan A, Hiraoka M, Ohno M, et al. 2002. Observaions on the effect of salinity and photon fluence rate on the induction of sporulation and rhizoid formation in the green alga *Enteromorpha prolifera* (Müller) J. Agardh (Chlorophyta, Ulvales). Fisheries Science, 68(6): 1182-1188.

Dawson E Y. 1944. The marine algae of the Gulf of California. Los Angeles: University of Southern California Press.

Dawson E Y. 1952. Marine red algae of Pacific Mexico, Part Ⅰ. Bangiales to Corallinaceae, Subf. Corallinoideae. Los Angeles: University of Southern California Press.

De Toni G B. 1890. Frammenti algologici. Nuova Notarisia 1: 141-144.

Deng Y, Tang X, Huang B, et al. 2011. Life history of *Chaetomorpha valida* (Cladophoraceae, Chlorophyta) in culture. Botanica Marina, 54(6): 551-556.

Fredericq S, Freshwater D W, Hommersand M H. 1999. Observations on the phylogenetic systematics and biogeography of the Solieriaceae(Gigartinales, Rhodophyta) inferred from *rbcL* sequences and morphological evidence. Hydrobiologia, 398/399: 25-38.

Ghosh S, Prakash Kershi J. 2010. Observations on the morphology of *Chaetocmorpha aerea* (Dillwyn) Kützing (Cladophorales, Chlorophyta), at Visakhapatnam coast, India. Journal of Applied Bioscience, 36(2): 164-167.

Graham J M, Kranzfelder J A, Auer M T. 1985. Light and temperature as factors regulating seasonal growth and distribution of *Ulothrix zonata* (Ulvophyceae). Journal of Phycology, 21: 228-234.

Hayden H S, Waaland J R. 2002. Phylogenetic systematics of the Ulvaceae (Ulvales, Ulvophyceae) using chloroplast and nuclear DNA sequences. Journal of Phycology, 38: 1200-1212.

Hayden H S, Waaland J R. 2004. A molecular systematic study of *Ulva* (Ulvaceae, Ulvales) from the northeast Pacific. Phycologia, 43: 364-382.

Hollenberg G J. Abbott I A. 1968. New species of marine algae from California. Canadian Journal of Botany, 46: 1235-1251. https://www.Algaebase.org.

Howarth N C, Huang T, Roberts S B, et al. 2005, Dietary fiber and fat are associated with excess weight in young and middle-aged US adults. Journal of the American Dietetic Association, 105(9): 1365-1372.

Hurd C L, Harrison P J, Bischof K, et al. 2014. Seaweed Ecology and Physiology. Cambridge University Press.

Hus H T A. 1902. An account of the species of *Porphyra* found on the Pacific coast of North America. Proceedings of the Califonia Academy of Sciences, 2: 173-240.

Kavale M G, Italiya B, Veeragurunathan V. 2020. Scaling the production of *Monostroma* sp. by optimizing culture conditions. Journal of Applied Phycology, 32: 451–457.

Kjellman F R. 1883. The algae of the Arctic Sea. Stockholm: P. A. Norstedt & söner.

Kjellman F R. 1889. Om Beringhafvets Algflora. Stockholm: P. A. Norstedt & söner.

Krishnamurthy V. 1972. A revision of the species of the algal genus *Porphyra* occurring on the Pacific coast of North America. Pacific Science, 26: 24-49.

Krishnamurthy V. 1984. Chromosome numbers in *Porphyra* C. Ag. Phykos, 23: 185-190.

Kurogi M. 1972. Systematics of *Porphyra* in Japan. In Abbott, I A and Kurogi M (Eds.) Contributions to systematics of benthic marine algae of the North Pacific. Kobe: Japanese Society of Phycology.

Leliaert F, Payo D A, Calumpong H P, et al. 2011. *Chaetomorpha philippinensis* (Cladophorales, Chlorophyta), a new marine microfilamentous green alga from tropical waters. Phycologia, 50(4): 384-391.

Lechat H, Amat M, Mazoyer J, et al. 1997. Cell wall composition of the carrageenophyte *Kappaphycus alvarezii* (Gigartinales, Rhodophyta) partitioned by wet sieving. Journal of Applied Phycology, 9:565-572.

Lindstrom S C, Cole K M. 1990. An evaluation of species relationships in the *Porphyra perforata* Complex (Bangiales, Rhodophyta) using starch gel electrophoresis. Proceedings International Seaweed Symposium, 13: 179-183.

Lindstrom S C, Cole K M. 1992a. A revision of the species of *Porphyra*(Rhodophyta, Bangiales) occurring in British Columbia and adjacent waters. Canadian Journal of Botany, 70: 2066-2075.

Lindstrom S C, Cole K M. 1992b. The *Porphyra lanceolata – P. pseudolanceolata* (Bangiales, Rhodophyta) complex unmasked: recognition of new species based on isoenzymes, morphology, chromosomes and distributions. Phycologia, 31(5): 431-448.

Mikami H. 1956. Two new species of *Porphyra* and their subgeneric relationship. Botanical Magazine Tokyo, 69(819): 340-345.

Mou H J, Jiang X L, Guan H S. 2003. A κ-carrageenan derived oligosaccharide prepared by enzymatic degradation containing anti-tumor activity. Journal of Applied Phycology, 15: 297–303.

Muñoz J, Cahue-López A C, Patiño R, et al. 2006. Use of plant growth regulators in micropropagation of *Kappaphycus alvarezii*(Doty) in airlift bioreactors. Journal of Applied Phycology, 18: 209-218.

Ohno M. 1995. Cultivation of *Monostroma nitidum* (Chlorophyta) in a river estuary, southern Japan. Journal of Applied Phycology, 7: 207-213.

Oliveira M C, Kurniawan J, Bird C J, et al. 1995. A preliminary investigation of the order Bangiales (Bangiophycidae, Rhodophyta) based on sequences of nuclear small-subunit ribosomal RNA genes. Phycological research, 43: 71-79.

Perkerson R B, Johansen J R, Kovácik L, et al. 2011. A unique pseudanabaenalean (cyanobacteria) genus *Nodosilinea* gen. nov. based on morphological and molecular data. Journal of Phycology, 47(6): 1397-1412.

Phillips J A. 2009. Reproductive ecology of *Caulerpa taxifolia* (Caulerpaceae, Bryopsidales) in subtropical eastern Australia. European Journal of Phycology, 44(1): 81-88.

Price I R. 2011. A taxonomic revision of the marine green algal genera *Caulerpa* and *Caulerpella* (Chlorophyta, Caulerpaceae) in northern (tropical and subtropical) Australia. Australian Systematic Botany, 24(3): 137-213.

Rosenvinge L K. 1839. Grønlands Havalger. Medd. Grønland, 3: 765-981.

Rosenvinge L K. 1909. The marine algae of Denmark. Contributions to their natural history. Part Ⅰ. Introduction, Rhodophyceae Ⅰ(Bangiales and Nemalionales). Kongelige Danske Videnslabernes Selskabs S krifter, 7. Raekke, Naturvidenskabelig og Mathematisk Afdeling, 7: 55-79.

Sanchez-Puerta M V, Leonardi P I, OKelly C J, et al. 2006. *Pseudulvella americana* belongs to the order Chaetopeltidales (Class Chlorophyceae), evidence from ultrastructure and SSU and rDNA sequence data. Journal of Phycology, 42: 943-950.

Smith G M, Hollenberg G J. 1943. On some Rhodophyceae from the Monterey Peninsula, California. American Journal of Botany, 30: 211-222.

Stiller J W, Waaland J R. 1993. Molecular analysis reveals cryptic diversity in *Porphyra* (Rhodophyta). Journal of Phycology, 29: 506-517.

Tanaka T. 1952. The systematic study of the Japanese Protoflorideae. Memoirs of the Faculty of Fisheries, Kagoshima University, 2(2): 1-92.

Titlyanov E A, Titlyanova T V, Xia B, et al. 2011. Checklist of marine benthic green algae (Chlorophyta) on Hainan, a subtropical island off the coast of China: comparisons between the 1930s and 1990-2009 reveal environmental changes. Botanica Marina, 54(6): 523-535.

Titlyanov E A, Titlyanova T V, Li X B, et al. 2017. Coral reef marine plants of Hainan Island. Beijing: Science Press.

Tokida J. 1935. Phycological observations. Ⅱ. On the structure of Porphyra onoi Ueda. Trans Sapporo Nat Hist Soc, 14: 111-114.

Tseng C K. 1933. Gloiopeltis and the other economic seaweeds of Amoy, China. Lingnan Science Journal, 12(1):43-63.

Tseng C K. 1935. Economic seaweeds of Kwangtung Province, S. China. Lingnan Science Journal, 14(1): 93-104.

Tseng C K. 1938. Notes on some Chinese marine algae. China. Lingnan Science Journal, 17(4): 591-604.

Tseng C K. 1948. Marine algae of Hong Kong Ⅶ. The order Bangiales. Lingnan Science Journal, 22(1-4): 121-131.

Tseng C K. 1983. Common seaweeds of China, Science Press, Beijing, China.

Tseng C K, Lu B R. 1983. Two new brown algae from the Xisha Islands, south China Sea. Chinese Journal of Oceanology and Limnology, 1: 185-189.

Wakibia J G, Bolton J J, Keats D W, et al. 2006. Factors influencing the growth rates of three commercial eucheumoids at coastal sites in southern Kenya. Journal of Applied Phycology, 18:565-573.

Wang W L, Lin C S, Lee W J, et al. 2013. Morphological and molecular characteristics of *Homoeostrichus formosana* sp. nov. (Dictyotaceae, Phaeophyceae) from Taiwan. Botanical Studies, 54: 1-13.

Zuccarello G C, West J A. 2003. Multiple cryptic species: molecular diversity and reproductive isolation in the Bostrychia radicans/B. moritziana complex (Rhodomelaceae, Rhodophyta) with focus on North American isolate. Journal of Phycology, 39: 948-959.